Horst Werkle (Hrsg.)

Mathcad in der Tragwerksplanung

Horst Werkle (Hrsg.)

Mathcad in der Tragwerksplanung

Elektronische Arbeitsblätter für Statik, Stahlbetonbau, Stahlbau und Holzbau

2. Auflage

Bearbeitet von
Prof. Dr.-Ing. Horst Werkle
Dipl.-Ing. Günter Schulz
Prof. Dr. Silke Michaelsen
Prof. Dr.-Ing. Günter Lumpe
Prof. Dr.-Ing. Heiko Denk
Prof. Dr.-Ing. Wolfgang Francke
Prof. Dr.-Ing. Gunnar Möller
Fabian Gerold, M.Eng.

PRAXIS

VIEWEG+
TEUBNER

Bibliografische Information der Deutschen Nationalbibliothek
Die Deutsche Nationalbibliothek verzeichnet diese Publikation in der Deutschen Nationalbibliografie; detaillierte bibliografische Daten sind im Internet über <http://dnb.d-nb.de> abrufbar.

2. Auflage 2012

Lektorat: Dipl.-Ing. Ralf Harms

Vieweg+Teubner Verlag ist eine Marke von Springer Fachmedien.
Springer Fachmedien ist Teil der Fachverlagsgruppe Springer Science+Business Media.
www.viewegteubner.de

Umschlaggestaltung: KünkelLopka Medienentwicklung, Heidelberg
Druck und buchbinderische Verarbeitung: AZ Druck und Datentechnik, Berlin
Gedruckt auf säurefreiem und chlorfrei gebleichtem Papier

ISBN 978-3-8348-1297-1

Vorwort

Vorwort zur zweiten Auflage

Mit der zunehmenden IT-Orientierung der Tragwerksplanung kommt der Transparenz und Nachvollziehbarkeit statischer Berechnungen große Bedeutung zu. Dabei sollten aber auch sogenannte „Von-Hand-Berechnungen" heute auf dem PC durchgeführt werden. Mathcad ist hierfür ein geeignetes Handwerkszeug für den Ingenieur. Seine Benutzeroberfläche, die ähnlich einfach wie bei einem Textverarbeitungsprogramm ist, erleichtert ingenieurmäßige Berechnungen entscheidend. Es stellt Formeln in ähnlicher Schreibweise wie auf dem Papier dar und unterstützt das Rechnen mit den im Bauingenieurwesen üblichen Einheiten. So sind beispielsweise Überschlagsberechnungen und Vordimensionierungen von Bauteilen leicht möglich. Sie werden gleichzeitig dokumentiert und sind damit nachvollziehbar und prüfbar. Darüber hinaus erschließt die mathematische Leistungsfähigkeit von Mathcad in der Literatur angegebene analytische Lösungen, die aufgrund ihrer Komplexität einer Berechnung von Hand kaum zugänglich sind, der ingenieurmäßigen Arbeit, und zwar ohne aufwändige Programmierung. Letztlich können damit auch recht komplexe Anwendungen mit Mathcad erstellt werden, die aber den Vorteil der Nachvollziehbarkeit jedes Rechenschrittes haben. In dem vorliegenden Buch werden diese unterschiedlichen Anwendungen anhand von Beispielen aus dem Konstruktiven Ingenieurbau aufgezeigt.

Die zweite Auflage umfasst nicht nur eine Aktualisierung der Beiträge und Arbeitsblätter auf der Grundlage von Mathcad 15 und der neuen Normung im Bauingenieurwesen, sondern enthält auch inhaltliche Ergänzungen. So wurde das Kapitel zur Statik um die Baudynamik und einen Abschnitt zur Berechnung von Tonnenschalen erweitert. Das Kapitel zum Stahlbetonbau enthält ein umfangreiches Beispiel über vorgespannte Halbfertigteile mit Ortbetonergänzung und das Kapitel Holzbau wurde vollständig neu bearbeitet.

Mathcad 15 wurde als aktuellste Ausgabe der klassischen Mathcad-Entwicklungsline gewählt. Das bereits erschienene, grundlegend neu entwickelte Mathcad Prime 1.0 baut nicht auf Mathcad 15 auf und ist derzeit noch nicht in der Lage, den in diesem Buch beschriebenen Leistungsumfang abzudecken. Dies wird erst späteren Versionen von Mathcad Prime vorbehalten sein.

Der Dank des Herausgebers gilt den mitwirkenden Autoren für das hervorragende, von gegenseitigem Verständnis geprägte „Teamwork", der Firma PTC, Unterschleißheim, für ihre hilfreiche Unterstützung sowie dem Vieweg-Teubner-Verlag und hier insbesondere Herrn Harms für die gute und konstruktive Zusammenarbeit.

Allensbach
im September 2011

Horst Werkle

Vorwort zur ersten Auflage

Für die praktische Tragwerksplanung wird zeitgemäße Branchensoftware verwendet. Diese deckt zwar die meisten Aufgabenfelder ab, aufgrund der individuellen Organisation jedes Ingenieurbüros bleiben jedoch Teilbereiche, für die keine Standardsoftware existiert. Hier bietet Mathcad ein Handwerkszeug für den Ingenieur, mit dem sich schnell kleinere (und für den Fortgeschrittenen auch größere) „Tools“ erstellen lassen. Die Ausdrucke haben durch die übliche mathematische Darstellungsweise von Mathcad den Vorteil, dass sie auch von jedem sofort lesbar und damit verständlich sind. In einer statischen Berechnung ermöglichen sie daher die erforderliche Nachvollziehbarkeit und Prüffähigkeit.

Dieses Buch führt in die Arbeit mit Mathcad ein. Es werden zunächst die Grundlagen des Programmierens mit Mathcad erläutert. Darauf aufbauend werden fortgeschrittene Arbeitsweisen gezeigt. Sie werden an typischen Aufgaben der Tragwerksplanung demonstriert. Die erstellten Programme (Arbeitsblätter) sind auf der beigefügten CD-ROM enthalten und können vom Leser direkt für die Tagesarbeit verwendet werden.

Die Herausgeber danken an dieser Stelle den mitwirkenden Autoren für die gute interdisziplinäre Zusammenarbeit. Dem Vieweg Verlag danken wir für die verständnisvolle Bearbeitung und die gute Gestaltung des Buchs.

Biberach an der Riss
Allensbach
im Dezember 2002

Ralf Avak
Horst Werkle

Inhaltsverzeichnis

Teil I: Computeralgebrasysteme in der Tragwerksplanung

Horst Werkle

1 Einführung

Computeralgebrasysteme wurden zur Lösung mathematischer Aufgaben mit dem Computer entwickelt. Von Anfang an wurde zwischen numerischem Rechnen und symbolischem Rechnen unterschieden. Während unter numerischem Rechnen das Rechnen mit Zahlen, wie wir es bei jeder statischen Berechnung praktizieren, gemeint ist, wird unter symbolischem Rechnen der Umgang mit Gleichungen verstanden. Computeralgebrasysteme ermöglichen heute die Lösung anspruchsvoller Aufgaben aus Algebra und Analysis, wie das Arbeiten mit Matrizen, die Auflösung komplizierter Gleichungen oder das Integrieren und Differenzieren von Funktionen. „Computeralgebrasysteme“ müssten daher richtiger als „Computermathematiksysteme“ bezeichnet werden.

Die ersten Systeme wie MACSYMA, REDUCE, ALTRAN und FORMAC waren stapelorientiert. In der nächsten Generation zwischen 1975 und 1987 folgten interaktive Systeme wie MACSYMA, REDUCE, MAPLE, DERIVA und MATHEMATICA. Die heutigen CA-Systeme verfügen über moderne Benutzeroberflächen [1-1]. Das Hauptinteresse bei den genannten Systemen liegt im symbolischen Rechnen. Mathcad ist dagegen ein im Wesentlichen für numerisches Rechnen konzipiertes System, bei dem die Benutzerfreundlichkeit der Oberfläche von Anfang an im Vordergrund stand [1-2]. Wegen seiner besonderen Vorteile im Hinblick auf die Benutzeroberfläche und beim numerischen Rechnen kommt für ingenieurmäßige Anwendungen vor allem Mathcad in Betracht.

Die Verbindung von Mathematik und Ingenieurwissenschaften ist offensichtlich. Nicht nur die Zeichnung, auch die Mathematik ist eine „Sprache“ des Ingenieurs. Dennoch gibt es wesentliche Unterschiede zur reinen Mathematik. Während sich der Mathematiker in aller Regel mit den Grundlagen seiner Disziplin befasst, interessiert sich der Ingenieur für deren Anwendung. Die für einen Ingenieur notwendigen mathematischen Werkzeuge und die sich daraus ergebenden Anforderungen an Computeralgebrasysteme hängen erheblich vom Tätigkeitsgebiet des Ingenieurs ab. Im Konstruktiven Ingenieurbau kann man hier zwischen drei Gebieten unterscheiden:

- Forschung und Entwicklung
- Lehre
- Tragwerksplanung in der Praxis

Im Folgenden werden die Einsatzmöglichkeiten von Computeralgebrasystemen in diesen Gebieten untersucht.

2 Computeralgebrasysteme bei Forschungs- und Entwicklungsprojekten

Forschungs- und Entwicklungsprojekte mit mathematischem Hintergrund stellen zweifellos die höchsten Anforderungen an die Kenntnisse und Leistungsfähigkeit von mathematischen Verfahren und Computeralgebrasystemen. Große Bereiche der anwendungsbezogenen Algebra und Analysis wie das Arbeiten mit analytischen Gleichungen, die Lösung anspruchsvoller Differenzialgleichungen, das Rechnen mit Matrizen und Tensoren aber auch Statistik und Wahrscheinlichkeitsrechnung sind gefragt. Von Computeralgebrasystemen werden insbesondere häufig auch symbolische Lösungen benötigt. Aufgrund der hohen Anforderungen kommen hier die in mathematischer Hinsicht besonders leistungsfähigen Systeme wie z. B. die „Klassiker“ MAPLE und MATHEMATICA, in Betracht. Je nach Projektanforderungen werden natürlich auch andere Systeme für symbolische und numerische Berechnungen im F&E-Bereich angewandt.

Numerische Verfahren lassen sich mit Computeralgebrasystemen einfacher implementieren als durch Programmierung in einer höheren Programmiersprache. Analytische Lösungen, deren Herleitung bisher zu aufwendig erschien, können mit Computeralgebrasystemen oftmals leicht ermittelt werden [1-3]. Unter Umständen können auch Lösungen gefunden werden, die bisher einer Herleitung „von Hand“ kaum zugänglich waren.

3 Computeralgebrasysteme in der Lehre

Computeralgebrasysteme sind bestens für Lehrgebiete geeignet, die mathematische Verfahren verwenden. Es sind folgende Anwendungen möglich:

- Nutzung von Computeralgebrasystemen zur Erstellung von Lehrmaterialien
- Interaktive Visualisierung mathematischer Zusammenhänge in der Lehrveranstaltung
- Lehrveranstaltungen mit Computeralgebrasystemen als Werkzeug
- Interaktive Selbstlernsoftware mit Computeralgebrasystemen

Zur Erstellung von Lehrmaterialien wie Umdrucken oder zur Ausarbeitung von Berechnungsbeispielen und Prüfungsaufgaben stellen Computeralgebrasysteme eine wesentliche Unterstützung für den Dozenten dar. Mathematisch-Physikalische Zusammenhänge können in der Lehrveranstaltung interaktiv visualisiert werden. Es können aber auch Aufgabensammlungen zu bestimmten Themengebieten als Mathcad-Arbeitsblätter ausgearbeitet und Studierenden zur Verfügung gestellt werden. Sie ermöglichen es den Studierenden nicht nur Studien zum Einfluss von Parameteränderungen durchzuführen, sondern auch Teile davon für eigene Arbeitsblätter zu verwenden.

In Lehrveranstaltungen wie Computerlabors können Studierende Aufgaben mit Computeralgebrasystemen eigenständig bearbeiten. Damit steht jedem Studierenden ein umfangreiches mathematisches Werkzeug zur Verfügung. Beispielsweise können Aufgaben zur Matrizenrechnung, deren Bearbeitung von Hand mit einem unverhältnismäßig großen Aufwand verbunden ist, auf einfache Weise gelöst werden. Ein Beispiel ist das Übertragungsmatrizenverfahren als computerorientiertes Verfahren der Baustatik. Die praktische Anwendung erfordert die Programmierung des Verfahrens. Da die hierfür erforderliche Zeit in einer Lehrveranstaltung meist nicht zur Verfügung steht und die Programmierung zum Verständnis des Verfahrens auch nicht beiträgt, führen die Studierenden die notwendigen Berechnungen im Computerlabor mithilfe eines Computeralgebrasystems wie Mathcad durch. Einige Funktionen, etwa das Aufstellen der

Übertragungsmatrix des geraden Stababschnitts und die Lösung des Gleichungssystems, werden den Studierenden vorab zur Verfügung gestellt.

Auch für Selbstlernsysteme lassen sich Computeralgebrasysteme gut einsetzen. Elektronische Aufgabensammlungen ermöglichen es den Studierenden, die Aufgaben zu studieren und interaktiv auf neue Aufgabenstellungen anzupassen. In [1-4] wird erläutert, wie Aufgaben der Ingenieurmathematik mit verschiedenen Computeralgebrasystemen gelöst werden können. Computeralgebrasysteme können aber auch als OLE-Server für ein Lehrprogramm, etwa zur Visualisierung mathematischer Sachverhalte, herangezogen werden. Allerdings ist dies, wie in [1-5] untersucht wird, derzeit nur mit bestimmten Softwareprodukten wie Mathcad möglich.

4 Computeralgebrasysteme in der Tragwerksplanung

Baustatische Berechnungen werden heute mit spezieller Software durchgeführt. Für komplexe Tragwerke stehen leistungsfähige Finite-Element-Programme für Stab- und Flächentragwerke zur Verfügung. Kleinere Standardnachweise von Konstruktionen werden hingegen meistens mit hierfür entwickelten Statikprogrammen geführt. Daneben gibt es aber auch eine Reihe von Nachweisen und Kontrollrechnungen, die nicht standardisiert sind. Hierzu zählen beispielsweise Anschlussnachweise im Stahl- und Holzbau, nicht genormte oder neue Berechnungsverfahren oder die für jede komplexe Finite-Element-Berechnung erforderlichen Kontrollrechnungen. Meistens behilft sich der Tragwerksplaner hierbei mit einer Rechnung „von Hand“ unter Verwendung eines Taschenrechners. Einfache statische Berechnungen können auch mit Statikeditoren erstellt werden. Statikeditoren wurden entwickelt, um statische Berechnungen als Textdokumente erstellen zu können ([1-6], [1-7]). Sie ermöglichen auch den Aufruf von Statikprogrammen und die Einbindung von deren Ausgabe in das Dokument. Ziel dieser Softwareprodukte ist die durchgängige Erstellung des statischen Berichts. Die Rechenfunktionen im Text beschränken sich allerdings meist auf die Grundrechenarten. Für anspruchsvolle Anwendungen bieten sich hingegen Computeralgebrasysteme und hier insbesondere Mathcad an. Die damit erstellten Dokumente lassen sich darüber hinaus über OLE-Techniken auch in Textverarbeitungsprogramme wie WORD übernehmen und damit in einen statischen Bericht integrieren.

Gegenüber Tabellenkalkulationsprogrammen wie EXCEL, das ausschließlich numerisches Rechnen und auch dies ohne Dimensionen unterstützt, ist die Darstellung mathematischer Formeln in Mathcad visuell sofort verständlich und frei von der Bindung an Tabellenschemata.

An die mathematische Leistungsfähigkeit des Computeralgebrasystems werden bei den hier genannten Anwendungen vergleichsweise geringe Anforderungen gestellt. Die Möglichkeiten im Bereich des symbolischen Rechnens sind kaum von Interesse. Vielmehr stehen die einfache Handhabung und die übersichtliche Darstellung der Ergebnisse im Vordergrund. Weiterhin ist es wichtig, dass das Computeralgebrasystem das Rechnen mit dimensionsbehafteten Größen unterstützt. Kommandozeilenorientierte Systeme wie die klassischen, für rein mathematische Problemstellungen konzipierten Computeralgebrasysteme, scheiden daher in der Praxis für die Tragwerksplanung aus. Gut geeignet sind Systeme mit einer einfachen Benutzeroberfläche und einer den Textverarbeitungssystemen entsprechenden Darstellung wie z. B. Mathcad [1-8].

Beim Arbeiten mit Computeralgebrasystemen sind in der Praxis vorbereitete Arbeitsblätter hilfreich, die Formeln und Berechnungsverfahren enthalten. Ein Schritt in diese Richtung ist die Umsetzung von Standardwerken der Tragwerksplanung in Computeralgebrasysteme. So stehen beispielsweise die wichtigsten Abschnitte der „Schneider, Bautabellen für Ingenieure“ [1-9] als Mathcad-Arbeitsblätter in einem elektronischen Buch auf der Grundlage von Mathcad 8 zur Verfügung [1-10; 1-11]. Die Arbeitsblätter enthalten die Formeln in einer ähnlichen Notation wie im Buch und ermöglichen den direkten Bezug zum gedruckten Werk. Bedeutend ist, dass die einzelnen Rechenschritte wie bei der Handrechnung leicht nachvollziehbar sind. Dies ist bei den Standardprogrammen der Baustatik nicht der Fall.

Zusammenfassend lässt sich feststellen, dass die Anforderungen an Computeralgebrasysteme in der Tragwerksplanung durchaus unterschiedlich sind, Bild 1.1. Forschungs- und Entwicklungsaufgaben erfordern meist eine hohe mathematische Leistungsfähigkeit, sodass Systeme wie MATHEMATICA und MAPLE hier häufig vorzuziehen sind. Bei praktischen Ingenieuranwendungen sind hingegen die Darstellung und einfache Handhabung sowie die Möglichkeit mit Dimensionen zu rechnen von großer Bedeutung. Hier verfügt Mathcad über entscheidende Vorteile. In der Lehre hängt es von der Anwendung ab, welchem System jeweils der Vorzug zu geben ist.

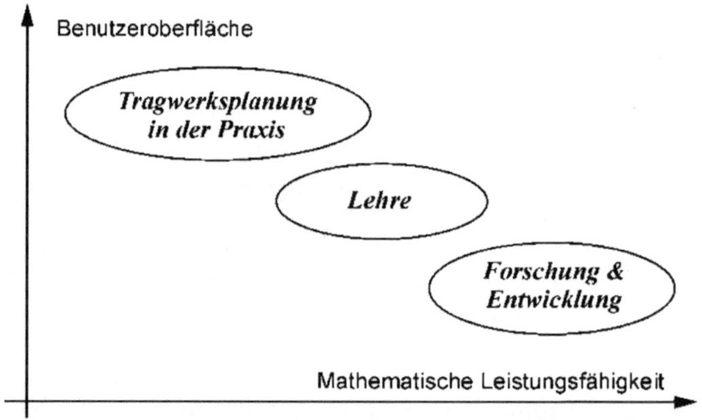

Bild 1.1: Anforderungen an Computeralgebrasysteme in der Tragwerksplanung

5 Schlussbemerkung

Softwaresysteme werden zunehmend komplexer und ihre Entwicklung wird aufwendiger. Umso wichtiger sind daher Standardsoftwarepakete. Der „Engineering Desktop“ des Tragwerkplaners auf dem Computer ist eine aus verschiedenen Softwareprodukten zusammengesetzte heterogene Arbeitsumgebung unter Einbeziehung des Internets. Diese erlaubt es dem Tragwerksplaner, auch nicht standardisierte ingenieurmäßige Berechnungen auf dem Computer ähnlich einfach durchzuführen, wie dies für Schreib- und Zeichenarbeiten mit Textverarbeitungs- und CAD-Systemen der Fall ist. Computeralgebrasysteme bilden, was den praktischen Umgang mit Mathematik betrifft, einen wichtigen Bestandteil dieser Arbeitsumgebung.

Teil II: Grundelemente von Mathcad

Günter Schulz, Horst Werkle

1 Mathcad-Arbeitsblätter analysiert

1.1 Allgemeines

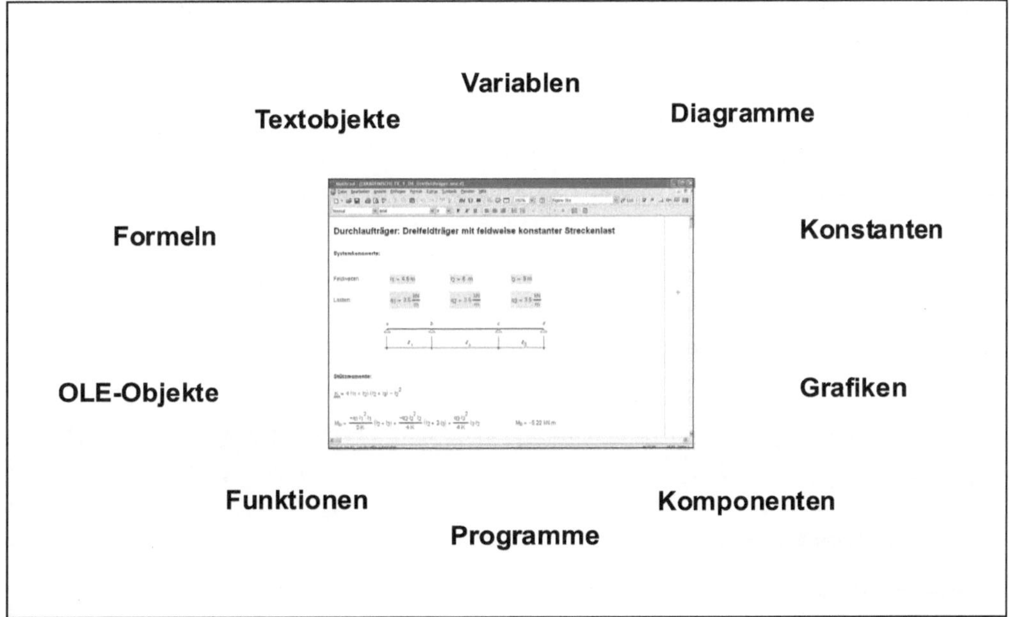

Bild 2.1: Wichtige Objekte in Mathcad-Arbeitsblättern

Arbeitsblätter sind die grundlegenden Dokumente in Mathcad. In den Teilen IV und V werden professionelle Mathcad-Arbeitsblätter vorgestellt. Analysiert man diese Arbeitsblätter, dann stellt man fest, dass sie immer wieder bestimmte Objekte enthalten. Die wichtigsten Objekte, in Mathcad auch als Bereiche bezeichnet, werden in diesem Teil kurz und übersichtlich vorgestellt. Weiterhin wird gezeigt, wie mit einem Teil der Objekte ein einfaches Mathcad-Arbeitsblatt entworfen und realisiert werden kann. Für weitergehende Informationen wird auf das Mathcad-Handbuch [2-1] und die Hilfefunktion verwiesen.

1.2 Textbereiche

Textbereiche erläutern das Mathcad-Arbeitsblatt in vielfältiger Weise. Sie geben:

- Hinweise zur Eingabe,
- Erläuterungen einzelner Formeln,
- Beschreibung von Berechnungsabläufen, usw.

Über das Menü „Einfügen – Textbereich" wird der Textbereich eröffnet und die Eingabe kann erfolgen. Dabei kann der Text individuell formatiert werden. Die grundlegenden Zeichen- und Absatzgestaltungsmöglichkeiten aus bekannten Textverarbeitungsprogrammen stehen zur Verfügung (Bild 2.3). Alternativ kann ein Text auch einfach in Anführungszeichen („xx") geschrieben werden. Er wird durch die Anführungszeichen als Text und z. B. nicht als Variable erkannt. Noch einfacher ist es einen Text (ohne mathematische Zeichen wie +, *, / oder -) einfach einzugeben und mit Leertaste abzuschließen.

Textbereiche können wie alle anderen Objekte mit dem Cursor frei auf dem Arbeitsblatt verschoben werden. Dies ergibt eine äußerst flexible Gestaltung von Arbeitsblättern und ermöglicht ein intuitives Arbeiten.

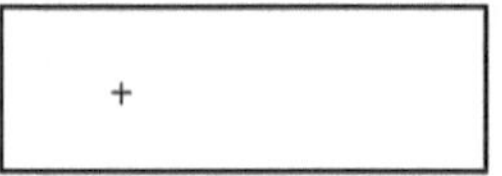

Bild 2.2: Kreuzcursor im Mathcad-Arbeitsblatt

Bild 2.3: Symbolleiste Formatierung

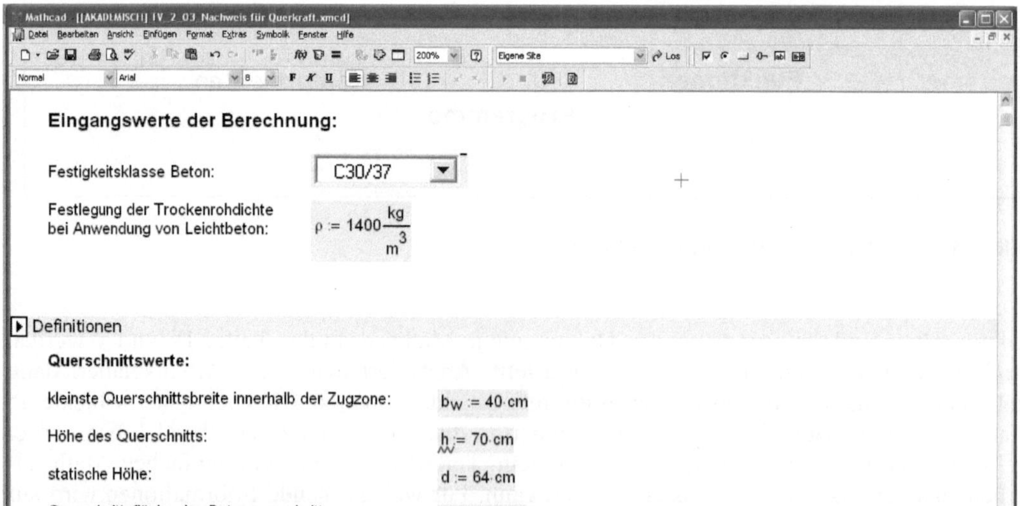

Bild 2.4: Textobjekte, Zuweisung von Variablen und Steuerelement (Listenfeld) in einem Mathcad-Arbeitsblatt

1.3 Variablen und Konstanten

Variablen

Variable Größen mit Einheiten kann man schnell definieren und einfügen. Beginnt man an der aktuellen Stelle des Cursors zu schreiben, dann erkennt Mathcad sofort, dass es sich um eine Variable handelt, wenn die Taste [:] gedrückt wird. Will man die Höhe von H = 120 mm eingeben, dann schreibt man über die Tastatur [H][:][1][2][0][M][M].

Im Arbeitsblatt erscheint: H := 120 mm. In den Symbolleisten „Taschenrechner" und „Auswertung" ist die Schaltfläche [:=] enthalten. Mit dieser Schaltfläche können ebenfalls variable Größen definiert werden. Falls eine Variable bereits definiert ist – als Mathcad-Konstante oder Einheit oder als vom Benutzer vorher eingegebene Variable – wird diese mit der Eingabe [:] neu definiert und grün unterstrichen dargestellt. Diese Warnmeldung kann unter Extras->Einstellungen->Warnmeldungen auch ausgeschaltet werden.

Wenn man eine Variable oder Funktion definiert, gilt diese für alles, was sich im Arbeitsblatt rechts und unterhalb von ihr befindet. Wird die Variable oder Funktion jedoch global definiert, gilt sie ohne Rücksicht auf deren Position im Arbeitsblatt, d. h. auch oberhalb der Definition. Für globale Variablen wird die globale Definition ≡ eingesetzt.

Soll eine bereits definierte Variable mit ihrem aktuellen Wert angezeigt werden, so gibt man anstelle von [:] auf der Tastatur [=] ein. Durch Doppelklick auf den angezeigte Zahl kann man deren Formatierung ändern (Bild 2.5).

Griechische Buchstaben erreicht man über Anzeige->Symbolleiste->Griechisch oder durch Eingabe von „Strg [G]" nach Eingabe eines lateinischen Buchstabens.

Indizes können durch die Eingabe von [.] nach dem Variablennamen leicht erzeugt werden. Danach kann ein beliebiger Text eingegeben werden. Dabei handelt es sich um Text-Indizes, die nicht mit der Indizierung von Vektorelementen zu verwechseln sind.

Neben reellen Zahlen kennt Mathcad auch komplexe Zahlen. Weiterhin können Bool'sche Ausdrücke verarbeitet werden.

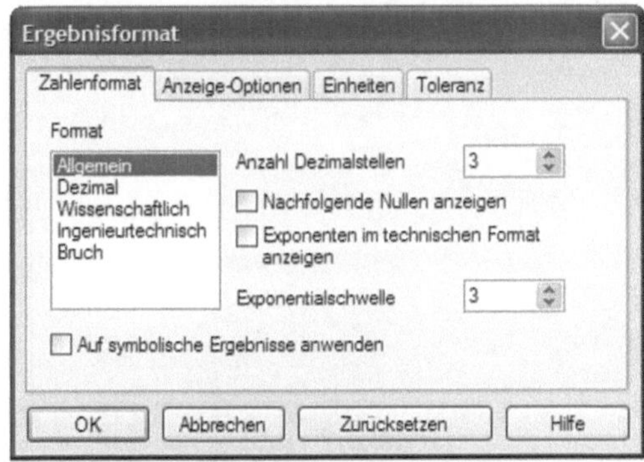

Bild 2.5: Formatierung von Zahlen

Bereichsvariablen

Zahlenbereiche, wie z. B. alle ganzen Zahlen von 1 bis 10, können in Mathcad leicht durch folgende Eingabe erzeugt werden: [1] [,] [2] [;] [1][0]. Wird eine Funktion auf eine Bereichsvariable angewandt, so wird die Funktion für alle Werte des Zahlenbereichs ausgewertet.

Beispiele für Bereichsvariablen

$n := 1, 2 .. 5$

$n =$

1
2
3
4
5

$f(x) := x^2$

$f(n) =$

1
4
9
16
25

$a := -1.5, -1.4 .. 2$

$a =$

-1.5
-1.4
-1.3
-1.2
-1.1
-1
-0.9
...

Konstanten

Konstante Größen, wie z. B. die Zahl Pi, sind sofort einsetzbar. Zur Berechnung einer Kreisfläche *F* definiert man die Variable *r* und schreibt man die Formel mit der Konstanten π.

$r := 12\mathrm{m}$

$F := \pi \cdot r^2$

$F = 452.39\,\mathrm{m}^2$

Vordefinierte mathematische Konstanten

Name	Tastaturbefehl
∞	Strg + Umschalt + z
e	e
π	Strg + Umschalt + p

Name	Tastaturbefehl
i	1i
j	1j
%	%

Einheiten

Mathcad stellt ein vollständiges System von Einheiten für Berechnungen zur Verfügung. Einheiten werden wie vordefinierte Variablen behandelt. Um einer Zahl oder einem Ausdruck eine Einheit hinzuzufügen, multipliziert man sie bzw. ihn mit dem Namen der Einheit oder gibt den Namen der Einheit, direkt nach der Zahl ein. Mathcad verfügt über verschiedene Einheitensysteme (Bild 2.6). Auch die in einer statischen Berechnung vorkommenden SI-Einheiten für Kräfte wie kN, MN sind in Mathcad enthalten.

Zum Ändern einer Einheit klickt man mit der Maus auf die Gleichung und ein schwarzes Feld erscheint hinter der Einheit. In dieses Feld kann die neue Einheit eingetragen werden. Auf diese Weise lassen sich Variablen in unterschiedlichen Einheiten darstellen, z. B. Längen anstelle von in m in cm oder mm anzeigen.

$L := 4.5\text{m}$ $\quad q := 3\,\frac{\text{kN}}{\text{m}}$ $\quad M_{max} := \frac{q \cdot L^2}{8} = 7.6 \cdot \text{kN} \cdot \text{m}$ $\quad M_{.max} = 7.594 \times 10^3 \cdot \text{J}$

Bei den Standardeinheiten SI werden Momente standardmäßig in der physikalischen Arbeitseinheit Joule (J) angezeigt. Nach der Eingabe von [K][N][*][M] in das schwarze Feld erscheint die Ausgabe als kNm. Mit *Extras->Arbeitsblattoptionen* lässt sich die Anzeige so umstellen, dass als Standard kNm erscheint. Man klickt auf *„Benutzerdefiniert“*, entfernt bei den *„Abgeleitete Einheiten“* die Einheit „Energie (Joule)“ und fügt ein „Drehkraft „Kilonewton-Meter“ (Bild 2.6). Auf die gleiche Weise lässt sich anstelle der Spannungseinheit „Pascal“ auch „Megapascal“ (1 MPa = 1 MN/m²) als Standard einstellen.

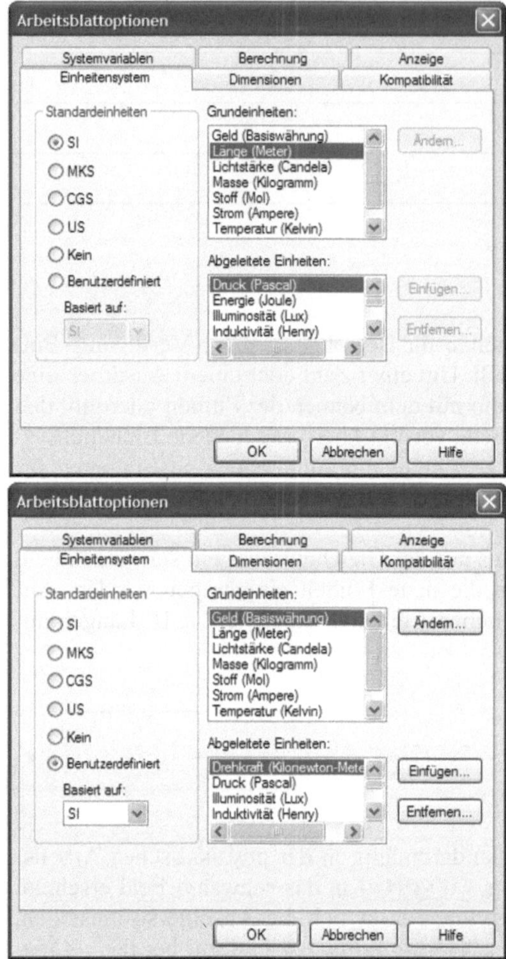

Bild 2.6: Festlegen des Einheitensystems in einem Mathcad-Arbeitsblatt

Vektoren und Matrizen

Für die Matrizenrechnung steht die Symbolleiste „Matrix“ zur Verfügung. Eine Matrix erzeugt man mit der Schaltfläche , der die Eingabemaske „Matrix einfügen“ aufruft (Bild 2.7). Als Elemente der Matrix können Zahlen, Variabeln oder auch Formeln eingegeben werden. Beim Rechnen mit Einheiten müssen alle Elemente einer Matrix in Mathcad dieselbe Einheit besitzen.

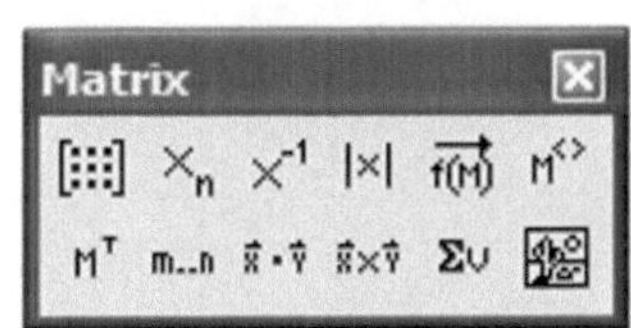

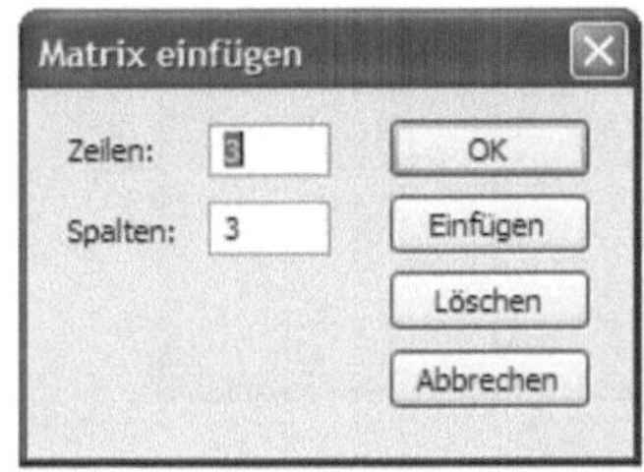

Bild 2.7: Matrizenrechnung

Auf einzelne Elemente einer Matrix kann mit Hilfe des Index, Taste [zugegriffen werden. Dieser Index ist nicht mit der Taste ., die einen Text-Index definiert, zu verwechseln. Die Zählung der Vektorelemente beginnt standardmäßig mit 0. Sie kann mit der Variablen ORIGIN in *Extras->Arbeitsblattoptionen->Systemvariablen* verändert und z. B. auf 1 hochgesetzt werden. Mit $M^{\langle\rangle}$ wird die n-te Spalte einer Matrix M ausgewählt, wobei n in die eckige Klammer einzutragen ist.

Für Vektoren und Matrizen können mathematische Standardoperationen angewandt werden. Spezielle Matrizenoperationen stehen in der Symbolleiste „Matrix“ zur Verfügung. Das Transponieren einer Matrix erfolgt mit der Schaltfläche M^T (und nicht mit einem Exponenten „T“). Mit „Vektorisieren“ in der Schaltfläche $\overrightarrow{f(M)}$ werden dieselben Operationen auf alle Elemente der Matrix angewandt. Weiterhin sei auf die zahlreichen Funktionen für Matrizen, auf die unter der Schaltfäche f(x) zugegriffen werden kann, hingewiesen. Hier einige Beispiele für Vektor- und Matrizenoperationen:

$$u := (1\ \ 4\ \ 2) \qquad u^T = \begin{bmatrix} 1 \\ 4 \\ 2 \end{bmatrix} \qquad \overrightarrow{u^2} = (1\ \ 16\ \ 4) \qquad B := u^T \cdot u = \begin{pmatrix} 1 & 4 & 2 \\ 4 & 16 & 8 \\ 2 & 8 & 4 \end{pmatrix}$$

$$A := \begin{pmatrix} 9 & 4 & 8 \\ 4 & 3 & 3.5 \\ 72 & 3 & 4 \end{pmatrix} \qquad A^{\langle 1 \rangle} = \begin{bmatrix} 4 \\ 3 \\ 3 \end{bmatrix} \qquad A_{0,2} = 8 \qquad A + B = \begin{pmatrix} 10 & 8 & 10 \\ 8 & 19 & 11.5 \\ 74 & 11 & 8 \end{pmatrix}$$

1.4 Formeln

Formeln können direkt über Tastatur oder auch mit Hilfe der Symbolleiste „Taschenrechner“ sehr einfach eingegeben werden (Bild 2.8). Für arithmetische Operationen stehen auf der Tastatur „+“, „-„, „*“ und „/“ zur Verfügung. Bereiche innerhalb von Formeln lassen sich mit der Leertaste vergrößern. Exponenten lassen sich auf der Tastatur mit Hilfe von ^ erzeugen. Für das Wurzelzeichen ist der „Taschenrechner“ hilfreich.

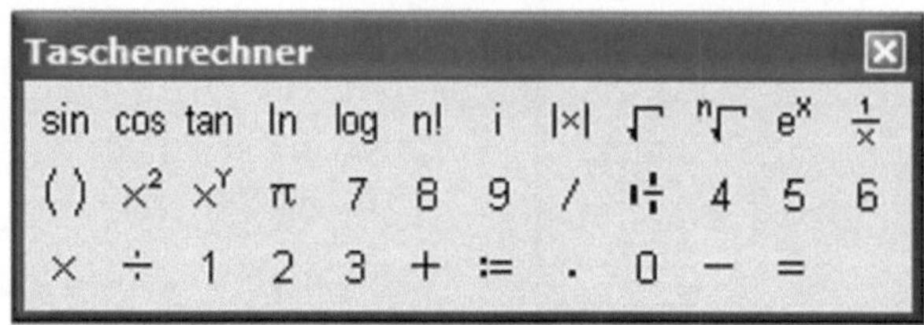

Bild 2.8: Symbolleiste „Taschenrechner“

1.5 Funktionen

Funktionen mit einer oder mehreren Veränderlichen können leicht auf einem Arbeitsblatt als Formeln eingegeben und ausgewertet oder grafisch dargestellt werden. Dabei können auch Matrizen, Bereichsvariable oder Programme verwendet werden. Hilfreich sind auch die über die Symbolleiste „Analysis“ zugänglichen Verfahren zur Summenbildung und zur numerischen Differentiation und Integration (Bild 2.9).

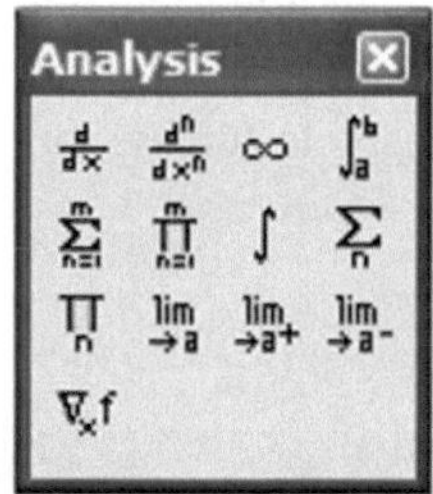

Bild 2.9: Symbolleiste „Analysis“

Mathcad verfügt aber auch über eine große Anzahl vordefinierter Funktionen. Darüber hinaus können auch eigene, benutzerspezifische Funktionen in C/C++ vom Benutzer erstellt werden (siehe Teil VI – Funktionenprogrammierung in C/C++). Der Zugriff erfolgt über die Schaltfläche f(x) . Danach erscheint ein Auswahlmenü für die Funktion (Bild 2.10). Neben den elementaren trigonometrischen Funktionen enthält Mathcad spezielle Funktionen wie beispielweise die Bessel-Funktion. Die Funktionenbibliothek von Mathcad enthält Funktionen zur Lösung linearer und nichtlinearer Gleichungen sowie von Eigenwertproblemen, zur Interpolation und Kurvenanpassung, Fouriertransformation, zur Lösung von Differentialgleichungen sowie zur Statistik und Wahrscheinlichkeitstheorie.

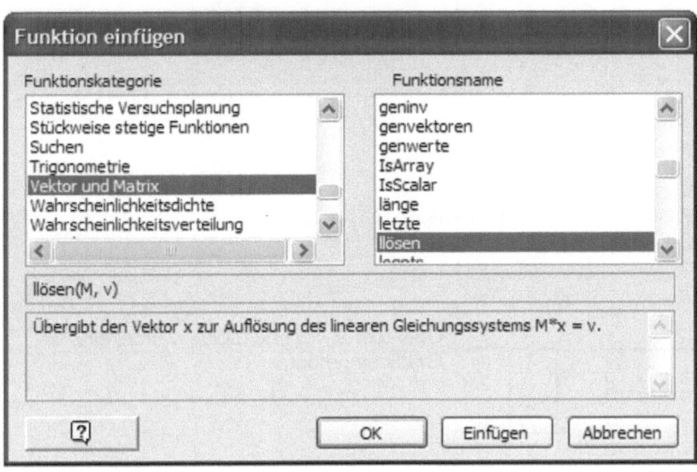

Bild 2.10: Auswahlmenü für Funktionen

Beispiel 3.1: *Runden einer Zahl*

Ein einfaches Beispiel ist die Funktion rund(*x*, *n*) aus dem Arbeitsblatt *„TV_2_02_Nachweis für Biegung.xmcd“*

$\mu_{Eds.r} := \mathrm{rund}(\mu_{Eds} + 0.005, 2)$

Die Funktion rund(*x, n*) rundet die reelle Zahl *x* auf *n* Stellen. Wird *n* nicht angegeben, wird *x* auf die nächste ganze Zahl gerundet. Ist $n < 0$, wird *x* links vom Dezimalzeichen gerundet.

1.6 Programme

Ein Mathcad-Programm ist ein spezieller Ausdruck, der aus einer Folge von Anweisungen besteht, die mit Hilfe von Programmieroperatoren erzeugt werden. Programme werden in Teil III näher erläutert.

1.7 Grafiken

Mathcad enthält keine eigenen Zeichenfunktionen. Pixel- oder Vektorgrafiken werden über die Windows-Zwischenablage oder über das Menü „Objekte -> Einfügen“ in Arbeitsblätter eingebunden.

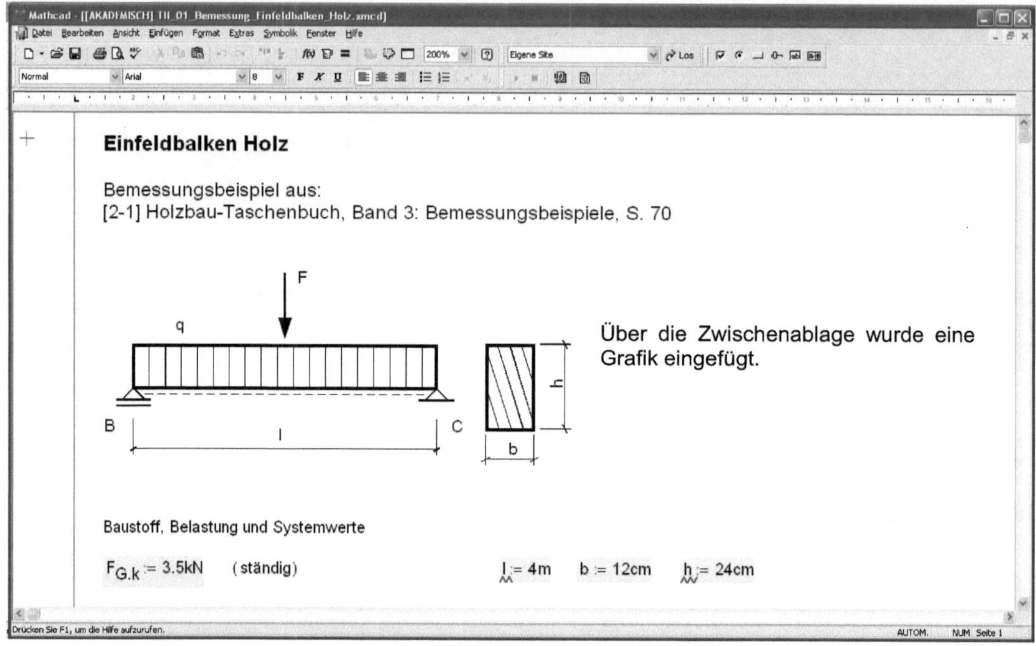

Bild 2.11: Eingebundene Vektorgrafik im Mathcad-Arbeitsblatt

1.8 Diagramme

Vielfältig sind die grafischen Auswertungsmöglichkeiten von großen Zahlenmengen.

Folgende Diagramme können mit Mathcad dargestellt werden: *x*-*y*-Diagramme, Kreisdiagramme, Flächendiagramme, Umrissdiagramme, 3D-Streuungsdiagramme, 3D-Säulendiagramme und Vektorfelddiagramme.

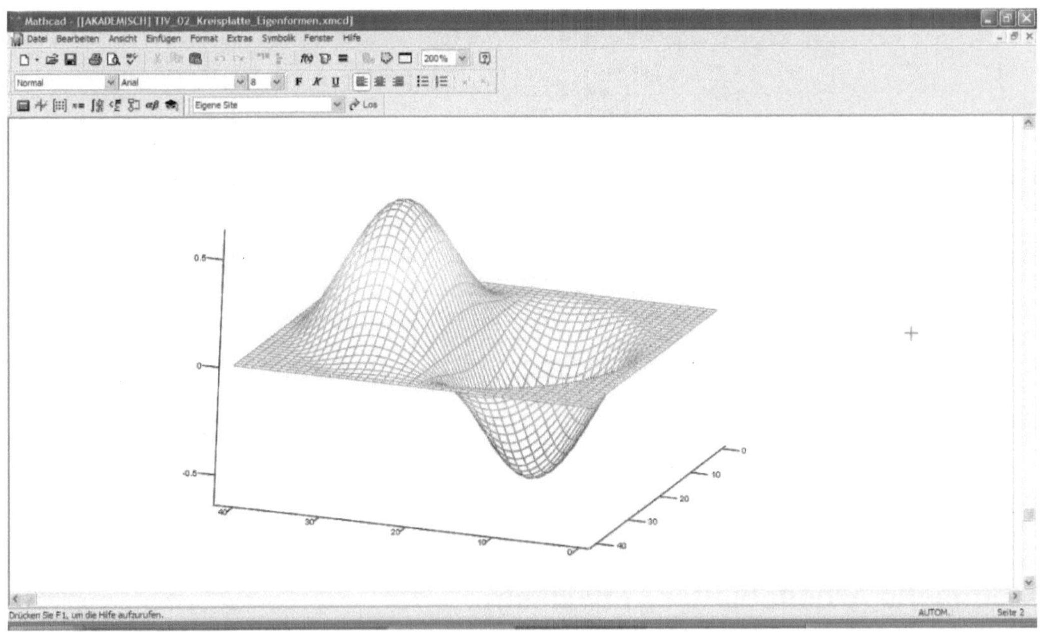

Bild 2.12: 3D-Diagramm aus dem Arbeitsblatt *„TIV_02_Kreisplatte_Eigenformen.xmcd"*

1.9 Komponenten

Interessant wird der Aufbau eines Mathcad-Arbeitsblattes, wenn Komponenten eingebunden werden. Damit erweitern sich die Anwendungsmöglichkeiten eines Arbeitsblattes enorm. In den Mathcad-Arbeitsblättern der Teile III bis V findet man verschiedene Komponenten, die die Zusammenarbeit verschiedener Programme zeigen. Vorwiegend wurden Eingabetabellen, Excel-Komponenten und Steuerelemente eingesetzt. Komponenten werden in „Teil III Weiterführende Arbeitstechniken" näher erläutert.

1.10 OLE-Objekte

Mathcad unterstützt den Microsoft-Standard OLE 2 (Object Linking and Embedding) für die Zusammenarbeit mit anderen Programmen. Damit werden Drag & Drop sowie die Inplace-Aktivierung sowohl auf dem Client als auch auf dem Server möglich. Die Objekte werden so eingefügt, dass sie von Mathcad aus in ihren jeweiligen Applikationen vollständig bearbeitet werden können. Die Möglichkeiten hängen von den auf dem System installierten Programmen ab, die den Microsoft-Standard OLE 2 unterstützen.

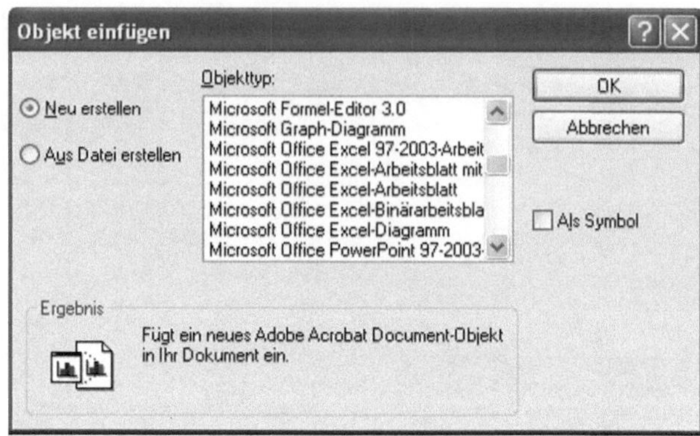

Bild 2.13: Objekte einfügen

2 Einfache Arbeitsblätter entwickeln

2.1 Allgemeines

Ein einfaches Arbeitsblatt *„TII_01 Bemessung Einfeldbalken Holz.xmcd"* soll im Folgenden entwickelt werden, um die grundlegenden Funktionen kennen zu lernen. Dafür wurde die Bemessung eines Holzträgers aus dem Taschenbuch Holzbau [2-2, S. 70 gewählt] ausgewählt. Dort werden die einzelnen Berechnungsschritte kommentiert. Hier folgt die Beschreibung der Umsetzung in Mathcad mit weiteren Hinweisen.

Bei der Entwicklung eines einfachen Arbeitsblattes kann man nach folgendem Schema arbeiten.

a) Gestaltung des Arbeitsblattes festlegen
Zur Gestaltung zählen das Grundlayout mit den Angaben zur Papiergröße, Seitenränder und Kopf- bzw. Fußzeile. Weiterhin ist es sinnvoll, für die verschiedenen Objekte wie Textbereiche, Variablen, Ergebnisse usw. Formate festzulegen. Nach diesen Vorüberlegungen kann die Anordnung der einzelnen Objekte beginnen.

b) Mathcad-Objekte einfügen
Im Arbeitsblatt *„TII_01 Bemessung Einfeldbalken Holz.mcd"* werden folgende Objekte eingesetzt:

- Textbereiche (Überschriften, Erläuterungen)
- Grafikobjekte (Systemskizze)
- Variablendefinition
- Variablen und Formeln und
- einfache Mathcadfunktionen.

2.2 Gestaltung eines Arbeitsblattes

Die von den Herausgebern und Autoren entwickelten Mathcad-Arbeitsblätter haben in der Regel ein gleich bleibendes Layout. Mit dem Layout legten sie die Seitengestaltung des Mathcad-Arbeitsblattes fest. Der Anwender kann die einzelnen Angaben für eigene Arbeitsblätter individuell ändern.

Zu den Layoutangaben gehören:

- die Papiergröße (in der Regel A 4)
- eine druckerabhängige Papierzufuhr
- die Ausrichtung (Hoch- oder Querformat)
- Seitenränder (links, rechts, oben, unten)
- Kopf- und Fußzeilen

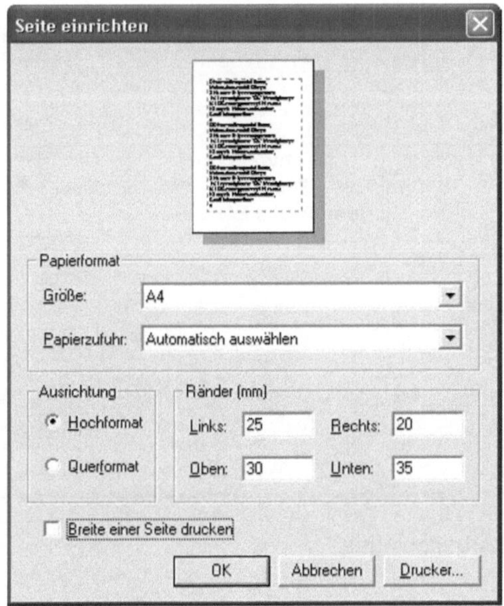

Bild 2.14: Seite einrichten

Papiergröße und Ausrichtung

Mathcad verwendet die in Windows installierten Druckertreiber für den Ausdruck. Die einzelnen Druckertreiber legen die Möglichkeiten der Papiergrößenwahl fest. Für die Mathcad-Arbeitsblätter wählt man in der Regel die Größe A4 im Hochformat.

Seitenränder

Als Seitenränder wurden folgende Einstellungen gewählt:

Links:	25 mm	Rechts:	20 mm
Oben:	30 mm	Unten:	35 mm

Kopf- und Fußzeile

Kopf- und Fußzeilen sind dem Leser sicher aus Textverarbeitungsprogrammen bekannt. Sie enthalten wichtige Informationen, die auf jeder Seite eines Dokumentes zu sehen sein sollten.

Der Anwender von Mathcad hat die Möglichkeit die Kopf- und Fußzeilen individuell einzurichten. Eine Kopf- oder Fußzeile fügen Sie über das Menü „*Format -> Kopf-/Fußzeile*" ein. In Mathcad kann man den Inhalt einer Kopf- oder Fußzeile in drei Bereiche – links, zentriert und rechts – anordnen. Angezeigt werden Kopf- und Fußzeilen nur in der Druckvorschau beziehungsweise beim Ausdruck. Die Beispiele zu diesem Buch verwenden alle drei Bereiche.

Mathcad in der Tragwerksplanung Teil V/2: Stahlbetonbau	**Nachweis für Biegung gemäß DIN EN 1992-1-1 (2005)**	Zuletzt aktualisiert: 04.11.2010 Bearbeiter: Heiko Denk Silas Eints

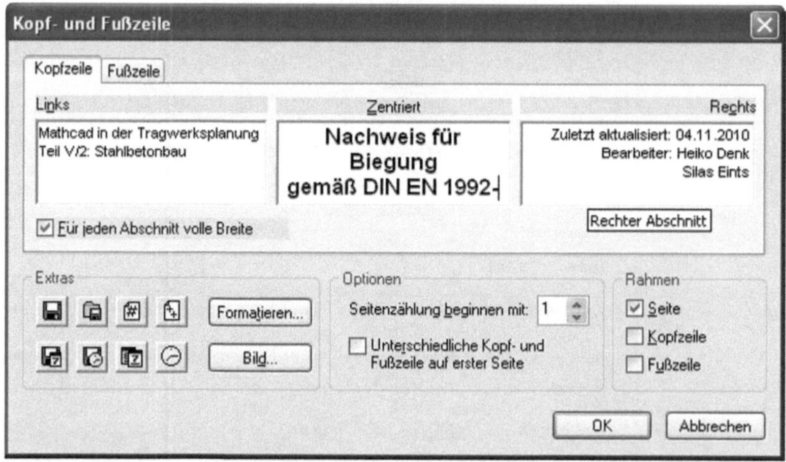

Bild 2.15: Kopfzeile eines Arbeitsblattes

Nachdem das Grundlayout eingerichtet wurde, kann man mit der Eingabe und Gestaltung der einzelnen Elemente beginnen. Wie in der Textverarbeitung sollte man bestimmte Formate für die einzelnen Elemente im Vorfeld festlegen. Mathcad bietet dazu viele Möglichkeiten.

Formate definieren

Über das Menü „*Format*" bestehen vielfältige Möglichkeiten, eigene Vorstellungen bei der Gestaltung eines Mathcad-Arbeitsblattes vor Beginn der Arbeit zu definieren. Unter anderem können Formate für Gleichungen (Variablen und Konstanten), Ergebnisse, Diagramme und Bereiche definiert werden [2-1, S. 59ff]. Die Profis in der Textverarbeitung arbeiten mit Formatvorlagen. Auch hier bietet Mathcad die Möglichkeit Vorlagen anzulegen. Bei der Entwicklung von Mathcad-Arbeitsblättern kann man damit viel Zeit sparen (Bild 2.16).

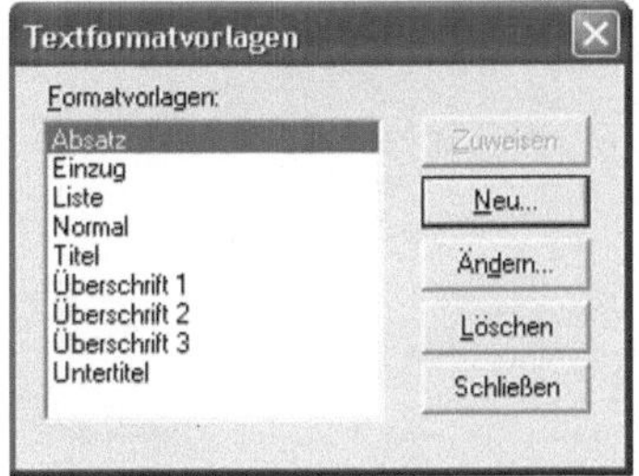

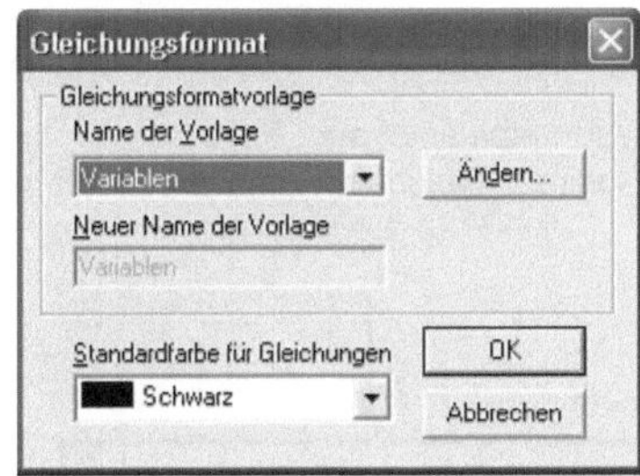

Bild 2.16: Textformatvorlagen und Gleichungsformatvorlagen

Sehr angenehm ist die Möglichkeit, Ergebnisangaben festzulegen. Das Zahlenformat, mit der Anzahl der Dezimalstellen, die Anzeigeoptionen und die Einheiten werden im Ergebnisformat definiert (Bild 2.5).

Nachdem die grundlegenden Vorarbeiten getroffen wurden, beginnt man mit der Eingabe von Variablen, Formeln, Grafiken, Komponenten usw.

Für das Arbeitsblatt *„TII_01 Bemessung Einfeldbalken Holz.xmcd“* werden die bisher beschriebenen Vorgaben angewandt und weiterhin mit den aus der Textverarbeitung bekannten Formatierungsbefehlen Formatvorlagen definiert:

- Überschrift 1: Arial 10 Punkt, fett
- Überschrift 2: Arial 10 Punkt, fett, kursiv
- Normal: Arial 8 Punkt

2.3 Objekte in einem Mathcad-Arbeitsblatt anordnen

Nach diesen Vorüberlegungen beginnt die Arbeit der inhaltlichen Umsetzung. Dies wird im Folgenden am Beispiel des Arbeitsblatts *„TII_01_Bemessung_Einfeldbalken_Holz.xmcd“* gezeigt. Darin werden die Tragfähigkeits- und Gebrauchsfähigkeitsnachweise eines einfachen Einfeldbalkens aus Holz nach [2-2, S. 70 ff.] geführt.

In der Regel beginnt man mit einer Überschrift, die als Text erstellt wird. Es können weitere textliche Erläuterungen folgen. Zur Verdeutlichung von Inhalten kann, wie hier, eine Grafik in das Arbeitsblatt übernommen werden.

Sinnvoll ist es, die Eingabevariablen am Anfang des Arbeitsblattes festzugeben und mit Texten zu erläutern. Damit man sie von den Berechnungsformeln unterscheiden kann, werden sie gelb unterlegt. Dies erfolgt mit einem Rechte-Maus-Klick auf die Zuweisung unter -> *Eigenschaften*. In der Eingabemaske „Eigenschaften“ wird *„Bereich hervorheben“* angeklickt und gegebenenfalls noch eine Farbe ausgewählt. Gelb ist allerdings schon die Standardeinstellung.

Es folgt – von links oben nach rechts unten – die Eingabe der Berechnungsformeln mit entsprechenden Text-Erläuterungen. Die Vorgehensweise ist hier sehr ähnlich wie beim Arbeiten mit „Bleistift und Papier“. Einheiten können in sinnvoller Weise geändert werden. Wichtige Zwischenwerte und die Ergebnisse werden in Cyan farblich hinterlegt.

Einfeldbalken Holz

Bemessungsbeispiel aus:
[2-1] Holzbau-Taschenbuch, Band 3: Bemessungsbeispiele, S. 70

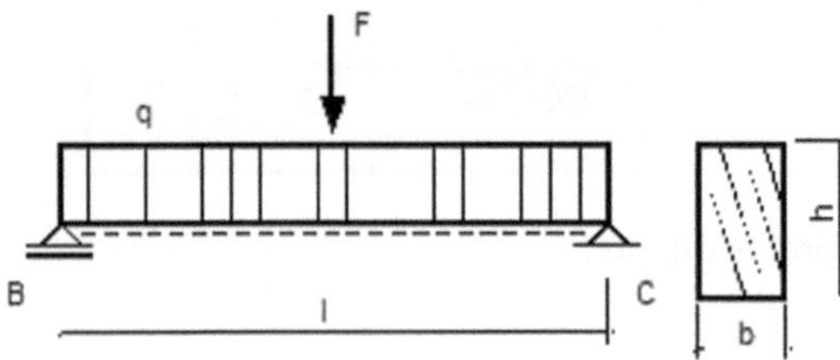

Baustoff, Belastung und Systemwerte

$F_{G.k} := 3.5\,kN$ (ständig)

$q_{G.k} := 0.75\,\frac{kN}{m}$ (ständig)

$q_{Q.k} := 2.50\,\frac{kN}{m}$ (veränderlich – mittel)

$l := 4m$ $b := 12cm$ $h := 24cm$

Nutzungsklasse 2

Festigkeitsklasse C24

Berechnung

Grenzzustände der Tragfähigkeit

Kombinationsregel für Einwirkungen

$$E_d = E\left\{\sum_{j\geq 1}\gamma_{G.j}\cdot G_{k.j} \otimes \gamma_{Q.1}\cdot Q_{k.1} \otimes \sum_{j>1}\gamma_{Q.i}\cdot \psi_{Q.i}\cdot Q_{k.i}\right\}$$

hier:

$\gamma_{G.j} := 1.35$ $\gamma_{Q.1} := 1.5$ $\gamma_G := \gamma_{G.j}$ $\gamma_Q := \gamma_{Q.1}$

$F_{G.d} := \gamma_G \cdot F_{G.k} = 4.7\cdot kN$ $q_{G.d} := \gamma_G \cdot q_{G.k} = 1\,\frac{kN}{m}$

$q_{Q.d} := \gamma_Q \cdot q_{Q.k} = 3.8\,\frac{kN}{m}$ $F_d := F_{G.d} = 4.7\cdot kN$ $q_d := q_{G.d} + q_{Q.d} = 4.8\,\frac{kN}{m}$

Bemessungsmaßgebende Schnittgrößen

$M_{y.d} := q_d \frac{l^2}{8} + F_d \frac{l}{4} = 14.3\cdot kN\cdot m$ $V_{z.d} := q_d \frac{l}{2} + \frac{F_d}{2} = 11.9\cdot kN$

Querschnittswerte

$A_F := b\cdot h$ $W_y := b\frac{h^2}{6}$ $I_y := \frac{b\cdot h^3}{12}$

$A_F = 288\cdot cm^2$ $W_y = 1152\cdot cm^3$ $I_y = 13824\cdot cm^4$

Bemessungswerte der Beanspruchungen

$$\sigma_{m.y.d} := \frac{M_{y.d}}{W_y} = 12.4 \frac{N}{mm^2} \qquad \tau_d := 1.5 \frac{V_{z.d}}{A_F} = 0.62 \frac{N}{mm^2}$$

Chrakteristische Werte der Baustoffeigenschaften

$$f_{m.y.k} := 24.0 \frac{N}{mm^2} \qquad f_{v.k} := 2.7 \frac{N}{mm^2} \qquad E_{0.mean} := 11000 \frac{N}{mm^2}$$

Bemessungswerte der Festigkeiten

$$k_{mod} := 0.8 \qquad \gamma_M := 1.3$$

$$f_{m.y.d} := k_{mod} \frac{f_{m.y.k}}{\gamma_M} = 14.77 \frac{N}{mm^2}$$

$$f_{v.d} := k_{mod} \frac{f_{v.k}}{\gamma_M} = 1.7 \frac{N}{mm^2}$$

Tragsicherheitsnachweis für Biegung - Ersatzstabverfahren

$$k_m := 1$$

$$\frac{\sigma_{m.y.d}}{k_m \cdot f_{m.y.d}} = 0.8 \cdot 1 \qquad 0.81 < 1$$

Nachweis erbracht

Nachweis der Querschnittstragfähigkeit auf Schub

$$\frac{\tau_d}{f_{v.d}} = 0.4 \qquad 0.4 < 1$$

Grenzzustände der Gebrauchstauglichkeit

elastische Anfangsverformung infolge ständiger Lasten

$$w_{G.inst} := \frac{5}{384} \cdot \frac{q_{G.k} \cdot l^4}{E_{0.mean} \cdot I_y} + \frac{1}{48} \cdot \frac{F_{G.k} \cdot l^3}{E_{0.mean} \cdot I_y} = 4.7 \cdot mm$$

elastische Anfangsverformung infolge veränderlicher Lasten

$$w_{Q.inst} := \frac{5}{384} \frac{q_{Q.k} \cdot l^4}{E_{0.mean} \cdot I_y} = 5.5 \cdot mm$$

keine Überhöhung im lastfreien Zustand

Endverforumungen infolge ständiger Lasten

$k_{def} := 0.8$ (Vollholz Nutzungsklasse2)

$$w_{G.fin} := w_{G.inst} \cdot \left(1 + k_{def}\right) = 8.5 \cdot mm$$

Anfangsverformung infolge veränderlicher Lasten

$\psi_2 := 0.3$

$$w_{Q.fin} := w_{Q.inst} \cdot \left(1 + \psi_2 \cdot k_{def}\right) = 6.8 \cdot mm$$

Endverformung insgesamt

$$w_{fin} := w_{G.fin} + w_{Q.fin} = 15.3 \cdot mm$$

Gebrauchstauglichkeitsnachweise

$w_{Q.inst1} := \frac{l}{300} = 13.3 \cdot mm$ $w_{Q.inst} = 5.5 \cdot mm$

$w_{Q.inst} < w_{Q.inst1}$ $5.5 < 13.3$

$$w_{fin} - w_{G.inst} < \frac{l}{200}$$

$w_{vergleich} := \frac{l}{200} = 20 \cdot mm$ $w_{fin} - w_{G.inst} = 10.6 \cdot mm$

$10.6 < 20$

Nachweis erbracht

Das hier vorgestellte Arbeitsblatt zeigt, wie Mathcad ähnlich einem Statikeditor für vielfältige statische Nachweise verwendet werden kann. Vielfach wurden hier Text-Kommentare eingefügt, wie „Nachweis erbracht“ die sich ausschließlich auf die vorliegenden Zahlenwerte beziehen. Diese ließen sich mit entsprechender Programmierung, wie sie in Teil III erläutert werden, für beliebige Eingabewerte automatisieren.

Bei Eingabefehlern wird die Fehlersuche erleichtert durch die Funktion der Fehlerrückverfolgung. Mit rechtem Mausklick auf den Bereich, in dem der Fehler angezeigt wird, kann die Funktion „Fehler zurückverfolgen“ aufgerufen werden. Es erscheint ein Fenster zur Steuerung der Fehlerrückverfolgung.

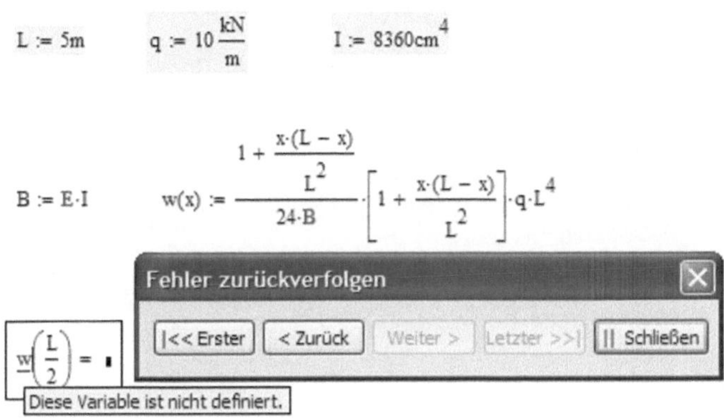

Bild 2.17: Fehlerrückverfolgung

Ein weiteres Arbeitsblatt zur Berechnung eines I-Querschnitts elastisch-elastisch nach [2-3] befindet sich auf der beiliegenden CD-ROM (Arbeitsblatt „*TII_02_Bemessung_I-Querschnitt Nachweis e-e mit einachsiger Biegung.xmcd*“).

Teil III: Weiterführende Arbeitstechniken

Günter Schulz

1 Elemente der Programmierung

In der Berechnungspraxis setzt man ganz selbstverständlich bestimmte Denkstrukturen (z. B. wenn, dann) ein, die in Mathcad schnell umgesetzt werden können. Gleiche logische Strukturen verwenden Programmierer in der Programmentwicklung und Realisierung von Programmen in einer Programmiersprache. Die weiteren Ausführungen zeigen, wie einfach es ist, mit Mathcad aus bestimmten logischen Strukturen effiziente Berechnungsalgorithmen zu entwickeln. Das folgende kleine Beispiel aus der Praxis zeigt den zum Teil unbewussten Einsatz bestimmter logischer Strukturen.

Beispiel 3.1: *Mindestdicke einer Schweißnaht*

Für eine Stahlbaukonstruktion ist ein Kehlnahtanschluss zu bemessen. Als Mindestwert der Schweißnahtdicke a einer Kehlnaht wird nach [3.1, S. 722] empfohlen:

Minimale Schweißnahtdicke

$$\min a \geq 2\text{mm}$$

$$\min a \geq \sqrt{\max t} - 0{,}5$$

Hierin bedeutet max t die größte anschließende Bauteildicke in mm. Zuerst berechnet man die minimale Nahtdicke nach

$$\min a = \sqrt{\max t} - 0{,}5$$

und vergleicht das Ergebnis mit der Forderung

$$\min a \geq 2 \text{ mm}$$

Wenn min$a$ kleiner als 2 mm ist, dann wird min a = 2 mm angenommen, sonst gilt

$$\min a = \sqrt{\max t} - 0{,}5$$

Somit könnte die Ermittlung von min a wie folgt aussehen:

Berechne $\min a = \sqrt{\max t} - 0{,}5$

Wenn $\min a < 2\,\text{mm}$

Dann $\min a = 2\,\text{mm}$.

In Mathcad lässt sich dies leicht umsetzen:

$t_{max} := 10mm$

$$a_{min} := \begin{vmatrix} a \leftarrow \sqrt{\frac{t_{max}}{mm} - 0.5} \cdot mm \\ a \leftarrow (2mm) \text{ if } a < 2mm \\ a \end{vmatrix} \qquad a_{min} = 2.7mm$$

Die Division in der Wurzel durch mm und die nachfolgende Multiplikation mit mm sind erforderlich, da die Gleichung nicht dimensionsecht ist.

Logische Strukturen wie „wenn -> dann“ oder „wiederhole, solange bis...“ treten bei der Tragwerksplanung oft auf. Es ist demzufolge eine große Arbeitserleichterung, wenn ein Mathcad-Arbeitsblatt diese Arbeitsschritte übernimmt und unsere Denkstrukturen umsetzt.

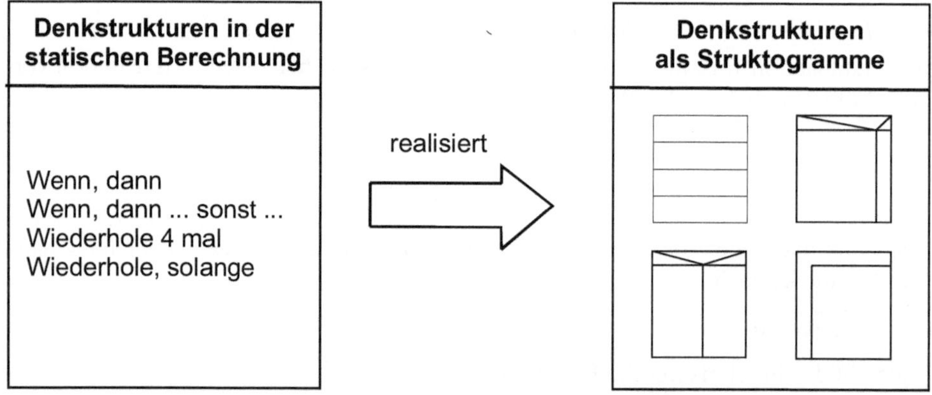

Bild 3.1: Denkstrukturen und Struktogramme

2 Programmkonstrukte und die Programmierung in Mathcad

Logische Strukturen, wie sie bei einer statischen Berechnung immer wieder vorkommen, werden teilweise eindeutig als solche beschrieben oder sind in einer u.U. umfangreichen verbalen Beschreibung versteckt. Die Aufgabe besteht nun darin, die Strukturen beim Entwurf eines Berechnungsalgorithmus eindeutig herauszuarbeiten und in Mathcad zu übertragen.

Drei grundlegende Denkweisen wurden von vielen Computersprachen übernommen und sprachlich realisiert.

Das sind:

- die Folge,
- die Alternative und
- die Wiederholung.

Die grafische Darstellung, Beschreibung und Definition logischer Strukturen werden in den Normen DIN 66 001, DIN 66 261 und DIN 66 262 [3-3] festgelegt. Die wiedergegebenen Definitionen und grafischen Darstellungsmöglichkeiten sollen dem besseren Verständnis dienen. In der DIN 66 262 wird hierbei der Begriff Programmkonstrukt verwendet.

„Ein Programmkonstrukt ist ein abgeschlossener Zweig. Es besteht aus einem Steuerteil und einem oder mehreren Verarbeitungsteilen. Ein Verarbeitungsteil ist ein abgeschlossener Zweig oder eine elementare Anweisung, jedoch keine Sprunganweisung; er kann auch leer sein. Der Steuerungsteil bestimmt Reihenfolge und Häufigkeit der Ausführung der Verarbeitungsteile."

2.1 Folge

Definition nach DIN 66 262:

„Dieses Programmkonstrukt enthält zwei oder mehrere Verarbeitungsteile. Der Steuerungsteil ist implizit vorhanden: Die Verarbeitungsteile werden genau je einmal in der angegebenen Reihenfolge ausgeführt, wenn das Programmkonstrukt ausgeführt wird."

Programmablaufplan	Struktogramm	Mathcad
V_1 → V_2 → V_3	V_1 / V_2 / V_3	$q := 3\frac{kN}{m}$ $L := 4.5m$ $M_{max} := \frac{q \cdot L^2}{8} = 7.6kN \cdot m$

Bild 3.2: Folge

Beschreibung
Die Folge ist die einfachste Struktur der Berechnung. Die Verarbeitungsschritte V_1 bis V_3 werden nacheinander abgearbeitet. Nach jedem Verarbeitungsteil wird überprüft, ob ein weiterer Berechnungsschritt folgt.

2.2 Alternative

Das Denken in Alternativen ist bekannt durch die Worte:

Wenn ... Dann
Hier folgt nach dem Wort *Wenn* eine Bedingung. Wird die Bedingung erfüllt, so werden alle Berechnungsschritte nach dem Wort *Dann* abgearbeitet. Wird die Bedingung nicht erfüllt, geht es in der Berechnung weiter, ohne etwas abzuarbeiten.

Wenn ... Dann ... Sonst

Nach dem Wort *Wenn* folgt eine Bedingung. Wenn die Bedingung erfüllt wird, so werden die Berechnungsschritte nach dem Wort *Dann* abgearbeitet. Wenn die Bedingung nicht erfüllt wird, so werden die Berechnungsschritte nach dem Wort *Sonst* abgearbeitet.

Einfache Alternative

Definition nach DIN 66 262:

„Dieses Programmkonstrukt besteht aus zwei Verarbeitungsteilen und einem Steuerungsteil mit zwei komplementären Bedingungen. Der Steuerungsteil gibt mit diesen beiden Bedingungen an, welcher der beiden Verarbeitungsteile ausgeführt wird, wenn das Programmkonstrukt ausgeführt wird.“

Programmablaufplan	Struktogramm	Mathcad
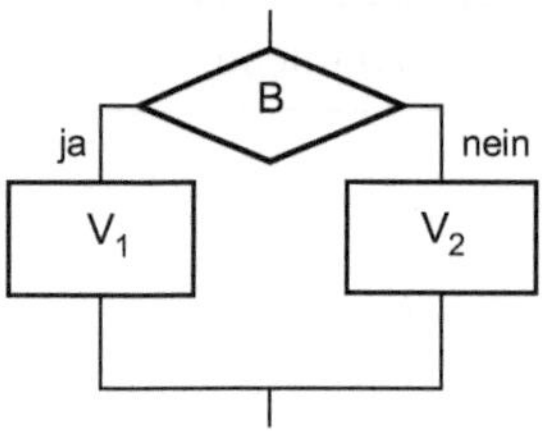 B; ja: V_1; nein: V_2	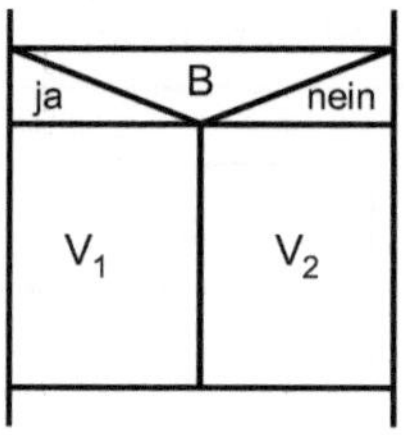 B; ja: V_1; nein: V_2	ERG := ANZ1 if $\sigma_{t.0.d} \le f_{t.0.d}$ ANZ2 otherwise

Bild 3.3: Einfache Alternative

Beschreibung

Man verwendet allgemein die Formulierung:

> **Wenn** Bedingung erfüllt,
> **Dann** arbeite Verarbeitungsteil V_1 ab
> **Sonst** arbeite Verarbeitungsteil V_2 ab

Nach der Definition und der Darstellung besteht die einfache Alternative aus folgenden Teilen:

- einem Steuerungsteil mit zwei komplementären Bedingungen
- einem Verarbeitungsteil V_1, welcher nach der Darstellung nur dann abgearbeitet wird, wenn die Bedingung erfüllt ist.
- einem Verarbeitungsteil V_2, der nur dann abgearbeitet wird, wenn die Bedingung nicht erfüllt ist.

Beispiel 3.2: *Anzeigen einer Meldung mit Fallunterscheidung*

Ein einfaches Beispiel wird diesen Begriff anschaulich beschreiben. Eine Bedingung lautet zum Beispiel: $\sigma_{t,0,d} \leq f_{t,0,d}$. Wenn die Bedingung $\sigma_{t,0,d} \leq f_{t,0,d}$ erfüllt ist, dann ist das Komplement der Bedingung $\sigma_{t,0,d} > f_{t,0,d}$ nicht erfüllt. Komplementäre Bedingungen, z. B. $\leq$ und $>$ gehören „paarweise zusammen". Im alltäglichen Sprachgebrauch verwenden wir sehr oft solche Formulierungen. Das Mathcad-Arbeitsblatt *„TIII_01_Einfache_Alternative.xmcd"* zeigt die Umsetzung. Nach einem Nachweis soll der Text „Nachweis erbracht" angezeigt werden, wenn die Bedingung $\sigma_{t,0,d} \leq f_{t,0,d}$ erfüllt ist, sonst der Text „Nachweis nicht erbracht":

Bemessungswert der Zugfestigkeit: $f_{t.0.d} := 8.62 \frac{N}{mm^2}$

Vorhandene Spannung $\sigma_{t.0.d} := 8.33 \frac{N}{mm^2}$

Anzeigetexte: ANZ1 := "Nachweis erbracht"

ANZ2 := "Nachweis nicht erbracht"

if-Abfrage:

$$ERG := \left| \begin{array}{ll} ANZ1 & \text{if } \sigma_{t.0.d} \leq f_{t.0.d} \\ ANZ2 & \text{otherwise} \end{array} \right.$$

ERG = "Nachweis erbracht"

Alternativ kann auch die „wenn"-Anweisung in Mathcad verwendet werden z. B. mit

$$ERG := wenn\left(\sigma_{t.0.d} \leq f_{t.0.d}, \text{"Nachweis erbracht"}, \text{"Nachweis nicht erbracht"}\right)$$

ERG = "Nachweis erbracht"

Auch die bereichsweise Definition von Funktionen ist mit Hilfe der if-Anweisung möglich:

$$M_{F\_gg}(x,F,a) := \left| \begin{array}{ll} \frac{x}{l} \cdot \frac{l-a}{l} \cdot F \cdot l & \text{if } \frac{x}{l} \leq \frac{a}{l} \\ \frac{l-x}{l} \cdot \frac{a}{l} \cdot F \cdot l & \text{otherwise} \end{array} \right.$$

Mehrfache Alternative

Definition nach DIN 66 262:

„Dieses Programmkonstrukt besteht aus mindestens drei Verarbeitungsteilen und einem Steuerungsteil mit der gleichen Anzahl einander ausschließender Bedingungen, von denen immer eine erfüllt ist. Der Steuerungsteil gibt mit diesen Bedingungen an, welcher der Verarbeitungsteile ausgeführt wird, wenn das Programmkonstrukt ausgeführt wird.“

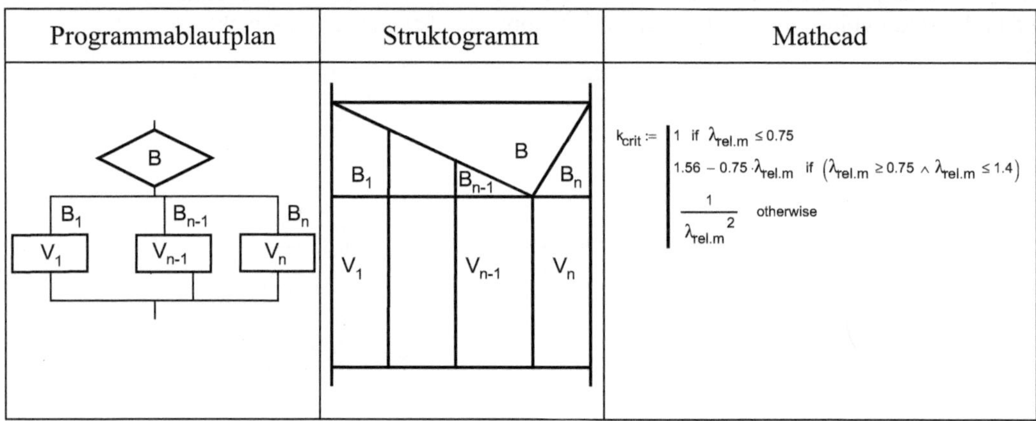

Bild 3.4: Mehrfache Alternative

Beschreibung

Im normalen Sprachgebrauch spricht man von einer Fallauswahl. Sie kann wie folgt formuliert werden:

Fallauswahl:

Fall 1: Wenn Bedingung (B_1) erfüllt, V_1 wird abgearbeitet
Fall 2: Wenn Bedingung (B_2) erfüllt, V_2 wird abgearbeitet

•

•

Fall n: Wenn Bedingung (B_n) erfüllt, V_n wird abgearbeitet

Systematisch werden nacheinander die Bedingungen B_1, B_2 bis B_n geprüft. Ist die Bedingung B_1 erfüllt, dann wird V_1 abgearbeitet. Nun müssen aber die Bedingungen B_2 bis B_n so formuliert sein, dass sie nicht erfüllt werden können. In der Definition spricht man deshalb von sich einander ausschließenden Bedingungen. Hier kann man beim Aufstellen eines Algorithmus sehr schnell einen Fehler einbauen und wundert sich, dass V_1 und dann eventuell noch V_3 abgearbeitet werden.

Beispiel 3.3: *Mehrfache Alternative*

In DIN EN 1995-1-1:2010-12 steht auf Seite 47: „(4) Bei Biegestäben mit spannungsloser seitlicher Vorkrümmung innerhalb der in Abschnitt 10 festgelegten Grenzen darf k_{crit} nach Gleichung (6.34) bestimmt werden.“

$$k_{\text{crit}} = \begin{cases} 1 & \lambda_{\text{rel,m}} \leq 0,75 \\ 1,56 - 0,75\lambda_{\text{rel,m}} & 0,75 < \lambda_{\text{rel,m}} \leq 1,4\text{“} \\ \dfrac{1}{\lambda_{\text{rel,m}}^2} & 1,4 < \lambda_{\text{rel,m}} \end{cases}$$

Die Umsetzung in Mathcad zeigt das Arbeitsblatt *„TIII_02_Mehrfache_Alternative.xmcd“:*

$\lambda_{rel.m} := 2$

$$k_{crit} := \begin{array}{|l} 1 \text{ if } \lambda_{rel.m} \leq 0.75 \\ 1.56 - 0.75 \cdot \lambda_{rel.m} \text{ if } (\lambda_{rel.m} \geq 0.75 \wedge \lambda_{rel.m} \leq 1.4) \\ \dfrac{1}{\lambda_{rel.m}{}^2} \text{ otherwise} \end{array}$$

$k_{crit} = 0.25$

2.3 Wiederholungen

Bei Wiederholungen kommen folgende Worte vor:

Wiederhole, solange ...
Solange eine Bedingung erfüllt ist, wird eine bestimmte Anweisungsfolge wiederholt.

Wiederhole, bis ...
Eine Bemessungsaufgabe wird prinzipiell einmal ausgeführt und eventuell wiederholt, bis eine Bedingung erfüllt ist. Durch eine bestimme Formulierung der Bedingung kann diese Wiederholung auch durch *Wiederhole, solange* ... realisiert werden.

Wiederhole, n-mal
Diese Wiederholung ist durch eine feste Anzahl von Wiederholungsdurchläufen gekennzeichnet.

Somit unterscheidet man zwischen:

a) Wiederholung mit vorausgehender Bedingungsprüfung

Definition nach DIN 66 262:

„Dieses Programmkonstrukt besteht aus einem Verarbeitungsteil und einem Steuerungsteil mit einer Bedingung. Die Bedingung bestimmt, ob beziehungsweise wie häufig der Verarbeitungsteil ausgeführt wird, wenn das Programmkonstrukt ausgeführt wird.“

Programmablaufplan	Struktogramm	Mathcad
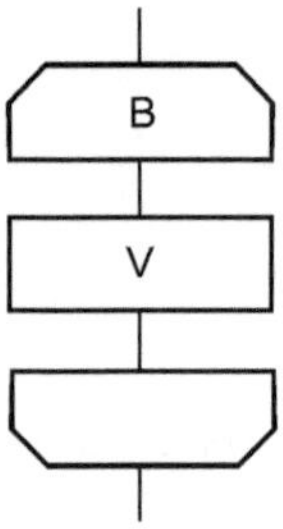 B V	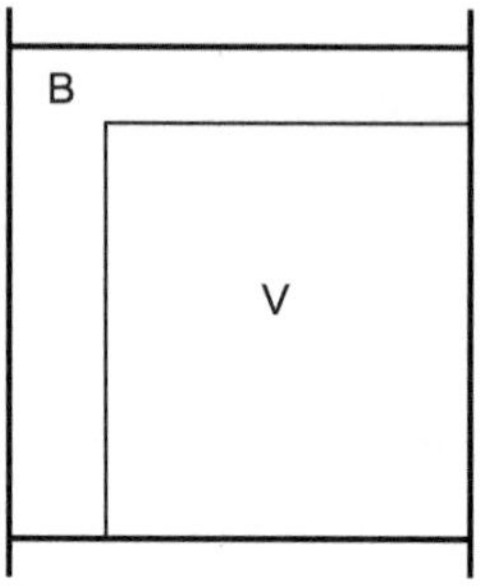 B V	e_funk := $y \leftarrow 1$ $i \leftarrow 1$ while $\frac{1}{i!} > 10^{-5}$ $y \leftarrow y + \frac{1}{i!}$ $i \leftarrow i + 1$ y

Bild 3.5: Wiederholung mit vorausgehender Bedingungsprüfung

Beschreibung
Im normalen Sprachgebrauch verwendet man dafür die Formulierung:

Wiederhole, solange Bedingung erfüllt **Verarbeitungsteil *V***

Zuerst erfolgt die Überprüfung der Bedingung. Solange diese Bedingung *B* erfüllt ist, wird der Verarbeitungsteil *V* abgearbeitet. Denken Sie nur an die einfache Bemessung eines Profilträgers. Hier arbeiten Sie nach dem Schema: Wiederhole die Profilauswahl, solange die Spannungsbedingung nicht erfüllt ist. Wird die Bedingung nicht erfüllt, so erfolgt auch keine Abarbeitung des Verarbeitungsteils *V*.

b) Sonderform der Wiederholung: Zählschleife

Eine besondere Form der Wiederholung ist die Zählschleife. Hier wird ein Verarbeitungsteil V_1 n-mal wiederholt.

Programmablaufplan	Struktogramm	Mathcad
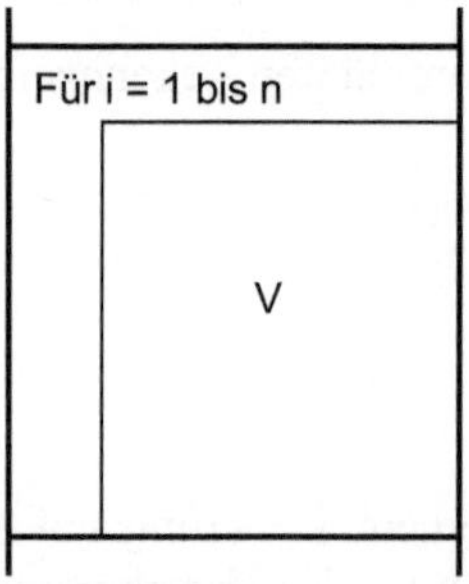 Für i = 1 bis n V	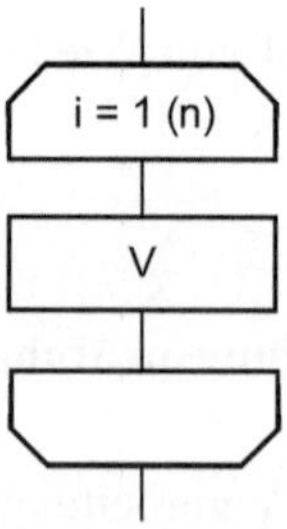 i = 1 (n) V	sum(q,n) := $a \leftarrow 0$ for $i \in 0..n$ $a \leftarrow a + q^{i}$ a

Bild 3.6: Zählschleife

Beispiel 3.6: *Interpolation von Tabellenwerten*

Ein einfaches Beispiel einer Schleife zeigt das Arbeitsblatt *„TIII_03_Knickbeiwerte_VH_ Eingabetabelle.xmcd"*. Es ermittelt den Knickbeiwert k_c für Nadelholz der Festigkeitsklasse C16 durch Interpolation von Tafelwerten. Tafel 4-2 aus [3-2 S. 790] gibt den Knickbeiwert in Abhängigkeit vom Schlankheitsgrad λ an (Tabelle 3.1). Zwischenwerte können linear interpoliert werden.

Tabelle 3.1: Knickbeiwerte k_c nach [3-2]

λ	C16
10	1,000
20	0,987
30	0,938
40	0,868
50	0,762

Das Arbeitsblatt verwendet eine Datentabelle der Knickbeiwerte. In Mathcad wird dafür der Begriff „Eingabetabelle" eingesetzt. Mit einer Schleife wird zunächst der Zeilenindex *i* ermittelt, mit dem die entsprechenden Werte für die Interpolation aus der Tabelle entnommen werden. Man erhält:

$$k_c = \frac{(\lambda - \lambda_1)(k_{c2} - k_{c1})}{(\lambda_2 - \lambda_1)} + k_{c1} \tag{3.2}$$

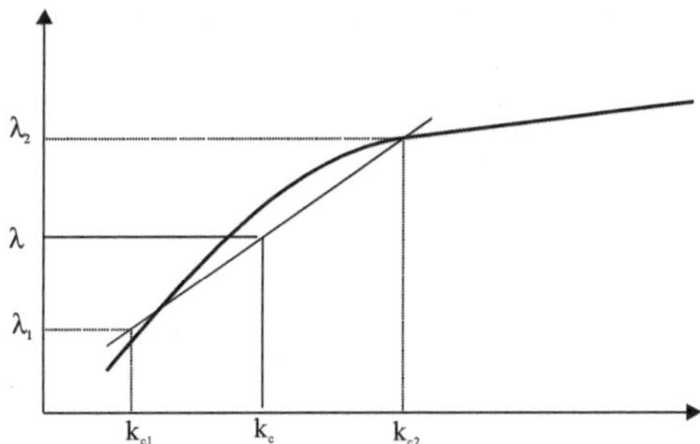

Bild 3.7: Lineare Interpolation – Knickbeiwert

Das Programm prüft zunächst, ob der eingegebene Wert für λ zulässig ist. Der größte Index des Feldes wird mit der Funktion länge(vλ) bestimmt. Es folgen die Ermittlung des maßgebenden Zeilenindex mit einer **While**-Schleife, die abgebrochen wird, wenn $\lambda > v\lambda_i$. Anschließend erfolgt die Interpolation.

Knickbeiwerte kc von VH aus NH für Schlankheitsgrade (mit Eingabetabelle)

Tabelle nach: Wendehorst, Bautechnische Zahlentafeln 33. Auflage S. 790

Knickbeiwerte :=

	0	1
0	10	1
1	20	0.987
2	30	0.938
3	40	0.868
4	50	...

Mathcad Komponente "Eingabetabelle"

$\lambda := 63.7$ Der Wert λ muss im Bereich λ > 10 und λ < 250 liegen.

```
kc := | return "Unzulässiger Bereich für Lambda"  if (λ < 10) ∨ (λ > 250)
      | vλ ← Knickbeiwerte^<0>
      | vk ← Knickbeiwerte^<1>
      | λmax ← länge(vλ) − 1
      | for i ∈ 1 .. λmax
      |   break if λ < vλ_i
      | vk_(i−1) + (λ − vλ_(i−1)) · (vk_i − vk_(i−1)) / (vλ_i − vλ_(i−1))
```

$k_c = 0.585$

Anstelle einer Eigenprogrammierung kann auch die Funktion linterp(x,y,x_0) verwendet werden:

```
kc := | return "Unzulässiger Bereich für Lambda"  if (λ < 10) ∨ (λ > 250)
      | linterp(Knickbeiwerte^<0>, Knickbeiwerte^<1>, λ)
```

$k_c = 0.585$

2.4 Übersicht der Mathcad-Programmierung

Ein Mathcad-Programm besteht aus einer Folge von Anweisungen, die mit Hilfe von Programmieroperatoren erzeugt werden. Alle Programmoperatoren sind in der Symbolleiste „Programmieren“ zugänglich (Bild 3.8). Wichtig ist, dass die entsprechenden Anweisungen (z.B. for) nicht als Text geschrieben werden, sondern per Mausklick auf die Symbolleiste erzeugt werden. Neue Zeilen werden mit der Anweisung +1 Zeile erzeugt, Zuweisungen von Werten mit ← .

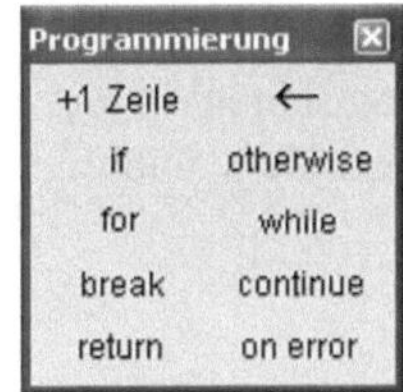

Bild 3.8: Symbolleiste Programmierung

Mathcad kennt folgende Anweisungen:

1. Bedingte Anweisung (**if**)
2. Wiederholungen (Schleifen)
   a) **for**-Schleifen (Zählschleife)
   b) **while**-Schleifen (Schleife mit Bedingungsprüfung)
3. **break**-Anweisung
   Mit der **break**-Anweisung in einer **for**- oder **while**-Schleife unterbricht man die Schleife, wenn eine bestimmte Bedingung wahr ist, und führt die nächste Anweisung außerhalb der Schleife aus.
4. **continue**-Anweisung
   Mit der **continue**-Anweisung in einer **for**- oder **while**-Schleife unterbricht man die aktuelle Iteration und erzwingt, dass die Programmausführung mit der nächsten Schleifeniteration fortgesetzt wird.
5. **return**-Anweisung
   Mit der **return**-Anweisung beenden Sie ein Programm und geben einen speziellen Wert zurück, statt den Wert der zuletzt ausgeführten Anweisung zurückzugeben. Ein Mathcad-Programm gibt in der Regel den Wert des letzten im Programm ausgewerteten Ausdrucks zurück. In einfachen Programmen ist das die letzte Programmzeile. Die **return**-Anweisung ermöglicht es, das Programm zu unterbrechen und andere Werte als den Standardwert zurückzugeben.
6. **on error**-Anweisung
   Mit der Anweisung **on error** fängt man numerische Fehler auf, die andernfalls zu einer Programmunterbrechung führen würden.

Die so erzeugten Ausdrücke können mehrfach verschachtelt sein. Bei Zählschleifen (**for**-Schleifen) wird die Schleifenzählervariable als Bereichsvariable eingegeben.

Bild 3.9: Symbolleiste „Boolsche Operatoren“

Insbesondere bei **While**-Schleifen treten Bool'sche Ausdrücke auf. Diese lassen sich mit Hilfe der Symbolleiste „Boolsche Operatoren" erzeugen. Das logische Gleichheitszeichen in der Symbolleiste darf nicht mit dem = auf der Tastatur verwechselt werden. Besonders wichtig sind die Operatoren

$\wedge$ logisches „Und",

$\vee$ logisches „Oder".

Mathcad besitzt auch die Möglichkeit des Debuggings von Programmen, was insbesondere bei komplizierten Programmen hilfreich sein kann.

3 Komponenten

3.1 Komponentenübersicht

In Mathcad 15 stehen zahlreiche Komponenten, Erweiterungen und Funktionen zur Verfügung, die das Einbinden anderer Anwendungen, Datenquellen und Dateitypen in Mathcad-Arbeitsblätter erleichtern. Komponenten sind dabei spezielle Objekte im Mathcad-Arbeitsblatt, die über das Menü *Einfügen* erstellt werden. Einige Komponenten ermöglichen den Datenaustausch mit anderen Anwendungen oder Dateitypen. Andere ermöglichen in Ihrem Arbeitsblatt das Erstellen einer Benutzeroberfläche mit Steuerelementen wie Schiebereglern oder Optionsschaltflächen.

Es sind:

Anwendungskomponenten

Anwendungskomponenten greifen auf Funktionen und Daten von anderen Rechenanwendungen zu. Im Gegensatz zu anderen Arten von OLE-Objekten verfügen Anwendungskomponenten über folgende Funktionen:

- Senden von Werten aus Mathcad an die Anwendung
- Dynamisches Verändern der Daten mit der Anwendung, ohne die Mathcad-Umgebung verlassen zu müssen
- Senden von Werten aus der Anwendung zurück an Mathcad

Datenkomponenten

Mithilfe von Datenkomponenten kann man Werte aus Datenquellen wie Messgeräten und Datendateien einschließlich ODBC-Datenbanken auslesen bzw. zu diesen übertragen. Datenkomponenten ermöglichen nicht den direkten Zugriff auf eine Datendatei, Sie können jedoch steuern, wie Mathcad die Datei einlesen und Arbeitsblattvariablen zuweisen soll.

Steuerelemente

In Mathcad-Arbeitsblätter können Steuerelemente wie Schaltflächen oder Schieberegler eingebunden werden. Die Festlegung ihrer Funktionalität erfordert eine Script-Programmierung.

Im Folgenden werden die wichtigsten im Teil V zur Anwendung kommenden Komponenten beschrieben.

3.2 Eingabetabellen

Eingabetabellen bieten in Mathcad vielfältige Einsatzmöglichkeiten und sind besonders bei den vielen Tabellenwerten für Bemessungsaufgaben in der Tragwerksplanung sehr gut einsetzbar. Im Mathcad-Arbeitsblatt *„TIII_03_Knickzahlen_VH_Eingabetabelle.mcd"* wurde bereits eine Eingabetabelle einbezogen. Komponenten fügt man über das Menü *Einfügen – Komponente* ein. Die Eingabetabelle wird der Mathcad-Variablen „Knickzahlen" zugeordnet. Über diese Variable werden im Arbeitsblatt einzelne Werte aufgerufen. Die nachfolgende Tabelle enthält λ- und k_c-Werte von VH aus NH. Die Spalte 0 enthält die λ-Werte und die Spalte 1 die zugehörigen k_c-Werte.

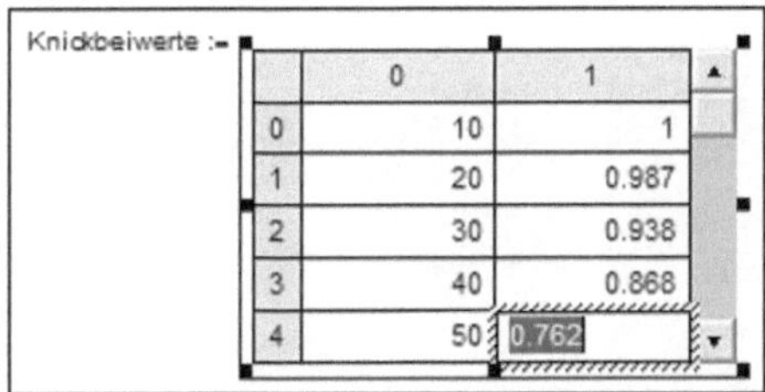

Bild 3.10: Eingabetabelle Knickbeiwerte aus dem Mathcad-Arbeitsblatt *„TIII_03_Knickbeiwerte_VH_Eingabetabelle.xmcd"*

Die einzelnen Werte kann man durch einfaches Anklicken der Komponente eingeben oder ändern. Im Mathcad-Arbeitsblatt besteht dann die Möglichkeit auf einzelne Werte der Tabelle zuzugreifen.

Daten aus einer Datei in eine Eingabetabelle einmalig importieren

Sind Daten in einer Datendatei vorhanden, dann können sie in eine Eingabetabelle eingelesen werden. Befinden sich die Daten zum Beispiel in einer Textdatei, dann werden die einzelnen Werte in der Textdatei durch ein „Tab"-Zeichen getrennt. Nach jeder Datenzeile folgt ein Absatzzeichen. Beispielsweise wird im Arbeitsblatt *„TIII_04_Knickbeiwerte_aus_einer_txt-Datei.xmcd"* die Datendatei *„Knickbeiwerte.txt"* importiert. Ein weiterer Anwendungsfall wird im Teil V, Kapitel 2.5.1 beschrieben.

3.3 Excel-Komponente

Man hat zwar die Möglichkeit, Excel-Datendateien mit „Dateien lesen/schreiben" und anderen Komponenten zu importieren und zu exportieren, aber mit der Excel-Komponente kann man Daten zwischen Mathcad und Excel direkt austauschen und die Funktionen von Excel nutzen. Werte aus Mathcad können an Excel gesendet und diese mit den Excel-Funktionen verändert werden. Die veränderten Werte werden an Mathcad zurückgesendet. Dann kann man die Arbeit in Mathcad fortsetzen.

Mit der Excel-Komponente hat man folgende Möglichkeiten:

- Weiterleiten von Daten aus Mathcad in eine Excel-Datei
- Zugreifen auf die Funktionen von Excel durch Doppelklicken auf die Excel-Komponente
- Senden von Werten aus einer Excel-Datei in Mathcad

Einbetten einer Excel-Tabelle in ein Mathcad-Arbeitsblatt

Hat man eine Exceltabelle und möchte sie in einem Mathcad-Arbeitsblatt einbetten, dann sind folgende Arbeitsschritte erforderlich:

1. Auswahl aus der Menüleiste: Einfügen – Komponente – Excel

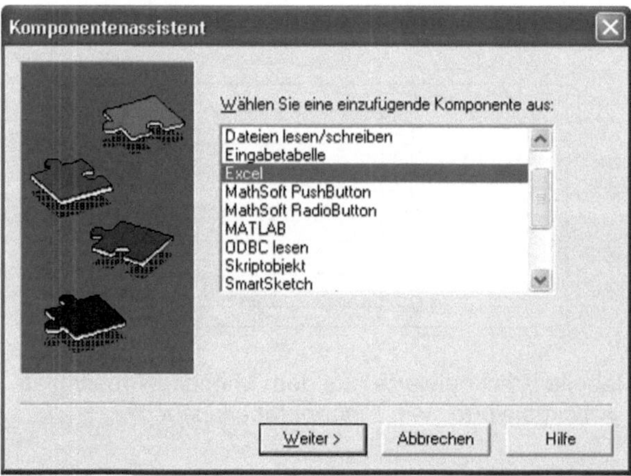

Bild 3.11a: Einbetten einer Excel-Komponente

2. Mit dem Komponentenassistent bestimmen, ob ein leeres Excel-Blatt erstellt werden soll, oder ob eine Excel-Datei eingebettet wird.

Bild 3.11b: Einbetten einer Excel-Komponente

Auf der CD-ROM befindet sich die Excel-Tabelle *„Knickbeiwerte.xls“*. Wählt man diese Tabelle aus, dann folgt unmittelbar die aktuelle Einbindung in das Mathcad-Arbeitsblatt.

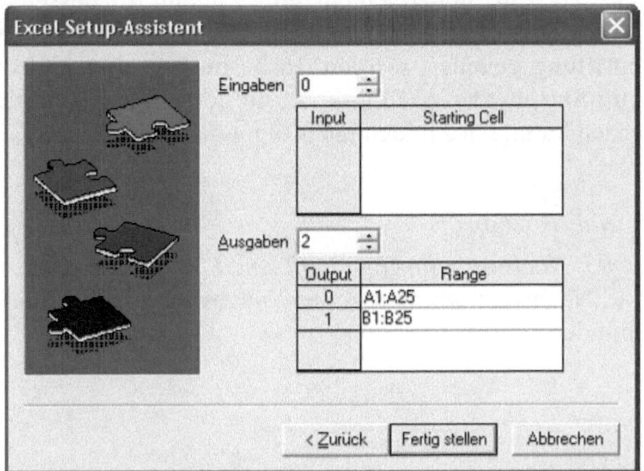

Bild 3.11c: Ausgabebereiche für die Excel-Komponente

In der angelegten Excel-Tabelle stehen in der ersten Spalte die λ-Werte und in der zweiten Spalte die k_c-Werte. 25 Zeilen werden für die Tabelle benötigt. Deshalb geben wir für die Zuordnung für die weiteren Berechnungen in Mathcad die Bereiche A1:A25 und B1:B25 ein. Das Mathcad-Arbeitsblatt *„TIII_05_Knickzahlen_mit_Excel-Komponente.mcd“* zeigt die einzelnen Zuordnungen.

3.4 Steuerelemente

Steuerelemente können mit Hilfe der Symbolleiste „Steuerelemente“ (Menü *„Ansicht“* -> *„Symbolleisten“*) oder mittels *„Einfügen“*->*“Steuerelement“* erzeugt werden.

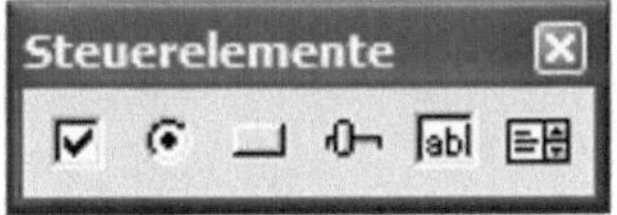

Bild 3.12: Symbolleiste Steuerelemente

Folgende Steuerelemente stehen in Mathcad zur Verfügung:

- Kontrollkästchen
- Schaltfläche
- Optionsfeld
- Listenfeld
- Textfeld
- Schieberegler

Mit den Steuerelementen können sowohl Eingabewerte aus vorangehenden Bereichen des Arbeitsblatts wie auch Ausgabewerte für nachfolgende Bereiche verarbeitet werden.

Ein „rechte-Maus-Klick“ auf ein Steuerelement gibt Zugang zu dessen Eigenschaften. Beispielsweise kann bei einer Schaltfläche unter „Mathsoft Button Control ObjekT“-> “*Eigenschaften*“ dessen Beschriftung geändert werden. Insbesondere aber gibt die Auswahl „Skript Bearbeiten“ Zugang zum Skripttext. Wie dieser an die jeweiligen Anforderungen des Steuerelements angepasst werden kann, wird in den nachfolgenden beiden Beispielen erläutert.

Beispiel 3.2: *Script für eine Textbox*

Im Arbeitsblatt *„TV_2_03_Nachweis für Querkraft.xmcd“* steht am Ende eine Textbox. Diese Textbox zeigt den Text „Nachweis erbracht“ oder „Nachweis nicht erbracht“ an. Dazu wurde folgendes Script eingebunden:

```
Sub ScriptObj07Event_Exec(Inputs,Outputs)
Summe = Inputs(0).Value

 ForeColor = 255
 FontSize = 8
 FontBold = True

 If Summe = 0 Then Text = "Nachweis erbracht!"
 If Summe > 0 Then Text = "Nachweis nicht erbracht!"

End Sub
```

Wenn die Bedingung vorh f <= zul f erfüllt ist, dann erfolgt die Anzeige:

Nachweis erbracht!

Beispiel 3.3: *Skript für eine Listenbox*

Im Arbeitsblatt *„TIII_06_Schneelasten.xmcd“* wird die Geländehöhe eingegeben und über ein Listenfeld die Schneelastzone ausgewählt.

Schneelasten nach DIN 1055-5:2005-07

A1 := 600 m

Schneelastzone 1
Schneelastzone 1a
Schneelastzone 2
Schneelastzone 2a
Schneelastzone 3

Schneelastzone	slz = "Schneelastzone 1a"
Geländehöhe über Meeresniveau in m	A1 = 600 m
Charakteristischer Wert der Schneelast auf dem Boden, in kN/m 2	sk= 1.316

Hinter dem Listenfeld verbirgt sich ein gesamtes Berechnungsscript:

```
Rem Add Strings here as needed
Schneelast.AddString("Schneelastzone 1")
Schneelast.AddString("Schneelastzone 1a")
Schneelast.AddString("Schneelastzone 2")
Schneelast.AddString("Schneelastzone 2a")
Schneelast.AddString("Schneelastzone 3")

Rem Initialize Selection If desired
Schneelast.CurSel = 0

Sub SchneelastEvent_Start()
End Sub

Sub SchneelastEvent_Exec(Inputs,Outputs)
wert=Schneelast.CurSel + 1
a1 = Inputs(0).Value
Select case wert
Case 1
  t1 = "Schneelastzone 1"
  sk = 0.19 + 0.91 * ((a1+140)/760)^2
  If a1 <= 400 Then
    sk = 0.65
  End If
Case 2
  t1 = "Schneelastzone 1a"
  sk = 0.19 + 0.91 * ((a1+140)/760)^2
  If a1 <= 400 Then
    sk = 0.65
  End If
  sk = sk * 1.25
Case 3
  t1 = "Schneelastzone 2"
  sk = 0.19 + 1.91 * ((a1+140)/760)^2
  If a1 <= 285 Then
```

```
    sk = 0.85
  End If
Case 4
  t1 = "Schneelastzone 2a"
  sk = 0.19 + 1.91 * ((a1+140)/760)^2
  If a1 <= 285 Then
    sk = 0.85
  End If
  sk = sk * 1.25
case 5
  t1 = "Schneelastzone 3"
  sk = 0.19 + 2.91 * ((a1+140)/760)^2
  If a1 <= 255 Then
    sk = 1.1
  End If
End Select
slz = t1
Outputs(0).Value = sk
Outputs(1).Value = slz
End Sub
```

4 Symbolisches Rechnen

4.1 Einführendes Beispiel

Neben den vielen numerischen Berechnungsmöglichkeiten bietet Mathcad eine Vielfalt von symbolischen Auswertungen. Dazu ein einführendes Beispiel aus der elementaren Mathematik.

Die Funktion $\mathrm{f}(x) := x^2$ soll differenziert und unbestimmt integriert werden. In Mathcad wird dieser Berechnungsgang wie folgt umgesetzt:

1. Definieren der Funktion.

   $\mathrm{f}(x) := x^2$

2. Aus der Symbolleiste „Differential/Integral“ das Symbol „Ableitung“

   $\frac{d}{dx}$ wählen. und $\mathrm{f}(x)$ eingeben.

3. Auf der Symbolleiste „Auswerten“ das Symbol → „symbolisch Auswerten“ auswählen

Als Ergebnis erscheint sofort $2 \cdot x$. Analog schreibt man für die Integration $\int f(x)dx \rightarrow$.

Nach der Eingabe der symbolischen Auswertung → folgt sofort die Anzeige $\frac{1}{3} \cdot x^3$.

4.2 Momentengleichung eines Einfeldträgers

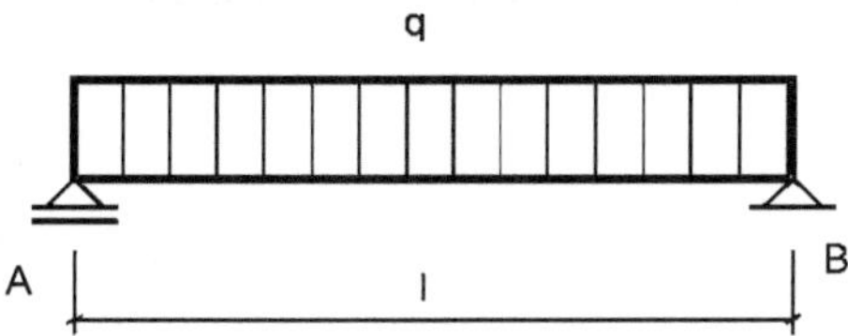

Bild 3.13: Einfeldträger

Für einen Träger mit einer gleichmäßig verteilten Belastung gelten folgende Formeln:

$$A = B = \frac{q \cdot l}{2}$$

$$Q(x) = q(\frac{l}{2} - x)$$

$$M(x) = \frac{q \cdot x \cdot (l - x)}{2}$$

Aus der Gleichung

$$M(x) = \frac{q \cdot x \cdot (l - x)}{2}$$

soll mit Mathcad gezeigt werden, wie man über die Beziehung

$$Q(x) = \frac{dM(x)}{dx}$$

symbolisch differenziert und die Funktion *Q(x)* bestimmt.

Im Mathcad-Arbeitsblatt wird dazu die Funktion *M(x)* eingegeben.

$$M(x) := q \cdot x \cdot \frac{(l_1 - x)}{2}$$

Danach wählt man aus der Symbolleiste „Differential/Integral" den Operator Ableitung $\frac{d}{dx}$ aus. Nach diesem Operator wird *M(x)* geschrieben. Nach der Auswahl des Operators „symbolisch Auswerten" → aus der „Symbolleiste Auswertung" erscheint das erste Ergebnis.

$$\frac{d}{d(x)} M(x) \rightarrow q \cdot \frac{1}{2} \cdot l_1 - \frac{1}{2} \cdot x - \frac{1}{2} \cdot q \cdot x \text{ sammeln}, q \rightarrow \frac{1}{2} \cdot l_1 - x \cdot q$$

Um zu dem aus den Tabellenbüchern bekannten Ergebnis zu kommen, wurde noch aus der Symbolleiste „Symbolik“ der Befehl „sammeln“ angefügt. In den Teilen IV und V findet man verschiedene Anwendungsfälle für das symbolische Auswerten.

Teil IV: Mathematische Verfahren im Konstruktiven Ingenieurbau

Silke Michaelsen, Horst Werkle

1 Einführung

Mathematische Verfahren stellen die Grundlage zur Lösung vieler anspruchsvoller Aufgaben der Tragwerksplanung dar. Wichtige Gebiete der Mathematik, die hierzu benötigt werden, sind beispielsweise das Arbeiten mit Matrizen, die Lösung nichtlinearer Gleichungen, das Integrieren und Differenzieren von Funktionen und das Lösen von Differentialgleichungen [4-3], [4-8], [4-9], [4-16], [4-17].

Das vorliegende Kapitel behandelt die Umsetzung der genannten Gebiete in Mathcad. Die Darstellung kann nicht vollständig sein. Hierzu wird auf die Literatur verwiesen [4-1], [4-2], [4-12]. Vielmehr werden wichtige Verfahren, die in Mathcad implementiert sind, kurz erläutert und ihre Anwendung anhand von Beispielen aus der Tragwerksplanung gezeigt.

2 Funktionen und Kurven

2.1 Darstellung von Funktionen

Mathcad stellt zahlreiche vordefinierte Funktionen bereit, z. B. die Potenz- und Wurzelfunktionen, die trigonometrischen Funktionen und die Arkusfunktionen, die Hyperbel- und Areafunktionen, die Exponential- und Logarithmusfunktionen, die Betragsfunktion, etc. (vgl. Mathcad-Hilfe/ Funktionen). Diese können über den Befehl *Funktion* oder über die Tastatur in das Arbeitsfenster eingefügt werden (vgl. [4-14], S. 93/ 94). Einige Funktionen finden sich auch in der Operatorenpalette *Taschenrechner.* Bei der Verwendung trigonometrischer Funktionen ist zu beachten, dass das Argument im Bogenmaß anzugeben ist. Mathcad ermöglicht eine automatische Umrechnung, wenn der Winkel im Gradmaß angegeben und mit der Einheit *Grad* multipliziert wird. Um beispielsweise cos(30°) zu berechnen, ist einer der Befehle

$$\cos(30 \cdot \mathrm{Grad}) = 0.866$$

oder

$$\cos\left(\frac{\pi}{6}\right) = 0.866$$

einzugeben.

Neben den elementaren Funktionen stellt Mathcad auch einige höhere Funktionen wie die Besselschen Funktionen (vgl. Mathcad-Hilfe/ Funktionen/ Bessel) und verschiedene Statistikfunktionen (vgl. Mathcad-Hilfe/ Funktionen/ Statistik) zur Verfügung.

Mithilfe der Zuweisungsoperatoren : = (Operatorenpalette *Auswertung* bzw. *Taschenrechner*) und ≡ (Operatorenpalette *Auswertung*) lassen sich weitere Funktionen in Mathcad definieren. Mittels : = wird eine Funktion lokal (vgl. [4-14], S. 95), mittels ≡ wird sie global (vgl. [4-14], S. 90) definiert. Das folgende Beispiel zeigt, wie sich Funktionen einer Veränderlichen mit Mathcad definieren und auswerten lassen.

Beispiel 4.1: *Schnittgrößen einer Zylinderschale*

Die Schnittgrößen einer Zylinderschale unter Innendruck sind in [4-10] angegeben. Der Innendruck p_r nimmt vom oberen Rand der Zylinderschale nach unten linear zu (Flüssigkeitsdruck), so dass gilt

$$p_r = \gamma\cdot(h - x) \cdot$$

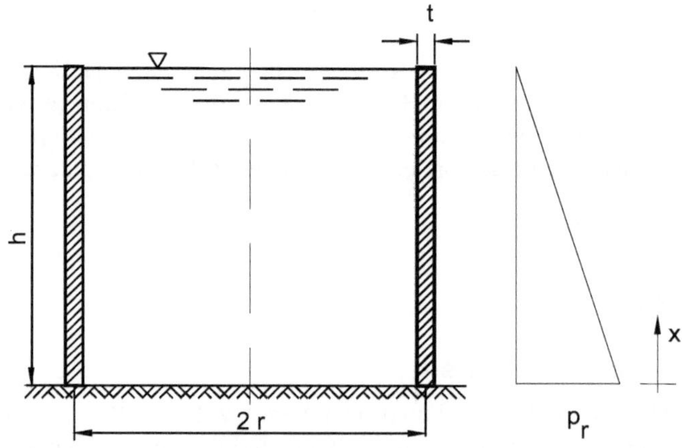

Bild 4.1: Zylinderschale mit Flüssigkeitsdruck

Die Zylinderschale ist bei $x = 0$ eingespannt (Bild 4.1). Die Lösung enthält die Annahme, dass der Einfluss des oberen Randes auf die Schnittgrößen vernachlässigbar ist, die allerdings für kurze Zylinder mit kleinen Werten h/r nicht mehr zutrifft.

Mit den Beiwerten

$$D := \frac{E\cdot t}{1-\mu^2} \qquad \kappa := \sqrt[4]{3\cdot\left(1-\mu^2\right)\cdot\left(\frac{r}{t}\right)^2}$$

$$C_1 := \frac{-\gamma\cdot r^2}{D\cdot\left(1-\mu^2\right)}\cdot h \qquad C_2 := \frac{\gamma\cdot r^2}{D\cdot\left(1-\mu^2\right)}\cdot\left(\frac{r}{\kappa} - h\right)$$

erhält man:

Biegemomente

$$M(x) := \frac{E \cdot t^2}{2 \cdot r \cdot \sqrt{3 \cdot \left(1 - \mu^2\right)}} \cdot \left[e^{-\frac{x \cdot \kappa}{r}} \cdot \left(C_1 \cdot \sin\left(\frac{\kappa \cdot x}{r}\right) - C_2 \cdot \cos\left(\frac{\kappa \cdot x}{r}\right) \right) \right]$$

Querkraft

$$Q(x) := \frac{E \cdot t}{2 \cdot \kappa \cdot r} \cdot \left[e^{-\frac{x \cdot \kappa}{r}} \cdot \left[\left(C_1 + C_2\right) \cdot \cos\left(\frac{\kappa \cdot x}{r}\right) - \left(C_1 - C_2\right) \cdot \sin\left(\frac{\kappa \cdot x}{r}\right) \right] \right]$$

Durchbiegung

$$w(x) := e^{-\frac{x \cdot \kappa}{r}} \cdot \left(C_1 \cdot \cos\left(\frac{\kappa \cdot x}{r}\right) + C_2 \cdot \sin\left(\frac{\kappa \cdot x}{r}\right) \right) + \frac{\gamma \cdot r^2}{D \cdot \left(1 - \mu^2\right)} \cdot (h - x)$$

Normalkräfte

$$N(x) := \frac{E \cdot t}{r} \cdot w(x)$$

Hierin bedeuten E der Elastizitätsmodul, μ die Querdehnzahl, t die Wandstärke, r der Radius und h die Höhe der Zylinderschale (Arbeitsblatt *„TIV_01_Zylinderschale_q.xmcd“*).

Die Berechnung der Funktionen „von Hand“ an mehreren Stützstellen ist jedoch aufwendig. Mathcad ermöglicht die einfache Auswertung sowie die grafische Darstellung der Ergebnisse, (Bild 4.2).

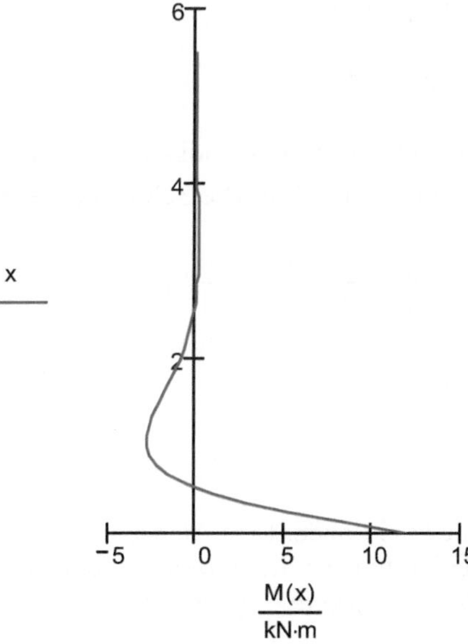

Bild 4.2: Biegemomente in einer Zylinderschale

Die grafische Darstellung ermöglicht es auch abzuschätzen, ob die Annahme des langen Zylinders bei den vorliegenden Systemkennwerten gerechtfertigt ist. Zwischenwerte in der Grafik lassen sich in Mathcad durch Klicken der rechten Maustaste und Auswahl des Befehls *Koordinaten ablesen* leicht bestimmen.

Oft treten in der Statik Funktionen mehrerer Veränderlicher auf. Wie das folgende Beispiel zeigt, können diese in Mathcad analog zu den Funktionen einer Variablen definiert und ausgewertet werden.

Beispiel 4.2: *Eigenschwingungen einer Kreisplatte*

Für Flächentragwerke gibt es eine Vielzahl analytischer Lösungen, die jedoch für eine Handrechnung zu komplex sind. Mit Hilfe von Computeralgebrasystemen lassen sich diese Lösungen auch für die praktische Arbeit nutzen. Als Beispiel werden die Eigenschwingungen einer eingespannten Kreisplatte betrachtet. Ihre Eigenkreisfrequenzen sind nach [4-15]

$$\omega_{n,m\_} := \frac{\beta_{n,m\_}}{r_0^2} \cdot \sqrt{\frac{K}{\rho}}$$

mit

$$K := \frac{E \cdot t^3}{12 \cdot \left(1 - \mu^2\right)}$$

und

$\beta_{0,0} := 10.2$ $\beta_{0,1} := 21.2$ $\beta_{0,2} := 34.8$

$\beta_{1,0} := 39.8$ $\beta_{1,1} := 60.8$ $\beta_{1,2} := 88.4$

$\beta_{2,0} := 88.9$ $\beta_{2,1} := 120.2$ $\beta_{2,2} := 157.9$

Hierin bedeuten r_0 der Plattenradius, t die Plattendicke, E der Elastizitätsmodul, μ die Querdehnzahl und ρ die Masse pro Flächeneinheit. Die Schwingungsformen sind

$$w(r,\phi,n,m\_) := \cos(m\_ \cdot \phi) \cdot \left(Jn\left(m\_, \lambda_{n,m\_} \cdot r\right) - \frac{Jn\left(m\_, \lambda_{n,m\_} \cdot r_0\right)}{In\left(m\_, \lambda_{n,m\_} \cdot r_0\right)} \cdot In\left(m\_, \lambda_{n,m\_} \cdot r\right) \right)$$

mit

$$\lambda_{n,m\_} := \sqrt{\omega_{n,m\_} \cdot \sqrt{\frac{\rho}{K}}}$$

Dabei sind J_n und I_n Besselsche Funktionen. Eine Auswertung von Hand ist kaum möglich. Mit Mathcad lassen sich die Eigenformen für die einzelnen Schwingungsformen leicht darstellen (Bild 4.3, Arbeitsblatt *„TIV_02_Kreisplatte_Eigenformen.xmcd“*).

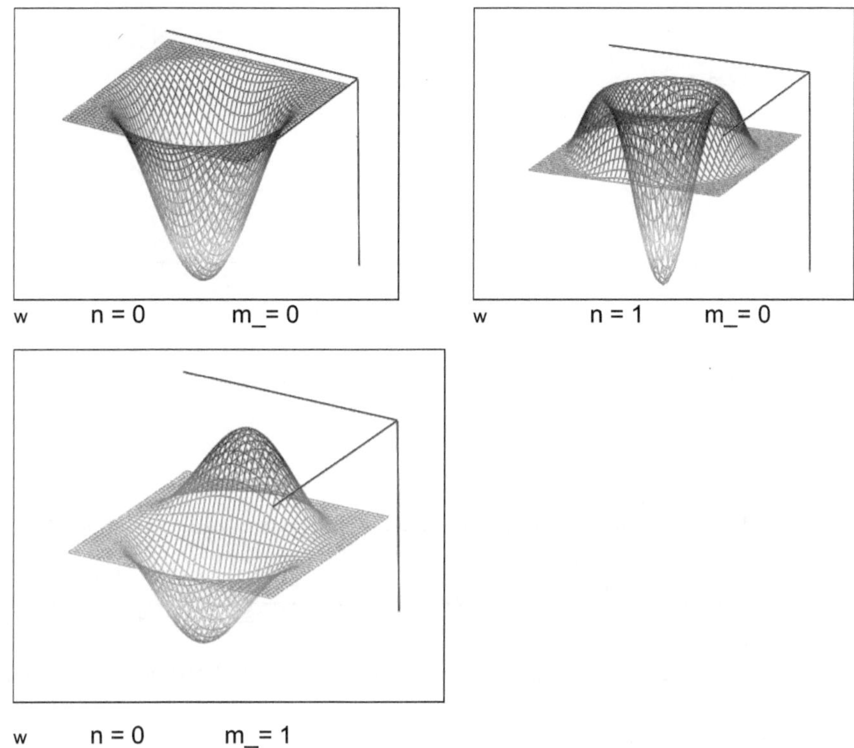

Bild 4.3: Eigenschwingungsformen einer eingespannten Kreisplatte

Durch Bewegen der Maus mit gedrückter linker Maustaste lässt sich die 3D-Grafik drehen und von verschiedenen Richtungen betrachten.

In der Baustatik treten häufig abschnittsweise definierte Funktionen auf, beispielsweise wird die Biege-, die Querkraft- oder die Momentenlinie eines auf Biegung belasteten Trägers i. A. durch eine abschnittsweise definierte Funktion beschrieben. Die Darstellung solcher Funktionen wird am Beispiel einer Momentenfunktion erklärt:

Beispiel 4.3: *Zweifeldträger*

Die Momentenfunktion des zweifach statisch unbestimmt gelagerten Trägers der Länge $l = 2\,a$ wird durch die abschnittsweise definierte Funktion

$$M(x) = \begin{cases} -\dfrac{q_1 a^2}{60}\left(3\dfrac{x}{a} - 1\right) & \text{für} \quad 0 \le x \le a \\ -\dfrac{q_1 a^2}{30}\left(5\left(\dfrac{x-a}{a}\right)^3 - 6\left(\dfrac{x-a}{a}\right) + 1\right) & \text{für} \quad a < x \le l \end{cases}$$

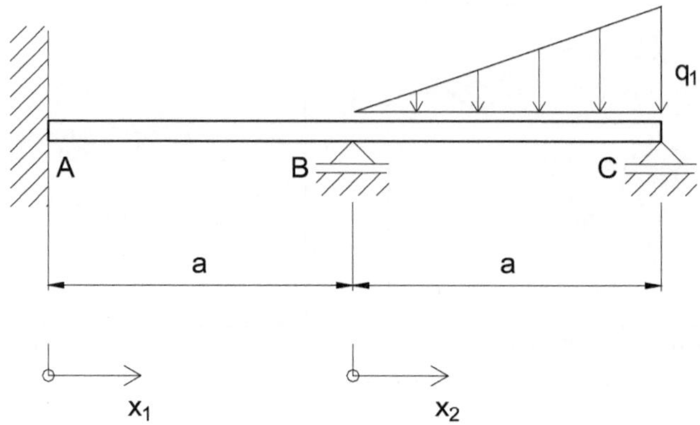

Bild 4.4: Zweifeldträger

beschrieben (vgl. [4-6]). In Mathcad lässt sich diese Funktion mithilfe der Funktion *wenn*

$$M(x,a,q_1) := \text{wenn}\left[0 \le x \wedge x \le a, \frac{-q_1 \cdot a^2}{60} \cdot \left(3\frac{x}{a} - 1\right), \text{wenn}\left[a \le x \wedge x \le 2 \cdot a, \frac{-q_1 \cdot a^2}{30} \cdot \left[5 \cdot \left(\frac{x-a}{a}\right)^3 - 6 \cdot \left(\frac{x-a}{a}\right) + 1\right], 0\right]\right]$$

(vgl. Mathcad-Hilfe/ Funktionen/ Stückweise/Stetige) oder durch Anwendung des *if-Operators*

$$M(x,a,q_1) := \left| \begin{array}{ll} \frac{-q_1 \cdot a^2}{60} \cdot \left(3\frac{x}{a} - 1\right) & \text{if } 0 \le x \wedge x \le a \\ \frac{-q_1 \cdot a^2}{30} \cdot \left[5 \cdot \left(\frac{x-a}{a}\right)^3 - 6\frac{x-a}{a} + 1\right] & \text{if } a \le x \wedge x \le 2 \cdot a \end{array} \right.$$

(vgl. Mathcad-Hilfe/ Programmierung/ Bedingte Operatoren) darstellen.

Bild 4.5 zeigt die Momentenlinie für einen Stab der Länge 10 m, der durch eine Dreieckslast von 8 N belastet wird.

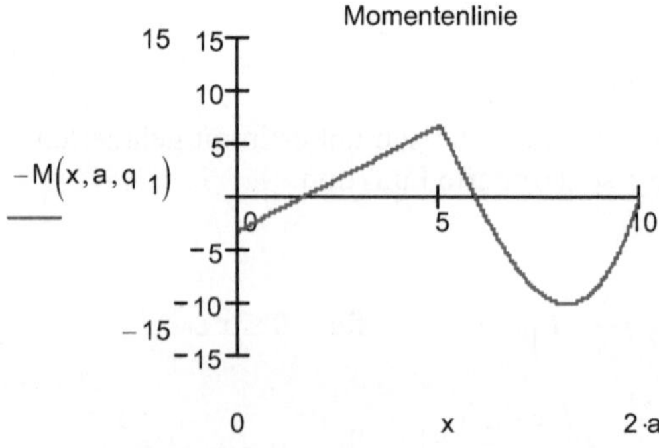

Bild 4.5: Momentenlinie eines Zweifeldträgers

2.2 Interpolation und Approximation

In der Praxis liegen oft nur einzelne Wertepaare (x_i, y_i), $i = 0, ..., n$ (Stützpunkte) einer Funktion f vor, die Funktionsgleichung ist i. A. unbekannt. Gesucht ist dann eine Näherungsfunktion g für die unbekannte Funktion f.

2.2.1 Interpolation

Bei der Interpolation wird vorausgesetzt, dass die gegebenen Stützpunkte auf der Funktionskurve der unbekannten Funktion f liegen. Deshalb wird gefordert, dass die Funktion g an den Stützstellen (Knoten) x_i die Stützwerte y_i annimmt, dass $g(x_i) = y_i$ gilt für alle $i = 0, 1, ..., n$. Hierfür gibt es verschiedene Möglichkeiten.

2.2.1.1 Interpolationspolynome

Durch $n + 1$ gegebene Stützpunkte ist ein Polynom n - ter Ordnung (Interpolationspolynom) eindeutig bestimmt, welches eine Näherungsfunktion für die unbekannte Funktion f darstellt.

Ein großer Nachteil dieser Methode besteht darin, dass die Funktionskurve für große n oft „wellig" wird. Aus diesem Grunde empfiehlt es sich, das Interpolationsintervall in mehrere Teilintervalle zu zerlegen und auf jedem Teilintervall ein Näherungspolynom zu konstruieren (Spline-Interpolation).

2.2.1.2 Lineare Interpolation

Die $n + 1$ gegebenen Stützpunkte werden nach den Stützstellen x_i in aufsteigender Reihenfolge sortiert und durch Strecken verbunden. Somit erhält man einen Polygonzug als Näherung für die unbekannte Funktionskurve. Mathcad stellt hierfür die Funktion linterp(vx,vy,x) zur Verfügung. Dabei enthält der Vektor vx alle Stützstellen, der Vektor vy die zugehörigen Stützwerte. Es ist zu beachten, dass die Daten nach den Stützstellen in aufsteigender Reihenfolge sortiert sein müssen. Die Funktion *linterp(vx,vy,x)* liefert als Ergebnis eine Näherung für den Funktionswert an der Stelle x (vgl. Mathcad-Hilfe/ Funktionen/ Interpolation und Vorhersage/ Lineare Interpolation) .

Beispiel 4.4: *Schwingungsbiegelinie eines einseitig eingespannten Stabes*

Mit der Methode der Finiten Elemente wurde die zweite Eigenform Φ_2 (Schwingungsbiegelinie) eines auf Biegung beanspruchten, einseitig eingespannten Stabes (Abluftkamin) ermittelt (vgl. [4-21]):

x_i [m]	0	20	40	60	80
Φ_{2i}	0.000	– 2.373	– 4.325	– 1.423	5.222

Die Funktion *linterp()* liefert zu vorgegebenem x einen Näherungswert für die Durchbiegung des Stabes an dieser Stelle. Für $x = 30$ erhält man beispielsweise

```
linterp( vx, vphi_2, 30) = -3.349
```
.

In dem folgenden Diagramm werden der Polygonzug, der sich als Näherung für die Schwingungsbiegelinie ergibt, sowie die analytisch berechnete Schwingungsbiegelinie

$$w(x) = \left[\left[\sin(\frac{\alpha}{l} \cdot x) - \sin(\frac{\alpha}{l} \cdot x) \right] + \left[\cosh(\frac{\alpha}{l} \cdot x) - \cos(\frac{\alpha}{l} \cdot x) \right] \cdot \frac{\sinh(\alpha) + \sin(\alpha)}{\cosh(\alpha) + \cos(\alpha)} \right] \cdot \frac{1}{w_{max}}$$

mit α = 4,69, l = 80 m und w_{max} = 5,222 (vgl. [4-21]) grafisch dargestellt (Arbeitsblatt *„TIV_03_Interpolation.xmcd“*). Da die Stützwerte Näherungswerte sind, liegen die Stützpunkte nicht auf der Schwingungsbiegelinie.

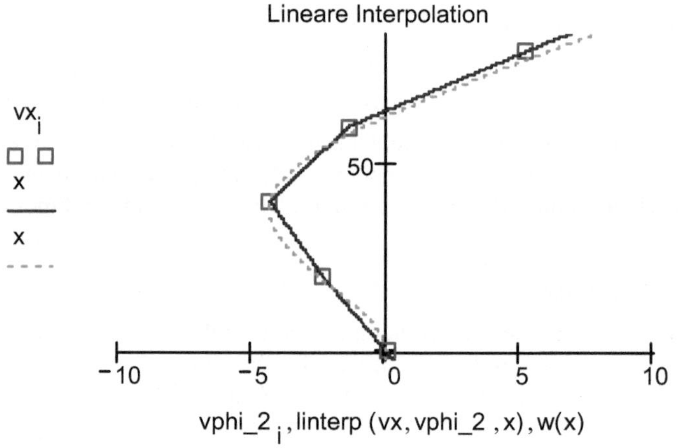

Bild 4.6: Polygonzug

Ein Nachteil dieser Methode besteht darin, dass die Spline-Funktion in den Knoten nicht differenzierbar ist.

2.2.1.3 Kubische Splineinterpolation

Die n + 1 gegebenen Punkte $P_i = (x_i, y_i)$, i = 0, ..., n werden nach den Stützstellen x_i in aufsteigender Reihenfolge sortiert. Auf jedem Intervall $[x_{i-1}, x_i]$ (i = 1, ..., n) wird ein Polynom dritten Grades p_i konstruiert derart, dass die Funktionswerte, die Steigung und die Krümmung zweier benachbarter Polynome in den Knoten übereinstimmen:

1. $p_i(x_{i-1}) = y_{i-1}$ für alle i = 1, ..., n

2. $p_i(x_i) = y_i$ für alle i = 1, ..., n (4.1 a)

3. $p_i'(x_i) = p_{i+1}'(x_i)$ für alle i = 1, ..., n – 1

4. $p_i''(x_i) = p_{i+1}''(x_i)$ für alle i = 1, ..., n – 1

Auf diese Weise erhält man eine Splinefunktion $S(x)$, die auf dem gesamten Interpolationsintervall $[x_0, x_n]$, also insbesondere in den Knoten, zweimal stetig differenzierbar ist. Man beachte jedoch, dass die Ableitungen auch in den Knoten i. A. nicht mit den Ableitungen der Funktion f übereinstimmen.

Da für jedes der n Polynome vier Koeffizienten zu bestimmen sind, führen die Bedingungen 1. bis 4. auf ein lineares Gleichungssystem mit $4n - 2$ Gleichungen und $4n$ Unbekannten. Zusätzlich können noch zwei Bedingungen für die Randpunkte formuliert werden. Häufig werden

$$p_1''(x_0) = 0 \text{ und } p_n''(x_n) = 0 \qquad (4.1\text{ b})$$

gesetzt. Eine Splinefunktion, die diesen Bedingungen genügt, wird ***natürliche kubische Splinefunktion*** genannt. Sie beschreibt die Biegelinie eines Balkens, der an den Stützstellen x_i die erzwungenen Durchbiegungen y_i hat.

Die Mathcad-Funktion *interp*($\underline{vs}$,$\underline{vx}$,$\underline{vy}$,x) führt eine kubische Spline-Interpolation durch. Dabei sind die Parameter $\underline{vx}$, $\underline{vy}$, x wie in Abschnitt 2.2.1.2 gewählt. Der Vektor $\underline{vs}$ enthält insbesondere die zweiten Ableitungen der Splinefunktion. Er ist über eine der folgenden Funktionen zu erzeugen (vgl. Mathcad-Hilfe/ Funktionen/ Interpolation und Vorhersage/ Kubische Spline-Interpolation):

$\underline{vs}$: = *lspline*($\underline{vx}$,$\underline{vy}$): Die Splinekurve ist in den Endpunkten linear (natürliche Splinefunktion).

$\underline{vs}$: = *kspline*($\underline{vx}$,$\underline{vy}$): Die Splinekurve ist in den Endpunkten kubisch.

$\underline{vs}$: = *pspline*($\underline{vx}$,$\underline{vy}$): Die Splinekurve nähert sich in den Endpunkten einer Parabel an.

Beispiel 4.5: *Schwingungsbiegelinie eines einseitig eingespannten Stabes*

Betrachtet wird nochmals die zweite Schwingungsbiegelinie des einseitig eingespannten Stabes aus Beispiel 4.4. Ein Vergleich der Ergebnisse mit den Daten der analytisch berechneten Schwingungsbiegelinie zeigt, dass die Funktion *interp()* in Verbindung mit allen drei Funktionen *lspline()*, *pspline()* und *kspline()* innerhalb des Interpolationsintervalles [0,80] für die Praxis hinreichend genaue Ergebnisse liefert. Bild 4.7 zeigt die unter Verwendung der Funktion *kspline()* erzeugte Splinekurve im Vergleich zu der Schwingungsbiegelinie $w(x)$ (Arbeitsblatt *„TIV_03_Interpolation.xmcd“*).

x =	w(x) =	pl(x) =	pp(x) =	pk(x) =
0.00	0.00	0.00	0.00	0.00
5.00	-0.23	-0.55	-0.51	-0.31
10.00	-0.83	-1.12	-1.08	-0.88
15.00	-1.65	-1.72	-1.70	-1.59
20.00	-2.52	-2.37	-2.37	-2.37
25.00	-3.33	-3.06	-3.08	-3.13
30.00	-3.96	-3.69	-3.72	-3.77
35.00	-4.31	-4.16	-4.17	-4.19
40.00	-4.32	-4.33	-4.33	-4.33
45.00	-3.97	-4.11	-4.09	-4.09
50.00	-3.24	-3.53	-3.49	-3.50
55.00	-2.18	-2.62	-2.58	-2.60
60.00	-0.83	-1.42	-1.42	-1.42
65.00	0.73	0.02	-0.06	-0.02
70.00	2.44	1.65	1.51	1.59
75.00	4.23	3.41	3.27	3.35
80.00	6.03	5.22	5.22	5.22

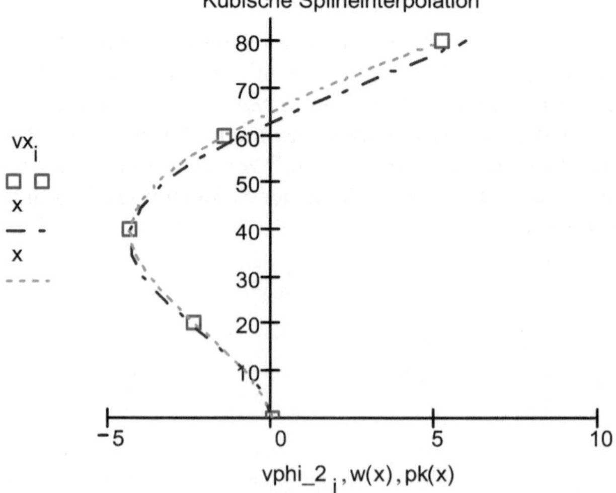

Bild 4.7: Splineinterpolation

2.2.2 Approximation

Wurden die Stützpunkte der unbekannten Funktion z. B. durch Messungen ermittelt, so sind die Messwerte y_i i. A. mit Messfehlern behaftet. In diesem Fall ist es nicht immer sinnvoll zu verlangen, dass die Näherungsfunktion die Stützpunkte erfüllt. Beispielsweise können einzelne Ausreißer den Kurvenverlauf negativ beeinflussen. Gesucht ist eine Funktion g deren Kurve möglichst gut zu den gegebenen Daten passt. Ist die Struktur der Funktion f bekannt (z. B. Polynom, trigonometrische Funktion, etc.), so wird häufig die ***Methode der kleinsten Quadrate*** angewendet, um die Näherungsfunktion zu ermitteln. Die Idee dieses Verfahrens besteht darin, die Funktion g so zu konstruieren, dass die Summe der Fehlerquadrate minimal wird,

$$\sum_{i=0}^{n} (g(x_i) - y_i)^2 = Min! \tag{4.2}$$

Diese Methode wird z. B. in der Statistik (Regressionsanalyse) angewendet.

Mathcad stellt verschiedene Funktionen zur Approximation bereit:

1. Die Funktion *regress(vx,vy,k)*, $k = 1, ..., n$ bestimmt nach der Methode der kleinsten Quadrate ein Polynom k-ten Grades. Für $k = 1$ erhält man die sogenannte Regressionsgerade (vgl. Mathcad-Hilfe/ Funktionen/ Kurvenanpassung und Glättung/ Polynomiale Regression).
2. Die Funktion *linanp(vx,vy,vF)* berechnet zu vorgegebenen Funktionen f_i, die im Vektor *vF* gespeichert sind, Koeffizienten a_i, so dass die Funktion

   $$g(x) := a_1 f_1(x) + a_2 f_2(x) + ... + a_k f_k(x) \tag{4.3}$$

   die Funktion f gemäß der Methode der kleinsten Quadrate bestmöglich annähert (vgl. Mathcad-Hilfe/ Funktionen/ Kurvenanpassung und Glättung/ Lineare Kombination von Funktionen).
3. Die Funktion *genanp(vx,vy,vs,vF)* stellt eine Verallgemeinerung der Funktion *linanp()* dar. Ausgehend von einer Funktion $g(x)$, die von n Parametern u_0, u_1, ..., u_{n-1} abhängt, werden diese Parameter so bestimmt, dass die Funktion g die gesuchte Funktion f gemäß der Methode der kleinsten Quadrate bestmöglich annähert. Der Vektor *vF* enthält $n + 1$ Elemente: Die Funktion g sowie die partiellen Ableitungen der Funktion g nach den Parametern u_0, u_1, ..., u_{n-1}. Der Vektor *vs* enthält Schätzwerte für die Parameter u_0, u_1, ..., u_{n-1}. Ferner verfügt Mathcad über einige spezielle Funktionen zur Approximation von Potenzfunktionen, Exponentialfunktionen, u.s.w. (vgl. Mathcad-Hilfe/ Funktionen/ Kurvenanpassung und Glättung).

3 Nichtlineare Gleichungen

3.1 Allgemeines

Während zur exakten Lösung linearer Gleichungssysteme endliche Algorithmen existieren (vgl. Abschnitt 6), lassen sich nichtlineare Gleichungen und Gleichungssysteme i. A. nur numerisch lösen. Bereits zur Bestimmung der Nullstellen eines Polynoms vom Grad größer vier gibt es keine geschlossene Formel. Aus diesem Grunde können mit Mathcad nur bedingt symbolische Lösungen nicht linearer Gleichungen bestimmt werden.

Gegeben sei eine nichtlineare Gleichung

$$f(x) = 0. \tag{4.4}$$

Dabei sei f eine auf einem Intervall I stetige Funktion. Gesucht sind die Lösungen dieser Gleichung, d. h. die Nullstellen der Funktion f auf dem Intervall I.

3.2 Methoden zur symbolischen Lösung nichtlinearer Gleichungen

Mathcad bietet drei Methoden zur symbolischen Lösung nichtlinearer Gleichungen: Die Methode *Vorgabe / suchen()* (vgl. [4-14], S. 172), das Schlüsselwort *auflösen* (vgl. [4-14], S. 170/ 171) bzw. die Menüfolge Symbolik/ Variable/ auflösen (vgl [4-14], S. 171).

Beispiel 4.6: *Nullstellen einer Momentenlinie*

Die Momentenlinie des Zweifeldträgers aus Beispiel 4.3 wird beschrieben durch die Gleichungen

$$M_1(x_1, a, q_1) := \frac{-q_1 \cdot a^2}{60} \cdot \left(3 \cdot \frac{x_1}{a} - 1\right) \qquad 0 \le x_1 \le a$$

$$M_2(x_2, a, q_1) := \frac{-q_1 \cdot a^2}{30} \cdot \left[5 \cdot \left(\frac{x_2}{a}\right)^3 + 1 - 6 \cdot \frac{x_2}{a}\right] \qquad 0 \le x_2 \le a$$

Gesucht sind die Stellen x_i, für welche das Biegemoment null wird, also die Nullstellen der Funktionen M_1 und M_2.

Um verschiedene Lösungsmethoden vorzustellen, werden die Nullstellen der Funktion M_1 mit der Methode *Vorgabe / suchen()*

Vorgabe

$$\frac{-q_1 \cdot a^2}{60} \cdot \left(3 \cdot \frac{x_1}{a} - 1\right) = 0$$

$$\text{Suchen}(x_1) \rightarrow \frac{1}{3} \cdot a$$

und die Nullstellen der Funktion M_2 mithilfe des Schlüsselwortes *auflösen* berechnet.

$$M\,2(x\,2, a, q\,1) \text{ auflösen}, x\,2 \rightarrow \begin{bmatrix} a \\ \left(\frac{-1}{2} + \frac{3}{10}\sqrt{5}\right) \cdot a \\ \left(\frac{-1}{2} - \frac{3}{10}\sqrt{5}\right) \cdot a \end{bmatrix}$$

Wegen $0 \le x_2 \le a$ ist die dritte Lösung nicht relevant. Die Momentenlinie besitzt also eine Nullstelle im ersten Feld für $x_1 = \frac{a}{3}$ und zwei weitere im zweiten Feld für $x_2 = a$ und $x_2 = \left(-\frac{1}{2}+\frac{3}{10}\sqrt{5}\right)a$.

Im Arbeitsblatt *„TIV_04_Nullstellen_einer_Momentenlinie.xmcd"* werden alle drei Methoden für beide Gleichungen durchgeführt.

Aus den bereits genannten Gründen werden mit diesen Lösungsmethoden nicht immer alle Lösungen gefunden. Beispielsweise führt die Berechnung der Stellen mit maximaler Durchbiegung der Biegelinie des Trägers aus Beispiel 4.8 (Arbeitsblatt *„TIV_14_Extremwertaufgabe.xmcd"*) auf eine Gleichung, deren exakte Lösungen Mathcad nicht darstellen kann. Zur Kontrolle sollte man sich die Funktionskurve $y = f(x)$ graphisch anzeigen lassen.

Das Schlüsselwort *auflösen* und die Methode *Vorgabe / suchen()* können auch zur symbolischen Lösung nichtlinearer Gleichungssysteme verwendet werden.

3.3 Numerische Methoden zur Lösung nichtlinearer Gleichungen

Können die Lösungen der Gleichung 4.4 nicht exakt bestimmt werden, muss man auf numerische Methoden zurückgreifen. Mathcad stellt hierfür die Funktion *wurzel(f(x),x)* (vgl. [4-14], S.111/ 112) zur Verfügung, die ausgehend von einem Startwert iterativ eine Näherung für eine gesuchte Lösung ermittelt. Dieser Funktion liegt die sogenannte ***Sekantenmethode*** zu Grunde, die im Folgenden erläutert wird:

Die Sekantenmethode

Gegeben sei eine auf einem Intervall I stetige Funktion mit der Gleichung $y = f(x)$. Gesucht sind die Nullstellen der Funktion f, gesucht sind die Lösungen der Gleichung (4.4).

Idee: Um eine Lösung x* zu bestimmen, wird zunächst die ungefähre Lage der Lösung ermittelt (z. B. graphisch). Die Funktionskurve wird dann in einer Umgebung der Lösung durch eine Sekante ersetzt.

Schritt 1: Wahl zweier Anfangswerte $x_0, x_1 \in I$ mit der Eigenschaft $f(x_0) \cdot f(x_1) < 0$.

Schritt 2: Berechnung der Abszisse des Schnittpunktes der Sekante durch $(x_0, f(x_0))$ und $(x_1, f(x_1))$ mit der x-Achse:

$$x_2 = x_1 - \frac{x_1 - x_0}{f(x_1) - f(x_0)} f(x_1), \tag{4.5 a}$$

Berechnung von

$$x_3 = x_2 - \frac{x_2 - x_1}{f(x_2) - f(x_1)} f(x_2), \tag{4.5 b}$$

u. s. w.

Diese Vorgehensweise führt auf das Iterationsverfahren

$$x_n = x_{n-1} - \frac{x_{n-1} - x_{n-2}}{f(x_{n-1}) - f(x_{n-2})} f(x_{n-1}) \quad (n > 1). \qquad (4.5\text{ c})$$

Das Verfahren endet, wenn $|x_n - x_{n-1}|$ innerhalb einer vorgegebenen Toleranz liegt oder $f(x_n) = 0$ gilt.

Da die gesuchte Lösung x^* nicht zwischen x_{n-2} und x_{n-1} liegen muss, konvergiert das Verfahren nicht notwendigerweise gegen die Lösung x^*. Liefert diese Methode keine Lösung, so greift die Funktion *wurzel(f(x),x)* auf die ***Methode von Müller*** zurück, die eine Verallgemeinerung des Sekantenverfahrens darstellt. Während das Sekantenverfahren die Funktion f in einer Umgebung von x^* linear interpoliert, führt die Methode von Müller, ausgehend von drei Startwerten, eine quadratische Interpolation durch: Durch die drei Punkte, welche durch die drei Startwerte definiert sind, wird eine Parabel gelegt. Die Abzisse eines Schnittpunktes der Parabel mit der x-Achse liefert eine Näherung für die gesuchte Nullstelle. In Analogie zu dem Sekantenverfahren erhält man ein Iterationsverfahren. Während das Sekantenverfahren gute Startwerte benötigt, um gegen eine Lösung zu konvergieren, konvergiert das Verfahren von Müller i. A. für beliebige Startwerte gegen eine Lösung der Gleichung. Obwohl die Verfahren zwei bzw. drei Startwerte erfordern, benötigt die Funktion *wurzel(f(x),x)* nur einen Schätzwert. Es ist darauf zu achten, dass die Funktion zwischen dem Schätzwert x_0 und der gesuchten Nullstelle x^* stetig ist und keine relativen Extrema besitzt. Ferner ist zu bemerken, dass die Funktion *wurzel()* im Falle eines reellen Startwertes eine reelle und im Falle eines komplexen Startwertes eine komplexe Lösung liefert. Es werden so viele Iterationsschritte durchgeführt bis $|x_n - x_{n-1}|$ kleiner ist als der Wert der Systemvariablen TOL oder $f(x_n) = 0$ ist. Die Variable TOL besitzt den Standardwert 0,001. Der Wert kann geändert werden, indem der Variablen im Arbeitsblatt ein neuer Wert zugewiesen wird (vgl. [4-14], S. 117). Weitere Hinweise zu der Funktion *wurzel()* finden sich in [4-14], S. 111-113. Zu den Iterationsverfahren vergleiche z. B. [4-7], [4-18].

Im folgenden Beispiel kommt die Funktion *wurzel()* bei der Bestimmung der Eigenwerte eines verschieblichen Rahmens zur Anwendung.

Beispiel 4.7: *Lösung nichtlinearer Gleichungen an einem Beispiel aus der Stabilitätstheorie*

Am Beispiel der Bestimmung des untersten Eigenwerts eines verschieblichen Rahmens wird die Anwendung der Funktion *wurzel* im Arbeitsblatt *„TIV_05_Nichtlineare_Gleichung.xmcd"* gezeigt.

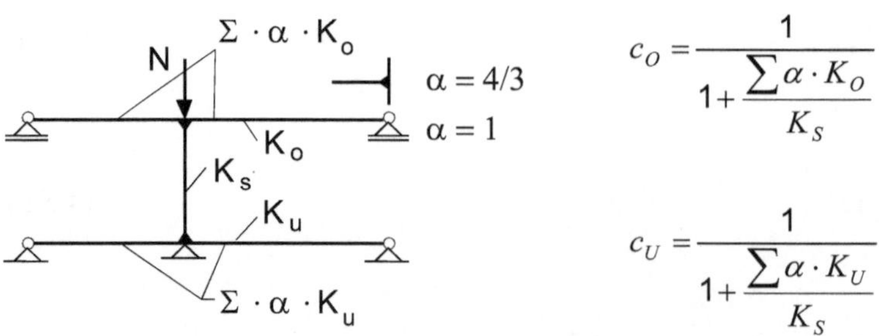

$$c_O = \frac{1}{1 + \frac{\sum \alpha \cdot K_O}{K_S}}$$

$$c_U = \frac{1}{1 + \frac{\sum \alpha \cdot K_U}{K_S}}$$

Bild 4.8: Verschieblicher Rahmen nach [4-13], S. 8.42

Zunächst ermittelt man für die angrenzenden Stäbe die Steifigkeitskennwerte $K = I / \ell$, wobei I das Trägheitsmoment und ℓ die Stablänge bedeuten. Damit werden die Beiwerte c_o und c_u berechnet. Mit dem Startwert für γ erhält man den Beiwert β zur Bestimmung der Knicklänge mit Mathcad beispielsweise für $c_u = c_o = 0{,}29$ zu:

Startwert: $\gamma := 3.1$

$$\gamma_0 := \text{wurzel}\left[\left(\frac{\gamma \cdot c_o}{3} - \frac{1 - c_o}{\tan(\gamma)}\right) \cdot \left(\frac{\gamma \cdot c_u}{3} - \frac{1 - c_u}{\tan(\gamma)}\right) - \frac{(1 - c_o) \cdot (1 - c_u)}{(\sin(\gamma))^2}, \gamma\right]$$

Knicklängenbeiwert: $\beta := \frac{\pi}{\gamma_0}$ $\beta = 1.263$

Zur Bestimmung reeller Nullstellen einer reellwertigen Funktion f kann die Funktion *wurzel()* alternativ mit vier Argumenten aufgerufen werden: *wurzel(f(x),x,a,b)*. Dabei sind die reellen Zahlen a und b so zu wählen, dass $a < x^* < b$ gilt. Diese Variante der Funktion *wurzel()* benötigt keinen Startwert.

Möchte man die Nullstellen eines Polynoms $f(x) = a_n x^n + \ldots + a_1 x + a_0$ bestimmen, so kann anstelle der Funktion *wurzel()* die Funktion *nullstellen(v)* (vgl. [4-14], S. 113) aufgerufen werden, die ohne Startwerte auskommt. Der Vektor

$$\underline{v} = \begin{pmatrix} a_0 \\ a_1 \\ \vdots \\ a_n \end{pmatrix}$$

enthält die Koeffizienten des Polynoms. Er kann mithilfe des Schlüsselwortes *koeff* erzeugt werden. Die Funktion *nullstellen()* berechnet ***alle*** Nullstellen des Polynoms. Sie benutzt die Methode von Laguerre, die auf dem Fundamentalsatz der Algebra basiert (vgl. [4-18]).

Beispiel 4.8: Die Berechnung der Stellen mit maximaler Durchbiegung im Arbeitsblatt *„TIV_14_Extremwertaufgabe.xmcd“* führt u. a. auf die Aufgabe, die Nullstellen des Polynoms 4. Grades

$$p(x_2, a) := 5 \cdot x_2^4 - 12 \cdot x_2^2 \cdot a^2 + 4 \cdot x_2 \cdot a^3 + a^4$$

zu berechnen. Mathcad kann die Nullstellen dieses Polynoms nicht symbolisch darstellen. Deshalb erfolgt die Berechnung numerisch mit der Funktion *nullstellen()*. Für a muss ein Wert vorgegeben werden:

$$v(a) := (p(x_2, a))\ \text{koeff}, x_2 \rightarrow \begin{pmatrix} a^4 \\ 4 \cdot a^3 \\ -12 \cdot a^2 \\ 0 \\ 5 \end{pmatrix}$$

$a := 1m$

$$\text{nullstellen}\left(v\left(\frac{a}{m}\right)\right) = \begin{pmatrix} -1.675 \\ -0.167 \\ 0.555 \\ 1.288 \end{pmatrix}$$

Darüber hinaus kann die Methode *Vorgabe/ suchen()* in Verbindung mit dem numerischen Gleichheitszeichen zur Lösung nichtlinearer Gleichungssysteme angewendet werden. Für jede Unbekannte ist ein Schätzwert anzugeben (vgl. [4-14], S. 113/ 114).

4 Summen und Reihen

4.1 Summen

Zur Berechnung einer Summe $\sum_{i=1}^{n} a_i$ stellt Mathcad die Operatoren *Summation* und *Bereichsvariablensummation* (Operatorenpalette *Differentiation/Integration*) zur Verfügung. Je nach Wahl des Gleichheitszeichens wird die Summe symbolisch oder numerisch ausgewertet. Summen werden im folgenden Beispiel zur Ermittlung des Flächeninhalts und der Flächenmomente polygonartiger Querschnitte verwendet.

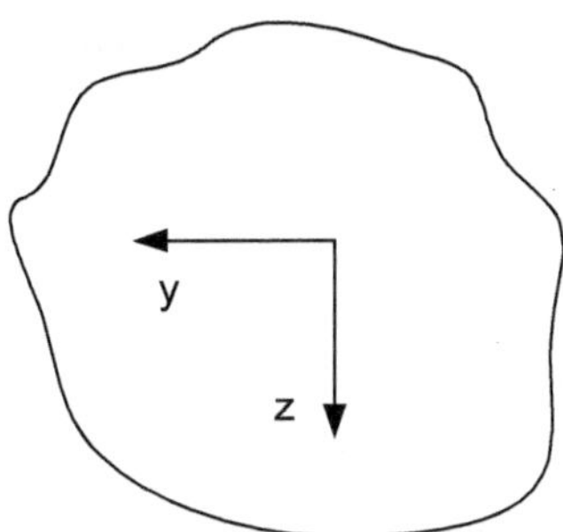

Bild 4.9: Koordinatensystem

Beispiel 4.9: *Flächenkennwerte polygonartiger Querschnitte*

Ein Verfahren zur Bestimmung der Fläche und Flächenmomente polygonartig umrandeter Querschnitte ist beispielsweise in [4-6] angegeben. Es ist Gegenstand des Arbeitsblatts *„TIV_06_Flächenkennwerte.xmcd"*. Zur Bestimmung der Fläche und der Flächenmomente erster Ordnung sind bei *n* Polygonpunkten folgende Summen zu bilden:

$$A := \frac{1}{2} \cdot \sum_{i=1}^{n} \left(y_i \cdot z_{i+1} - z_i \cdot y_{i+1}\right)$$

$$S_y := \frac{1}{6} \cdot \sum_{i=1}^{n} \left(y_i \cdot z_{i+1} - z_i \cdot y_{i+1}\right) \cdot \left(z_i + z_{i+1}\right)$$

$$S_z := \frac{1}{6} \cdot \sum_{i=1}^{n} \left(y_i \cdot z_{i+1} - z_i \cdot y_{i+1}\right) \cdot \left(y_i + y_{i+1}\right)$$

Die Werte y_i und z_i sind die auf ein beliebiges Koordinatensystem bezogenen Koordinaten der Eckpunkte des Querschnittspolygons, Bild 4.9. Punkt $n + 1$ entspricht hierbei Punkt 1. Damit lässt sich der Schwerpunkt der Querschnittsfläche bestimmen zu

$$y_s := \frac{S_z}{A}$$

$$z_s := \frac{S_y}{A}.$$

Die Punktkoordinaten müssen jetzt auf den Schwerpunkt transformiert werden durch:

$I(x, y) := 1 \qquad y := y - y_s \cdot \text{matrix}(n + 1, 1, I) \qquad z := z - z_s \cdot \text{matrix}(n + 1, 1, I)$

Danach bestimmt man die beiden Trägheitsmomente und das Zentrifugalmoment zu

$$I_y := \frac{1}{12} \cdot \sum_{i=1}^{n} \left(y_i \cdot z_{i+1} - z_i \cdot y_{i+1}\right) \left[\left(z_i\right)^2 + z_i \cdot z_{i+1} + \left(z_{i+1}\right)^2\right]$$

$$I_z := \frac{1}{12} \cdot \sum_{i=1}^{n} \left(y_i \cdot z_{i+1} - z_i \cdot y_{i+1}\right) \left[\left(y_i\right)^2 + y_i \cdot y_{i+1} + \left(y_{i+1}\right)^2\right]$$

$$I_{yz} := \frac{1}{24} \cdot \sum_{i=1}^{n} \left(y_i \cdot z_{i+1} - z_i \cdot y_{i+1}\right) \cdot \left(2 \cdot y_i \cdot z_i + y_i \cdot z_{i+1} + z_i \cdot y_{i+1} + 2 \cdot y_{i+1} \cdot z_{i+1}\right)$$

Für den in Bild 4.10 dargestellten Querschnitt erhält man beispielsweise:

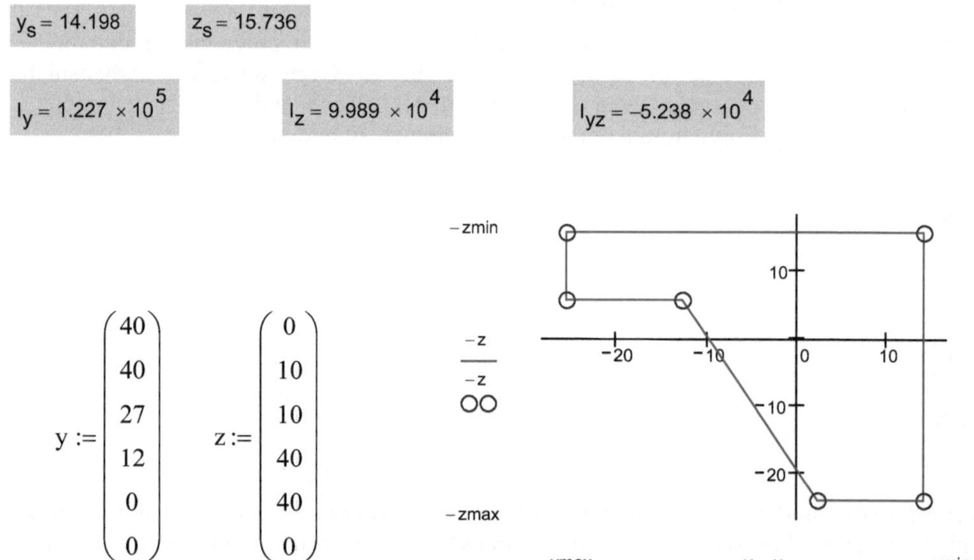

Bild 4.10: Querschnitt

4.2 Reihen

Bei vielen Problemen in der Praxis treten komplizierte Funktionen auf, die sich nur schwer auswerten lassen. Solche Funktionen werden häufig durch Polynome angenähert.

4.2.1 Taylorreihen

Nach dem Satz von Taylor lässt sich jede an der Stelle x_0 $(m + 1)$-mal stetig differenzierbare Funktion f in der Form

$$f(x) = p_m(x) + R_m(x) \qquad (4.6\text{ a})$$

mit

$$p_m(x) = f(x_0) + f'(x_0)(x - x_0) + \frac{1}{2!} f''(x_0)(x - x_0)^2 + ... + \frac{1}{m!} f^{(m)}(x_0)(x - x_0)^m \qquad (4.6\text{ b})$$

und dem Restglied

$$R_m(x) = \frac{1}{(m+1)!} f^{(m+1)}(\varsigma)(x - x_0)^{m+1} \qquad (4.6\text{ c})$$

darstellen. Dabei ist ς ein nicht näher bekannter Wert, der zwischen x und x_0 liegt. Das Polynom $p_m(x)$ heißt ***Taylorpolynom von der Ordnung m***. Ist f in x_0 beliebig oft differenzierbar, so gilt für alle x mit $\lim_{m \to \infty} P_m(x) = 0$:

$$f(x) = \sum_{n=0}^{\infty} \frac{1}{n!} f^{(n)}(x_0)(x - x_0)^n, \qquad (4.7)$$

d. h. für alle x, für die das Restglied $R_m(x)$ für $m \to \infty$ gegen null strebt, konvergiert die Reihe $\sum_{n=0}^{\infty} \frac{1}{n!} f^{(n)}(x_0)(x - x_0)^n$ gegen die Funktion $f(x)$. Diese unendliche Reihe heißt ***Taylorreihe zur Funktion f im Entwicklungspunkt*** x_0. Für $x_0 = 0$ wird sie auch ***MacLaurinsche Reihe*** genannt. Die Menge aller x, für welche die Taylorreihe konvergiert, heißt ***Konvergenzbereich***. Der Konvergenzbereich K einer Taylorreihe kann nur folgende Gestalt annehmen:

1. $K = \{x_0\}$ oder
2. $K = \mathbb{R}$ $\quad \underline{x} \in \mathbb{R}^n$ (Menge der reellen Zahlen) oder
3. $K = (x_0 - r, x_0 + r)$ oder $K = (x_0 - r, x_0 + r]$ oder $K = [x_0 - r, x_0 + r)$ oder $K = [x_0 - r, x_0 + r]$ für eine reelle Zahl r. r heißt ***Konvergenzradius***.

Man beachte, dass die Taylorreihe einer Funktion f, falls sie konvergent ist, nicht notwendigerweise gegen f konvergieren muss. Taylorreihen dürfen innerhalb ihres Konvergenzbereiches gliedweise differenziert und integriert werden. Aus diesem Grunde sind sie insbesondere bei der Berechnung von Integralen, die sich nicht elementar lösen lassen, und bei der Lösung von Differentialgleichungen von Bedeutung. Darüber hinaus bilden sie die Grundlage vieler numerischer Verfahren, insbesondere dienen sie der Fehlerabschätzung.

Taylorpolynome zu einer Funktion $f(x)$ lassen sich in Mathcad unter Verwendung des Schlüsselwortes *reihe* oder über die Menüfolge *Symbolik/Variable/Reihenentwicklung* darstellen (vgl. [4-14], S. 163/ 164). Mithilfe der ersten Methode können auch Funktionen mehrerer Veränderlicher in eine Taylorreihe entwickelt werden. Existiert keine Taylorreihe zur Funktion f im Entwicklungspunkt x_0, so wird unter bestimmten Voraussetzungen eine Laurent-Entwicklung durchgeführt. Eine ***Laurentreihe*** ist eine verallgemeinerte Potenzreihe, die auch Glieder mit negativen Potenzen von $(x - x_0)$ enthalten kann (vgl. [4-5]). Ist die Funktion f in eine Laurentreihe entwickelbar, in der nur endlich viele Glieder mit negativen Potenzen auftreten, so ermittelt *reihe* die n-te (standardmäßig die sechste) Partialsumme dieser Laurentreihe.

4.2.2 Fourierreihen

Periodische Funktionen lassen sich unter bestimmten Voraussetzungen durch trigonometrische Reihen darstellen. Typisch ist ihre Anwendung zur Beschreibung von Schwingungsvorgängen in der Baudynamik. Fourierreihen können aber auch zur Lösung komplizierter Differentialgleichungen in der Statik verwendet werden. Um beispielsweise die Durchbiegungen einer durch eine Einzelkraft belasteten Rechteckplatte zu berechnen, werden die Verschiebungen häufig als Fourierreihe angesetzt (vgl. Beispiel 4.10).

Die Fourier-Entwicklung einer Funktion $f(x)$ der Periode T_0 lautet:

$$s(x) = \frac{a_0}{2} + \sum_{k=1}^{\infty} \left(a_k \cos(k \cdot \omega_0 \cdot x) + b_k \sin(k \cdot \omega_0 \cdot x) \right), \; \omega_0 = \frac{2\pi}{T_0} \tag{4.8 a}$$

mit den Fourier-Koeffizienten

$$a_k = \frac{2}{T_0} \int_0^{T_0} f(x) \cdot \cos(k \cdot \omega_0 \cdot x)\, dx \,, \; \omega_0 = \frac{2\pi}{T_0} \,, \; k = 0, 1, 2, \ldots$$

(4.8 b)

$$b_k = \frac{2}{T_0} \int_0^{T_0} f(x) \cdot \sin(k \cdot \omega_0 \cdot x)\, dx \,, \; \omega_0 = \frac{2\pi}{T_0} \,, \; k = 1, 2, 3, \ldots$$

Die Fourierreihe $s(x)$ konvergiert gegen die Funktion $f(x)$, wenn die Bedingungen von *Dirichlet* erfüllt sind:

1. Das Periodenintervall ist in endlich viele Teilintervalle zerlegbar, in denen die Funktion stetig und monoton ist.
2. In den Unstetigkeitsstellen existiert sowohl der rechts- als auch der linksseitige Grenzwert.

In den Stellen, in denen f stetig ist, stimmt der Summenwert der Reihe mit dem Funktionswert überein: $s(x) = f(x)$; in den Unstetigkeitsstellen ist der Summenwert der Reihe gleich dem arithmetischen Mittelwert des rechts- und linksseitigen Grenzwertes der Funktion f:

$$s(x) = \frac{f(x+0) + f(x-0)}{2} \,.$$

Ist die Funktionskurve spiegelsymmetrisch zur y-Achse, so verschwinden sämtliche Koeffizienten b_k ($k = 1, 2, 3, \ldots$), ist sie punktsymmetrisch zum Ursprung, so verschwinden die Koeffizienten a_k ($k = 0, 1, 2, \ldots$).

In Mathcad lassen sich die einzelnen Fourier-Koeffizienten mithilfe der Integralrechnung (vgl. Abschnitt 9) berechnen. Somit kann die n-te Partialsumme einer Fourierreihe

$$s_n(x) = \frac{a_0}{2} + \sum_{k=1}^{n} \left(a_k \cdot \cos(k \cdot \omega_0 \cdot x) + b_k \cdot \sin(k \cdot \omega_0 \cdot x) \right), \; \omega_0 = \frac{2\pi}{T_0} \tag{4.9}$$

bestimmt werden. Ferner sei darauf hingewiesen, dass Mathcad verschiedene Funktionen zur Fourier-Transformation zur Verfügung stellt (vgl. Mathcad-Hilfe/ Funktionen/ Fourier- und Wavelet-Transformation).

Beispiel 4.10: *Durchbiegungen einer durch eine Einzelkraft belasteten Rechteckplatte*

Analytische Lösungen für Platten machen häufig vom Ansatz der Verschiebungen als Fourierreihe Gebrauch. Das Ergebnis wird dann durch doppelte Summen dargestellt. Für die Handrechnungen sind diese klassischen Lösungen der Plattentheorie nicht geeignet. Durch Computeralgebrasysteme werden sie aber auch in der Praxis leicht anwendbar.

Als Beispiel ist im Arbeitsblatt *„TIV_07_Platte_F.xmcd“* die Biegelinie einer allseitig gelenkig gelagerten schubstarren Rechteckplatte angegeben, Bild 4.11. Mit dem Elastizitätsmodul *E*, der Plattendicke *t*, der Querdehnzahl μ erhält man die Plattensteifigkeit zu

$$K := \frac{E \cdot t^3}{12 \cdot \left(1 - \mu^2\right)}.$$

Die Durchbiegung an einer beliebigen Stelle *x*, *y* ist damit nach [4-11]:

$$w(x,y) := \frac{4 \cdot F}{K \cdot a \cdot b \cdot \pi^4} \sum_{m\_} \sum_{n} \frac{\sin\left(\frac{m\_ \cdot \pi \cdot u}{a}\right) \cdot \sin\left(\frac{n \cdot \pi \cdot v}{b}\right)}{m\_ \cdot n \cdot \left(\frac{m\_^2}{a^2} + \frac{n^2}{b^2}\right)^2} \cdot \left(\sin\left(\frac{m\_ \cdot \pi \cdot x}{a}\right) \cdot \sin\left(\frac{n \cdot \pi \cdot y}{b}\right)\right)$$

Die Auswertung ist an beliebigen Stellen möglich. Die Biegefläche lässt sich auch grafisch darstellen.

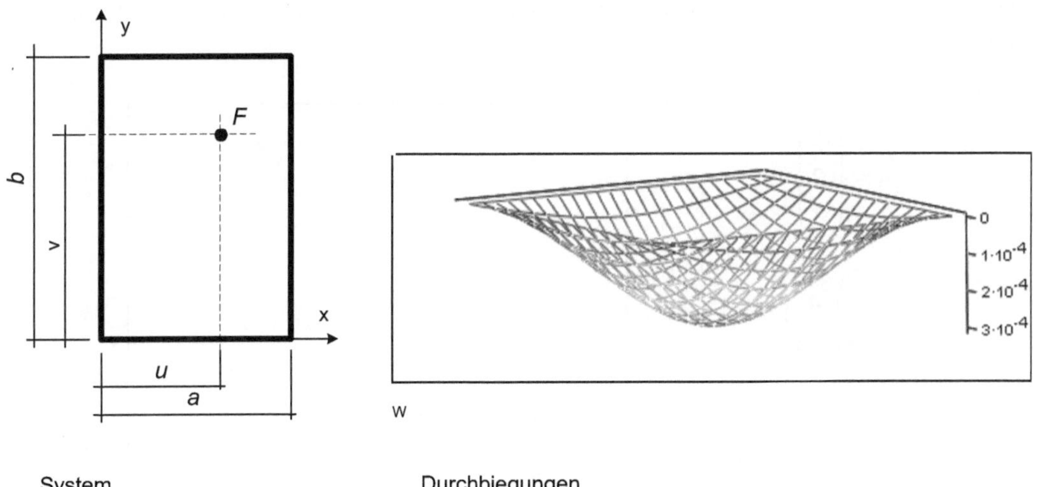

Bild 4.11: Allseitig gelenkig gelagerte Rechteckplatte mit Einzellast

5 Vektoren und Matrizen

5.1 Vektoren

Vektoren sind in der Statik zur Beschreibung von Kräften unentbehrlich. Außerdem werden sie beispielsweise zur Lösung von linearen Gleichungssystemen (vgl. Abschnitt 6) oder bei der Koordinatentransformation benötigt. Sie lassen sich in Mathcad über die Operatorenpalette Matrix in das Arbeitsblatt einfügen (vgl. [4-14], S. 39ff). Mathcad stellt eine Reihe von Vektorfunktionen bereit, die teilweise über die *Operatorenpalette Matrix* und teilweise über das Menü *Funktion einfügen* aufgerufen werden können. Dazu gehören insbesondere Funktionen zur Umwandlung von zweidimensionalen kartesischen Koordinaten in Polarkoordinaten bzw. von dreidimensionalen kartesischen Koordinaten in Zylinder- oder Kugelkoordinaten und umgekehrt. Eine Übersicht über alle Vektorfunktionen findet sich unter Mathcad-Hilfe/ Vektoren und Matrizen).

Es sei darauf hingewiesen, dass Mathcad standardmäßig 0 als ersten Index bei Vektoren und Matrizen wählt. Um mit dem Index 1 zu beginnen, ist die Systemvariable ORIGIN im Arbeitsblatt auf 1 zu setzen (vgl. [4-14], S. 46).

Beispiel 4.11: *Kräfteaddition*
Kräfte stellen eine einfache aber für die Statik charakteristische Art von Vektoren dar. Die Addition von Kräften lässt sich mit Mathcad sehr einfach, auch im Raum, durchführen. Das Arbeitsblatt *„TIV_08_Vektoraddition.xmcd"* zeigt dies an einem einfachen Beispiel. Die Kräfte und ihre Resultierende können grafisch dargestellt werden. Es handelt sich hierbei wieder um eine 3D-Grafik, die durch Klicken mit der Maus und Bewegen der Maus bei gedrückter linker Maustaste leicht von verschiedenen Richtungen betrachtet werden kann (Bild 4.12). Die Zuordnung zu den einzelnen Koordinatenrichtungen erfordert allerdings einige Übung, da Mathcad die Koordinaten nicht beschriften und die Achsabmessungen auch nicht anzeigen kann.

$$F_1 := \begin{pmatrix} 10 \\ 2 \\ 3 \end{pmatrix}$$

$$F_2 := \begin{pmatrix} 4 \\ -2 \\ 3 \end{pmatrix}$$

$$F_3 := \begin{pmatrix} -7 \\ 5 \\ 2 \end{pmatrix}$$

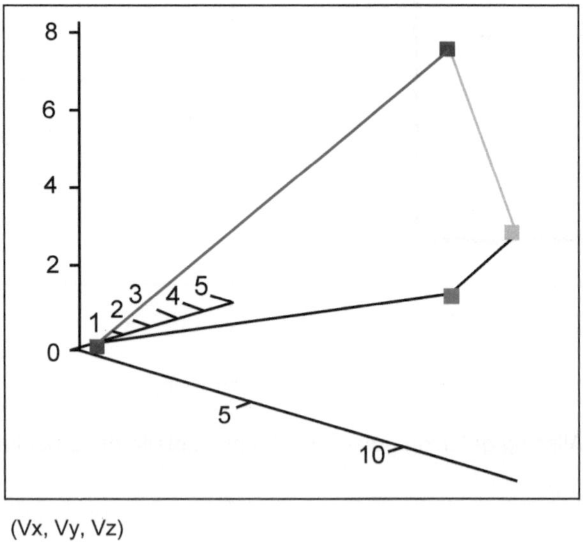

Bild 4.12: Kräfteaddition

5.2 Matrizen

Matrizen dienen in der Tragwerksstatik vor allem der übersichtlichen Darstellung mathematischer Sachverhalte. Sie finden insbesondere bei der Darstellung linearer Gleichungssysteme Verwendung (vgl. Abschnitt 6) und stellen die Grundlage der computerorientierten Verfahren in der Baustatik dar. Typische computerorientierte Berechnungsverfahren sind die Methode der finiten Elemente und die Randelementmethode. Eine Sonderlösung für eindimensionale Tragwerke wie Durchlaufträger ist das Übertragungsmatrizenverfahren. Aber auch die klassischen Verfahren wie das Kraftgrößenverfahren lassen sich in Matrixschreibweise formulieren.

5.2.1 Spezielle Matrizen

Mathcad stellt eine Reihe von Matrixfunktionen bereit: In der *Operatorenpalette Matrix* finden sich neben der Funktion *Matrix oder Vektor* zur Definition einer neuen Matrix beispielsweise Funktionen zur Berechnung der Inversen einer regulären Quadratmatrix oder zur Bestimmung der Transponierten einer Matrix. Über das Menü *Funktion einfügen* gelangt man zu einer Vielzahl weiterer Matrixfunktionen: Die Funktion *einheit(n)* erzeugt eine $(n \times n)$-Einheitsmatrix, die Funktion *submatrix(A,iz,jz,is,js)* ermöglicht das Anlegen einer Untermatrix der Matrix $\underline{A}$, die Funktionen *erweitern(A,B)* und *stapeln(A,B)* fügen die Matrizen $\underline{A}$ und $\underline{B}$ zu einer Matrix zusammen, u.s.w. (vgl. Mathcad-Hilfe/ Funktionen/ Vektor und Matrix).

Beispiel 4.12: *Spezielle Matrizen*

ORIGIN:= 1

a) Definition von Matrizen:

$$A := \begin{pmatrix} 1 & 3 & 5 \\ 2 & 4 & 6 \\ 0 & 7 & 0 \end{pmatrix} \qquad B := \begin{pmatrix} 2 & 8 & -7 \\ -1 & 0 & 3 \end{pmatrix} \qquad C := \begin{pmatrix} 11 & -5 & 2 & 7 \\ -2 & 3 & 0 & 1 \\ 0 & -4 & 0 & 6 \end{pmatrix}$$

b) Inverse von A:

$$A^{-1} = \begin{pmatrix} -1.5 & 1.25 & -0.071 \\ 0 & 0 & 0.143 \\ 0.5 & -0.25 & -0.071 \end{pmatrix}$$

Voraussetzung: A ist reguläre Quadratmatrix

c) Transponierte von B:

$$B^T = \begin{pmatrix} 2 & -1 \\ 8 & 0 \\ -7 & 3 \end{pmatrix}$$

d) Untermatrix von C (Zeilen 1,2; Spalten 2,3):

$$\text{submatrix}(C,1,2,2,3) = \begin{pmatrix} -5 & 2 \\ 3 & 0 \end{pmatrix}$$

e) A und C nebeneinander anordnen:

$$\text{erweitern}(A, C) = \begin{pmatrix} 1 & 3 & 5 & 11 & -5 & 2 & 7 \\ 2 & 4 & 6 & -2 & 3 & 0 & 1 \\ 0 & 7 & 0 & 0 & -4 & 0 & 6 \end{pmatrix}$$

Voraussetzung: A und C haben gleichviele Zeilen

f) A und B untereinander anordnen:

$$\text{stapeln}(A, B) = \begin{pmatrix} 1 & 3 & 5 \\ 2 & 4 & 6 \\ 0 & 7 & 0 \\ 2 & 8 & -7 \\ -1 & 0 & 3 \end{pmatrix}$$

Voraussetzung: A und B haben gleichviele Spalten

g) (3x3)-Einheitsmatrix:

$$\text{einheit}(3) = \begin{pmatrix} 1 & 0 & 0 \\ 0 & 1 & 0 \\ 0 & 0 & 1 \end{pmatrix}$$

Beispiel 4.13: *Matrizenoperationen beim Übertragungsmatrizenverfahren*

Alle Berechnungsverfahren, die auf Matrizenoperationen beruhen werden von Mathcad wesentlich unterstützt. Dies soll am Beispiel des Übertragungsmatrizenverfahrens im Arbeitsblatt *„TIV_09_Übertragungsmatrizen_operationen.xmcd“* erläutert werden. Die Übertragungsmatrix des geraden Biegebalkens ohne Lastterme wird zunächst als Funktion der Abschnittslänge l und der Biegesteifigkeit EI vereinbart zu:

Definition einer Matrix als Funktion

$$A(l, EI) := \begin{pmatrix} 1 & l & \dfrac{l^2}{2 \cdot EI} & \dfrac{l^3}{6 \cdot EI} \\ 0 & 1 & \dfrac{l}{EI} & \dfrac{l^2}{2 \cdot EI} \\ 0 & 0 & 1 & l \\ 0 & 0 & 0 & 1 \end{pmatrix} \qquad A(8, 1) = \begin{pmatrix} 1 & 8 & -32 & -85.333 \\ 0 & 1 & -8 & -32 \\ 0 & 0 & 1 & 8 \\ 0 & 0 & 0 & 1 \end{pmatrix}$$

Die Übertragung des Zustandsvektors, der die Durchbiegung, den Drehwinkel, das Biegemoment und die Querkraft an einer Stelle zusammenfasst, erhält man in dem in Kapitel V, Abschnitt 1.2.1 beschriebenen Zahlenbeispiel zu:

Matrizenoperationen: Übertragung des Zustandsvektors über einen Abschnitt:

$A_{ab} := A(8,1)$ $\qquad Z_a := \begin{pmatrix} 0 \\ 0 \\ -26.667 \\ 7.222 \end{pmatrix}$ $\qquad L_b := \begin{pmatrix} 0 \\ 0 \\ 0 \\ -15 \end{pmatrix}$

$Z_b := A_{ab} \cdot Z_a + L_b$ $\qquad Z_b = \begin{pmatrix} 237.067 \\ -17.768 \\ 31.109 \\ -7.778 \end{pmatrix}$

Am Ende des Balkens hat die Übertragungsmatrix die Form

$$\begin{bmatrix} -72 & -288 \\ -12 & -72 \\ 1 & 12 \\ 0 & 1 \end{bmatrix} \cdot \begin{bmatrix} X_1 \\ X_2 \end{bmatrix} + \begin{bmatrix} 160 \\ 120 \\ -60 \\ -15 \end{bmatrix} = \begin{bmatrix} 0 & 0 \\ 1 & 0 \\ 0 & 0 \\ 0 & 1 \end{bmatrix} \cdot \begin{bmatrix} X_3 \\ X_4 \end{bmatrix},$$

oder

$$\underline{Z}_c \cdot \underline{X}_a + \underline{L}_c = \underline{Z}_{ende} \cdot \underline{X}_e$$

in der X_1, X_2 die Anfangsunbekannten und X_3, X_4 die Unbekannten am Balkenende darstellen. Die Auflösung des Gleichungssystems lässt sich mit den von Mathcad bereitgestellten Funktionen wie folgt durchführen:

Schritt 1: erweitern

$$\text{erweitern}(Z_c, -Z_{ende}) = \begin{pmatrix} -72 & -288 & 0 & 0 \\ -12 & -72 & -1 & 0 \\ 1 & 12 & 0 & 0 \\ 0 & 1 & 0 & -1 \end{pmatrix}$$

Schritt 2: Inversion der Koeffizientenmatrix

$$\text{erweitern}(Z_c, -Z_{ende})^{-1} = \begin{pmatrix} -0.021 & 0 & -0.5 & 0 \\ 1.736 \times 10^{-3} & 0 & 0.125 & 0 \\ 0.125 & -1 & -3 & 0 \\ 1.736 \times 10^{-3} & 0 & 0.125 & -1 \end{pmatrix}$$

Schritt 3: Multiplikation mit "rechter Seite"

$$\text{erweitern}\left(Z_C, -Z_{ende}\right)^{-1} \cdot \left(-L_C\right) = \begin{pmatrix} -26.667 \\ 7.222 \\ -80 \\ -7.778 \end{pmatrix}$$

Schritt 4: Untermatrix mit den ersten beiden Vektorelementen bilden

$$\text{submatrix}\left[\text{erweitern}\left(Z_C, -Z_{ende}\right)^{-1} \cdot \left(-L_C\right), 1, 2, 1, 1\right] = \begin{pmatrix} -26.667 \\ 7.222 \end{pmatrix}$$

Beim letzten Schritt ist zu beachten, dass in Mathcad ORIGIN: = 1 gesetzt wurde. Die Schritte lassen sich zu zwei Funktionen zur Berechung der Unbekannten $\underline{X}_a$ und $\underline{X}_e$ zusammenfassen:

$$X_a\left(Z_{ende}, Z, L\right) := \text{submatrix}\left[\text{erweitern}\left(Z, -Z_{ende}\right)^{-1} \cdot (-L), 1, 2, 1, 1\right]$$

$$X_e\left(Z_{ende}, Z, L\right) := \text{submatrix}\left[\text{erweitern}\left(Z, -Z_{ende}\right)^{-1} \cdot (-L), 3, 4, 1, 1\right]$$

Beim Zahlenbeispiel erhält man:

$$U := X_a\left(Z_{ende}, Z_C, L_C\right) \qquad U = \begin{pmatrix} -26.667 \\ 7.222 \end{pmatrix}$$

$$X_e\left(Z_{ende}, Z_C, L_C\right) = \begin{pmatrix} -80 \\ -7.778 \end{pmatrix}$$

Die Anwendung der Funktionen beim Übertragungsmatrizenverfahren wird in Kapitel V, Abschnitt 1.2.1 gezeigt.

5.2.2 Matrixeigenschaften

Des Weiteren stellt Mathcad Funktionen zur Ermittlung der wichtigsten Matrixeigenschaften bereit. Im Zusammenhang mit der Lösung linearer Gleichungssysteme sind beispielsweise reguläre Matrizen, Matrixnormen, die Konditionszahl einer Matrix bzw. positiv definite Matrizen von Bedeutung (vgl. Abschnitt 6).

5.2.2.1 Reguläre Matrizen

Eine quadratische Matrix heißt genau dann ***regulär***, wenn ihre Determinante ungleich null ist, anderenfalls heißt sie ***singulär***.

Die Determinante einer $(n \times n)$-Matrix wird in Mathcad mithilfe des Betragsoperators $|X|$ (Operatorenpalette *Taschenrechner* oder *Matrix*) bestimmt. Je nach Wahl des Gleichheitszeichens wird die Determinante symbolisch oder numerisch berechnet.

Beispiel 4.14: *Determinanten, reguläre und singuläre Matrizen*

Gegeben: $A := \begin{pmatrix} -2 & 0 \\ 1 & 7 \end{pmatrix}$ $B := \begin{pmatrix} -5 & 1 & 2 \\ 3 & 7.3 & 11 \\ 2.5 & -0.5 & -1 \end{pmatrix}$ $C(\lambda) := \begin{bmatrix} 1 & 2 \\ \lambda & -2(\lambda - 2) \end{bmatrix}$

Determinante von A: $|A| = -14$

Determinante von B: $|B| = 0$

Determinante von C: $|C(\lambda)| \rightarrow -4 \cdot \lambda + 4$

Da in der Matrix C der Parameter λ auftritt, wurde für die Berechnung der Determinante das symbolische Gleichheitszeichen gewählt. Offenbar ist die Matrix A regulär, die Matrix B singulär. Die Matrix C ist genau dann regulär, wenn $\lambda \neq 1$ gilt.

5.2.2.2 Vektor- und Matrixnormen

Möchte man den Abstand zweier Zahlen *a*, *b* bestimmen, so bildet man den Betrag der Differenz $|b - a|$. Eine Verallgemeinerung des Betrages für Vektoren und Matrizen führt zum Begriff der Vektor- bzw. Matrixnorm. Eine Matrixnorm ist eine reelle positive Zahl $\|\underline{A}\|$, die einer quadratischen Matrix $\underline{A}$ zugeordnet ist (vgl. z. B. [4-7], [4-5]). Beispiele für Matrixnormen sind:

Zeilensummennorm (L_∞-Norm): $$\|\underline{A}\|_\infty := \max_{1 \le i \le n} \sum_{j=1}^{n} |a_{ij}| \qquad (4.10a)$$

Spaltensummennorm: (L_1-Norm): $$\|\underline{A}\|_1 := \max_{1 \le j \le n} \sum_{i=1}^{n} |a_{ij}| \qquad (4.10b)$$

Frobeniusnorm (Schur-Norm, Euklidische Norm): $$\|\underline{A}\|_e := \sqrt{\sum_{j=1}^{n} \sum_{i=1}^{n} a_{ij}^2} \qquad (4.10c)$$

Spektralnorm (L_2-Norm): $$\|\underline{A}\|_2 := \sqrt{\lambda_{\max}(\underline{A}^T \underline{A})} \qquad (4.10d)$$

Dabei ist $\lambda_{\max}(\underline{A})$ der Betrag des betragsgrößten Eigenwertes der Matrix $\underline{A}$.

Eine Vektornorm ist eine reelle positive Zahl $\|\underline{x}\|$, die einem Vektor $\underline{x}$ zugeordnet ist (vgl. z. B. [4-7], [4-5]). Beispiele für Vektornormen sind:

Maximumnorm: $$\|\underline{x}\|_\infty := \max_{1 \le i \le n} |x_i| \qquad (4.10e)$$

Betragssummennorm: $$\|\underline{x}\|_1 := \sum_{i=1}^{n} |x_i| \qquad (4.10f)$$

Euklidische Norm: $\|\underline{x}\|_2 := \sqrt{\sum_{i=1}^{n} x_i^2}$ (4.10g)

Bezüglich aller Matrixnormen ist $\|\underline{A}\|$ eine Maßzahl für den Abstand zwischen der $(n \times n)$-Matrix $\underline{A}$ und der $(n \times n)$-Nullmatrix. $\|\underline{B} - \underline{A}\|$ misst den Abstand zweier $(n \times n)$-Matrizen $\underline{A}$ und $\underline{B}$. Entsprechend ist $\|\underline{x}\|$ eine Maßzahl für den Abstand zwischen dem Vektor $\underline{x} \in \mathbb{R}^n$ und dem n-dimensionalen Nullvektor. $\|\underline{y} - \underline{x}\|$ misst den Abstand zweier Vektoren $\underline{x}, \underline{y} \in \mathbb{R}^n$. Eine Matrixnorm und eine Vektornorm heißen *zueinander passend* oder *verträglich*, wenn gilt: $\|\underline{A}\underline{x}\| \leq \|\underline{A}\| \cdot \|\underline{x}\|$. Die Zeilensummennorm ist mit der Maximumnorm, die Spaltensummennorm ist mit der Betragssummennorm und die Spektralnorm und die Frobeniusnorm sind mit der Euklidischen Vektornorm verträglich (siehe z. B. [4-7], [4-5]). Matrix- und Vektornormen sind bei der Fehlerabschätzung vieler numerischer Verfahren von Bedeutung.

In Mathcad sind die Euklidische Vektornorm (als Betrag eines Vektors) sowie alle oben genannten Matrixnormen implementiert. Die Frobeniusnorm wird in Mathcad Euklidische Norm genannt.

Beispiel 4.15: *Matrixnormen*

Gegeben: $A := \begin{pmatrix} 1 & 3 & 5 \\ 2 & 4 & 6 \\ 0 & 7 & 0 \end{pmatrix}$ $B := \begin{pmatrix} -5 & 1 & 2 \\ 3 & -7.3 & 11 \\ 2.5 & -0.5 & -1 \end{pmatrix}$ $C := \begin{pmatrix} 1.05 & 2.92 & 5.01 \\ 2.02 & 4.03 & 5.98 \\ 1.03 & 7.07 & 0.99 \end{pmatrix}$

Die verschiedenen Normen der Matrix A:

1. Zeilensummennorm: normi(A) = 12
2. Spaltensummennorm: norm1(A) = 14
3. Euklidische Norm: norme(A) = 11.832
4. Spektralnorm: norm2(A) = 10.517

Der "Abstand" von A und B bzgl. der Euklidischen Norm:

norme(A − B) = 16.315

Der "Abstand" von A und C bzgl. der Euklidischen Norm:

norme(A − C) = 1.434

5.2.2.3 *Die Konditionszahl*

In der Praxis sind die Koeffizienten einer Matrix häufig gemessene Größen, die mit einem Messfehler behaftet sind. Anstelle der exakten Matrix $\underline{A}$ liegt dann eine Matrix $\underline{A} + \underline{\delta A}$ vor. Statt des linearen Gleichungssystems $\underline{A} \cdot \underline{x} = \underline{b}$ löst man das System

$$(\underline{A} + \underline{\delta A})\,\underline{\tilde{x}} = \underline{b} + \underline{\delta b} \qquad (4.11)$$

Als Lösung erhält man einen Vektor $\underline{\tilde{x}} = \underline{x} + \delta\underline{x}$, der mit dem unbekannten Fehler $\delta\underline{x}$ behaftet ist. Geht man davon aus, dass $\delta\underline{A}$ gegenüber $\underline{A}$ und $\delta\underline{b}$ gegenüber $\underline{b}$ klein sind, so stellt sich die Frage, unter welchen Voraussetzungen auch $\delta\underline{x}$ gegenüber $\underline{x}$ klein ist. Ist $\underline{A}$ regulär, so gilt für den relativen Fehler F_r bzgl. jeder Matrixnorm $\|\,.\,\|$ die folgende Abschätzung (vgl. [4-19])

$$F_r := \frac{\|\delta\underline{x}\|}{\|\underline{x}\|} \le \|\underline{A}\| \cdot \|\underline{A}^{-1}\| \cdot \left(\frac{\|\delta\underline{A}\|}{\|\underline{A}\|} + \frac{\|\delta\underline{b}\|}{\|\underline{b}\|} \right). \tag{4.12a}$$

Der Proportionalitätsfaktor

$$K(\underline{A}) := \|\underline{A}\| \cdot \|\underline{A}^{-1}\| \tag{4.12b}$$

wird ***Konditionszahl*** genannt. Bezeichnet $\underline{E}$ die $(n\times n)$-Einheitsmatrix, so gilt wegen $1 \le \|\underline{E}\| = \|\underline{A}\cdot\underline{A}^{-1}\| \le \|\underline{A}\|\cdot\|\underline{A}^{-1}\|$ stets $K(\underline{A}) \ge 1$.

Je größer die Konditionszahl $K(\underline{A})$ ist, desto schlechter konvergiert ein Iterationsverfahren zur Lösung von $\underline{A} \cdot \underline{x} = \underline{b}$. Im folgenden Beispiel wird die Konditionszahl bezüglich der verschiedenen Normen berechnet.

Beispiel 4.16: *Konditionszahl*

ORIGIN := 1

Gegeben: $A1 := \begin{pmatrix} 0.5 & 3 \\ -2 & 1 \end{pmatrix}$ $A2 := \begin{pmatrix} 0.5 & 3 \\ 0.49999 & 3.0002 \end{pmatrix}$

Die Konditionszahl bzgl. der

1. Zeilensummennorm:	$\mathrm{condi}(A1) = 2.154$	$\mathrm{condi}(A2) = 1.616 \times 10^5$
2. Spaltensummennorm:	$\mathrm{cond1}(A1) = 2.154$	$\mathrm{cond1}(A2) = 1.616 \times 10^5$
3. Euklidischen Norm:	$\mathrm{conde}(A1) = 2.192$	$\mathrm{conde}(A2) = 1.423 \times 10^5$
4. Spektralnorm:	$\mathrm{cond2}(A1) = 1.545$	$\mathrm{cond2}(A2) = 1.423 \times 10^5$

Bemerkung: Betrachtet man das lineare Gleichungssystem $\underline{A}_i \cdot \underline{x} = \underline{b}$ für einen Vektor $\underline{b}$ der Ebene, so lassen sich die beiden Gleichungen des Systems als Geradengleichungen in der Ebene interpretieren. Der gesuchte Lösungsvektor $\underline{x}$ enthält die Koordinaten des Schnittpunktes. Die Geraden des zweiten Systems sind fast parallel, sogar fast gleich. Das hat zur Folge, dass es unendlich viele Punkte in der Nähe des Schnittpunktes gibt, die auf der einen und sehr nahe an der anderen Geraden liegen. Dadurch wird die Berechnung des Schnittpunktes erschwert. Die Matrix A_2 ist „annähernd" singulär. Die sehr große Konditionszahl der Matrix A_2 deutet auf dieses Problem hin.

5.2.2.4 Positiv definite Matrizen

Eine $(n\times n)$-Matrix $\underline{A}$ heißt ***positiv definit***, wenn für jeden reellen n-dimensionalen Vektor $\underline{x}$ gilt: $\underline{x}^T \cdot \underline{A} \cdot \underline{x} > 0$. Häufig ist es sehr aufwendig, diese Bedingung nachzuprüfen. Es gibt hierfür verschiedene hinreichende und notwendige Bedingungen (vgl. z. B. [4-7]). Insbesondere ist eine symmetrische $(n \times n)$-Matrix $\underline{A}$ genau dann positiv definit, wenn eine untere Dreiecksmatrix $\underline{L}$ mit positiven Diagonalelementen existiert, so dass $\underline{A}$ in der Form

$$\underline{A} = \underline{L} \cdot \underline{L}^T$$

darstellbar ist. Dabei ist $\underline{L}^T$ die Transponierte der Matrix $\underline{L}$. $\underline{L}$ kann mit einer ***Cholesky-Zerlegung*** ermittelt werden. Hierfür stellt Mathcad die Funktion *cholesky()* bereit.

Beispiel 4.17: *Positiv definite Matrizen*

Gegeben: $A := \begin{pmatrix} 5 & 3 & 5 \\ 3 & 9 & 6 \\ 5 & 6 & 7 \end{pmatrix}$ $\qquad B := \begin{pmatrix} 5 & 3 & 5 \\ 3 & -9 & 6 \\ 5 & 6 & 7 \end{pmatrix}$

Die Funktion cholesky(A) liefert die untere Dreiecksmatrix:

$L := \text{cholesky}(A)$ $\qquad L = \begin{pmatrix} 2.236 & 0 & 0 \\ 1.342 & 2.683 & 0 \\ 2.236 & 1.118 & 0.866 \end{pmatrix}$

Es gilt also A=LL ^{T}·, d.h. A ist positiv definit. Die folgende Kontrollrechnung bestätigt das Ergebnis:

$$L \cdot L^T = \begin{pmatrix} 5 & 3 & 5 \\ 3 & 9 & 6 \\ 5 & 6 & 7 \end{pmatrix}$$

Die Matrix B ist nicht positiv definit. Mathcad liefert beim Aufruf der Funktion cholesky(B) eine Fehlermeldung.

6 Lineare Gleichungssysteme

Lineare Gleichungssysteme kommen in der Tragwerksplanung beispielsweise bei der Methode der finiten Elemente zur Anwendung. Mathcad stellt verschiedene Methoden zur Lösung eines linearen Gleichungssystems

$$\underline{A} \cdot \underline{x} = \underline{b} \tag{4.13}$$

zur Verfügung.

Die bereits in Abschnitt 3 vorgestellten Methoden *auflösen()* bzw. *Vorgabe / Suchen()* zur Lösung von Gleichungen können insbesondere auf lineare Gleichungssysteme angewendet werden (vgl. [4-14], S. 113, S. 171/172). Im Gegensatz zu den anderen Verfahren haben diese Methoden den Vorteil, dass keine Einschränkungen an die Koeffizientenmatrix $\underline{A}$ gestellt werden. Insbesondere kann der Lösungsraum unterbestimmter linearer Gleichungssysteme berechnet werden.

Da jede quadratische, reguläre Matrix invertierbar ist, lassen sich Systeme mit einer derartigen Koeffizientenmatrix auch mit der inversen Matrix berechnen. Das lineare Gleichungssystem (4.13) ist unter diesen Voraussetzungen äquivalent zu

$$\underline{x} = \underline{A}^{-1} \cdot \underline{b}. \tag{4.14}$$

Beispiel 4.18: *Symbolisches Lösen der Dreimomentengleichung*

Die Dreimomentengleichung dient zur statischen Berechnung von Durchlaufträgern. Ihre Anwendung wird im Teil V, Abschnitt 1.2.3 erläutert. Für einen Durchlaufträger über n Innenauflager erhält man ein lineares Gleichungssystem mit den n Stützmomenten als Unbekannten. Bei mehrfeldrigen Durchlaufträgern und komplizierter Belastung wird man das Gleichungssystem numerisch lösen. Hingegen ist bei Zwei- oder Dreifeldträgern mit einfachen Belastungsarten es durchaus sinnvoll, die Stützmomente analytisch zu bestimmen. Man erhält dann allgemeine Formeln für die Stützmomente. Gegenüber der numerischen Lösung ist die Anwendung der erhaltenen Formeln einfacher und sie lässt das Lösungsverhalten bei Parameteränderungen erkennen.

Zur Herleitung der analytischen Lösung ist der symbolische Lösungsteil von Computeralgebrasystemen sehr hilfreich. Dies soll mit Mathcad am Beispiel des Dreifeldträgers mit feldweise konstanter Streckenlast gezeigt werden. Die Arbeitsschritte sind im Arbeisblatt *„TIV_10_Dreimomentengleichung_symbolisch_lösen.xmcd"* dargestellt.

Bei einem Dreifeldträger erhält man nach (5.19) folgende Gleichungen für die unbekannten Stützmomente M_b und M_c:

$$2 \cdot (\ell_1 + \ell_2) \cdot M_b + \ell_2 \cdot M_c = -\ell_1 \cdot R_1 - \ell_2 \cdot L_2$$

$$\ell_2 \cdot M_b + 2 \cdot (\ell_2 + \ell_3) \cdot M_c = -\ell_2 \cdot R_2 - \ell_3 \cdot L_3$$

Hierin bedeuten ℓ_1, ℓ_2, ℓ_3 die Längen der drei Felder und R_1, L_2, R_2 und L_3 die Lastglieder für beliebige Belastungen. Zunächst wird die Koeffizientenmatrix des Gleichungssystems invertiert und mit der rechten Seite multipliziert. Um eine übersichtliche Darstellung des Ergebnisses zu erhalten, wird gleichzeitig die Funktion *vereinfachen* des symbolischen Lösungsteils von Mathcad angewandt. Man erhält:

$$\begin{bmatrix} 2\cdot(l_1+l_2) & l_2 \\ l_2 & 2\cdot(l_2+l_3) \end{bmatrix}^{-1} \cdot \begin{pmatrix} -l_1\cdot R_1 - l_2\cdot L_2 \\ -l_2\cdot R_2 - l_3\cdot L_3 \end{pmatrix} \text{ vereinfachen} \rightarrow \begin{bmatrix} \dfrac{-\left(2\cdot l_2\cdot l_1\cdot R_1 + 2\cdot l_2^2\cdot L_2 + 2\cdot l_3\cdot l_1\cdot R_1 + 2\cdot l_3\cdot l_2\cdot L_2 - l_2^2\cdot R_2 - l_2\cdot l_3\cdot L_3\right)}{\left(4\cdot l_1\cdot l_2 + 4\cdot l_1\cdot l_3 + 3\cdot l_2^2 + 4\cdot l_2\cdot l_3\right)} \\ \dfrac{\left(l_2\cdot l_1\cdot R_1 + l_2^2\cdot L_2 - 2\cdot l_1\cdot l_2\cdot R_2 - 2\cdot l_1\cdot l_3\cdot L_3 - 2\cdot l_2^2\cdot R_2 - 2\cdot l_2\cdot l_3\cdot L_3\right)}{\left(4\cdot l_1\cdot l_2 + 4\cdot l_1\cdot l_3 + 3\cdot l_2^2 + 4\cdot l_2\cdot l_3\right)} \end{bmatrix}$$

Diese Lösung für die beiden Stützmomente ermöglicht die Berechnung für beliebige Belastungen, die durch die Lastglieder L_i und R_i ausgedrückt werden. Nun setzt man die Lastglieder für Gleichlasten ein. Dies geschieht mit der Funktion *ersetzen* von Mathcad. Beispielsweise gilt für das Lastglied R_1 bei einer Gleichlast q_1 in Feld 1:

$$R_1 = \frac{q_1 \cdot l_1^2}{4}$$

Damit erhält man in Mathcad:

$$\begin{bmatrix} \dfrac{-\left(2 \cdot l_2 \cdot l_1 \cdot R_1 + 2 \cdot l_2^2 \cdot L_2 + 2 \cdot l_3 \cdot l_1 \cdot R_1 + 2 \cdot l_3 \cdot l_2 \cdot L_2 - l_2^2 \cdot R_2 - l_2 \cdot l_3 \cdot L_3\right)}{\left(4 \cdot l_1 \cdot l_2 + 4 \cdot l_1 \cdot l_3 + 3 \cdot l_2^2 + 4 \cdot l_2 \cdot l_3\right)} \\ \dfrac{\left(l_2 \cdot l_1 \cdot R_1 + l_2^2 \cdot L_2 - 2 \cdot l_1 \cdot l_2 \cdot R_2 - 2 \cdot l_1 \cdot l_3 \cdot L_3 - 2 \cdot l_2^2 \cdot R_2 - 2 \cdot l_2 \cdot l_3 \cdot L_3\right)}{\left(4 \cdot l_1 \cdot l_2 + 4 \cdot l_1 \cdot l_3 + 3 \cdot l_2^2 + 4 \cdot l_2 \cdot l_3\right)} \end{bmatrix} \text{ersetzen}, R_1 = \frac{q_1 \cdot l_1^2}{4}$$

$$\begin{bmatrix} \dfrac{\left(\frac{-1}{2} \cdot l_2 \cdot l_1^3 \cdot q_1 - 2 \cdot l_2^2 \cdot L_2 - \frac{1}{2} \cdot l_3 \cdot l_1^3 \cdot q_1 - 2 \cdot l_3 \cdot l_2 \cdot L_2 + l_2^2 \cdot R_2 + l_2 \cdot l_3 \cdot L_3\right)}{\left(4 \cdot l_1 \cdot l_2 + 4 \cdot l_1 \cdot l_3 + 3 \cdot l_2^2 + 4 \cdot l_2 \cdot l_3\right)} \\ \dfrac{\left(\frac{1}{4} \cdot l_2 \cdot l_1^3 \cdot q_1 + l_2^2 \cdot L_2 - 2 \cdot l_1 \cdot l_2 \cdot R_2 - 2 \cdot l_1 \cdot l_3 \cdot L_3 - 2 \cdot l_2^2 \cdot R_2 - 2 \cdot l_2 \cdot l_3 \cdot L_3\right)}{\left(4 \cdot l_1 \cdot l_2 + 4 \cdot l_1 \cdot l_3 + 3 \cdot l_2^2 + 4 \cdot l_2 \cdot l_3\right)} \end{bmatrix}$$

Entsprechend wird für die anderen Lastglieder

$$L_2 = \frac{q_2 \cdot l_2^2}{4} \qquad R_2 = \frac{q_2 \cdot l_2^2}{4} \qquad L_3 = \frac{q_3 \cdot l_3^2}{4}$$

eingesetzt. Nach Anwenden der Funktion *vereinfachen* erhält man schließlich die unbekannten Stützmomente M_b und M_c zu:

$$\begin{bmatrix} \dfrac{-1}{4} \cdot \dfrac{\left(2 \cdot l_2 \cdot l_1^3 \cdot q_1 + l_2^4 \cdot q_2 + 2 \cdot l_3 \cdot l_1^3 \cdot q_1 + 2 \cdot l_3 \cdot l_2^3 \cdot q_2 - l_2 \cdot l_3^3 \cdot q_3\right)}{\left(4 \cdot l_1 \cdot l_2 + 4 \cdot l_1 \cdot l_3 + 3 \cdot l_2^2 + 4 \cdot l_2 \cdot l_3\right)} \\ \dfrac{1}{4} \cdot \dfrac{\left(l_2 \cdot l_1^3 \cdot q_1 - l_2^4 \cdot q_2 - 2 \cdot l_1 \cdot l_2^3 \cdot q_2 - 2 \cdot l_1 \cdot l_3^3 \cdot q_3 - 2 \cdot l_2 \cdot l_3^3 \cdot q_3\right)}{\left(4 \cdot l_1 \cdot l_2 + 4 \cdot l_1 \cdot l_3 + 3 \cdot l_2^2 + 4 \cdot l_2 \cdot l_3\right)} \end{bmatrix}$$

Die beiden Gleichungen ermöglichen die Berechnung der Stützmomente des Dreifeldträgers mit beliebigen Feldlängen und feldweise unterschiedlichen Gleichlasten.

Ist die Matrix $\underline{A}$ weder singulär noch schlecht konditioniert, ist ihre Determinante ungleich null und ihre Konditionszahl nicht sehr groß, dann kann zur Lösung des linearen Gleichungssystems $\underline{A} \cdot \underline{x} = \underline{b}$ die Numerikfunktion *llösen(*$\underline{A}$*,*$\underline{b}$*)* verwendet werden. Diese Funktion faktorisiert zunächst die Matrix $\underline{A}$ in ein Produkt einer oberen und einer unteren Dreiecksmatrix: $\underline{A} = \underline{L} \cdot \underline{U}$ (LU-Zerlegung), dann wird durch Vorwärtseinsetzen die Lösung $\underline{y}$ des Systems $\underline{L} \cdot \underline{y} = \underline{b}$ bestimmt und durch Rückwärtseinsetzen ergibt sich schließlich die gesuchte Lösung $\underline{x}$ als Lösung des Systems $\underline{U} \cdot \underline{x} = \underline{y}$ (vgl. [4-14], S. 113).

Ist $\underline{A}$ eine reelle, symmetrische und positiv definite $(n \times n)$ -Matrix, dann kann das lineare Gleichungssystem $\underline{A} \cdot \underline{x} = \underline{b}$ mithilfe einer ***Cholesky-Zerlegung*** $\underline{A} = \underline{L} \cdot \underline{L}^T$ (vgl. Abschnitt 5) gelöst werden. Dazu sind die folgenden drei Schritte auszuführen:

1. Bestimmung der Cholesky-Zerlegung mit der Funktion *cholesky(A)*.
2. Lösung des linearen Gleichungssystems $\underline{L} \cdot \underline{y} = \underline{b}$ (Vorwärtseinsetzen).
3. Lösung des linearen Gleichungssystems $\underline{L}^T \cdot \underline{x} = \underline{y}$ (Rückwärtseinsetzen).

Dieses Verfahren ist vor allem für „große" Matrizen von Bedeutung, da es ungefähr um den Faktor zwei schneller ist als alternative Methoden zur Lösung linearer Gleichungssysteme. Der Anwender sollte darauf achten, dass die Matrix $\underline{A}$ symmetrisch ist, da die Funktion *cholesky()* nur den oberen Dreiecksbereich berücksichtigt. Wird die Funktion für eine nicht positiv definite Matrix aufgerufen, erfolgt eine Fehlermeldung, so dass mithilfe der Funktion *cholesky()* überprüft werden kann, ob die Matrix $\underline{A}$ positiv definit ist (vgl. Mathcad-Hilfe/ Funktionen/ Vektor und Matrix/ Cholesky-Zerlegung).

Die verschiedenen Methoden werden im folgenden Beispiel durchgeführt:

Beispiel 4.19: *Lösung linearer Gleichungssysteme am Beispiel der Finite-Element-Methode*

Bei statischen Berechnungsverfahren treten häufig lineare Gleichungssysteme auf. Die Lösung eines linearen Gleichungssystems soll am Beispiel der Finite-Element-Methode im Arbeitsblatt *„TIV_11_Lineare_Gleichungssysteme.xmcd"* gezeigt werden.

Die Gleichungen zur Bestimmung der Knotenverschiebungen eines Fachwerks sind nach [4-21], Bild 4.13:

$$2.80 \cdot 10^5 \begin{bmatrix} 1.35 & -0.35 & -1. & 0 & -0.35 \\ -0.35 & 1.35 & 0 & 0 & 0.35 \\ -1. & 0 & 1.35 & 0.35 & 0 \\ 0 & 0 & 0.35 & 1.35 & 0 \\ -0.35 & 0.35 & 0 & 0 & 1.35 \end{bmatrix} \cdot \begin{bmatrix} u_1 \\ v_1 \\ u_2 \\ v_2 \\ u_3 \end{bmatrix} = \begin{bmatrix} 0 \\ 0 \\ F_{2x} \\ F_{2y} \\ 0 \end{bmatrix}$$

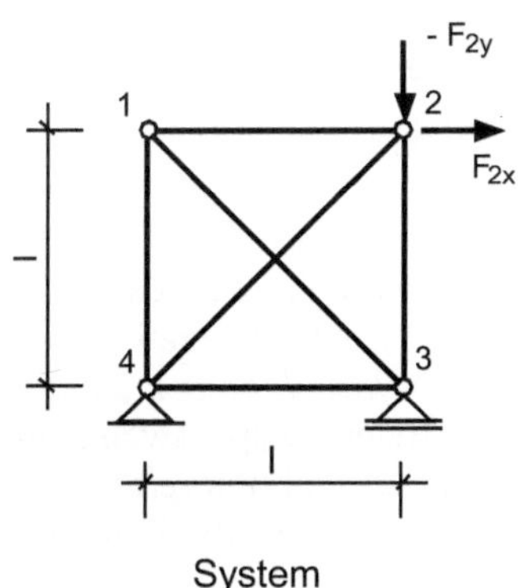

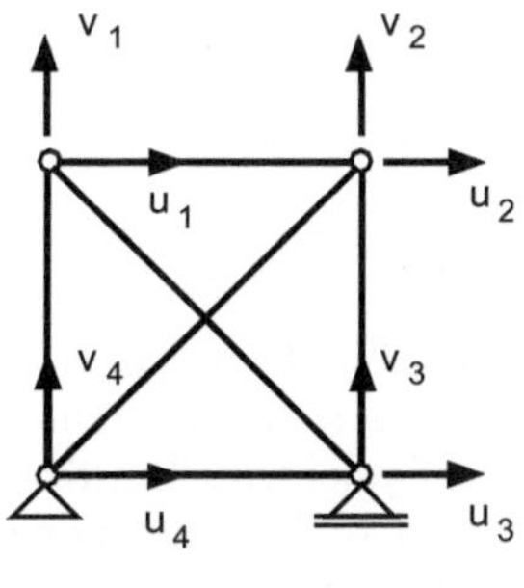

Bild 4.13: Fachwerk

oder

$\underline{K} \cdot \underline{u} = \underline{F}$

Die Lösung u kann man mit Hilfe der Mathcad-Funktion *llösen* ermitteln mit:

$$u := \text{llösen}(K,f) \qquad u = \begin{pmatrix} 0.862 \\ 0.179 \\ 1.041 \\ -0.536 \\ 0.179 \end{pmatrix} 10^{-4}$$

Da es sich hier um ein kleines Gleichungssystem handelt, erfordert der Weg über die Inversion von $\underline{K}$ keine spürbar größere Rechenzeit:

$$\begin{pmatrix} u_1 \\ v_1 \\ u_2 \\ v_2 \\ u_3 \end{pmatrix} := K^{-1} \cdot f \qquad \begin{pmatrix} u_1 \\ v_1 \\ u_2 \\ v_2 \\ u_3 \end{pmatrix} = \begin{pmatrix} 0.862 \\ 0.179 \\ 1.041 \\ -0.536 \\ 0.179 \end{pmatrix} 10^{-4}$$

Mathcad enthält auch eine Funktion zur Durchführung der Cholesky-Zerlegung [4-21]. Da die bei der Finite-Element-Methode auftretenden Gleichungssysteme immer symmetrisch und positiv definit sind, darf das Cholesky-Verfahren angewandt werden:

Dreieckzerlegung: $L_s := \text{cholesky}(K)$

$$L_s = \begin{pmatrix} 615.625 & 0 & 0 & 0 & 0 \\ -160.802 & 594.253 & 0 & 0 & 0 \\ -454.822 & -123.073 & 396.212 & 0 & 0 \\ 0 & 0 & 249.851 & 562.644 & 0 \\ -160.802 & 123.073 & -146.36 & 64.994 & 558.878 \end{pmatrix}$$

Vorwärtseinsetzen: $y := \text{llösen}\left(L_s, f\right)$

Rückwärtseinsetzen: $u := \text{llösen}\left(L_s^{T}, y\right)$

$$u = \begin{pmatrix} 0.862 \\ 0.179 \\ 1.041 \\ -0.536 \\ 0.179 \end{pmatrix} 10^{-4}$$

In der Praxis treten häufig lineare Gleichungssysteme auf, deren direkte Lösung mit einem sehr hohen Rechenaufwand verbunden ist und die sich sehr viel effektiver iterativ lösen lassen. Dies gilt insbesondere für Systeme, deren Koeffizientenmatrix *schwach besetzt* ist, deren Elemente größtenteils gleich null sind. Schwach besetzte Matrizen treten beispielsweise im Zusammenhang mit partiellen Differentialgleichungen auf. Die Mathcad-Funktion *relax()* verwendet z. B. ein Iterationsverfahren zur Lösung linearer Gleichungssysteme (vgl. Abschnitt 10).

7 Eigenwertprobleme von Matrizen

Algebraische Eigenwertprobleme treten in der Strukturmechanik insbesondere bei der Bestimmung der Eigenschwingungen von Systemen und bei der diskreten Formulierung von Stabilitätsproblemen auf. Man unterscheidet allgemeine und spezielle Eigenwertprobleme.

7.1 Das allgemeine Eigenwertproblem

Unter einem ***allgemeinen Eigenwertproblem*** zweier reeller oder komplexer $(n \times n)$-Matrizen A und B versteht man die Aufgabe, alle reellen oder komplexen Zahlen λ zu bestimmen, für welche die Gleichung

$$\underline{A} \cdot \underline{x} = \lambda \cdot \underline{B} \cdot \underline{x}. \tag{4.15}$$

Lösungen $\underline{x} \neq \underline{0}$ besitzt. Die Zahlen λ heißen ***Eigenwerte***, die zugehörigen Lösungen $\underline{x}$ ***Eigenvektoren***. Mit $\underline{x}$ ist offenbar auch $c\underline{x}$ für jede Zahl c Lösung der Gleichung (4.15), also ist mit $\underline{x}$ *auch* $c\underline{x}$ *für jede Zahl* $c \neq 0$ *Eigenvektor*. Der Eigenvektor, dessen Betrag gleich 1 ist, wird als ***normalisierter Eigenvektor*** bezeichnet. Mathcad verfügt über spezielle Funktionen zur Bestimmung der Eigenwerte und Eigenvektoren: Zur Berechnung der Eigenwerte des allgemeinen Eigenwertproblems $\underline{A} \cdot \underline{x} = \lambda \cdot \underline{B} \cdot \underline{x}$ stellt Mathcad die Funktion *genwerte(A, B)* bereit, die als Ergebnis alle Eigenwerte in einem Vektor liefert. Mit der Funktion *genvektoren(A, B)* lassen sich die zugehörigen (normalisierten) Eigenvektoren bestimmen. Die Funktion liefert eine Matrix, deren i-te Spalte einen zum i-ten Eigenwert der Funktion *genwerte(A,B)* gehörigen Eigenvektor darstellt.

Beispiel 4.20: *Eigenschwingungen eines Fachwerks*

Zur Lösung des allgemeinen algebraischen Eigenwertproblems stellt Mathcad die Funktionen *genwerte* und *genvektoren* zur Verfügung. Ihre Anwendung zur Ermittlung der Eigenschwingungen eines Fachwerks wird im Arbeitsblatt *„TIV_12_Eigenwertprobleme.xmcd“* gezeigt.

Die in der Baudynamik auftretenden Eigenwerte zur Bestimmung der Eigenschwingungen von Tragwerken haben die Form [4-21]

$$\left(\underline{K} - \omega^2 \cdot \underline{M}\right) \cdot \underline{\phi} = \underline{0}\,.$$

Hierin bedeuten $\underline{K}$ die Systemsteifigkeitsmatrix, $\underline{M}$ die Massenmatrix, $\omega = 2 \cdot \pi \cdot f$ die Eigenkreisfrequenz und $\underline{\phi}$ die zugehörige Eigenform.

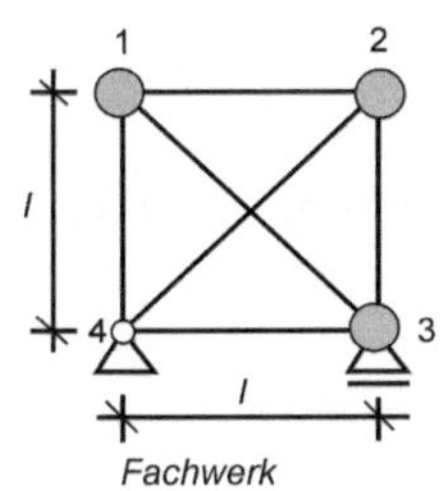

Fachwerk

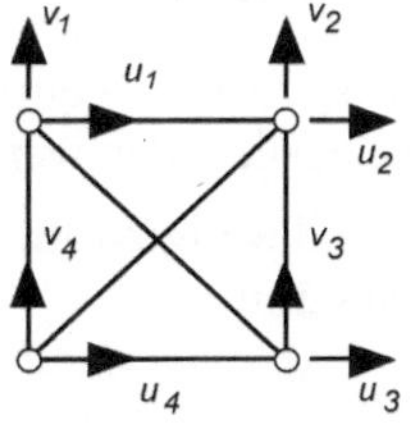

Knotenverschiebungen

Bild 4.14: Fachwerk

Bei dem in Bild 4.14 dargestellten Fachwerk ergeben sich mit l = 3 m, dem Elastizitätsmodul $E = 2{,}1\ 10^8$ kN/m² und der Querschnittsfläche A = 40 cm² folgende Matrizen (vgl. [4-21]):

$$K = \begin{pmatrix} 3.79 & -0.99 & -2.8 & 0 & -0.99 \\ -0.99 & 3.79 & 0 & 0 & 0.99 \\ -2.8 & 0 & 3.79 & 0.99 & 0 \\ 0 & 0 & 0.99 & 3.79 & 0 \\ -0.99 & 0.99 & 0 & 0 & 3.79 \end{pmatrix} 10^5 \qquad M = \begin{pmatrix} 20 & 0 & 0 & 0 & 0 \\ 0 & 20 & 0 & 0 & 0 \\ 0 & 0 & 40 & 0 & 0 \\ 0 & 0 & 0 & 40 & 0 \\ 0 & 0 & 0 & 0 & 10 \end{pmatrix}$$

Die Massenmatrix ist eine Diagonalmatrix, mit den den jeweiligen Freiheitsgraden entsprechenden Massen auf der Diagonalen.

Die Lösung des Eigenwertproblems erhält man mit Mathcad zu

eig_wert := genwerte (K, M)   eig_form := genvektoren (K, M)

und damit die Eigenkreisfrequenzen, Eigenfrequenzen und Eigenschwingzeiten zu

Eigenwerte:

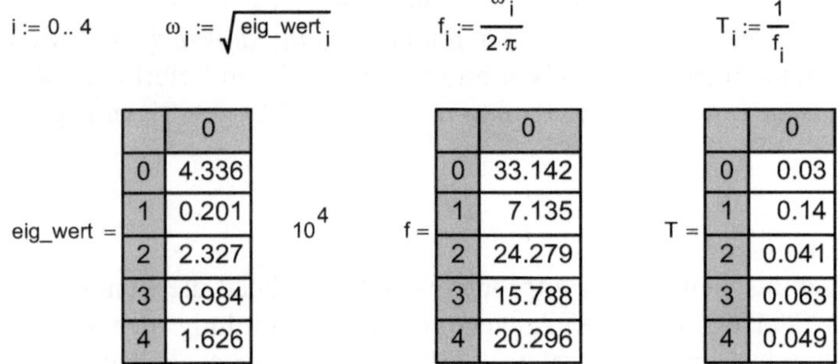

$i := 0..4 \qquad \omega_i := \sqrt{eig\_wert_i} \qquad f_i := \frac{\omega_i}{2\cdot\pi} \qquad T_i := \frac{1}{f_i}$

eig_wert = (× 10^4)

	0
0	4.336
1	0.201
2	2.327
3	0.984
4	1.626

f =

	0
0	33.142
1	7.135
2	24.279
3	15.788
4	20.296

T =

	0
0	0.03
1	0.14
2	0.041
3	0.063
4	0.049

Eigenformen:

eig_form =

	0	1	2	3	4
0	0.27	-0.655	-0.708	0.32	0.143
1	-0.243	-0.151	0.148	0.139	0.908
2	-0.056	-0.69	0.371	0.136	-0.17
3	$-4.095\cdot10^{-3}$	0.229	0.067	0.925	-0.062
4	-0.93	-0.139	-0.579	0.064	-0.35

Bemerkenswert ist, dass die Eigenfrequenzen von Mathcad nicht, wie allgemein üblich, in aufsteigender Reihenfolge ausgegeben werden.

In der Baudynamik werden die Eigenformen häufig so normiert, dass die generalisierten Massen zu Eins werden, so dass gilt:

$$\underline{\phi}_i^T \cdot \underline{M} \cdot \underline{\phi}_i = 1 .$$

Die auf die generalisierten Massen normierten Eigenformen erhält man mit Mathcad zu:

Generalisierte Massen

$$m_{gen_i} := \left(\sqrt{\left(eig\_form^{\langle i\rangle}\right)^T \cdot M \cdot eig\_form^{\langle i\rangle}}\right)_0 \qquad m_{gen} = \begin{pmatrix} 3.379 \\ 5.512 \\ 4.415 \\ 6.119 \\ 4.408 \end{pmatrix}$$

Normierte Eigenformen

$$eig\_form\_normiert^{\langle i\rangle} := \frac{eig\_form^{\langle i\rangle}}{m_{gen_i}}$$

$$eig\_form\_normiert = \begin{pmatrix} 0.08 & -0.119 & -0.16 & 0.052 & 0.032 \\ -0.072 & -0.027 & 0.033 & 0.023 & 0.206 \\ -0.017 & -0.125 & 0.084 & 0.022 & -0.039 \\ -1.212\times 10^{-3} & 0.042 & 0.015 & 0.151 & -0.014 \\ -0.275 & -0.025 & -0.131 & 0.01 & -0.079 \end{pmatrix}$$

7.2 Das spezielle Eigenwertproblem

Gilt in Gleichung (4.15) insbesondere $\underline{B} = \underline{E}$, wobei $\underline{E}$ die $(n\times n)$-Einheitsmatrix bezeichnet, also

$$\underline{A}\cdot\underline{x} = \lambda\cdot\underline{x}, \tag{4.16}$$

so spricht man von einem ***speziellen Eigenwertproblem***. Zur Bestimmung der Eigenwerte spezieller Eigenwertprobleme stellt Mathcad die Funktion *eigenwerte($\underline{A}$)* bereit. Die Funktion *eigenvektoren($\underline{A}$)* stellt in Analogie zur Funktion *genvektoren()* alle (normalisierten) Eigenvektoren der Matrix $\underline{A}$ in einer Matrix dar.

8 Differentiation

Mathcad ermöglicht die symbolische Differentiation von Funktionen, die sich aus elementaren Funktionen zusammensetzen lassen. Für die erste Ableitung einer Funktion $f(x)$ steht der Differentialoperator *Ableitung* zur Verfügung, höhere Ableitungen können mit dem Operator *n-te Ableitung* oder durch Schachtelung des Operators *Ableitung* ermittelt werden (Operatorenpalette Differential/Integral). Die Ableitungsoperatoren lassen sich wahlweise mit dem symbolischen oder dem numerischen Gleichheitszeichen anwenden. Die numerische Differentiation kann nur für einzelne Werte der Differentiationsvariablen ausgeführt werden (vgl. Beispiel 4.21/4.24). Wie das folgende Beispiel zeigt, erkennt Mathcad nicht automatisch, ob eine Funktion differenzierbar ist. Dies sollte vorab vom Anwender überprüft werden.

Beispiel 4.21: *Momentenlinie eines Einfeldträgers*

Die in Bild 4.15 dargestellte Momentenlinie eines Einfeldträgers der Länge $l = 10$ m mit mittig angreifender Einzellast $F = 3$ N

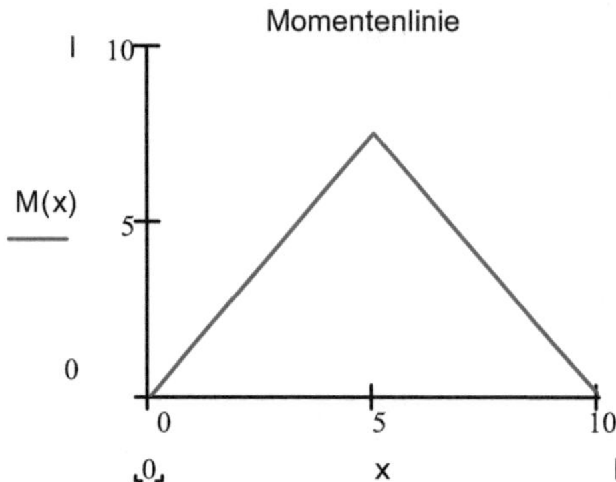

Bild 4.15: Momentenlinie eines Einfeldträgers

lässt sich darstellen durch die Gleichung:

$$M(x) := \frac{F}{2}\cdot\left(-\left|x - \frac{l}{2}\right| + \frac{l}{2}\right) \qquad 0 \le x \le l$$

Die zugehörige Querkraftlinie hat einen Sprung an der Stelle $x = 5$m. Mathematisch heißt das, dass die linksseitige und die rechtsseitige Ableitung an dieser Stelle nicht übereinstimmen, also M(x) an der Stelle $x = 5$ m nicht differenzierbar ist. Versucht man die Funktion M(x) mit Mathcad abzuleiten, so erhält man bei symbolischer Rechnung die Lösung

$$q(x) := \frac{d}{dx}M(x) \qquad q(x) \rightarrow \frac{3\cdot \text{signum}(x - 5\cdot m, 0)}{2} \qquad q(5m) = 0$$

die für $x \neq 5$ m richtig ist, aber für $x = 5$ m nicht existiert. Bei numerischer Rechnung ermittelt Mathcad an der Stelle $x = 5$ m ebenfalls den falschen Wert Null:

$$x := \frac{l}{2}$$

$$\frac{d}{dx}M(x) = 0$$

Dieses einfache Beispiel zeigt, wie wichtig es ist, vor der Anwendung einer Mathcad-Funktion zu überprüfen, ob alle geforderten Voraussetzungen erfüllt sind.

Partielle Ableitungen von Funktionen mehrerer Veränderlicher können ebenfalls mit dem Operator *n-te Ableitung* bestimmt werden. Bei gemischten partiellen Ableitungen ist der Ableitungsoperator zu schachteln. Die Anzeige des Ableitungsoperators kann in partielle Ableitungssymbole umgewandelt werden (δ statt d). Dazu ist die Ableitung mit der rechten Maustaste anzuklicken und unter *Ableitung anzeigen als* der Eintrag *partielle Ableitung* auszuwählen.

Die symbolische Berechnung von partiellen Ableitungen wird im folgenden Beispiel erläutert.

Beispiel 4.22: *Herleitung der Momente einer Platte durch Differenzieren der Verschiebungen*

Bei analytischen Lösungen für Platten wird häufig nur die Lösung für die Durchbiegungen angegeben. Die Schnittgrößen können dann durch Differenzieren gewonnen werden. Dies soll hier mit dem symbolischen Lösungsteil von Mathcad erfolgen. Als Beispiel wird die allseitig gelenkig gelagerte schubstarre Platte mit einer rechteckförmigen Teilflächenlast untersucht. Das Beispiel wird im Teil V, Abschnitt 1.2.6 ausführlich behandelt. Hier soll lediglich die Ermittlung der Schnittgrößen betrachtet werden.

Zwischen den Biege- und Drillmomenten und den Verschiebungen besteht bei der Platte der Zusammenhang [4-11]:

$$m_x = -K \cdot \left(\frac{\partial^2 w}{\partial x^2} + \mu \cdot \frac{\partial^2 w}{\partial y^2} \right) \qquad m_y = -K \cdot \left(\frac{\partial^2 w}{\partial y^2} + \mu \cdot \frac{\partial^2 w}{\partial x^2} \right)$$

$$m_{xy} = -(1-\mu) \cdot K \cdot \frac{\partial^2 w}{\partial x\, \partial y}$$

Hierin bedeuten K die Plattensteifigkeit und μ die Querdehnzahl.

Die Verschiebungen erhält man als doppelte trigonometrische Reihe zu

$$w(x,y) := \frac{p}{K \cdot \pi^4} \cdot \sum_{m\_=1}^{m\ max} \sum_{n=1}^{n\ max} w\_mn(m\_,n,a\_(m\_,n),a,b,x,y)$$

mit den Summengliedern

$$w\_mn(m\_,n,a\_mn,a,b,x,y) := \frac{a\_mn}{\left(\frac{m\_^2}{a^2} + \frac{n^2}{b^2} \right)^2} \cdot \left(\sin\left(\frac{m\_ \cdot \pi \cdot x}{a} \right) \cdot \sin\left(\frac{n \cdot \pi \cdot y}{b} \right) \right)$$

und

$$a\_(m\_,n) := \frac{16}{\pi^2 \cdot m\_ \cdot n} \cdot \sin\left(\frac{m\_ \cdot \pi \cdot u}{a} \right) \cdot \sin\left(\frac{m\_ \cdot \pi \cdot c}{a} \right) \cdot \sin\left(\frac{n \cdot \pi \cdot v}{b} \right) \cdot \sin\left(\frac{n \cdot \pi \cdot d}{b} \right).$$

Die Momente können nun mit Mathcad durch Differenzieren der Summenglieder leicht ermittelt werden (Arbeitsblatt *„TIV_13_Differenzieren_symbolisch_Platte_q.xmcd“*):

Biegemoment mx:

$$mx\_mn(m\_,n,a\_mn,a,b,x,y,K,\mu) := -K\cdot\left(\frac{d^2}{dx^2}w\_mn(m\_,n,a\_mn,a,b,x,y) \ldots \\ +\mu\cdot\frac{d^2}{dy^2}w\_mn(m\_,n,a\_mn,a,b,x,y)\right)$$

$$K\cdot a\_mn\cdot a^2\cdot b^2\cdot\sin\left(m\_\cdot\pi\cdot\frac{x}{a}\right)\cdot\pi^2\cdot\sin\left(n\cdot\pi\cdot\frac{y}{b}\right)\cdot\frac{\left(m\_^2\cdot b^2+\mu\cdot a^2\cdot n^2\right)}{\left(m\_^4\cdot b^4+2\cdot m\_^2\cdot b^2\cdot n^2\cdot a^2+n^4\cdot a^4\right)}$$

Biegemoment my:

$$my\_mn(m\_,n,a\_mn,a,b,x,y,K,\mu) := -K\cdot\left(\frac{d^2}{dy^2}w\_mn(m\_,n,a\_mn,a,b,x,y) \ldots \\ +\mu\cdot\frac{d^2}{dx^2}w\_mn(m\_,n,a\_mn,a,b,x,y)\right)$$

$$K\cdot a\_mn\cdot a^2\cdot b^2\cdot\sin\left(m\_\cdot\pi\cdot\frac{x}{a}\right)\cdot\sin\left(n\cdot\pi\cdot\frac{y}{b}\right)\cdot\pi^2\cdot\frac{\left(n^2\cdot a^2+\mu\cdot b^2\cdot m\_^2\right)}{\left(m\_^4\cdot b^4+2\cdot m\_^2\cdot b^2\cdot n^2\cdot a^2+n^4\cdot a^4\right)}$$

Drillmoment mxy:

$$mxy\_mn(m\_,n,a\_mn,a,b,x,y,K,\mu) := -K\cdot(1-\mu)\cdot\left[\frac{d}{dx}\left(\frac{d}{dy}w\_mn(m\_,n,a\_mn,a,b,x,y)\right)\right]$$

$$K\cdot(-1+\mu)\cdot a\_mn\cdot a^3\cdot b^3\cdot\cos\left(m\_\cdot\pi\cdot\frac{x}{a}\right)\cdot m\_\cdot\pi^2\cdot\cos\left(n\cdot\pi\cdot\frac{y}{b}\right)\cdot\frac{n}{\left(m\_^4\cdot b^4+2\cdot m\_^2\cdot b^2\cdot n^2\cdot a^2+n^4\cdot a^4\right)}$$

Setzt man die Summenglieder in den Summenausdruck ein, erhält man nach weiteren Vereinfachungen die Ausdrücke für die Momente. Beispielsweise ergibt sich das Biegemoment m_x zu:

$$m_x(x,y) := \frac{p}{\pi^2}\cdot\sum_{m\_=1}^{m_{max}}\sum_{n=1}^{n_{max}}\frac{a\_(m\_,n)}{\left(\frac{m\_^2}{a^2}+\frac{n^2}{b^2}\right)^2}\cdot\sin\left(\frac{m\_\cdot\pi\cdot x}{a}\right)\cdot\sin\left(\frac{n\cdot\pi\cdot y}{b}\right)\cdot\left(\frac{m\_^2}{a^2}+\mu\cdot\frac{n^2}{b^2}\right)$$

Die übrigen Momente sind im Teil V, Abschnitt 1.2.6 angegeben.

Eine wichtige Anwendung der Differentialrechnung sind Extremwertaufgaben. Im folgenden Beispiel wird die maximale Durchbiegung eines Trägers berechnet.

Beispiel 4.23: *Stellen mit maximaler Durchbiegung eines Zweifeldträgers*

Die Biegelinie des zweifach statisch unbestimmt gelagerten Trägers aus Beispiel 4.3 ist gegeben durch die Gleichungen

$$w1(x1, a, E, I, q1) := \frac{q1 \cdot a^4}{120 \cdot E \cdot I} \cdot \left[\left(\frac{x1}{a}\right)^2 \cdot \left(\frac{x1}{a} - 1\right)\right] \qquad 0 \le x1 \le a$$

$$w2(x2, a, E, I, q1) := \frac{q1 \cdot a^4}{120 \cdot E \cdot I} \cdot \left(\frac{x2}{a}\right) \left[\left(\frac{x2}{a}\right)^4 - 4 \cdot \left(\frac{x2}{a}\right)^2 + 2 \cdot \left(\frac{x2}{a}\right) + 1\right] \qquad 0 \le x2 \le a$$

Gesucht sind die Stellen mit maximaler Durchbiegung. Zunächst wird der Versuch unternommen, die Extremstellen symbolisch zu berechnen. Hierfür werden die ersten beiden Ableitungen der Funktionen w_1 und w_2 benötigt. Um die erste Ableitung zu bestimmen wird der Operator Ableitung, um die zweite Ableitung zu bestimmen, wird der Operator *n*-te Ableitung angewandt. Eine möglichst einfache Darstellung der Ableitungen kann man erzielen, wenn anstelle des symbolischen Gleichheitszeichens das Schlüsselwort *vereinfachen* (Operatorenpalette Symbolik) eingefügt wird.

$$\frac{d}{dx1} w1(x1, a, E, I, q1) \text{ vereinfachen } \rightarrow \frac{-1}{120} \cdot q1 \cdot a \cdot x1 \cdot \frac{(-3 \cdot x1 + 2 \cdot a)}{E \cdot I}$$

$$\frac{d}{dx2} w2(x2, a, E, I, q1) \text{ vereinfachen } \rightarrow \frac{1}{120} \cdot \frac{q1}{a} \cdot \frac{\left(5 \cdot x2^4 - 12 \cdot x2^2 \cdot a^2 + 4 \cdot x2 \cdot a^3 + a^4\right)}{E \cdot I}$$

$$\frac{d^2}{dx1^2} w1(x1, a, E, I, q1) \text{ vereinfachen } \rightarrow \frac{-1}{60} \cdot q1 \cdot a \cdot \frac{(-3 \cdot x1 + a)}{E \cdot I}$$

$$\frac{d^2}{dx2^2} w2(x2, a, E, I, q1) \text{ vereinfachen } \rightarrow \frac{1}{30} \cdot \frac{q1}{a} \cdot \frac{\left(5 \cdot x2^3 - 6 \cdot x2 \cdot a^2 + a^3\right)}{E \cdot I}$$

Kandidaten für Extremstellen sind Stellen mit lokalen Extrema, also Stellen für welche die erste Ableitung von w_1 bzw. w_2 gleich null wird, oder die Stellen in den Randpunkten. Mathcad kann zwar die Kandidaten für lokale Extremstellen von w_1 symbolisch darstellen, nicht aber die von w_2 (vgl. Arbeitsblatt *„TIV_14_Extremwertaufgabe.xmcd“*).

Für die numerische Berechnung der Extremstellen stellt Mathcad die Funktionen *minimieren()* und *maximieren()* zur Verfügung. Für die Parameter muss jedoch ein Wert vorgegeben werden. Da die gesuchten Extremstellen unabhängig von q_1, E und I sind, wird anstelle der Funktion w_2 die Funktion $w_{2\_spez}()$ betrachtet. Für x_2 ist ein Schätzwert vorzugeben. Für a = 1m erhält man:

$$w_{2\_spez}(x_2) := \left(\frac{x_2}{a}\right)\cdot\left[\left(\frac{x_2}{a}\right)^4 - 4\cdot\left(\frac{x_2}{a}\right)^2 + 2\cdot\left(\frac{x_2}{a}\right) + 1\right]$$

$$x_2 := \frac{a}{2}$$

Vorgabe

$x_2 \geq 0$ $\quad x_2 \leq a$

$\text{maximieren}(w_{2\_spez}, x_2) = 0.555\ \text{m}$

Die Extremwertaufgabe wird vollständig im Arbeitsblatt *„TIV_14_Extremwertaufgabe.xmcd"* gelöst.

Eine weitere wichtige Anwendung der Differentialrechnung ist die Fehlerrechnung. Zwischen einer Größe z und den Größen $x_1, ..., x_n$ bestehe der funktionale Zusammenhang $z = f(x_1, ..., x_n)$. Durch Messungen wurden Näherungswerte $x_1^m, ..., x_n^m$ für die unbekannten Größen $x_1, ..., x_n$ ermittelt. Berechnet man z in Abhängigkeit der gemessenen Größen $x_1^m, ..., x_n^m$, so stellt sich die Frage, wie sich die Messfehler der gemessenen Größen auf die Größe z auswirken. Ist für jeden Messfehler $|\Delta x_i| := |x_i - x_i^m|$ eine obere Schranke δ_i bekannt, gilt $|x_i - x_i^m| < \delta_i$ für alle $i = 1, ..., n$, so lässt sich der Fehler $|\Delta z| := |z - z^m|$ der Größe z mithilfe des totalen Differentials dz abschätzen. Dabei ist $dx_i = \Delta x_i < \delta_i$ für $i = 1,\ldots,n$.

$$\begin{aligned}|\Delta z| \approx |dz| = \left|df\left(x_1^m,\ldots,x_n^m\right)\right| &= \left|\frac{\partial f}{x_1}\left(x_1^m,\ldots,x_n^m\right)\cdot dx_1 + \ldots + \frac{\partial f}{x_n}\left(x_1^m,\ldots,x_n^m\right)\cdot dx_n\right| \\ &< \left|\frac{\partial f}{x_1}\left(x_1^m,\ldots,x_n^m\right)\right|\cdot|\delta_1| + \ldots + \left|\frac{\partial f}{x_n}\left(x_1^m,\ldots,x_n^m\right)\right|\cdot|\delta_n|\end{aligned} \tag{4.17 a}$$

Für den absoluten Fehler F_a erhält man also

$$F_a \approx \left|\frac{\partial f}{x_1}\left(x_1^m,\ldots,x_n^m\right)\right|\cdot\delta_1 + \ldots + \left|\frac{\partial f}{x_n}\left(x_1^m,\ldots,x_n^m\right)\right|\cdot\delta_n \tag{4.17 b}$$

Der relative Fehler F_r ist gegeben durch

$$F_r = \left|\frac{F_a}{f(x_1,\ldots,x_n)}\right| \approx \left|\frac{F_a}{f(x_1^m,\ldots,x_n^m)}\right|. \tag{4.18}$$

Im folgenden Beispiel werden der absolute und der relative Fehler für den Elastizitätsmodul eines Trägers bestimmt:

Beispiel 4.24: *Fehlerfortpflanzung*

Ein beidseitig gelenkig gelagerter Stab der Länge l mit quadratischem Querschnitt $a << l$ wird in der Mitte mit einer Kraft F belastet. Der Elastizitätsmodul soll durch Messung des Winkels α bestimmt werden (vgl. [4-9], Arbeitsblatt *„TIV_15_Fehlerfortpflanzung.xmcd"*).

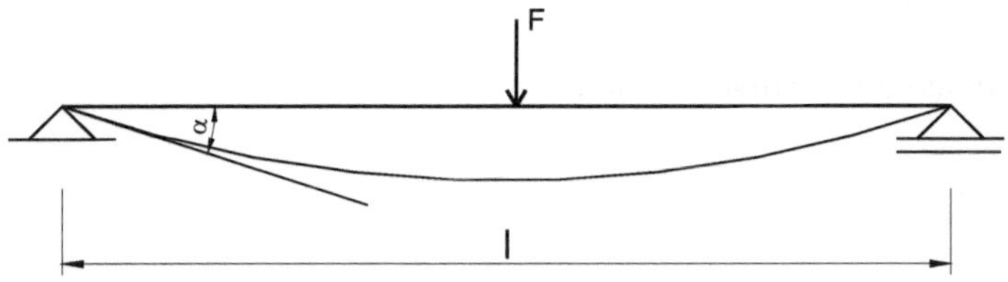

Bild 4.16: Gelenkig gelagerter Stab

Für l, a, F, α wurden durch Messungen die Werte l_m, a_m, F_m und α_m ermittelt. δl, δa, δF, $\delta\alpha$ geben eine obere Schranke für den absoluten Fehler dieser Größen an.

$l_m := 100$ $\qquad$ $\delta_l := 0.01$

$a_m := 1$ $\qquad$ $\delta_a := 0.01$

$F_m := 120$ $\qquad$ $\delta_F := 0.96$

$\alpha_m := 0.017$ $\qquad$ $\delta_\alpha := 0.000085$

Für den Winkel α gilt:

$$\tan(\alpha) = \frac{F \cdot l^2}{16 \cdot E \cdot I}$$

Daraus ergibt sich für den Elastizitätsmodul E des Stabes die Gleichung:

$$E(l, a, F, \alpha) := \left(\frac{3 \cdot l^2}{4 \cdot a^4} \cdot F \cdot \cot(\alpha) \right)$$

Einsetzen der gemessenen Werte liefert:

$$E(l_m, a_m, F_m, \alpha_m) = 5.29 \times 10^7 .$$

Mithilfe des totalen Differentials lässt sich der absolute Fehler gemäß Gleichung (4.17 a/b) berechnen:

$$F_a(l,a,F,\alpha) := \left|\frac{\partial}{\partial l}E(l,a,F,\alpha)\right|\cdot\delta_l + \left|\frac{\partial}{\partial a}E(l,a,F,\alpha)\right|\cdot\delta_a + \left|\frac{\partial}{\partial F}E(l,a,F,\alpha)\right|\cdot\delta_F + \left|\frac{\partial}{\partial \alpha}E(l,a,F,\alpha)\right|\cdot\delta_\alpha$$

$$F_a(l_m,a_m,F_m,\alpha_m) = 2.82\times 10^6$$

Gleichung (4.18) liefert den relativen Fehler:

$$F_r(l,a,F,\alpha) := \frac{F_a(l,a,F,\alpha)}{E(l,a,F,\alpha)}$$

$$F_r(l_m,a_m,F_m,\alpha_m) = 0.05$$

Abschließend sei noch darauf hingewiesen, dass Mathcad bei der numerischen Differentiation die erste Ableitung i. A. mit einer Genauigkeit von 7 oder 8 signifikanten Stellen berechnet (sofern die Stelle, an der die Ableitung bestimmt werden soll, nicht zu nah an einer Singularität liegt). Bei höheren Ableitungen nimmt die Genauigkeit mit jedem Grad um eine Stelle ab (vgl. Mathcad-Hilfe/ Operatoren/ Analysis-Operatoren/ Operator „Differentiation“). Wurde die abzuleitende Funktion aus fehlerbehafteten Daten ermittelt, muss mit größeren Genauigkeitsverlusten gerechnet werden (vgl. [4-19]).

9 Integration

Die Integralrechnung wird in der Baustatik beispielsweise zur Lösung von Arbeitsintegralen (vgl. Beispiel 4.25) oder bei der Methode der finiten Elemente (vgl. Beispiel 4.26) benötigt. Integrale werden in Mathcad mithilfe des Integraloperators (Operatorenpalette *Differential/-Integral*) berechnet. In Verbindung mit dem symbolischen Gleichheitszeichen versucht Mathcad ein Integral exakt zu lösen. Häufig lassen sich Integrale jedoch nur näherungsweise bestimmen. In Verbindung mit dem numerischen Gleichheitszeichen wählt Mathcad standardmäßig automatisch ein geeignetes Verfahren für die numerische Integration aus. Klickt man mit der rechten Maustaste das Integral an und schaltet in der Dialogbox die *AutoSelect*-Eigenschaft aus, so kann man die Integrationsmethode selbst auswählen. Zur Lösung eigentlicher Integrale, das sind Integrale mit beschränktem Integrationsbereich und beschränkter Integrandfunktion, bietet Mathcad zwei verschiedene numerische Verfahren zur Auswahl an: Das ***Romberg-Verfahren*** und einen ***adaptiven Quadraturalgorithmus***. Das Romberg-Verfahren wird im Folgenden kurz erläutert:

Das Romberg-Verfahren

Gegeben sei die Funktion $f(x)$. Gesucht ist eine Näherung für das Integral $\int_a^b f(x)\,dx$.

Idee: Das Integrationsintervall $[a,b]$ wird in jedem Iterationsschritt halbiert. Auf jedem Teilintervall wird die Fläche zwischen der Kurve und der x-Achse durch eine Trapezfläche angenähert. Um die Konvergenz des Verfahrens zu beschleunigen, wird die so ermittelte Approximation mit der Richardson-Extrapolation verbessert.

Schritt 1: Zusammengesetzte Trapezsummen

Die Trapezsummen werden rekursiv für die Schrittweiten $h_i = \frac{b-a}{2^i}$, (i = 0, 1, 2, ..., n) berechnet:

$$T(h_0) = \frac{1}{2}(b-a)(f(a)+f(b)) \tag{4.19a}$$

$$\begin{aligned} T(h_1) &= \frac{1}{2}\left(\frac{(b-a)}{2}\left(f(a)+f\left(a+\frac{b-a}{2}\right)\right)\right)+\frac{1}{2}\left(\frac{(b-a)}{2}\left(f\left(a+\frac{b-a}{2}\right)+f(b)\right)\right) \\ &= \frac{1}{2}T(h_0)+\frac{(b-a)}{2}\left(f\left(a+\frac{b-a}{2}\right)\right) \end{aligned} \tag{4.19b}$$

Allgemein ergibt sich die folgende Rekursionsformel:

$$T(h_i) = \frac{1}{2}T(h_{i-1})+\frac{(b-a)}{2^i}\left(\sum_{j=0}^{m-1} f\left(a+\frac{h_{i-1}}{2}+jh_{i-1}\right)\right) \qquad (i = 1, 2, \ldots, n;\ m = 2^{i-1}) \tag{4.19c}$$

$T(h_i)$ stellt eine Näherung für das gesuchte Integral dar. Da diese Methode sehr ungenau ist, die Fehlerordnung beträgt $O(h^2)$, wird das Verfahren durch die *Richardson-Extrapolation* beschleunigt.

Schritt 2: Richardson-Extrapolation

Es wird $T_{0i} := T(h_i)$ gesetzt und für alle i = 1, 2, ..., n, k = 1, 2, ...,i werden die Linearkombinationen

$$T_{k,i} := T_{k-1,i} + \frac{T_{k-1,i} - T_{k-1,i-1}}{4^k - 1} \tag{4.20}$$

berechnet. Insgesamt erhält man:

$$\begin{array}{llllll} T_{00} & & & & & \\ T_{01} & T_{11} & & & & \\ T_{02} & T_{12} & T_{22} & & & \\ T_{03} & T_{13} & T_{23} & T_{33} & & \\ \vdots & \vdots & \vdots & \vdots & \ddots & \\ T_{0n} & T_{1n} & T_{2n} & T_{3n} & \cdots & T_{nn} \end{array}$$

Die $T_{k,i}$ werden reihenweise berechnet. Das Verfahren endet, wenn die Differenz zweier in der Diagonalen aufeinanderfolgenden Näherungen kleiner als der Wert der Systemvariablen TOL ist, wenn gilt: $\left|T_{n,n} - T_{n-1,n-1}\right| < \text{TOL}$. $T_{n,n}$ wird als beste Näherung für y verwendet. Die Fehlerordnung des Verfahrens beträgt für die Berechnung von T_{ki} $O(h^{2i+2})$, also für $T_{n,n}$ $O(h^{2n+2})$ (vgl. z. B. [4-5], [4-7], [4-19]).

Im Unterschied zu dem Romberg-Verfahren, das mit äquidistanten Stützstellen arbeitet, werden bei einem adaptiven Quadratur-Algorithmus die Längen der Teilintervalle an die Kurve angepasst (vgl. [4-7]).

Die exakte und die numerische Integration werden am Beispiel des Arbeitsintegrals für das Prinzip der virtuellen Kräfte erläutert:

Beispiel 4.25: *Symbolische und numerische Integration des Arbeitsintegrals für das Prinzip der virtuellen Kräfte.*

Eine typische Anwendung der Integration in der Statik sind die Arbeitsintegrale, die zur Berechnung von Verschiebungsgrößen mit dem Prinzip der virtuellen Kräfte benötigt werden. Das Arbeitsintegral hat die Form

$$\int_0^{\ell} M(x) \cdot \overline{M}(x)\ dx$$

wobei *M(x)* die Momentenfunktion infolge der wirklichen Belastung und $\overline{M}(x)$ die Momentenfunktion infolge der virtuellen Kraftgröße sind. Für die meisten praktisch vorkommenden Fälle sind die Integrale in Tabellenbüchern wie z. B. in [4-22] angegeben. In Sonderfällen kann es aber auch erforderlich sein, das Integral selbst zu lösen, etwa wenn es für eine spezielle Funktion *M(x)* in der Tafel nicht erfasst ist oder wenn die Funktion *M(x)* nur numerisch, z. B. aus einer Computerberechnung, gegeben ist.

Das Arbeitsblatt *„TIV_16_Arbeitsintegral.xmcd“* zeigt wie der symbolische Lösungsteil von Mathcad genutzt werden kann, um die Lösung des Arbeitsintegrals zu ermitteln. Als Beispiel wird die Integration über die beiden Funktionen

$$M(x) = M \cdot \sin\left(\frac{\pi}{\ell} \cdot x\right) \qquad \overline{M}(x) = \overline{M}_i + \frac{\overline{M}_k - \overline{M}_i}{\ell} \cdot x$$

Die beiden Funktionen sind in Bild 4.17 dargestellt.

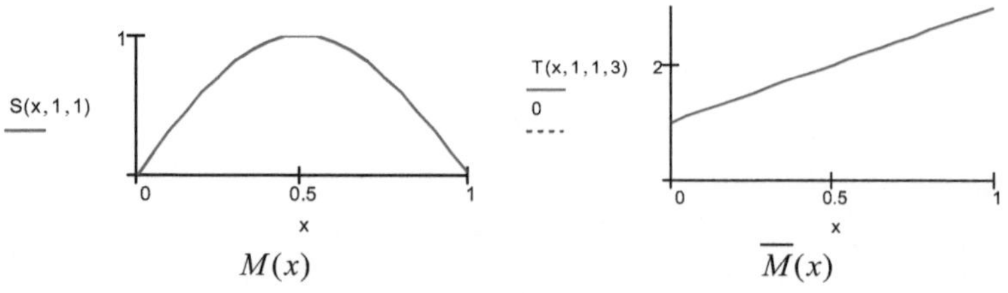

Bild 4.17: Funktionen zur Bildung des Arbeitsintegrals

Die symbolische Ermittlung des Arbeitsintegrals mit Mathcad ergibt:

$$\int_0^{l} S(x,l,M) \cdot T\left(x,l,M_{iq},M_{kq}\right) dx \rightarrow \frac{M_{kq}}{\pi} \cdot l \cdot M + \frac{M_{iq}}{\pi} \cdot l \cdot M$$

Der Ausdruck lässt sich noch etwas vereinfachen. Mit der Funktion vereinfachen von Mathcad erhält man:

$$\int_0^l S(x,l,M)\cdot T(x,l,M_{iq},M_{kq})\,dx \text{ vereinfachen } \rightarrow l\cdot M\frac{(M_{kq}+M_{iq})}{\pi}$$

Das Integral kann aber auch einer Funktion zugewiesen werden:

$$Int(l,M,M_{iq},M_{kq}) := \int_0^l S(x,l,M)\cdot T(x,l,M_{iq},M_{kq})\,dx$$

Diese Funktion kann dann direkt mit Zahlenwerten ausgewertet werden:

$l := 3$ $M := 5$ $M_{iq} := 0.4$ $M_{kq} := 0.8$

$Int(l,M,M_{iq},M_{kq}) = 5.73$

Anstelle des Einsetzens in die symbolische Lösung kann man aber auch direkt numerisch mit Mathcad integrieren. In diesem Fall erhält man für die obigen Zahlenwerte

$$\int_0^l S(x,l,M)\cdot T(x,l,M_{iq},M_{kq})\,dx = 5.73$$

Auch für komplizierte, beispielsweise polygonartige Momentenverläufe kann man auf diese Weise die numerische Lösung finden.

Mehrfachintegrale lassen sich mit Mathcad durch Schachtelung des Integraloperators lösen, wie das folgende Beispiel zeigt:

Beispiel 4.26: *Symbolisches Integrieren der Elementmatrix eines Finiten Elementes*

Die Elementmatrizen Finiter Elemente erhält man durch Integration über die Elementfläche. Diese wird in der Regel numerisch durchgeführt. In bestimmten Fällen kann man aber auch eine symbolische Lösung finden. Dies soll am Beispiel einer Integration über die Fläche eines Rechteckelements gezeigt werden, die bei der Entwicklung der Steifigkeitsmatrix für die Stütze unter einer Flachdecke erforderlich ist [4-20]. Es handelt sich um das zweifache Integral:

$$\underline{A} = \iint \underline{N} \cdot \underline{N}^T \cdot Det(\underline{J})\, dr\, ds$$

Die Matrix

$$\underline{N}(r,s) = \frac{1}{4} \cdot \begin{bmatrix} (1+r)\cdot(1+s) \\ (1-r)\cdot(1+s) \\ (1-r)\cdot(1-s) \\ (1+r)\cdot(1-s) \end{bmatrix}$$

beschreibt die Ansatzfunktionen in *r*-*s*-Koordinaten. Die Funktionaldeterminante $Det(\underline{J})$ ist die Determinante des Jakobischen Operators

mit $x(r,s) = \underline{N}(r,s)^T \cdot \begin{bmatrix} x_1 \\ x_2 \\ x_3 \\ x_4 \end{bmatrix}$ und $y(r,s) = \underline{N}(r,s)^T \cdot \begin{bmatrix} y_1 \\ y_2 \\ y_3 \\ y_4 \end{bmatrix}$.

Die Werte x_i und y_i sind die Koordinaten der vier Eckpunkte des Finiten Elementes im globalen *x*-*y*-Koordinatensystem. Das Integral ist auch erforderlich zur Berechnung der Massenmatrix von rechteckförmigen Scheibenelementen und wird dann meistens numerisch gelöst. Die symbolische Lösung ist im Arbeitsblatt *„TIV_17_FEM_Integration_symbolisch.xmcd"* angegeben.

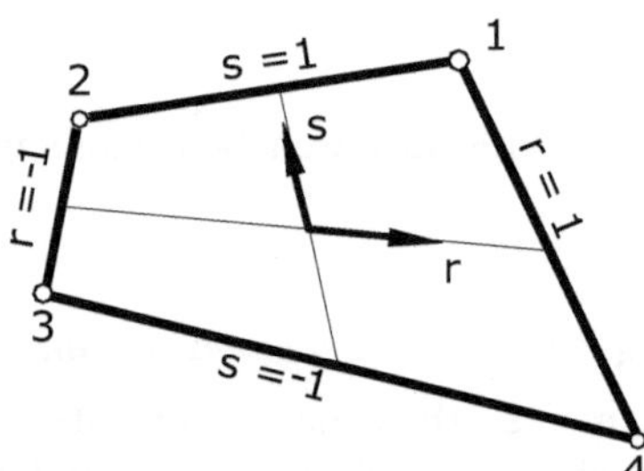

Bild 4.18: Finites Plattenelement

Zur symbolischen Lösung wird zunächst der Jakobische Operator auf die Ansatzfunktionen für x und y angewandt. Die erforderlichen Differentiationen wurden ebenfalls mit Mathcad durchgeführt. Dies ergibt für die Matrix $\underline{J}$:

$$J(r,s,x_1,x_2,x_3,x_4,y_1,y_2,y_3,y_4) := \frac{1}{4}\begin{bmatrix} (1+s)\cdot x_1-(1+s)\cdot x_2-(1-s)\cdot x_3+(1-s)\cdot x_4 & (1+s)\cdot y_1-(1+s)\cdot y_2-(1-s)\cdot y_3+(1-s)\cdot y_4 \\ (1+r)\cdot x_1+(1-r)\cdot x_2-(1-r)\cdot x_3-(1+r)\cdot x_4 & (1+r)\cdot y_1+(1-r)\cdot y_2-(1-r)\cdot y_3-(1+r)\cdot y_4 \end{bmatrix}$$

Danach wird mit Mathcad die Determinante von $\underline{J}$ gebildet:

$$Det(r,s,x_1,x_2,x_3,x_4,y_1,y_2,y_3,y_4) := \left|J(r,s,x_1,x_2,x_3,x_4,y_1,y_2,y_3,y_4)\right|$$

Die Elemente der Matrix $\underline{A}$ lassen sich nun durch zweifache Integration bestimmen. Man erhält beispielsweise für das Element $a_{1,1}$:

Element (i,j) der Matrix A: $i := 1$ $j := 1$

$$\int_{-1}^{1}\int_{-1}^{1} N(rr,ss)_i \cdot N(rr,ss)_j \cdot Det(rr,ss,x_1,x_2,x_3,x_4,y_1,y_2,y_3,y_4)\,drr\,dss \rightarrow$$

$$\frac{1}{36}\cdot x_2\cdot y_3 + \frac{1}{18}\cdot x_2\cdot y_4 - \frac{1}{12}\cdot x_2\cdot y_1 + \frac{1}{12}\cdot x_1\cdot y_2 - \frac{1}{12}\cdot x_1\cdot y_4 - \frac{1}{36}\cdot x_3\cdot y_2 + \frac{1}{36}\cdot x_3\cdot y_4 + \frac{1}{12}\cdot x_4\cdot y_1 - \frac{1}{18}\cdot x_4\cdot y_2 - \frac{1}{36}\cdot x_4\cdot y_3$$

Die vollständige Lösung mit allen Elementen von $\underline{A}$ ist in [4-20] angegeben.

Des Weiteren stellt Mathcad Funktionen zur Lösung uneigentlicher Integrale zur Verfügung. Mithilfe der Funktion *Unendliche Grenze* können Integrale mit unbeschränktem Integrationsintervall und beschränkter Integrandfunktion näherungsweise berechnet werden. Die Funktion *Singulärer Endpunkt* liefert eine Näherungslösung für Integrale, deren Integrandfunktion in einem Randpunkt des Integrationsbereiches nicht stetig ist, also insbesondere für Integrale, deren Integrandfunktion in einem Randpunkt eine Unendlichkeitsstelle hat.

10 Differentialgleichungen

10.1 Allgemeines

Mathcad stellt sowohl zur Lösung gewöhnlicher als auch zur Lösung partieller Differentialgleichungen nur numerische Funktionen zur Verfügung. Die numerischen Verfahren, die in Mathcad implementiert sind, werden im Folgenden kurz erläutert.

10.2 Gewöhnliche Differentialgleichungen

Unter einer gewöhnlichen Differentialgleichung versteht man eine Differentialgleichung, deren Lösungsfunktion $y(x)$ nur von einer unabhängigen Veränderlichen x abhängt:

$$F(x, y, y', ..., y^{(n)}) = 0\,. \tag{4.21a}$$

Um eine gewöhnliche Differentialgleichung mit Mathcad numerisch lösen zu können, muss diese nach der höchsten auftretenden Ableitung auflösbar sein

$$y^{(n)} = f(x, y, y', ..., y^{(n-1)})\,, \tag{4.21b}$$

und es müssen Anfangs- oder Randbedingungen vorgegeben sein.

10.2.1 Anfangswertaufgaben erster Ordnung

In Mathcad sind verschiedene Verfahren zur Lösung von Anfangswertaufgaben 1. Ordnung implementiert. Sie liefern keine Funktionsgleichung für die gesuchte Lösung der Anfangswertaufgabe sondern Näherungswerte an m Stützstellen x_i, $i = 1, ..., m$. Das klassische Runge-Kutta-Verfahren 4. Ordnung mit äquidistanten Stützstellen wird im Folgenden erläutert.

Das Runge-Kutta-Verfahren 4. Ordnung

Gegeben sei die Anfangswertaufgabe

$y' = f(x, y)$ mit der Anfangsbedingung $y(a) = \alpha$. (4.22)

Gesucht sind Näherungen y_i für $y(x_i)$, wobei $x_i = a + ih$, $i = 1, ..., m$ mit $h = \dfrac{b-a}{n}$, $b = x_m$ ist.

Zunächst wird

$x_0 = \text{a}, y_0 = y(a) = \alpha$ (4.23a)

gesetzt, dann werden für $i = 1, ..., m$

$$k_1 = h \cdot f(x_{i-1}, y_{i-1})$$
$$k_2 = h \cdot f(x_{i-1} + \frac{h}{2}, y_{i-1} + \frac{k_1}{2})$$
$$k_3 = h \cdot f(x_{i-1} + \frac{h}{2}, y_{i-1} + \frac{k_2}{2}) \qquad (4.23b)$$
$$k_4 = h \cdot f(x_{i-1} + h, y_{i-1} + k_3)$$
$$y_i = y_{i-1} + \frac{1}{6}(k_1 + 2k_2 + 2k_3 + k_4)$$

berechnet. Der gewichtete Mittelwert y_i liefert die gesuchte Näherung für $y(x_i)$.

Das Runge-Kutta-Verfahren 4. Ordnung basiert auf einer Taylor-Entwicklung. Die Taylor-Entwicklungen des Verfahrens und der Lösung $y(x)$ stimmen bis zur Ordnung 4 überein, somit hat das Runge-Kutta-Verfahren 4. Ordnung die Fehlerordnung $O(h^5)$.

Die Funktion *rkfest(y_a, a, b, m, D)* führt das *Runge-Kutta-Verfahren 4. Ordnung* mit konstanten Schritten, die Funktion *Rkadapt(y_a, a, b, m, D)* führt dieses Verfahren mit angepasster Schrittweite durch. Dabei bezeichnet y_a den Anfangswert $y(a) = \alpha$, $[a, b]$ ist das Lösungsintervall, m gibt die Anzahl der Stützstellen an, für welche Näherungslösungen berechnet werden, ferner ist $D = f(x,y)$. Als Ergebnis liefern beide Funktionen eine Matrix mit $m+1$ Zeilen und zwei Spalten: In der ersten Spalte stehen $x_0,\ldots,x_m$ in der zweiten Spalte stehen die Näherungswerte y_i für $y(x_i)$ (vgl. Beispiel 4.28). Alternativ kann die Methode Vorgabe/ gdglösen verwendet werden (vgl. Mathcad-Hilfe/ Funktionen/ Differentialgleichungslöser/ Lösungsblock von gewöhnlichen Differentialgleichungen).

Des Weiteren ist das *Extrapolationsverfahren von Burlisch-Stoer* (vgl. [4-4], [4-18]) implementiert (*Bulstoer(y_a, a, b, m, D)*). In Analogie zu dem Romberg-Verfahren (vgl. Abschnitt 9) wird mit dieser Methode zunächst eine erste Näherung für $y(x_i)$ bestimmt, die dann mithilfe der Extrapolation verbessert wird. Auf diese Weise kann man eine sehr hohe Genauigkeit erzielen. Das Verfahren reagiert jedoch sehr empfindlich auf Unstetigkeitsstellen der Funktion *f*.

Ferner stehen die Rosenbrock-Methode *stiffr($\underline{y}$,a, b, m, D, J)* und das Verfahren von Burlisch-Stoer für steife Differentialgleichungen *stiffb($\underline{y}$, a, b, m, D, J)* zur Verfügung. Eine Anfangswertaufgabe heißt *steif*, wenn ihre exakte Lösung einen Term der Gestalt $e^{-\lambda \cdot x}$ enthält, wobei λ eine „große" positive Zahl ist. Bei solchen Differentialgleichungen besteht die Gefahr, dass der Rundungsfehler so groß wird, dass er die Lösung beherrscht (vgl. [4-4], [4-18]).

Ist nur ein Näherungswert für y an der Stelle b gesucht, so können auch die Funktionen *rkadapt(), bulstoer(), Stiffb()* bzw. *Stiffr()* (vgl. Mathcad-Hilfe/ Funktionen/ Differentialgleichungslöser/ GDG-Löser) aufgerufen werden.

Beispiel 4.27: Numerische Lösung einer Anfangswertaufgabe erster Ordnung

Anfangswertaufgabe erster Ordnung

Gegeben: $y' = 2\frac{y}{x} + 4x^5\cos(x^4)$ mit der Anfangsbedingung $y(0) = 0$

Die Differentialgleichung wird näherungsweise mit den Funktionen rkfest() und Rkadapt() auf dem Intervall [a,b]=[0, π] unter Verwendung von neun Stützstellen gelöst.

Definition der Parameter:

$y_a := 0$ $a := 0$ $b := 2$ $m := 8$ $D(x,y) := 2\frac{y}{x} + 4\cdot x^5\cdot\cos\left(x^4\right)$

Lösung der Anfangswertaufgabe mit äquidistanten Stützstellen:

$$\text{rkfest}(y_a, a, b, m, D) = \begin{pmatrix} 0 & 0 \\ 0.25 & 2.34\times10^{-4} \\ 0.5 & 0.015 \\ 0.75 & 0.174 \\ 1 & 0.837 \\ 1.25 & 1.013 \\ 1.5 & -2.205 \\ 1.75 & 1.614 \\ 2 & 10.629 \end{pmatrix}$$

Lösung der Anfangswertaufgabe mit angepasster Schrittweite:

$$\text{Rkadapt}(y_a, a, b, m, D) = \begin{pmatrix} 0 & 0 \\ 0.25 & 2.441\times10^{-4} \\ 0.5 & 0.016 \\ 0.75 & 0.175 \\ 1 & 0.841 \\ 1.25 & 1.007 \\ 1.5 & -2.113 \\ 1.75 & 0.143 \\ 2 & -1.144 \end{pmatrix}$$

Vergleicht man die Lösungen, so fällt auf, dass die Näherungswerte für x>1 zunehmend voneinander abweichen. Dies lässt sich dadurch erklären, dass die Kurve der analytischen Lösung in diesem Bereich oszilliert. Ein Vergleich mit der exakten Lösung zeigt, dass Rkadapt() bei angepasster Schrittweite sehr gute Ergebnisse liefert. Die Näherungswerte der Funktion rkfest() können verbessert werden, indem die Schrittweite verkleinert wird.

$y_{exakt}(x) := x^2\cdot\sin\left(x^4\right)$

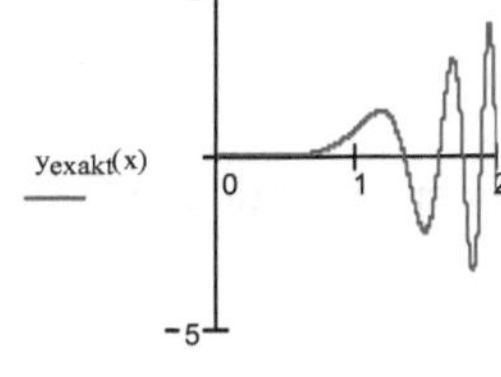

$x := 0, \frac{2}{8} .. 2$

x =	yexakt(x) =
0	0
0.25	$2.441\cdot10^{-4}$
0.5	0.016
0.75	0.175
1	0.841
1.25	1.007
1.5	-2.114
1.75	0.14
2	-1.152

10.2.2 Systeme von Anfangswertaufgaben erster Ordnung

Mithilfe der in Abschnitt 10.2.1 vorgestellten Verfahren können auch Systeme von Anfangswertaufgaben erster Ordnung gelöst werden:

$$\begin{pmatrix} y_1' \\ y_2' \\ y_3' \\ \vdots \\ y_n' \end{pmatrix} = \begin{pmatrix} f_1(x, y_1, \ldots, y_n) \\ f_2(x, y_1, \ldots, y_n) \\ f_3(x, y_1, \ldots, y_n) \\ \vdots \\ f_n(x, y_1, \ldots, y_n) \end{pmatrix} \text{ mit den Anfangswerten } \begin{pmatrix} y_1(a) \\ y_2(a) \\ y_3(a) \\ \vdots \\ y_n(a) \end{pmatrix} = \begin{pmatrix} \alpha_1 \\ \alpha_2 \\ \alpha_3 \\ \vdots \\ \alpha_n \end{pmatrix} \quad (4.24a)$$

Dazu sind die Argumente y_a und D durch die Vektoren

$$\underline{y_a} = \begin{pmatrix} \alpha_1 \\ \alpha_2 \\ \alpha_3 \\ \vdots \\ \alpha_n \end{pmatrix} \quad \text{und} \quad \underline{D}(x, y) = \begin{pmatrix} f_1(x, y_1, \ldots, y_n) \\ f_2(x, y_1, \ldots, y_n) \\ f_3(x, y_1, \ldots, y_n) \\ \vdots \\ f_n(x, y_1, \ldots, y_n) \end{pmatrix} \quad (4.24b)$$

zu ersetzen. Als Ergebnis liefern alle Funktionen eine Matrix mit $m+1$ Zeilen und n + 1 Spalten. In der ersten Spalte stehen die $m+1$ x-Werte, in den folgenden Spalten stehen die Näherungswerte für $y_j(x_i)$ der gesuchten Lösung:

$$\underline{y} = \begin{pmatrix} x_0 & y_1(x_0) & \cdots & y_n(x_0) \\ x_1 & y_1(x_1) & \cdots & y_n(x_1) \\ \vdots & \vdots & \ddots & \vdots \\ x_m & y_1(x_m) & \cdots & y_n(x_m) \end{pmatrix} \quad (4.24c)$$

10.2.3 Anfangswertaufgaben höherer Ordnung

Ist eine Anfangswertaufgabe höherer Ordnung (z. B. n-ter Ordnung)

$$y^{(n)} = f(x, y, y', \ldots, y^{(n-1)}),\ y(a) = \alpha_1,\ \ldots,\ y^{(n-1)}(a) = \alpha_n \quad (4.25a)$$

gegeben, so lässt sich diese in ein System von n Differentialgleichungen erster Ordnung

$$\begin{pmatrix} y_1' \\ y_2' \\ \vdots \\ y_{n-1}' \\ y_n' \end{pmatrix} = \begin{pmatrix} y_2 \\ y_3 \\ \vdots \\ y_n \\ f(x, y_1, \ldots, y_n) \end{pmatrix} \text{ mit den Anfangswerten } \begin{pmatrix} y_1(a) \\ y_2(a) \\ \vdots \\ y_{n-1}(a) \\ y_n(a) \end{pmatrix} = \begin{pmatrix} \alpha_1 \\ \alpha_2 \\ \vdots \\ \alpha_{n-1} \\ \alpha_n \end{pmatrix} \quad (4.25b)$$

überführen. Dabei wird $y_1 = y$ gesetzt. Dieses System wird gemäß Abschnitt 10.2.1 mit Mathcad numerisch gelöst. Alternativ kann die Methode Vorgabe/gdglösen verwendet werden.

10.2.4 Randwertaufgaben

In der Baustatik treten meistens Randwertaufgaben auf. Um eine Randwertaufgabe n-ter Ordnung mit Mathcad lösen zu können, ist diese auf ein System von n Anfangswertaufgaben erster Ordnung zurückzuführen.

Dazu sind folgende Schritte notwendig:

Schritt 1: Die Differentialgleichung n-ter Ordnung ist gemäß Abschnitt 10.2.2 auf ein System von Differentialgleichungen erster Ordnung zurückzuführen.

Schritt 2: Für die fehlenden Anfangsbedingungen sind Schätzwerte zu berechnen. Hierfür stellt Mathcad die Funktion *sgrw()* zur Verfügung. Die Vorgehensweise wird in Beispiel 4.29 beschrieben.

Schritt 3: Die Anfangswertaufgabe kann analog zu Abschnitt 10.2.2 gelöst werden.

Sofern zur Lösung der Randwertaufgabe eine der Funktionen rkfest() oder rkadapt() verwendet werden soll, kann alternativ mit der Methode Vorgabe/ gdglösen gearbeitet werden.

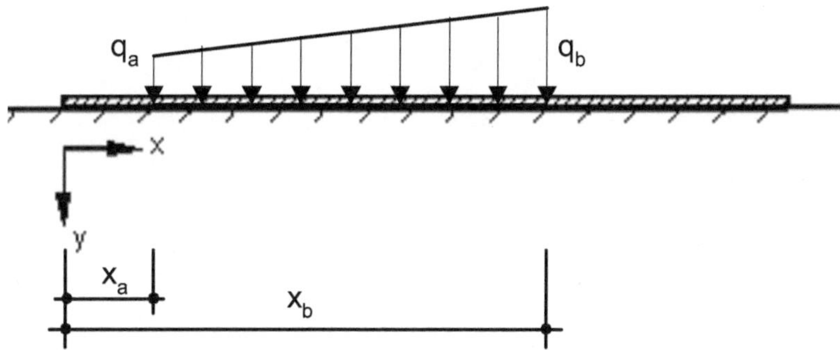

Bild 4.19: Elastisch gebetteter Balken

Beispiel 4.28: *Elastisch gebetteter Balken*

Die Differentialgleichung des elastisch gebetteten Balkens lautet:

$$w^{IV} + \frac{k}{E \cdot I} \cdot w - \frac{q}{E \cdot I} = 0\,.$$

Hierin bezeichnet $E \cdot I$ die Biegesteifigkeit, k die Federkonstante pro Längeneinheit und q die Streckenlast. w^{IV} ist die vierte Ableitung der Verschiebung $w(x)$ nach der Koordinate x, Bild 4.19. Gesucht ist die Funktion $w(x)$, die diese Gleichung für eine gegebene Belastungsfunktion $q(x)$ erfüllt. Es handelt sich hierbei um eine lineare Differentialgleichung vierter Ordnung. Die allgemeine Lösung einer gewöhnlichen Differentialgleichung 4-ter Ordnung enthält allerdings noch 4 freie Konstanten. Diese werden aus den Bedingungen am Anfang und Ende des Lösungsbereichs der Differentialgleichungen bestimmt. Es handelt sich also um eine Randwertaufgabe.

Das Arbeitsblatt „*TIV_18_DGL_Elba.xmcd*“ enthält die Lösung der Differentialgleichung des elastisch gebetteten Balkens mit Mathcad. Die Streckenlast wird als mathematische Funktion angegeben. Für eine Trapezlast zwischen x_a und x_b erhält man

$$q(x) := \begin{cases} q_a + \dfrac{q_b - q_a}{x_b - x_a} \cdot (x - x_a) & \text{if } (x \le x_b) \cdot (x \ge x_a) \\ 0 & \text{otherwise} \end{cases}$$

Natürlich ließen sich auch leicht kompliziertere Verläufe, etwa mit polygonartig verlaufenden Streckenlasten, auf die gleiche Weise angeben.

Die Differentialgleichung wird in der Standardform in Mathcad eingegeben. Beim elastisch gebetteten Balken lautet sie mit $w_0 = w$:

$$w_1 = w_0' (= w')$$

$$w_2 = w_1' (= w'')$$

$$w_3 = w_2' (= w''')$$

$$w_4 = \frac{q}{E \cdot I} - \frac{k}{E \cdot I} \cdot w_0 (= w^{IV})$$

oder in vektorieller Schreibweise:

$$\text{DGL}(x, w) := \begin{pmatrix} w_1 \\ w_2 \\ w_3 \\ \dfrac{q(x)}{E \cdot I} - \dfrac{k}{E \cdot I} \cdot w_0 \end{pmatrix}$$

Es müssen nun noch die Randbedingungen angegeben werden. Der Balken besitzt zwei freie Ränder. Am linken Rand ist $w''(0) = w'''(0) = 0$. Der Vektor v mit den Schätzwerten der Unbekannten und die Funktion *load* für den linken Rand lauten damit:

$$v := \begin{pmatrix} 1 \\ 1 \end{pmatrix} \quad \begin{matrix} \text{w(0)=v1} \\ \text{w´(0)=v2} \end{matrix} \qquad \text{load}(\text{x\_li}, v) := \begin{pmatrix} v_0 \\ v_1 \\ 0 \\ 0 \end{pmatrix} \quad \begin{matrix} \text{w(0)=v1} \\ \text{w´(0)=v2} \\ \text{w´´(0)=0} \\ \text{w´´´(0)=0} \end{matrix}$$

Am rechten Rand ist $w''(\ell) = w'''(\ell) = 0$. Die Funktion *score* mit den Randwerten rechts ist damit

$$\text{score(x\_re, w)} := \begin{pmatrix} w_2 - 0 \\ w_3 - 0 \end{pmatrix} \quad \begin{matrix} \text{w´´(l)=0} \\ \text{w´´´(l)=0} \end{matrix}$$

Mit diesen Angaben wird die Lösung in eine Anfangswertaufgabe umgeformt zu

S := sgrw(v, 0, l, DGL, load , score)

$$\text{ANFBED} := \begin{pmatrix} S_0 \\ S_1 \\ 0 \\ 0 \end{pmatrix}$$

Die Lösung erfolgt nach dem Runge-Kutta-Verfahren. Wegen der bei langen elastisch gebetteten Balken möglichen ungleichmäßigen Änderung der Durchbiegungen wird mit *rkadapt* das Verfahren mit adaptiver Anpassung der Schrittweite gewählt.

ANZ_PUNKTE := 500 $\quad$ $\text{ACC} := 10^{-8}$ $\quad$ $\text{SAVE\_x} := \frac{l}{500}$

LOES := rkadapt(ANFBED, 0, l, ACC, DGL, ANZ_PUNKTE , SAVE_x)

Als Ergebnis erhält man eine Matrix, deren erste Spalte die *x*-Werte der Lösung und deren folgende Spalten deren erste, zweite, dritte beziehungsweise vierte Ableitung enthalten. Hieraus können die gesuchten statischen Größen leicht bestimmt werden:

$x := \text{LOES}^{\langle 0 \rangle}$ $\quad$ $w := \text{LOES}^{\langle 1 \rangle}$ $\quad$ $M := (-E \cdot I) \cdot \text{LOES}^{\langle 3 \rangle}$ $\quad$ $Q := -(E \cdot I) \cdot \text{LOES}^{\langle 4 \rangle}$ $\quad$ $\sigma := C \cdot w$

Alle Schnitt- und Verschiebungsgrößen werden im Arbeitsblatt sowohl grafisch wie auch tabellarisch dargestellt, siehe Bild 4.20.

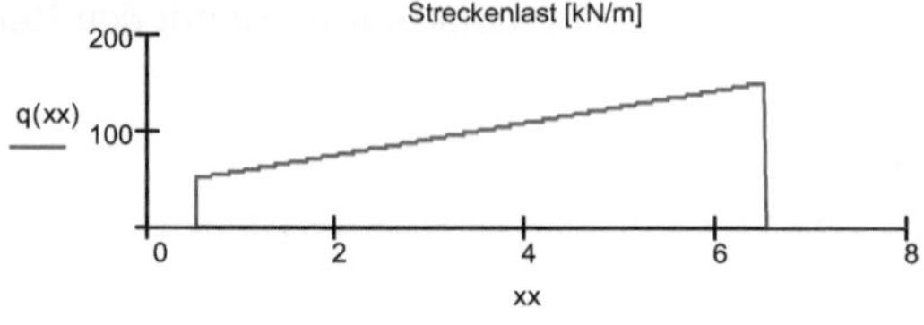

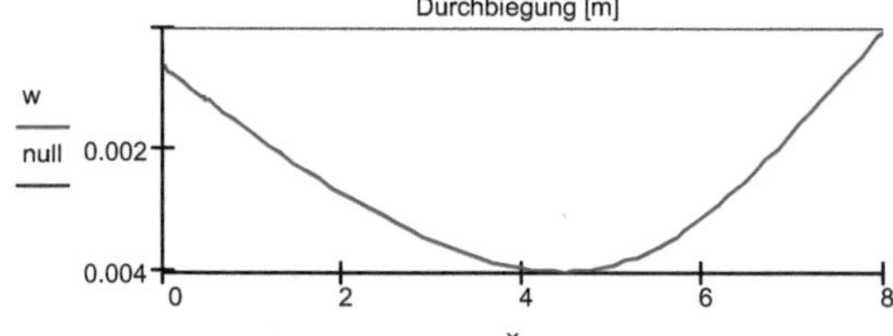

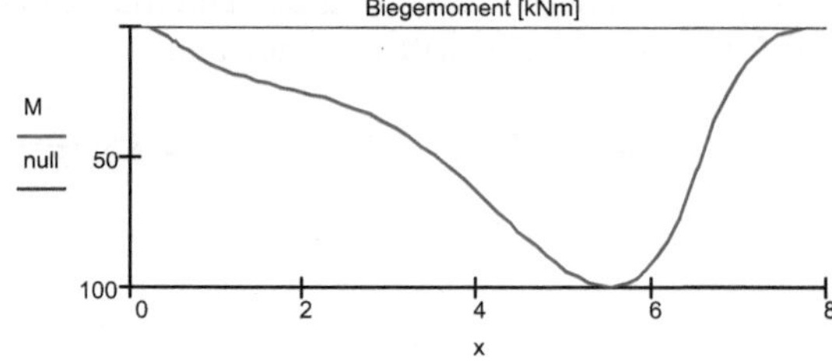

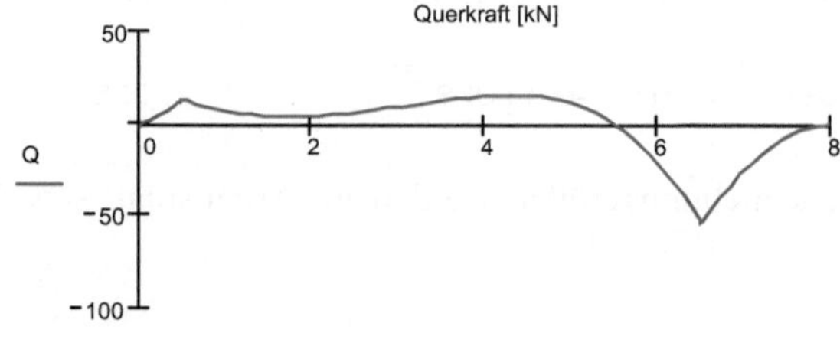

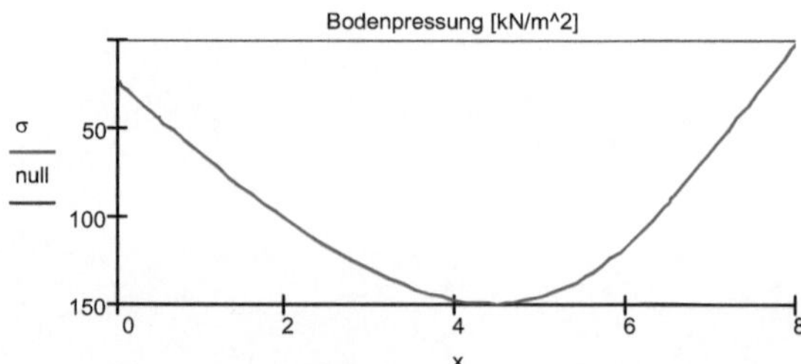

Bild 4.20: Belastung, Verschiebungen, Schnittgrößen und Bodenpressungen eines elastisch gebetteten Balkens

10.3 Partielle Differentialgleichungen

Im Gegensatz zu gewöhnlichen Differentialgleichungen hängt die Lösungsfunktion einer partiellen Differentialgleichung von mehreren Veränderlichen ab. Mathcad stellt die Numerikfunktion *numol()* (vgl. Mathcad-Hilfe/ Differentialgleichungslöser/ Partielle Differentialgleichungen) zur Lösung hyperbolischer und parabolischer partieller Differentialgleichungen sowie die Numerikfunktionen *relax()* und *multigit()* (vgl. Mathcad-Hilfe/ Differentialgleichungslöser/ Relaxationsverfahren für Teildifferentialgleichungen) zur Lösung elliptischer Gleichungen bereit. Die Funktionen *relax()* und *multigit()* lösen insbesondere die *Poissonsche Gleichung*

$$\frac{\delta^2 u}{\delta x^2}+\frac{\delta^2 u}{\delta y^2}=p(x,y) \qquad (4.26\text{ a})$$

über einem rechteckigen Gebiet R der reellen (x, y)-Ebene, definiert durch $a_1 < x < b_1$ und $a_2 < y < b_2$. Für die Punkte auf dem Rand δR von R (alle Punkte (x,y) mit $x = a_1$ oder $x = b_1$ oder $y = a_2$ oder $y = b_2$) muss eine Randbedingung gegeben sein:

$$u(x, y) = q(x, y) \qquad (4.26\text{ b})$$

Die Poissonsche Gleichung beschreibt die Verformung einer elastischen Membran, das St.-Venantsche Torsionsproblem, Sickerströmungen und Konsolidierungsvorgänge in der Bodenmechanik oder die stationäre Wärmeausbreitung in einer Platte. Ist p auf R stetig und ist q auf δR stetig, dann besitzt diese Randwertaufgabe eine eindeutig bestimmte Lösung. In Analogie zu den Näherungsverfahren, die in Abschnitt 10.2 zur Lösung gewöhnlicher Differentialgleichungen beschrieben wurden, liefern die Numerikfunktionen *relax()* und *multigit()* keine Funktionsgleichung sondern nur Näherungswerte für $u(x, y)$ in diskreten Punkten (x_i, y_j) des rechteckigen Gebietes R. Diese Punkte werden wie folgt ermittelt: Über das rechteckige Gebiet R wird ein Gitter gelegt, dessen Gitterpunkte (x_i,y_j), $i = 1, \ldots, n-1, j = 1, \ldots, n-1$ definiert sind durch:

$$x_i = a_1 + i \cdot h_x,\ y_j = a_2 + j \cdot h_y \text{ mit } h_x = \frac{b_1 - a_1}{n} \text{ und } h_y = \frac{b_2 - a_2}{n}.$$

Für diese Gitterpunkte werden mit der Funktion *relax()* Näherungswerte für $u(x_i,y_j)$ bestimmt. Um die Funktion *relax()* anwenden zu können, muss die Differentialgleichung (4.26 a) zuvor mithilfe des Differenzenverfahrens in ein System von Differenzengleichungen umgeschrieben werden. Dazu werden für alle $i = 1,\ldots, n-1, j = 1, \ldots, n-1$ die Punkte (x_i,y_j) in Gleichung (4.26 a) eingesetzt. Somit erhält man $(n-1)^2$ Gleichungen. In jeder dieser Gleichungen werden die partiellen zweiten Ableitungen durch zentrale Differenzenquotienten ersetzt:

$$\begin{aligned}\frac{\delta^2 u}{\delta x^2}(x_i,y_j)&=\frac{u(x_{i+1},y_j)-2\cdot u(x_i,y_j)+u(x_{i-1},y_j)}{h_x^2}\\ \frac{\delta^2 u}{\delta y^2}(x_i,y_j)&=\frac{u(x_i,y_{j+1})-2\cdot u(x_i,y_j)+u(x_i,y_{j-1})}{h_y^2}\end{aligned} \qquad (4.27)$$

Multiplikation der Differenzengleichungen mit h_x^2 liefert

$$u(x_{i+1},y_j)+u(x_{i-1},y_j)+\left(\frac{h_x}{h_y}\right)^2\big(u(x_i,y_{j+1})+u(x_i,y_{j-1})\big)-2\left(1+\left(\frac{h_x}{h_y}\right)^2\right)u(x_i,y_j)=h_x^2\cdot p(x_i,y_j)$$

für $i = 1, \ldots, n-1, j = 1, \ldots, n-1$. (4.28 a)

Außerdem ergeben sich mit $x_0 = a_1$, $x_{n+1} = b_1$, $y_0 = a_2$, $y_{n+1} = b_2$ die Randbedingungen

$u(x_0, y_j) = q(x_0, y_j)$, $u(x_n, y_j) = q(x_n, y_j)$ für alle $j = 0, \ldots, n$

und (4.28 b)

$u(x_i, y_0) = q(x_i, y_0)$, $u(x_i, y_n) = q(x_i, y_n)$ für alle $i = 1, \ldots, n-1$.

Der Fehler, der durch das Ersetzen der Ableitungen durch zentrale Differenzenquotienten entsteht, ist von der Ordnung $O(h_x^2 + h_y^2)$.

Die Funktion *relax()* führt das Gauß-Seidel-Verfahren mit anschließender Überrelaxation durch (vgl. z. B. [4-7], [4-18]). Das Gauß-Seidel-Verfahren ist ein Iterationsverfahren zur Lösung eines quadratischen linearen Gleichungssystems $\underline{A} \cdot \underline{x} = \underline{b}$. Die Idee des Iterationsverfahrens besteht darin, das System auf die Form $\underline{x} = \underline{T} \cdot \underline{x} + \underline{c}$ zu bringen. Die Vorschrift

$$\underline{x}^{(k)} = \underline{T} \cdot \underline{x}^{(k-1)} + \underline{c} \tag{4.29}$$

liefert dann das Iterationsverfahren. Die Folge der $\underline{x}^{(k)}$ konvergiert für jeden Startvektor $\underline{x}^{(0)}$ gegen die eindeutige Lösung des Systems, wenn der Spektralradius

$$\rho(\underline{T}) := \lambda_{\max}(\underline{T}) \tag{4.30}$$

kleiner als 1 ist. Je kleiner der Spektralradius, desto schneller konvergiert das Verfahren. Durch Einfügen eines geeigneten Parameters in die Iterationsvorschrift kann die Konvergenz beschleunigt werden (Relaxation). Zur Berechnung dieses Relaxationsparameters benötigt die Funktion *relax()* den Spektralradius. Die Übergabeparameter der Funktion *relax(A,B,C,D,E,F,U,rjac)* haben folgende Bedeutung:

Die $(n-1) \times (n-1)$-Matrizen A, B, C, D, E enthalten die Koeffizienten der Differenzengleichungen, die Matrix F enthält die „rechten Seiten“:

$$A_{ij}\cdot u(x_{i+1},y_j)+B_{ij}\cdot u(x_{i-1},y_j)+C_{ij}\cdot u(x_i,y_{j+1})+D_{ij}\cdot u(x_i,y_{j-1})+\cdot E_{ij}\cdot u(x_i,y_j)=F_{ij}(x_i,y_j) \tag{4.31 a}$$

Bezogen auf Gleichung (4.28 a) heißt das:

$$A_{ij}=B_{ij}=1,\;\; C_{ij}=D_{ij}=\frac{h_x^2}{h_y^2},\;\; E_{ij}=-2\cdot\left(1+\frac{h_x^2}{h_y^2}\right),\;\; F_{ij}(x_i,y_j)=h_x^2\cdot p(x_i,y_j) \tag{4.31 b}$$

für $i = 1, \ldots, n-1,\; j = 1, \ldots, n-1$.

Die $(n+1) \times (n+1)$-Matrix U enthält die Randwerte $U_{ij} = q(x_i, y_j)$ für $i, j \in \{0, n\}$ und Schätzwerte für die gesuchten Näherungslösungen der $u(x_i, y_j)$ mit $i = 1, \ldots, n-1,\; j = 1, \ldots, n-1$. rjac ist der Spektralradius. Es muss gelten: $0 < \text{rjac} < 1$. Die Vorgehensweise wird am Beispiel einer Rechteckplatte mit Trapezlast erläutert.

Beispiel 4.29: *Rechteckplatte mit Trapezlast*

Als Beispiel zur Lösung partieller Differentialgleichungen wird die Biegung einer rechteckförmigen, schubstarren Platte untersucht, die allseitig gelenkig gelagert ist. Ihre Differentialgleichung lautet:

$$\frac{\partial^4 w}{\partial x^4} + 2 \cdot \frac{\partial^4 w}{\partial x^2 \partial y^2} + \frac{\partial^4 w}{\partial y^4} = \frac{p(x,y)}{K}$$

Hierin bedeuten *w(x, y)* die Durchbiegung, *p(x, y)* die auf die Platte wirkende Flächenlast und *K* die Plattensteifigkeit (siehe Beispiel 4.10), Bild 4.21.

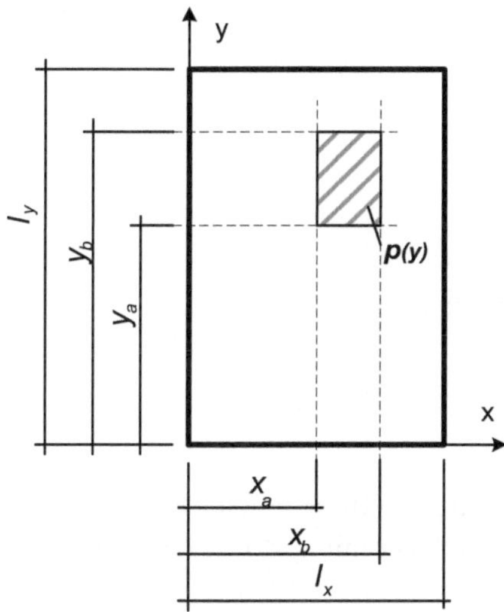

Bild 4.21: Allseitig gelenkig gelagerte Platte mit Flächenlast

Zur Lösung mit den Funktionen von Mathcad muss sie in zwei Poissonsche Differentialgleichungen zerlegt werden. Nach [4-11] ist dies mit den beiden Gleichungen

$$\frac{\partial^2 M}{\partial x^2} + \frac{\partial^2 M}{\partial y^2} = -p(x,y)$$

und

$$\frac{\partial^2 w}{\partial x^2} + \frac{\partial^2 w}{\partial y^2} = -\frac{M(x,y)}{K}$$

möglich. Der Ausdruck $M = (m_x + m_y)/(1+\mu)$ setzt sich aus den Plattenbiegemomenten m_x und m_y zusammen. Da die Platte allseitig gelenkig gelagert ist, gilt auf allen Rändern $M = 0$ (erste Differentialgleichung) und $w = 0$ (zweite Differentialgleichung). Bei allseitig gelenkig gelagerten Platten lassen sich somit auch die Randbedingungen entkoppeln.

Die Flächenlast wirkt im Bereich $x_a \le x \le x_b$ und $y_a \le y \le y_b$ und ist in y-Richtung linear veränderlich. Sie wird beschrieben durch die Funktion

$$LA(x,y,x_a,x_b,y_a,y_b,p_a,p_b) := \begin{cases} \left(p_a + \dfrac{p_b - p_a}{y_b - y_a}\cdot(y - y_a)\right) & \text{if } (y \ge y_a) \wedge (y \le y_b) \wedge (x \ge x_a) \wedge (x \le x_b) \\ 0 & \text{otherwise} \end{cases}$$

An den Stützstellen des Gitters erhält man die Werte der Flächenlast zu

$$p_{i,j} := LA\left(\frac{l_x}{n_p}\cdot i, \frac{l_y}{n_p}\cdot j, x_a, x_b, y_a, y_b, p_a, p_b\right)$$

Die Differentialgleichung und die Last werden nun in den Matrizen *A, B, C, D, E* und *S* durch Differenzenausdrücke dargestellt:

$$A_{i,j} := 1 \qquad B_{i,j} := 1 \qquad C_{i,j} := \frac{1}{\alpha^2} \qquad D_{i,j} := \frac{1}{\alpha^2} \qquad E_{i,j} := -2\cdot\left(1 + \frac{1}{\alpha^2}\right)$$

$$S := -p\cdot\left(\frac{l_x}{n_p}\right)^2 \qquad \alpha := \frac{l_y}{l_x}$$

Die Randbedingungen werden mit

$$U_{i,j} := 0$$

zu Null gesetzt.

Die Berechnung der diskretisierten Differentialgleichung erfolgt mit einem Relaxationsverfahren. Der Jakobische Spektralradius *r* mit $0 < r < 1$ wird gewählt zu

$$r := 1 - \frac{2\cdot\pi}{n_p}.$$

Nach der zweimaligen Anwendung von *relax* enthält die Matrix *W* die Durchbiegungen:

$$M := relax(A, B, C, D, E, S, U, r)$$

$$W := relax\left(A, B, C, D, E, \frac{-M}{K}\cdot\left(\frac{l_x}{n_p}\right)^2, U, r\right)$$

Differenzenausdrücke führen zu den Biegemomenten m_x, m_y und den Drillmomenten m_{xy}. Mit den Rasterweiten h_x und h_y in *x*- beziehungsweise *y*-Richtung erhält man:

$$m_{xj} := \frac{w_{i-1,j} - 2\cdot w_{i,j} + w_{i+1,j}}{hx^2} + \mu\cdot\frac{w_{i,j-1} - 2\cdot w_{i,j} + w_{i,j+1}}{hy^2}$$

$$m_{yj} := \frac{w_{i,j-1} - 2\cdot w_{i,j} + w_{i,j+1}}{hy^2} + \mu\cdot\frac{w_{i-1,j} - 2\cdot w_{i,j} + w_{i+1,j}}{hx^2}$$

$$m_{xyj} := \frac{1-\mu}{4 \cdot hx \cdot hy}\left[\left(w_{i-1,j+1} + w_{i+1,j-1}\right) - \left(w_{i-1,j-1} + w_{i+1,j+1}\right)\right]$$

Die damit ermittelten Momente sind beispielhaft in Bild 4.22 dargestellt.

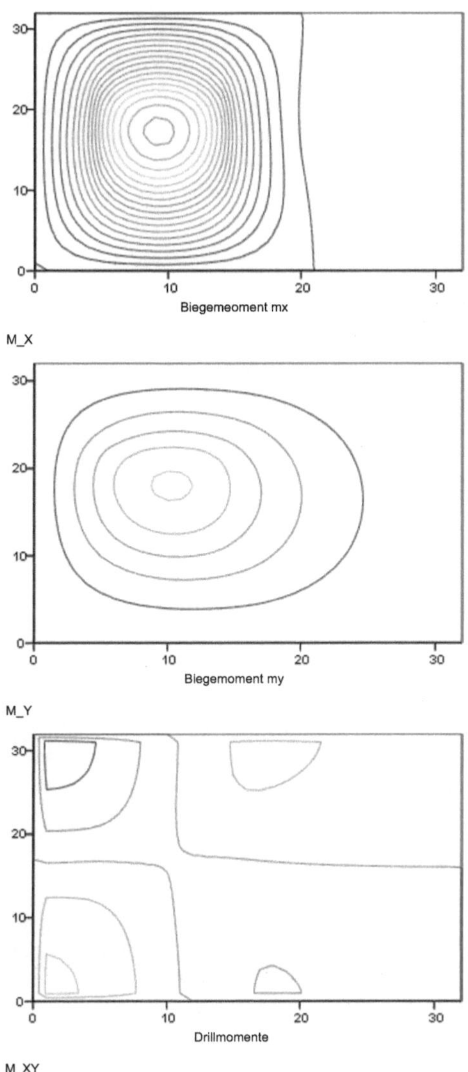

Bild 4.22: Mit dem Finite-Differenzen-Verfahren ermittelten Biege- und Drillmomente einer Platte.

Die Funktion *multigit()* führt i. A. schneller zum Ziel als die Funktion *relax()*. Sie kann aber nur für den Spezialfall genutzt werden, dass die unbekannte Funktion $u(x,y)$ an allen vier Seiten der Grenze den Wert Null annimmt.

Teil V: Anwendungen im Konstruktiven Ingenieurbau

1 Statik und Dynamik der Tragwerke

Horst Werkle, Günter Lumpe (Abschnitt 1.2.9 Schalen)

1.1 CA-Systeme in der Statik

Die Verbindung von Statik und Rechnen ist offensichtlich. Für Konrad Zuse, dem Erfinder des ersten funktionsfähigen Computers, war gar die Notwendigkeit zur Durchführung statischer Berechnungen der Anlass, sich mit der maschinellen Lösung numerischer Berechnungen zu befassen [5-1]. Heute stehen leistungsfähige Computerprogramme für fast alle in der Tragwerksplanung anzutreffenden Standardprobleme zur Verfügung. Diese Programme sind zwar für die tägliche Routinearbeit bestens geeignet, sie ermöglichen es aber nicht mehr die Berechnungsabläufe nachzuvollziehen und bei Bedarf zu ändern. Dies ist aber bei Arbeitsblättern von Computeralgebrasystemen der Fall.

Im Folgenden werden Mathcad-Arbeitsblätter aus dem Bereich der Statik vorgestellt. Sie enthalten sowohl die Darstellung statischer Berechnungsverfahren wie auch die Umsetzung von Formeln und analytischen Lösungen. Die Arbeitsblätter mit Berechnungsverfahren richten sich vor allem an Studierende des Bauingenieurwesens. Sie machen auch komplexe Verfahren wie beispielsweise die Finite-Element-Methode transparent und lassen sich auf andere Anwendungsfälle übertragen und erweitern. Die Arbeitsblätter mit Formeln der Statik sind für praktische Berechnungen in der Tragwerksplanung gedacht. Mit ihnen lassen sich leicht und auf eine transparente Weise die Schnittgrößen einfacher statischer Systeme ermitteln. Auch für Überschlagsberechnungen sind diese Arbeitsblätter gut geeignet. Selbstverständlich lassen sich die Arbeitsblätter nach Bedarf verändern und für Bemessungsaufgaben oder Nachweise des Stahlbeton-, Stahl- und Holzbaus ergänzen.

In den folgenden Abschnitten werden typische Aufgabenstellungen aus dem Bereich der linearen Statik, der linearen Schwingungen statischer Systeme und der nichtlinearen Statik behandelt. Im Wesentlichen handelt es sich hierbei, wie in der klassischen Statik üblich, um Stabwerke. Darüber hinaus werden aber auch Platten, Scheiben und Schalen betrachtet.

1.2 Lineare Statik

1.2.1 Übertragungsmatrizenverfahren

Zur Berechnung einfacher Einfeld- und Durchlaufträger gibt es eine Reihe statischer Verfahren. Eine systematische Vorgehensweise, die insbesondere für die Programmierung geeignet ist, stellt das Übertragungsmatrizenverfahren dar [5-2]. Es soll daher im Folgenden in einer für Mathcad geeigneten Form vorgestellt werden. Die Darstellung erfolgt unter Beschränkung auf den Einfeldträger, da hierbei das Wesentliche des Verfahrens erkennbar ist. Das System kann auch verschiedene Arten von Federn enthalten. Die Lagerbedingungen am linken und rechten Trägerrand sind beliebig. Als Einwirkungen sind beliebige Einzel- und Streckenlasten möglich, Bild 5.1.

Der Träger wird zur Berechnung in Abschnitte und Knotenpunkte unterteilt, wobei zwischen zwei Abschnitten jeweils ein Knotenpunkt liegt. Die Trägerabschnitte können durch trapezförmige Streckenlasten belastet werden, an den Knotenpunkten können Einzelkräfte und -momente wirken. Weiterhin sind an den Knotenpunkten auch Federn möglich.

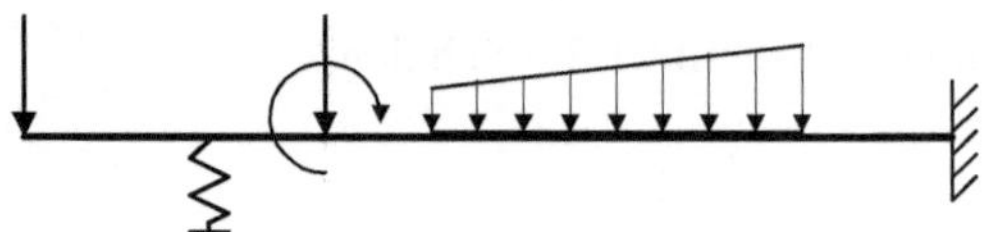

Bild 5.1: Berechnung eines Trägers nach dem Übertragungsmatrizenverfahren

Grundobjekte des Übertragungsmatrizenverfahrens sind die Zustandsvektoren. Ein Zustandsvektor

$$\underline{Z} = \begin{bmatrix} w \\ \varphi \\ M \\ Q \end{bmatrix}$$

fasst die statischen Größen

- Durchbiegung w
- Drehwinkel φ
- Moment M
- Querkraft Q

an den Abschnittsgrenzen zusammen. An jedem Abschnitt und jedem Knotenpunkt gibt es demnach zwei Zustandsvektoren, nämlich jeweils am linken und rechten Rand.

Der Rechenablauf des Übertragungsverfahrens beruht auf der „Übertragung“ des Zustandsvektors über den Träger. Man beginnt am linken Trägerrand und „überträgt“ den Zustandsvektor über die vorgegebene Abfolge von Abschnitten und Knotenpunkten bis zum rechten Rand. Hierzu benötigt man die Methoden, um einen Zustandsvektor über einen Abschnitt und einen Punkt zu übertragen. Diese sollen als Nächstes behandelt werden.

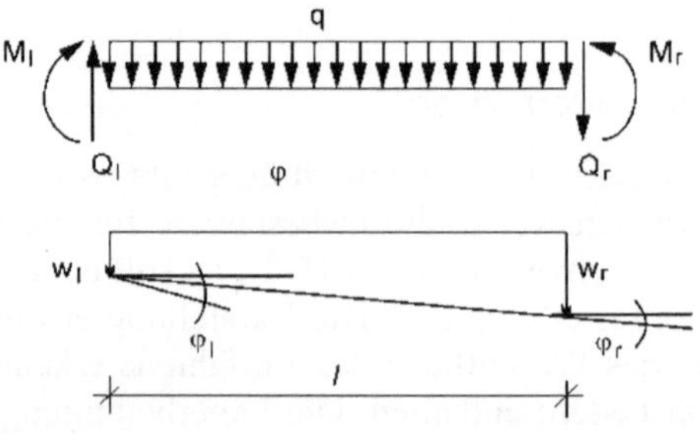

Bild 5.2: Trägerabschnitt

Die Beziehung zur Übertragung über einen Abschnitt ergibt sich aus der Differentialgleichung des Biegebalkens mit der Streckenlast *q(x)* und der konstanten Biegesteifigkeit *EI* zu:

$$E \cdot I \cdot w^{IV} - q = 0 \tag{5.1}$$

Als Randbedingungen setzt man die Elemente w_l, φ_l, M_l und Q_l des Zustandsvektors am linken Abschnittsrand ein. Die Elemente des Zustandsvektors am rechten Abschnittsrand erhält man aus der Lösung der Differentialgleichung zu:

$$\begin{bmatrix} w_r \\ \varphi_r \\ M_r \\ Q_r \end{bmatrix} = \begin{bmatrix} 1 & \ell & \dfrac{-\ell^2}{2 \cdot E \cdot I} & \dfrac{-\ell^3}{6 \cdot E \cdot I} \\ 0 & 1 & \dfrac{-\ell}{E \cdot I} & \dfrac{-\ell^2}{2 \cdot E \cdot I} \\ 0 & 0 & 1 & \ell \\ 0 & 0 & 0 & 1 \end{bmatrix} \cdot \begin{bmatrix} w_\ell \\ \varphi_\ell \\ M_\ell \\ Q_\ell \end{bmatrix} + \begin{bmatrix} \dfrac{q \cdot \ell^4}{24 \cdot E \cdot I} \\ \dfrac{q \cdot \ell^3}{6 \cdot E \cdot I} \\ -\dfrac{q \cdot \ell^2}{2} \\ -q \cdot \ell \end{bmatrix} \tag{5.2}$$

oder

$$\underline{Z}_r = \underline{A}_{Ab} \cdot \underline{Z}_l + \underline{L}_{Ab} \tag{5.2 a}$$

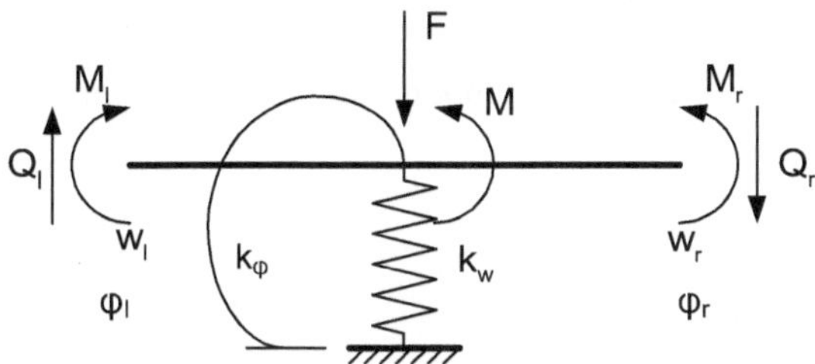

Bild 5.3: Knotenpunkt zwischen zwei Trägerabschnitten

Zur Übertragung über einen Knotenpunkt betrachtet man einen Punkt, an dem eine Verschiebungs- und eine Drehfeder angreifen und der durch eine Einzellast und ein Moment belastet ist, Bild 5.2. Die Federkonstante der Verschiebungsfeder wird mit k_w, diejenige der Drehfeder mit k_φ bezeichnet. Aus den Federgleichungen und den Gleichgewichtsbedingungen erhält man die Übertragungsbeziehung zu:

$$\begin{bmatrix} w_r \\ \varphi_r \\ M_r \\ Q_r \end{bmatrix} = \begin{bmatrix} 1 & 0 & 0 & 0 \\ 0 & 1 & 0 & 0 \\ 0 & -k_\varphi & 1 & 0 \\ k_w & 0 & 0 & 1 \end{bmatrix} \cdot \begin{bmatrix} w_\ell \\ \varphi_\ell \\ M_\ell \\ Q_\ell \end{bmatrix} + \begin{bmatrix} 0 \\ 0 \\ -M \\ -F \end{bmatrix} \tag{5.3}$$

oder

$$\underline{Z}_r = \underline{A}_{Pu} \cdot \underline{Z}_l + \underline{L}_{Pu} \tag{5.3 a}$$

Die beiden Beziehungen (5.2) und (5.3) stellen die beiden grundlegenden Methoden zur Übertragung des Zustandsvektors über einen Träger dar.

Die Übertragung beginnt mit dem Zustandsvektor am linken Trägerrand. Dieser ist aber, da es sich bei der Differentialgleichung (5.1) um ein Randwertproblem und nicht um ein Anfangswertproblem handelt, nicht vollständig bekannt. Vielmehr sind von den vier Elementen des Zustandsvektors sowohl am linken wie am rechten Trägerrand jeweils zwei Elemente bekannt und zwei unbekannt. Fasst man die unbekannten Größen zu einem Vektor zusammen, so kann der Zustandsvektor am Trägeranfang nach Tabelle 5-1 geschrieben werden:

$$\underline{Z}_A = \underline{U}_A \cdot \underline{X} \cdot \tag{5.4}$$

Allgemein hat der Zustandsvektor die Form:

$$\underline{Z} = \underline{U} \cdot \underline{X} + \underline{L} \tag{5.5}$$

Hierin bedeuten $\underline{U}$ die von den Unbekannten $\underline{X}$ abhängigen Terme des Zustandsvektors und $\underline{L}$ die zugehörigen Lastterme, die am Trägeranfang zunächst Null sind. Der Zustandsvektor wird nun in dieser Form über die Abschnitte und Punkte übertragen. Mit dem Zustandsvektor

$$\underline{Z}_l = \underline{U}_l \cdot \underline{X} + \underline{L}_l \tag{5.6}$$

am linken Rand und der Übertragungsvorschrift

$$\underline{Z}_r = \underline{A} \cdot \underline{Z}_l + \underline{L}_A \tag{5.7}$$

die beim Abschnitt (5.2 a) bzw. beim Knotenpunkt (5.3 a) entspricht, erhält man

$$\underline{Z}_r = \underline{A} \cdot \left(\underline{U}_l \cdot \underline{X} + \underline{L}_l\right) + \underline{L}_A$$

beziehungsweise

$$\underline{Z}_r = \left(\underline{A} \cdot \underline{U}_l\right) \cdot \underline{X} + \left(\underline{A} \cdot \underline{L} + \underline{L}_A\right)$$

oder

$$\underline{Z}_r = \underline{U}_r \cdot \underline{X} + \underline{L}_r \tag{5.8}$$

mit

$$\underline{U}_r = \underline{A} \cdot \underline{U}_l \qquad \text{und} \qquad \underline{L}_r = \underline{A} \cdot \underline{L} + \underline{L}_A \ . \tag{5.8 a, b}$$

Der mit Hilfe von Tabelle 5.1 aufgestellte Anfangsvektor wird mit den Gleichungen (5.8, 5.8 a, 5.8 b) über die einzelnen Abschnitte und Punkte des Trägers bis zu dessen rechtem Ende übertragen. Dabei sind die Zustandsvektoren am rechten Rand eines Abschnittes und am linken Rand des darauf folgenden Punktes jeweils gleich. Wirken an dem Punkt zwischen zwei Abschnitten keine Einzellasten bzw. -momente und sind keine Federn vorhanden, kann auch direkt zum nächsten Abschnitt übergegangen werden. Am Trägerende sind ähnlich wie am Trägeranfang wieder zwei Lagerbedingungen bekannt und zwei weitere unbekannt. Ähnlich wie am Trägeranfang lassen sich also die Lagerbedingungen am Trägerende schreiben:

$$\underline{Z}_E = \underline{U}_E \cdot \underline{Y} \cdot \tag{5.9}$$

wobei $\underline{Y}$ die Unbekannten am Trägerende bezeichnet und $\underline{U}_E$ mit Tabelle 5.1 bestimmt wird. Dieser Zustandsvektor ist gleich dem durch die Übertragung erhaltenen Zustandsvektor,

$\underline{Z} = \underline{U} \cdot \underline{X} + \underline{L}$,

so dass gilt:

$\underline{U} \cdot \underline{X} + \underline{L} = \underline{U}_E \cdot \underline{Y}$

Tabelle 5.1: Randvektoren am Trägeranfang und -ende

Einspannung	**Gelenkige Lagerung**	**Freier Rand**
$\underline{Z}=\begin{bmatrix}0 & 0\\ 0 & 0\\ 1 & 0\\ 0 & 1\end{bmatrix}\cdot\begin{bmatrix}M_a\\ Q_a\end{bmatrix}$	$\underline{Z}=\begin{bmatrix}0 & 0\\ 1 & 0\\ 0 & 0\\ 0 & 1\end{bmatrix}\cdot\begin{bmatrix}\varphi_a\\ Q_a\end{bmatrix}$	$\underline{Z}=\begin{bmatrix}1 & 0\\ 0 & 1\\ 0 & 0\\ 0 & 0\end{bmatrix}\cdot\begin{bmatrix}w_a\\ \varphi_a\end{bmatrix}$

oder

$$[\underline{U} \quad -\underline{U}_E]\cdot\begin{bmatrix}\underline{X}\\ \underline{Y}\end{bmatrix} = -\underline{L}\,. \qquad (5.10)$$

Aus der Lösung des 4 x 4-Gleichungssystems (5.10) erhält man die Unbekannten $\underline{X}$ und $\underline{Y}$ am Trägeranfang und am Trägerende.

Danach folgt ein zweiter Rechengang zur endgültigen Bestimmung der Zustandsvektoren an den Abschnittsgrenzen beziehungsweise Knotenpunkten. Hierzu werden die Größen des Zustandsvektors am Trägeranfang durch Einsetzen von $\underline{X}$ in (5.4) ermittelt und dieser Vektor durch fortlaufende Anwendung der Übertragungsbeziehungen (5.3) für Abschnitte und (5.4) für Punkte über den Träger übertragen. Auf diese Weise erhält man die Durchbiegung, den Biegewinkel, das Biegemoment und die Querkraft an allen betrachteten Stellen des Trägers.

Das Arbeitsblatt *„TV_1_01_Uebertragungsmatrizenverfahren.xmcd"* enthält Funktionen zur Berechnung von Trägern nach dem Übertragungsmatrizenverfahren. Sie haben zum Ziel eigene Beispiele leicht berechnen zu können.

Zur Übertragung über Abschnitte dienen die Funktionen für die Übertragungsmatrix und den Lastterm nach (5.2):

$$A(l,EI) := \begin{pmatrix} 1 & l & \frac{l^2}{2\cdot EI} & \frac{l^3}{6\cdot EI} \\ 0 & 1 & \frac{l}{EI} & \frac{l^2}{2\cdot EI} \\ 0 & 0 & 1 & l \\ 0 & 0 & 0 & 1 \end{pmatrix} \qquad L_q(q_l,q_r,l,EI) := \begin{bmatrix} \frac{(4\cdot q_l + q_r)\cdot l^4}{120\cdot EI} \\ \frac{(3\cdot q_l + q_r)\cdot l^3}{24\cdot EI} \\ \frac{-(2\cdot q_l + q_r)\cdot l^2}{6} \\ \frac{-(q_l + q_r)\cdot l}{2} \end{bmatrix}$$

Die entsprechenden Funktionen für die Übertragung über einen Punkt nach (5.3) sind:

$$P(k_w,k_\phi) := \begin{pmatrix} 1 & 0 & 0 & 0 \\ 0 & 1 & 0 & 0 \\ 0 & -k_\phi & 1 & 0 \\ k_w & 0 & 0 & 1 \end{pmatrix} \qquad P_F(F,M) := \begin{pmatrix} 0 \\ 0 \\ -M \\ -F \end{pmatrix}$$

Zum Aufstellen der Anfangsvektoren sind nach Tabelle 5.1 vorgesehen:

$$Z_{einspann} := \begin{pmatrix} 0 & 0 \\ 0 & 0 \\ 1 & 0 \\ 0 & 1 \end{pmatrix} \qquad Z_{gelenk} := \begin{pmatrix} 0 & 0 \\ 1 & 0 \\ 0 & 0 \\ 0 & 1 \end{pmatrix} \qquad Z_{frei} := \begin{pmatrix} 1 & 0 \\ 0 & 1 \\ 0 & 0 \\ 0 & 0 \end{pmatrix}$$

Die Übertragung kann mit Hilfe der in Mathcad vorgesehenen Matrizenmultiplikation oder auch durch die im Arbeitsblatt angebotenen Funktionen

Übertragung

Zustandsvektor $Z_r(M,Z_l) := M\cdot Z_l$

Lastvektor $L_r(M,L,L_l) := M\cdot L_l + L$

erfolgen.

Am Trägerende muss das Gleichungssystem (5.10) aus der Koeffizientenmatrix und den Lasttermen des Gleichungssystems aufgestellt und gelöst werden. Hierzu stehen die Funktionen

Lösung des Gleichungssystems

$$\text{UNBEK\_LI}(Z_{ende},Z,L) := \text{submatrix}\left[\text{erweitern}(Z,-Z_{ende})^{-1}\cdot(-L),1,2,1,1\right]$$

$$\text{UNBEK\_RE}(Z_{ende},Z,L) := \text{submatrix}\left[\text{erweitern}(Z,-Z_{ende})^{-1}\cdot(-L),3,4,1,1\right]$$

zur Verfügung. Die erste Funktion ermittelt die Unbekannten am Trägeranfang, die zweite Funktion diejenigen am Trägerende.

Im Folgenden wird die Durchführung des Übertragungsmatrizenverfahrens an einem einfachen Beispiel demonstriert (vgl. „*TV_1_01_Uebertragungsmatrizenverfahren.xmcd*“):

Beispiel

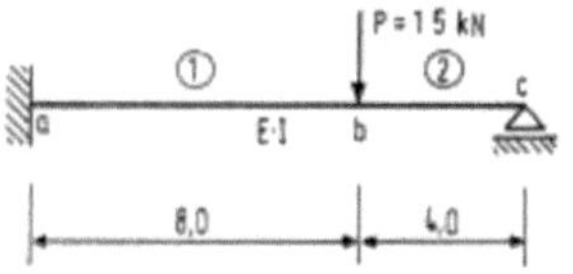

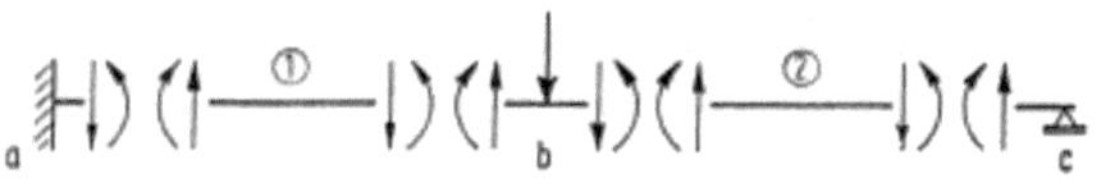

P = 15 kN ① ② a b c E·I 8,0 4,0

a ① b ② c

Erste Übertragung mit Unbekannten im Zustandsvektor

Anfangsvektor

$Z_a := Z_{einspann}$

$$Z_a = \begin{pmatrix} 0 & 0 \\ 0 & 0 \\ 1 & 0 \\ 0 & 1 \end{pmatrix}$$

Erster Abschnitt

$$A(8,1) = \begin{pmatrix} 1 & 8 & -32 & -85.333 \\ 0 & 1 & -8 & -32 \\ 0 & 0 & 1 & 8 \\ 0 & 0 & 0 & 1 \end{pmatrix}$$

$Z_{blinks} := Z_r(A(8.,1.),Z_a)$

$L_{blinks} := L_{null}$

$$Z_{blinks} = \begin{pmatrix} -32 & -85.333 \\ -8 & -32 \\ 1 & 8 \\ 0 & 1 \end{pmatrix} \qquad L_{blinks} = \begin{pmatrix} 0 \\ 0 \\ 0 \\ 0 \end{pmatrix}$$

Punkt

$Z_{brechts} := Z_{blinks}$

$L_{brechts} := L_{blinks} + P_F(15,0)$

$$Z_{brechts} = \begin{pmatrix} -32 & -85.333 \\ -8 & -32 \\ 1 & 8 \\ 0 & 1 \end{pmatrix} \qquad L_{brechts} = \begin{pmatrix} 0 \\ 0 \\ 0 \\ -15 \end{pmatrix}$$

Zweiter Abschnitt

$$A(4,1) = \begin{pmatrix} 1 & 4 & -8 & -10.667 \\ 0 & 1 & -4 & -8 \\ 0 & 0 & 1 & 4 \\ 0 & 0 & 0 & 1 \end{pmatrix}$$

$Z_c := Z_r(A(4,1),Z_{brechts})$

$L_c := L_r(A(4,1),L_{null},L_{brechts})$

$$Z_c = \begin{pmatrix} -72 & -288 \\ -12 & -72 \\ 1 & 12 \\ 0 & 1 \end{pmatrix} \qquad L_c = \begin{pmatrix} 160 \\ 120 \\ -60 \\ -15 \end{pmatrix}$$

Rechter Rand

$U := UNBEK\_LI(Z_{gelenk}, Z_C, L_C)$ $\quad U = \begin{pmatrix} -26.667 \\ 7.222 \end{pmatrix}$

$UNBEK\_RE(Z_{gelenk}, Z_C, L_C) = \begin{pmatrix} -80 \\ -7.778 \end{pmatrix}$

Zweite Übertragung mit bekanntem Zustandsvektor

Erster Abschnitt $\quad Z_a := Z_{einspann} \cdot U$ $\quad Z_a = \begin{pmatrix} 0 \\ 0 \\ -26.667 \\ 7.222 \end{pmatrix}$

Links von Punkt b $\quad Z_{blinks} := Z_r(A(8., 1.), Z_a)$ $\quad Z_{blinks} = \begin{pmatrix} 237.037 \\ -17.778 \\ 31.111 \\ 7.222 \end{pmatrix}$

Rechts von Punkt b $\quad Z_{brechts} := Z_{blinks} + P_F(15, 0)$ $\quad Z_{brechts} = \begin{pmatrix} 237.037 \\ -17.778 \\ 31.111 \\ -7.778 \end{pmatrix}$

Zweiter Abschnitt $\quad Z_C := Z_r(A(4, 1), Z_{brechts})$ $\quad Z_C = \begin{pmatrix} 8.066 \times 10^{-14} \\ -80 \\ 0 \\ -7.778 \end{pmatrix}$

Ein umfangreicheres Beispiel (*TV_1_02_Uebertragungsmatrizenverfahren_Bsp.xmcd*) mit grafischer Ausgabe der Biege-, Momenten- und Querkraftlinie befindet sich auf der beiliegenden CD-ROM.

Eine wesentliche Erweiterung der hier vorgestellten Theorie ist die Anwendung auf Durchlaufträger [5-2]. Darüber hinaus lassen sich auch Übertragungsmatrizen für gekrümmte Träger, für elastisch gebettete Träger sowie für Stäbe nach Theorie II-ter Ordnung formulieren. Die entsprechenden Matrizen finden sich beispielsweise in [5-3]. Damit wird der Anwendungsbereich des Übertragungsmatrizenverfahrens erheblich erweitert.

1.2.2 Finite-Element-Methode

Fast alle Berechnungen komplexer statischer Systeme werden heute mit der Finite-Element-Methode durchgeführt. Hierbei kann es sich um beliebige zwei- oder dreidimensionale Stabwerke, um Platten-, Scheiben- oder Schalentragwerke handeln. Grundlagenkenntnisse der Methode sind für eine sachkundige Anwendung von Finite-Element-Programmen unabdingbar. Da auch die Untersuchung einfacher Beispiele bereits den Computereinsatz erfordert, scheiden Berechnungen von Hand aus. Computeralgebrasysteme sind für eine Beschäftigung mit den Grundlagen der Methode bestens geeignet, da hiermit der Berechnungsvorgang transparent gemacht werden kann. Dies ist sonst nur mit einer Programmierung in einer höheren Programmiersprache möglich.

Grundlage der Finite-Element-Methode ist das Verschiebungsgrößenverfahren der Statik. Als Unbekannte werden die Verschiebungen und Verdrehungen der Knotenpunkte eines statischen Systems eingeführt. Anstelle von Verschiebungen und Verdrehungen spricht man auch von Freiheitsgraden. Die Arten der Freiheitsgrade hängen vom statischen System und den verwendeten Finiten Elementen ab. Ein Biegebalkenelement für ebene Systeme besitzt etwa an jedem Knotenpunkt zwei Verschiebungs- und einen Verdrehungsfreiheitsgrad.

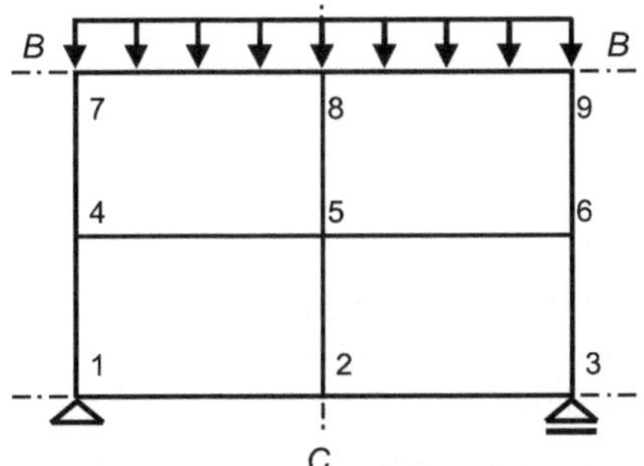

Bild 5.4: Finite-Element-Modell einer Scheibe

Im Folgenden wird ein einfaches Scheibentragwerk untersucht, Bild 5.4. Die rechteckförmige Scheibe wird in vier Finite Elemente diskretisiert. Diese Modellierung wird hier für Studienzwecke gewählt, für praktische Berechnungen ist diese Einteilung zu grob. Das Modell besitzt je Knotenpunkt zwei Freiheitsgrade, nämlich die Verschiebungen in x- und y-Richtung. Drei Freiheitsgrade am unteren Rand sind infolge der beiden Auflager festgehalten. Bezeichnet man mit u_i die x-Verschiebung und mit v_i die y-Verschiebung des Knotenpunkts i, ergibt sich folgendes Gleichungssystem:

$$\begin{bmatrix} a_{1,1} & a_{1,2} & a_{1,3} & \cdot & \cdot & & & & & & & & \cdot & \cdot & a_{1,15} \\ a_{2,1} & a_{2,2} & a_{2,3} & \cdot & & & & & & & & & & & \cdot \\ a_{3,1} & a_{3,2} & \cdot & \cdot & & & & & & & & & & & \cdot \\ \cdot & \cdot & \cdot & \cdot & & & & & & & & & & & \\ \cdot & \cdot & & & \cdot & & & & & & & & & & \\ & & & & & \cdot & & & & & & & & & \\ & & & & & & \cdot & & & & & & & & \\ & & & & & & & \cdot & & & & & & & \\ & & & & & & & & \cdot & & & & & & \\ & & & & & & & & & \cdot & & & & & \\ & & & & & & & & & & \cdot & & & & \\ & & & & & & & & & & & \cdot & & & \\ \cdot & & & & & & & & & & & & \cdot & & \cdot \\ \cdot & & & & & & & & & & & & & \cdot & \cdot \\ a_{15,1} & \cdot & \cdot & & & & & & & & & & \cdot & \cdot & a_{15,15} \end{bmatrix} \cdot \begin{bmatrix} u_2 \\ v_2 \\ u_3 \\ u_4 \\ v_4 \\ u_5 \\ v_5 \\ u_6 \\ v_6 \\ u_7 \\ v_7 \\ u_8 \\ v_8 \\ u_9 \\ v_9 \end{bmatrix} = \begin{bmatrix} F_{x2} \\ F_{y2} \\ F_{x3} \\ F_{x4} \\ F_{y4} \\ F_{x5} \\ F_{y5} \\ F_{x6} \\ F_{y6} \\ F_{x7} \\ F_{y7} \\ F_{x8} \\ F_{y8} \\ F_{x9} \\ F_{y9} \end{bmatrix} \tag{5.11}$$

oder

$$\underline{K} \cdot \underline{u} = \underline{F} \tag{5.11 a}$$

Die Kräfte F_{xi} und F_{yi} bezeichnen die entsprechenden Knotenlasten, die Koeffizientenmatrix ist die Systemsteifigkeitsmatrix. Die Verschiebungen u_1, v_1 und v_2 der festgehaltenen Freiheitsgrade sind gleich Null und treten daher im Gleichungssystem nicht auf.

Grundlage der Bildung der Systemsteifigkeitsmatrix sind die Steifigkeitsmatrizen der einzelnen Elemente. Im Beispiel sind vier Elemente vorhanden. Es wird ein einfaches Rechteck-Scheibenelement mit bilinearen Verschiebungsansätzen verwendet, Bild 5.5. Für dessen Elementsteifigkeitsmatrix $\underline{K}^{(e)}$ gilt:

$$\underline{K}^{(e)}\, \underline{u}_e = \underline{F}_e \tag{5.12}$$

oder

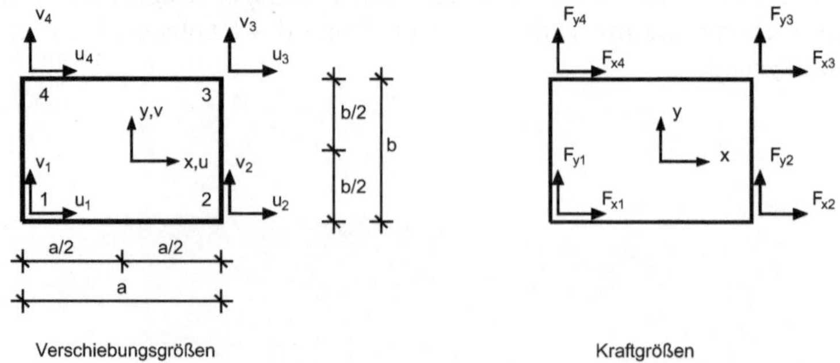

Bild 5.5: Finites Scheibenelement

$$\frac{E \cdot t}{12(1-\mu^2)} \begin{bmatrix} k_{11} & k_{12} & k_{13} & k_{14} & k_{15} & k_{16} & k_{17} & k_{18} \\ k_{21} & k_{22} & k_{23} & k_{24} & k_{25} & k_{26} & k_{27} & k_{28} \\ k_{31} & k_{32} & k_{33} & k_{34} & k_{35} & k_{36} & k_{37} & k_{38} \\ k_{41} & k_{42} & k_{43} & k_{44} & k_{45} & k_{46} & k_{47} & k_{48} \\ k_{51} & k_{52} & k_{53} & k_{54} & k_{55} & k_{56} & k_{57} & k_{58} \\ k_{61} & k_{62} & k_{63} & k_{64} & k_{65} & k_{66} & k_{67} & k_{68} \\ k_{71} & k_{72} & k_{73} & k_{74} & k_{75} & k_{76} & k_{77} & k_{78} \\ k_{81} & k_{82} & k_{83} & k_{84} & k_{85} & k_{86} & k_{87} & k_{88} \end{bmatrix} \cdot \begin{bmatrix} u_1 \\ v_1 \\ u_2 \\ v_2 \\ u_3 \\ v_3 \\ u_4 \\ v_4 \end{bmatrix} = \begin{bmatrix} F_{x1} \\ F_{y1} \\ F_{x2} \\ F_{y2} \\ F_{x3} \\ F_{y3} \\ F_{x4} \\ F_{y4} \end{bmatrix} \tag{5.13}$$

mit

$k_{11} = k_{33} = k_{55} = k_{77} \quad = 4\, b/a + 2(1-\mu)\, a/b$

$k_{22} = k_{44} = k_{66} = k_{88} \quad = 4\, a/b + 2(1-\mu)\, b/a$

$k_{12} = k_{47} = k_{38} = k_{56} \quad = 3/2\,(1+\mu)$

$k_{13} = k_{57} \quad = -4\, b/a + (1-\mu)\, a/b$

$k_{14} = k_{27} = k_{58} = k_{36} \quad = -3/2\,(1-3\mu)$

$k_{15} = k_{37} \quad = -2\, b/a - (1-\mu)\, a/b$

$k_{16} = k_{25} = k_{78} = k_{34} \quad = -3/2\,(1+\mu)$

$k_{17} = k_{35} \quad = 2\, b/a - 2(1-\mu)\, a/b$

$k_{18} = k_{23} = k_{67} = k_{45} \quad = 3/2\,(1-3\mu)$

$k_{24} = k_{68} \quad = 2\, a/b - 2(1-\mu)\, b/a$

$k_{26} = k_{48} \quad = -2\, a/b - (1-\mu)\, b/a$

$k_{28} = k_{46} \quad = -4\, a/b + (1-\mu)\, b/a.$

Hierin bedeuten a, b, die Elementabmessungen, t die Elementdicke, E der Elastizitätsmodul und μ die Querdehnzahl.

Im vorliegenden Fall sind die Elementsteifigkeitsmatrizen für alle vier Elemente gleich, da alle Elemente dieselben Abmessungen und dieselbe Steifigkeit besitzen.

Die Elementmatrizen werden nun auf die Systemsteifigkeitsmatrix addiert. Hierbei werden die Matrizenterme, die den Elementfreiheitsgraden des Rechteckelements nach Bild 5.5 entsprechen, an die Stellen der entsprechenden Freiheitsgrade des Gesamtsystems addiert. Es ergibt sich die weiter unten angegebene Berechnungsvorschrift.

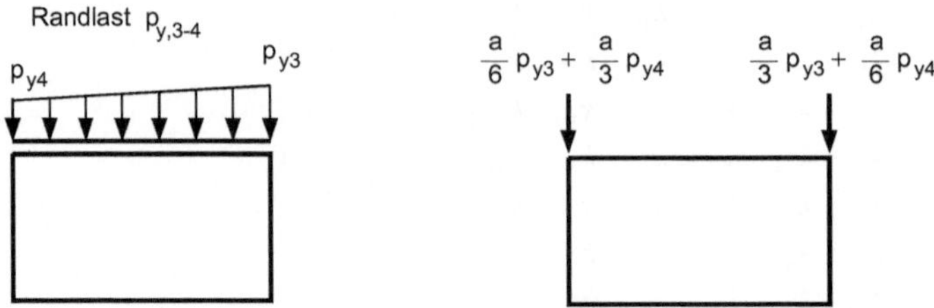

Bild 5.6: Elementlasten bei einem finiten Scheibenelement

Die auf die Elemente wirkenden Lasten werden zunächst nach Bild 5.6 zu Knotenlasten zusammengefasst und dann in den entsprechenden Freiheitsgraden auf den Systemlastvektor $\underline{F}$ aufaddiert.

Damit stehen sowohl die Koeffizientenmatrix wie auch die rechte Seite des Gleichungssystems (5.11) zur Verfügung. Der nächste Rechenschritt ist die Lösung des Gleichungssystems. Man erhält als Ergebnis die Verschiebungen der Knotenpunkte.

Die Elementspannungen werden mit Hilfe der Knotenverschiebungen bestimmt. Man ermittelt zunächst die Verzerrungen an der Stelle *x, y* (Bild 5.5):

$$\begin{bmatrix}\varepsilon_x\\ \varepsilon_y\\ \gamma_{xy}\end{bmatrix}=\frac{1}{2ab}\begin{bmatrix}2y-b & 0 & -2y+b & 0 & 2y+b & 0 & -2y-b & 0\\ 0 & 2x-a & 0 & -2x-a & 0 & 2x+a & 0 & -2x+a\\ 2x-a & 2y-b & -2x-a & -2y+b & 2x+a & 2y+b & -2x+a & -2y-b\end{bmatrix}\cdot\begin{bmatrix}u_1\\ v_1\\ u_2\\ v_2\\ u_3\\ v_3\\ u_4\\ v_4\end{bmatrix} \tag{5.14}$$

und damit die Spannungen im ebenen Spannungszustand

$$\begin{bmatrix}\sigma_x\\ \sigma_y\\ \tau_{xy}\end{bmatrix}=\frac{E}{1-\mu^2}\begin{bmatrix}1 & \mu & 0\\ \mu & 1 & 0\\ 0 & 0 & \frac{1-\mu}{2}\end{bmatrix}\cdot\begin{bmatrix}\varepsilon_x\\ \varepsilon_y\\ \gamma_{xy}\end{bmatrix}. \tag{5.14a}$$

Im Mathcad-Arbeitsblatt *„TV_1_03_FEM_Scheibe.xmcd“* können die einzelnen Schritte leicht nachvollzogen werden. Es veranschaulicht die Berechnung einer einfeldrigen Wandscheibe mit der Finite-Element-Methode.

Zunächst wird das Finite-Element-Netz anhand der vorgegebenen Werte zur Netzeinteilung generiert. Hierzu werden die Felder *Knoten* mit den Knotenpunktkoordinaten und *Top* mit der Elementtopologie erzeugt. *Knoten* enthält in den ersten beiden Zeilen die Koordinaten in *x*- und *y*-Richtung und in der dritten Zeile die Knotenpunktnummer. Die Zeilen von *Top* beschreiben elementweise die Zuordnung der Elemente zu den Knoten. Beispielsweise gibt

$$\text{Top} = \begin{pmatrix} 1 & 2 & 6 & 5 \\ 2 & 3 & 7 & 6 \\ 3 & 4 & 8 & 7 \end{pmatrix}$$

an, dass Element 1 mit den Knoten 1, 2, 6 und 5 verbunden ist.

Anschließend werden die Materialarten im Feld *material* eingegeben. Die erste Spalte enthält die Materialnummer, die zweite Spalte den Elastizitätsmodul, die dritte Spalte die Elementdicke und die letzte Spalte beschreibt die Querdehnzahl. Die Materialwerte werden durch das Feld *matnr* den Elementen zugeordnet. Dies kann entweder durch das Generieren von *matnr* mit Hilfe der Funktion *Nel(i,j)* erfolgen oder durch direkte Eingabe des einspaltigen Feldes *matnr* :

$N_{ei}(i,j) := 1$ $\qquad$ $\text{matnr} := \text{matrix}(n_{el}, 1, N_{ei})$

$$\text{matnr}^T = (1\ 1\ 1\ 1\ 1\ 1\ 1\ 1\ 1\ 1\ 1\ 1\ 1\ 1\ 1)$$

Die Auflagerbedingungen werden mit dem dreispaltigen Feld *Fest* beschrieben. Die erste Spalte gibt die Knotennummer an, die zweite Spalte die Kennung für die Festhaltung in x-Richtung, die dritte Spalte entsprechend für die y-Richtung. Hierbei entspricht 1 der Festhaltung und 0 dem Freilassen des Freiheitsgrades. Die Knotennummern müssen in aufsteigender Reihenfolge eingegeben werden.

Es folgt die Eingabe der Lasten. Im Arbeitsblatt *„TV_1_03_FEM_Scheibe.xmcd“* werden die Knotenlasten für eine Linienlast w am oberen Rand der Scheibe generiert. Die Knotenlasten befinden sich im Feld *Lasten*, dessen erste Spalte die Knotennummer, dessen zweite Spalte die Last in x-Richtung und dessen dritte Spalte die Last in y-Richtung enthält.

Im ersten Berechnungsschritt werden die Elementsteifigkeitsmatrizen ermittelt. Die Funktion K_{quad} zur Ermittlung der Elementsteifigkeitsmatrix des rechteckförmigen Scheibenelements nach (5.13) befindet sich ebenfalls auf dem Arbeitsblatt. Es ist:

$$K_{el}(iel) := K_{quad}(a(iel), b(iel), t(iel), Em(iel), mue(iel))$$

Eingabewerte in die Funktion sind die Elementabmessungen a und b nach Bild 5.5, die Dicke t, der Elastizitätsmodul *Em* und die Querdehnzahl *mue*, die hier für das Element mit der Nummer *iel* eingesetzt werden.

Die Elementsteifigkeitsmatrizen werden nun zur Systemsteifigkeitsmatrix K_{sys} addiert. Grundlage hierzu ist das Feld *Top*, das die Elementtopologie beschreibt. Mit Hilfe der Mathcad-Programmierung erhält man:

```
K sys:= | K ← matrix(nfk·n kn, nfk·n kn, N Null)
        | for iee ∈ 1 .. n el
        |   for izei ∈ 1 .. 4
        |     | frz ← Top iee,izei ·nfk − 1
        |     | for ispa ∈ 1 .. 4
        |     |   | frs ← Top iee,ispa ·nfk − 1
        |     |   | K frz,frs ← K frz,frs + K el(iee) izei·2−1, ispa·2−1
        |     |   | K frz+1,frs ← K frz+1,frs + K el(iee) izei·2, ispa·2−1
        |     |   | K frz,frs+1 ← K frz,frs+1 + K el(iee) izei·2−1, ispa·2
        |     |   | K frz+1,frs+1 ← K frz+1,frs+1 + K el(iee) izei·2, ispa·2
        | K
```

Hierin bedeutet *nfk* die Anzahl der Freiheitsgrade pro Knoten, die hier gleich 2 ist, und n_{kn} die Anzahl der Knotenpunkte. In ähnlicher Weise wird aus dem Feld *Lasten* der Systemlastvektor erstellt:

```
Last sys:= | L ← matrix(nfk·n kn, 1, N Null)
           | for ila ∈ 1 .. zeilen(Lasten)
           |   | frg ← Lasten ila,1 ·2 − 1
           |   | L frg ← L frg + Lasten ila,2
           |   | L frg+1 ← L frg+1 + Lasten ila,3
           | L
```

Im nächsten Berechnungsschritt werden die Lagerbedingungen berücksichtigt. Alle Zeilen und Spalten, die einem festgehaltenen Freiheitsgrad entsprechen, werden nun aus der Systemsteifigkeitsmatrix eliminiert. Hierzu wird das Feld *Fest*, das die Festhaltung der Knotenpunkte beschreibt, verwendet. Man erhält:

```
K sys_f:= | nz ← zeilen (Fest)
          | K sys ← K sys
          | for ife ∈ 1 .. nz
          |   | ifes ← nz − ife + 1
          |   | frg_x ← wenn[Fest_(ifes,2), (Fest_(ifes,1)·2 − 1), 0]
          |   | frg_y ← wenn[Fest_(ifes,3), (Fest_(ifes,1)·2), 0]
          |   | K sys ← Loesche_Zeile (K sys, frg_y) if frg_y ≠ 0
          |   | K sys ← Loesche_Zeile (K sys, frg_x) if frg_x ≠ 0
          | for ife ∈ 1 .. nz
          |   | ifes ← nz − ife + 1
          |   | frg_x ← wenn[Fest_(ifes,2), (Fest_(ifes,1)·2 − 1), 0]
          |   | frg_y ← wenn[Fest_(ifes,3), (Fest_(ifes,1)·2), 0]
          |   | K sys ← Loesche_Spalte (K sys, frg_y) if frg_y ≠ 0
          |   | K sys ← Loesche_Spalte (K sys, frg_x) if frg_x ≠ 0
          | K sys
```

In ähnlicher Weise werden auch die entsprechenden Zeilen des Systemlastvektors eliminiert. Man erhält damit die Systemsteifigkeitsmatrix K_{sys_f} und den Lastvektor F_{sys_f}, bei denen die Lagerbedingungen berücksichtigt sind.

Zur Lösung der Systemgleichungen wird die in Mathcad implementierte Funktion *llösen* genutzt:

```
u sys_f := llösen (K sys_f, Last sys_f)
```

Danach wird der Vektor der Knotenverschiebungen u_{sys_f} so erweitert, dass er wieder alle Freiheitsgrade des Systems enthält. Dazu werden für die festgehaltenen Freiheitsgrade die Verschiebungen mit Null eingeführt und man erhält den Vektor u_{sys} der Knotenverschiebungen. Die Knotenverschiebungen können nun angezeigt und grafisch dargestellt werden, Bild 5.7.

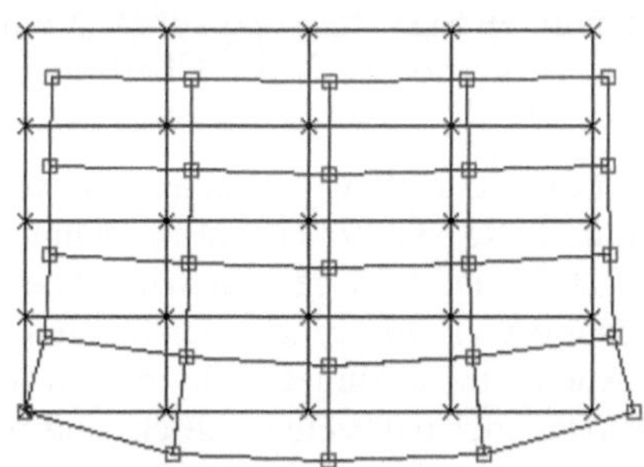

Bild 5.7: Verformtes Finite-Element-Modell

Auf der Grundlage der Knotenverschiebungen werden nun mit (5.14) und (5.14a) die Elementspannungen ermittelt. Sie können an jeder Stelle *x, y* des Elements nach Bild 5.5 berechnet werden. Im Arbeitsblatt werden die Spannungen für die Elementmitte und an den vier Eckpunkten bestimmt.

1.2.3 Einfeldträger

Als Einfeldträger sollen Stäbe nach Theorie I-ter Ordnung verstanden werden, die an beiden Stabenden gelagert sind. Die Belastung kann beliebig sein. Ihre Schnitt- und Verformungsgrößen ergeben sich aus der Lösung der Differentialgleichung des Biegebalkens

$$E \cdot I \cdot w^{IV} - q = 0 \tag{5.15}$$

in der $w(x)$ die Durchbiegung, EI die Biegesteifigkeit und $q(x)$ die Streckenlast bezeichnen. Weiterhin sind vier Randbedingungen am Trägeranfang und Trägerende zu berücksichtigen, die sich aus den Lagerbedingungen ergeben. Bei Sprüngen in der Belastung oder der Biegesteifigkeit ist die Integration abschnittsweise unter Beachtung der Übergangsbedingungen durchzuführen.

Die Differentialgleichung des Biegebalkens lässt sich auf unterschiedliche Weise lösen. Im Wesentlichen handelt es sich um folgende Verfahren:

- analytische Lösung
- direkte numerische Integration
- Lösung mit computerorientierten Verfahren
  - Übertragungsmatrizenverfahren
  - Finite-Element-Methode
- Lösung mit klassischen Verfahren der Handrechnung
  - Statisch bestimmte Systeme: Gleichgewichtsmethode
  - Statisch unbestimmte Verfahren: Kraftgrößenverfahren, Cross u. a.

In einfachen Fällen lässt sich (5.15) geschlossen analytisch lösen, um die Schnittgrößen und die Biegelinie zu bestimmen. Die Schnittgrößen können bei statisch bestimmten Systemen natürlich auch durch einfache Gleichgewichtsbetrachtungen ermittelt werden. Bei komplizierten Belastungen, statisch unbestimmten Systemen und zur Bestimmung der Biegelinie kommen neben der direkten numerischen Integration auch das Übertragungsmatrizenverfahren und die Finite-Element-Methode in Betracht.

Computeralgebrasysteme lassen sich bei allen Lösungen sinnvoll einsetzen. Die Herleitung analytischer Lösungen wird durch die symbolischen Berechnungsmöglichkeiten wesentlich erleichtert, wie dies in Teil IV, Beispiel 4.26 gezeigt wird. Die in Mathcad implementierten Verfahren zur numerischen Lösung von Differentialgleichungen lassen sich ebenfalls gut auf den Biegebalken anwenden. Auch hierzu findet sich in Teil IV ein Beispiel. Die Finite-Element-Methode und das Übertragungsmatrizenverfahren sind reine Computermethoden, die eine Programmierung erfordern. Sie wurden in den beiden vorangegangenen Abschnitten erläutert.

In diesem Abschnitt werden Arbeitsblätter mit Momenten- und Biegelinienfunktionen für Einfeldträger unter trapezförmiger Belastung und Einzellasten entwickelt. Es werden die drei Lagerungsbedingungen gelenkig-gelenkig, gelenkig-eingespannt und eingespannt-eingespannt berücksichtigt, Bild 5.8.

Für den beidseitig gelenkig gelagerten Träger erhält man nach [5-5] folgende Funktionen für die Biegemomente und die Durchbiegung:

Trapezlast

$$M_{Trap\_gg}(x,q_i,q_k) := \frac{\left[\left(\frac{l-x}{l}\right)-\left(\frac{l-x}{l}\right)^3\right]\cdot q_i + \left[\left(\frac{x}{l}\right)-\left(\frac{x}{l}\right)^3\right]\cdot q_k}{6}\cdot l^2$$

$$w_{Trap\_gg}(x,q_i,q_k) := \left[\left[\left(\frac{l-x}{l}\right)-\left(\frac{l-x}{l}\right)^3\right]\cdot\left[7-3\cdot\left(\frac{l-x}{l}\right)^2\right]\cdot q_i \; ... \atop + \left[\left(\frac{x}{l}\right)-\left(\frac{x}{l}\right)^3\right]\cdot\left[7-3\cdot\left(\frac{x}{l}\right)^2\right]\cdot q_k\right]\cdot\frac{l^4}{360\cdot E\cdot I}$$

Einzellast

$$M_{F\_gg}(x,F,a) := \begin{cases} \left(\frac{x}{l}\cdot\frac{l-a}{l}\cdot F\cdot l\right) & \text{if } \frac{x}{l}\le\frac{a}{l} \\ \left[\left(\frac{l-x}{l}\right)\cdot\frac{a}{l}\cdot F\cdot l\right] & \text{otherwise} \end{cases}$$

$$w_{F\_gg}(x,F,a) := \begin{cases} \left[1-\left(\frac{l-a}{l}\right)^2-\left(\frac{x}{l}\right)^2\right]\cdot\frac{l-a}{l}\cdot\left(\frac{x}{l}\right)\cdot\frac{F\cdot l^3}{6\cdot E\cdot I} & \text{if } \frac{x}{l}\le\frac{a}{l} \\ \left[1-\left(\frac{a}{l}\right)^2-\left(\frac{l-x}{l}\right)^2\right]\cdot\frac{a}{l}\cdot\left(\frac{l-x}{l}\right)\cdot\frac{F\cdot l^3}{6\cdot E\cdot I} & \text{otherwise} \end{cases}$$

Für diese Lagerungsart wird außerdem der Lastfall zweier an den beiden Lagern eingeprägter Momente untersucht. Man erhält:

Einzelmomente bei i und k

$$M_{M\_gg}(x,M_i,M_k) := M_i\cdot\left(\frac{l-x}{l}\right)+M_k\cdot\frac{x}{l}$$

$$w_{M\_gg}(x,M_i,M_k) := \frac{l^2}{6\cdot E\cdot I}\cdot\left[M_i\cdot\left[\frac{l-x}{l}-\left(\frac{l-x}{l}\right)^3\right]+M_k\cdot\left[\frac{x}{l}-\left(\frac{x}{l}\right)^3\right]\right]$$

Die Momenten- und Biegelinien für die übrigen Lagerungsbedingungen lassen sich aus denjenigen des beidseitig gelenkig gelagerten Trägers herleiten. Hierzu werden zunächst die Einspannmomente für die betrachtete Lagerungsart bestimmt. Sie werden als eingeprägte Momente auf den beidseitig gelenkig gelagerten Träger aufgebracht. Die so erhaltenen Funktionen werden mit den Funktionen aus der Belastung überlagert.

Für den einseitig eingespannten und auf der anderen Seite gelenkig gelagerten Träger erhält man:

Trapezlast

$$M_{Trap\_ge}(x,q_i,q_k) := \left| \begin{array}{l} M_E \leftarrow \dfrac{-(7\cdot q_i + 8\cdot q_k)}{120}\cdot l^2 \\ M_{Trap\_gg}(x,q_i,q_k) + M_{M\_gg}(x, 0\cdot kN\cdot m, M_E) \end{array} \right.$$

$$w_{Trap\_ge}(x,q_i,q_k) := \left| \begin{array}{l} M_E \leftarrow \dfrac{-(7\cdot q_i + 8\cdot q_k)}{120}\cdot l^2 \\ w_{Trap\_gg}(x,q_i,q_k) + w_{M\_gg}(x, 0\cdot kN\cdot m, M_E) \end{array} \right.$$

Einzellast

$$M_{F\_ge}(x,F,a) := \left| \begin{array}{l} M_E \leftarrow \dfrac{-\left[1 - \left(\dfrac{a}{l}\right)^2\right]}{2}\cdot a\cdot F \\ M_{F\_gg}(x,F,a) + M_{M\_gg}(x, 0\cdot kN\cdot m, M_E) \end{array} \right.$$

$$w_{F\_ge}(x,F,a) := \left| \begin{array}{l} M_E \leftarrow \dfrac{-\left[1 - \left(\dfrac{a}{l}\right)^2\right]}{2}\cdot a\cdot F \\ w_{F\_gg}(x,F,a) + w_{M\_gg}(x, 0\cdot kN\cdot m, M_E) \end{array} \right.$$

Entsprechend ergibt sich beim beidseitig eingespannten Träger:

Trapezlast

$$M_{Trap\_ee}(x,q_i,q_k) := \left| \begin{array}{l} M_{Ei} \leftarrow \dfrac{-(1.5\cdot q_i + q_k)}{30}\cdot l^2 \\ M_{Ek} \leftarrow \dfrac{-(q_i + 1.5\cdot q_k)}{30}\cdot l^2 \\ M_{Trap\_gg}(x,q_i,q_k) + M_{M\_gg}(x, M_{Ei}, M_{Ek}) \end{array} \right.$$

$$w_{Trap\_ee}(x,q_i,q_k) := \left| \begin{array}{l} M_{Ei} \leftarrow \dfrac{-(1.5\cdot q_i + q_k)}{30}\cdot l^2 \\ M_{Ek} \leftarrow \dfrac{-(q_i + 1.5\cdot q_k)}{30}\cdot l^2 \\ w_{Trap\_gg}(x,q_i,q_k) + w_{M\_gg}(x, M_{Ei}, M_{Ek}) \end{array} \right.$$

Einzellast

$$M_{F\_ee}(x,F,a) := \left| \begin{array}{l} M_{Ei} \leftarrow \frac{-a}{l} \cdot \left(\frac{l-a}{l} \right)^2 \cdot F \cdot l \\ M_{Ek} \leftarrow \frac{-(l-a)}{l} \cdot \left(\frac{a}{l} \right)^2 \cdot F \cdot l \\ M_{F\_gg}(x,F,a) + M_{M\_gg}(x, M_{Ei}, M_{Ek}) \end{array} \right.$$

$$w_{F\_ee}(x,F,a) := \left| \begin{array}{l} M_{Ei} \leftarrow \frac{-a}{l} \cdot \left(\frac{l-a}{l} \right)^2 \cdot F \cdot l \\ M_{Ek} \leftarrow \frac{-(l-a)}{l} \cdot \left(\frac{a}{l} \right)^2 \cdot F \cdot l \\ w_{F\_gg}(x,F,a) + w_{M\_gg}(x, M_{Ei}, M_{Ek}) \end{array} \right.$$

Insgesamt stehen im Arbeitsblatt *„TV_1_04_Einfeldträger.xmcd“* die in Tabelle 5.2 angegebenen Momentenfunktionen und die entsprechenden Funktionen für die Durchbiegungen zur Verfügung.

Tabelle 5.2: Funktionen für die Biegemomente von Einfeldträgern

	gelenkig-gelenkig	gelenkig-eingespannt	eingespannt-eingespannt
Trapezlast	$M_{Trap\_gg}(x, q_i, q_k)$	$M_{Trap\_ge}(x, q_i, q_k)$	$M_{Trap\_ee}(x, q_i, q_k)$
Einzellast	$M_{F\_gg}(x, F, a)$	$M_{F\_ge}(x, F, a)$	$M_{F\_ee}(x, F, a)$

Die genannten Funktionen lassen sich unmittelbar für die entsprechenden Eingabeparameter auswerten. So erhält man beispielsweise das Moment und die Durchbiegung in Trägermitte für einen mit einer Einzellast belasteten, gelenkig gelagerten Träger zu:

$P := 20 \cdot kN$ $\quad a := 2m$ $\quad l := 6m$ $\quad E := 210000 \frac{N}{mm^2}$ $\quad I := 18000\,cm^4$

gelenkig - gelenkig

$M_{F\_gg}\left(\frac{l}{2}, P, a\right) = 20\,kN \cdot m$ $\qquad w_{F\_gg}\left(\frac{l}{2}, P, a\right) = 2.03\,mm$

Die Funktionen ermöglichen aber auch eine grafische Darstellung der Momenten- und Biegelinien. Mit den Bereichsdefinitionen für die Abszisse *xx* und für die Variable *i* sowie der Auswertung der Momentenfunktion an den zugehörigen Stützstellen lassen sich die erforderlichen Vektoren bereitstellen:

$xx := 0, \frac{l}{100} .. l$ $\qquad i := 0, 1 .. 100$ $\qquad MT_i := M_{Trap\_ee}\left(i \cdot \frac{l}{100}, q_a, q_b\right)$

Die Erstellung des Diagramms erfolgt mit *Einfügen -> Diagramm -> x-y-Diagramm* in Mathcad. Damit die Linien wie in der Statik üblich mit positivem Vorzeichen nach unten aufgetragen werden, müssen sie als negative Funktion auf der Ordinate angegeben werden. Die Funktionswerte lassen sich durch das Kontextmenü „Koordinaten ablesen..." das man durch Klicken der rechten Maustaste in der Grafik erhält, leicht ablesen. Mit der Momentenlinie als Vektor kann man auch deren Maximum und Minimum mit den Funktionen *max* und *min* bestimmen zu:

$\max(MT) = 38.59\,kN{\cdot}m$ $\qquad$ $\min(MT) = -90\,kN{\cdot}m$

Bei komplizierteren Lastbildern können die Funktionen überlagert werden. Für die in Bild 5.8 dargestellte Lastanordnung mit einer Gleichlast und zwei Einzellasten erhält man die Momentenlinie durch Überlagerung der zu:

$$M(x) := M_{Trap\_ge}(x,q,q) + M_{F\_ge}(x,F_1,a_1) + M_{F\_ge}(x,F_2,a_2)$$

Die Durchbiegungen lassen sich entsprechend überlagern. Die mit dem Arbeitsblatt *„TV_1_04_Einfeldträger_bsp.xmcd"* erhaltenen Momenten- und Biegelinien sind in Bild 5.9 dargestellt.

Weitere Mathcad-Arbeitsblätter zu den in [5-5] zusammengestellten Formeln finden sich in [5-6].

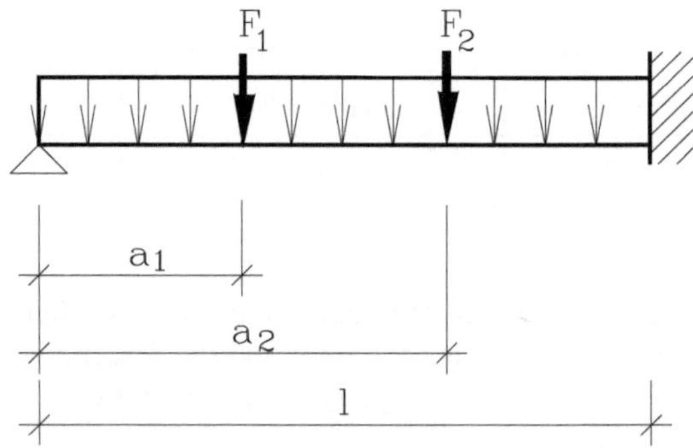

Bild 5.8: Einfeldträger mit Gleichlast und Einzellasten

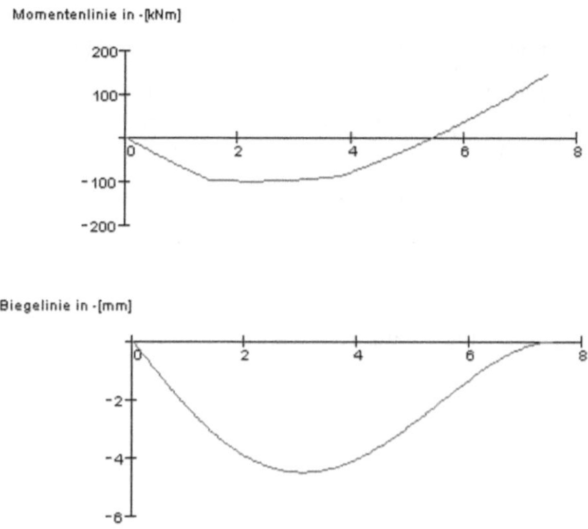

Bild 5.9: Momenten- und Biegelinie eines einseitig eingespannten Einfeldträgers

1.2.4 Durchlaufträger

Die statische Berechnung von Durchlaufträgern gehört zu den in der Praxis wichtigsten Aufgabenstellungen der Stabstatik. Daher wurden in der klassischen Stabstatik eine Reihe von Verfahren hierfür entwickelt. Dazu zählen die Dreimomentengleichung als spezielle Formulierung des Kraftgrößenverfahrens, das Cross-Verfahren, die Festpunktmethode und andere. Als computerorientierte Methoden kommen das Übertragungsmatrizenverfahren sowie die Finite-Element-Methode in Betracht. Im Folgenden wird als einfaches Verfahren die Lösung der Dreimomentengleichung verwendet.

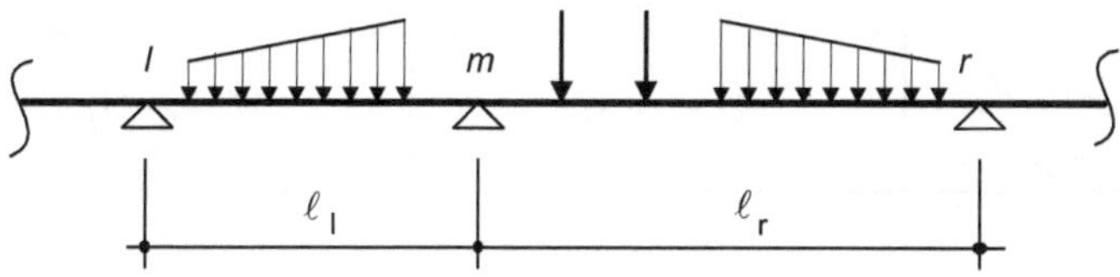

Bild 5.10: Ausschnitt aus einem Durchlaufträger

Die Dreimomentengleichung gibt die Beziehung zwischen drei Stützmomenten eines Durchlaufträgers wieder, Bild 5.10. Sie ergibt sich aus der Kontinuitätsbedingung für den Biegewinkel am Auflager *m*. Die Dreimomentengleichung für die drei Stützmomente M_l, M_m und M_r lautet bei konstanter Biegesteifigkeit $E \cdot I$:

$$\ell_l \cdot M_l + 2 \cdot (\ell_l + \ell_r) \cdot M_m + \ell_r \cdot M_r = -\ell_l \cdot R_l - \ell_r \cdot L_r \tag{5.16}$$

Hierin bedeuten R_l und L_r die Lastglieder R beziehungsweise L des linken und rechten Feldes. Für einige typische Lastarten sind die Lastglieder nach [5-5] in Tabelle 5.3 angegeben.

Wendet man die Dreimomentengleichung sukzessiv auf die Innenstützen eines Durchlaufträgers an, erhält man ein Gleichungssystem mit den Stützmomenten als Unbekannten. Bei einem Zweifeldträger ergibt sich mit $M_a = M_c = 0$ folgende Gleichung für das Stützmoment M_b nach Bild 5.11:

$$M_b = \frac{-\ell_1 \cdot R_1 - \ell_2 \cdot L_2}{2 \cdot (\ell_1 + \ell_2)} \tag{5.17}$$

Bei konstanten Streckenlasten q_1 und q_2 auf den beiden Feldern ist somit:

$$M_b = \frac{-q_1 \cdot \ell_1^3 - q_2 \cdot \ell_2^3}{8 \cdot (\ell_1 + \ell_2)} \tag{5.18}$$

Tabelle 5.3: Lastglieder

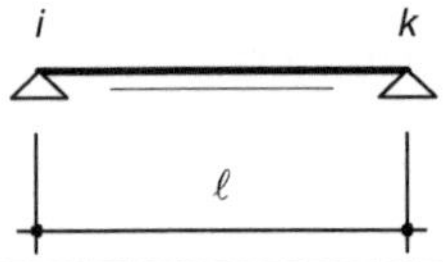 Einfeldträger i–k, Spannweite ℓ	L	R
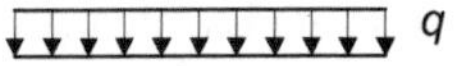 Gleichlast q	$\frac{q \cdot \ell^2}{4}$	$\frac{q \cdot \ell^2}{4}$
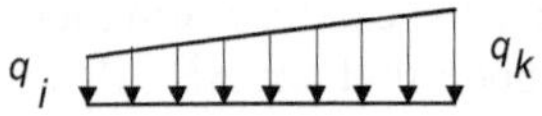 Trapezlast q_i, q_k	$\frac{8 \cdot q_i + 7 \cdot q_k}{60} \cdot \ell^2$	$\frac{7 \cdot q_i + 8 \cdot q_k}{60} \cdot \ell^2$
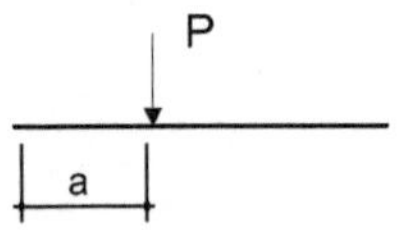 Einzellast P im Abstand a	$\left(1 + \frac{\ell - a}{\ell}\right) \cdot \frac{a}{\ell} \cdot (\ell - a) \cdot P$	$\left(1 + \frac{a}{\ell}\right) \cdot \frac{a}{\ell} \cdot (\ell - a) \cdot P$
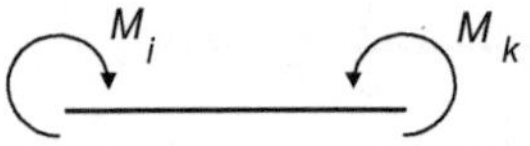 Randmomente M_i, M_k	$2 \cdot M_i + M_k$	$M_i + 2 \cdot M_k$

Bei einem Dreifeldträger erhält man folgende Gleichungen:

$$2 \cdot (\ell_1 + \ell_2) \cdot M_b + \ell_2 \cdot M_c = -\ell_1 \cdot R_1 - \ell_2 \cdot L_2 \tag{5.19}$$

$$\ell_2 \cdot M_b + 2 \cdot (\ell_2 + \ell_3) \cdot M_c = -\ell_2 \cdot R_2 - \ell_3 \cdot L_3 \tag{5.20}$$

Die Gleichungen lassen sich mit dem symbolischen Lösungsteil von Mathcad leicht nach den unbekannten Stützmomenten M_b und M_c auflösen (vgl. Teil IV, Beispiel 4.19) und man erhält:

$$\begin{bmatrix} 2\cdot(l_1+l_2) & l_2 \\ l_2 & 2\cdot(l_2+l_3) \end{bmatrix}^{-1} \cdot \begin{pmatrix} -l_1\cdot R_1 - l_2\cdot L_2 \\ -l_2\cdot R_2 - l_3\cdot L_3 \end{pmatrix} \text{ vereinfachen } \rightarrow \begin{bmatrix} \dfrac{-\left(2\cdot l_2\cdot l_1\cdot R_1 + 2\cdot l_2^2\cdot L_2 + 2\cdot l_3\cdot l_1\cdot R_1 + 2\cdot l_3\cdot l_2\cdot L_2 - l_2^2\cdot R_2 - l_2\cdot l_3\cdot L_3\right)}{\left(4\cdot l_1\cdot l_2 + 4\cdot l_1\cdot l_3 + 3\cdot l_2^2 + 4\cdot l_2\cdot l_3\right)} \\ \dfrac{\left(l_2\cdot l_1\cdot R_1 + l_2^2\cdot L_2 - 2\cdot l_1\cdot l_2\cdot R_2 - 2\cdot l_1\cdot l_3\cdot L_3 - 2\cdot l_2^2\cdot R_2 - 2\cdot l_2\cdot l_3\cdot L_3\right)}{\left(4\cdot l_1\cdot l_2 + 4\cdot l_1\cdot l_3 + 3\cdot l_2^2 + 4\cdot l_2\cdot l_3\right)} \end{bmatrix} \tag{5.21}$$

Die erste Zeile des Lösungsvektors entspricht dem Stützmoment M_b, die zweite Zeile dem Stützmoment M_c. Selbstverständlich kann man den Ausdruck

$$\begin{bmatrix} 2\cdot(l_1+l_2) & l_2 \\ l_2 & 2\cdot(l_2+l_3) \end{bmatrix}^{-1} \cdot \begin{pmatrix} -l_1\cdot R_1 - l_2\cdot L_2 \\ -l_2\cdot R_2 - l_3\cdot L_3 \end{pmatrix} \tag{5.22}$$

auch direkt numerisch lösen, wenn man zuvor die entsprechenden Werte für l_1, l_2, l_3 sowie die Lastglieder auf dem Arbeitsblatt definiert hat. Dieser Lösungsweg lässt sich auch für Durchlaufträger mit mehr als drei Feldern fortführen.

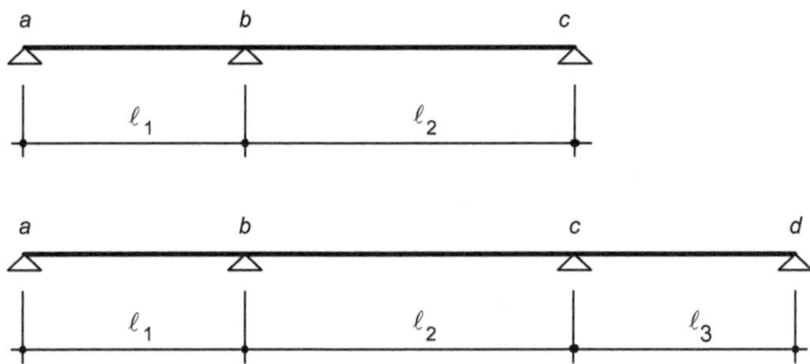

Bild 5.11: Zwei- und Dreifeldträger

Die Arbeitsblätter *„TV_1_05_Zweifeldträger.xmcd“* und *„TV_1_06_Dreifeldträger.xmcd“* enthalten die Lösung der Dreimomentengleichung für Zwei- beziehungsweise Dreifeldträger mit feldweise konstanten Streckenlasten.

Der Aufbau der Arbeitsblätter wird am Beispiel des Dreifeldträgers erläutert. Dessen Stützmomente erhält man, wenn man in (5.20) die Lastglieder nach Tabelle 5.3 für feldweise konstante Gleichlasten einsetzt, mit

$$K := 4\cdot(l_1 + l_2)\cdot(l_2 + l_3) - l_2^2 \tag{5.23}$$

zu:

$$M_b := \frac{-q_1\cdot l_1^2\cdot l_1}{2\cdot K}\cdot(l_2 + l_3) + \frac{-q_2\cdot l_2^2\cdot l_2}{4\cdot K}\cdot(l_2 + 2\cdot l_3) + \frac{q_3\cdot l_3^2}{4\cdot K}\cdot l_3\cdot l_2$$

$$M_c := \frac{q_1\cdot l_1^2}{4\cdot K}\cdot l_1\cdot l_2 + \frac{-q_2\cdot l_2^2\cdot l_2}{4\cdot K}\cdot(l_2 + 2\cdot l_1) + \frac{-q_3\cdot l_3^2\cdot l_3}{2\cdot K}\cdot(l_1 + l_2) \tag{5.24}$$

Die Herleitung ist auf dem Arbeitsblatt *„TIV_10_Dreimomentengleichung_symbolisch_lösen.xmcd“* dargestellt. Danach werden die Auflagerkräfte aus den Stützmomenten berechnet zu

$$A := \frac{q_1 \cdot l_1}{2} + \frac{M_b}{l_1}$$

$$B := \left(\frac{q_1 \cdot l_1}{2} - \frac{M_b}{l_1}\right) + \left(\frac{q_2 \cdot l_2}{2} + \frac{M_c - M_b}{l_2}\right)$$

$$C := \left(\frac{q_2 \cdot l_2}{2} - \frac{M_c - M_b}{l_2}\right) + \left(\frac{q_3 \cdot l_3}{2} - \frac{M_c}{l_3}\right)$$

$$D := \frac{q_3 \cdot l_3}{2} + \frac{M_c}{l_3} \qquad (5.25)$$

Die Querkräfte erhält man zu

$$B_l := \frac{q_1 \cdot l_1}{2} - \frac{M_b}{l_1}$$

$$B_r := \frac{q_2 \cdot l_2}{2} + \frac{M_c - M_b}{l_2}$$

$$C_l := \frac{q_2 \cdot l_2}{2} - \frac{M_c - M_b}{l_2}$$

$$C_r := \frac{q_3 \cdot l_3}{2} - \frac{M_c}{l_3} \qquad (5.26)$$

und die maximalen Feldmomente zu

Feld 1: $$max\_M_{f1} := \frac{A^2}{2 \cdot q_1}$$

Feld 2: $$max\_M_{f2} := M_b + \frac{B_r^2}{2 \cdot q_2}$$

Feld 3: $$max\_M_{f3} := \frac{D^2}{2 \cdot q_3} \qquad (5.27)$$

1.2.5 Rahmen

Rahmen sind biegesteife Stabkonstruktionen aus horizontalen, vertikalen und gelegentlich auch schiefen Stäben, die in Bauwerken zur Abtragung von Vertikal- und Horizontallasten herangezogen werden. Ihre Berechnung erfolgt mit Stabwerksprogrammen mit der Methode der Finiten Elemente. Für einfache Rahmenformen und Belastungen können auch fertige Formeln für die maßgebenden Schnittgrößen angegeben werden. Das Arbeitsblatt *„TV_1_07_Rahmen_1.xmcd“* enthält Rahmenformeln für einfache Zweigelenkrahmen. Als Lastarten werden Gleichlasten auf Riegel und Stiel sowie horizontale und vertikale Einzellasten betrachtet.

Für den in Bild 5.12 dargestellten Zweigelenkrahmen werden Funktionen für folgende statische Größen angegeben:

- Vertikale Auflagerkräfte *A*, *B*
- Horizontalkräfte H_1 und H_2
- Eckmomente M_3 und M_4.

Die Funktionen und ihre Eingabeparameter sind in Tabelle 5.4 zusammengestellt.

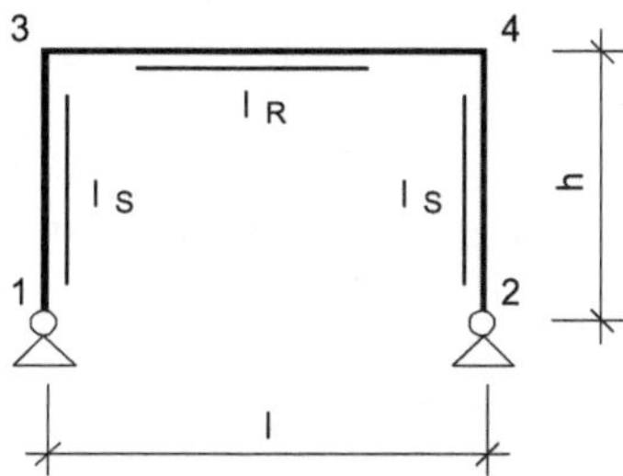

Bild 5.12: Rahmen

Die Funktionen sind so aufgebaut, dass sie für verschiedene gleichzeitig wirkende Belastungen überlagert werden können. Im Arbeitsblatt *„TV_1_08_Rahmen_1_bsp.mcd"* wird dies anhand eines Beispiels erläutert.

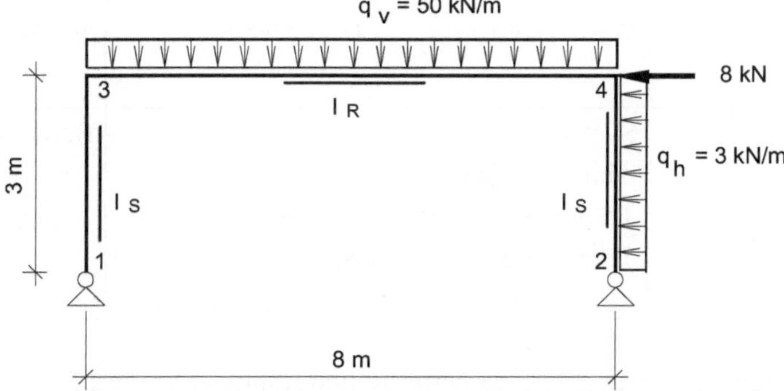

Bild 5.13: Beispiel eines Zweigelenkrahmens

Tabelle 5.4: Funktionen für die Rahmenformeln des Zweigelenkrahmens

	Auflagerkräfte A, B	Horizontalkräfte H_1, H_2	Eckmomente M_3, M_4
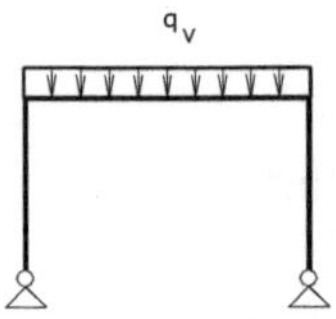 q_v	A_RaZqv(q,l) B_RaZqv(q,l)	H1_RaZqv(q,l,h,k) H2_RaZqv(q,l,h,k)	M3_RaZqv(q,l,h,k) M4_RaZqv(q,l,h,k)
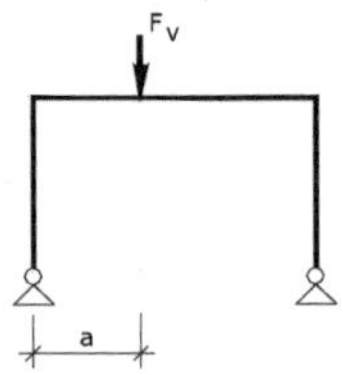 F_v, a	A_RaZFv(F,a,l) B_RaZFv(F,a,l)	H1_RaZFv(F,a,l,h,k) H2_RaZFv(F,a,l,h,k)	M3_RaZFv(F,a,l,h,k) M4_RaZFv(F,a,l,h,k)
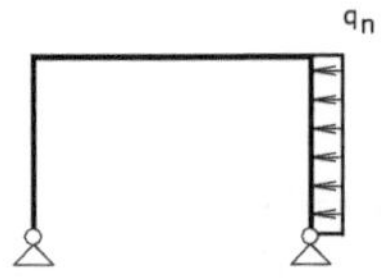 q_h	A_RaZqh(q,l,h) B_RaZqh(q,l,h)	H1_RaZqh(q,l,h,k) H2_RaZqh(q,l,h,k)	M3_RaZqh(q,l,h,k) M4_RaZqh(q,l,h,k)
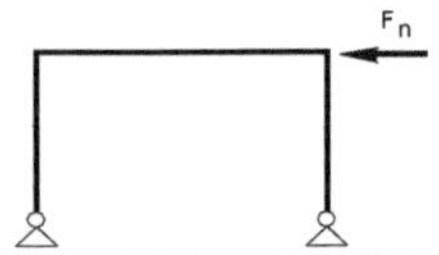 F_h	A_RaZFh(F,l,h) B_RaZFh(F,l,h)	H1_RaZFh(F) H2_RaZFh(F)	M3_RaZFh(F,h) M4_RaZFh(F,h)
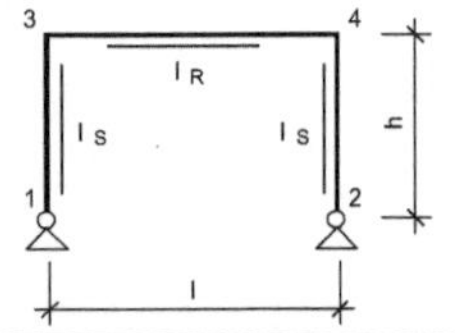 3, 4, 1, 2, I_R, I_S, I_S, h, l	System: Abmessungen: *l, h* Trägheitsmoment des Riegels: I_r Trägheitsmoment des Stiels: I_s		Beiwert *k:* $k := \frac{I_R}{I_S} \frac{h}{l}$

Hierbei handelt es sich um den in Bild 5.13 dargestellten Rahmen. Er wird durch eine vertikale Streckenlast auf den Riegel, eine horizontal wirkende Streckenlast auf den Stiel und eine horizontale Einzelkraft auf den Riegel beansprucht. Zunächst werden die Systemkennwerte eingegeben zu:

Systemkennwerte:

System $l := 8 \cdot m$ $h := 3. \cdot m$

$I_R := 40000\ cm^4$ $I_S := 20000\ cm^4$

Lasten: $q_v := 50 \frac{kN}{m}$ $q_h := 3 \frac{kN}{m}$ $F := 8kN$

Dann wird der Beiwert

$k := \frac{I_R}{I_S} \frac{h}{l}$ $k = 0.75$

berechnet. Damit können die Rahmenformeln angewandt werden. Man erhält:

Auflagerkräfte

$A := A\_RaZqv(q_v, l) + A\_RaZqh(q_h, l, h) + A\_RaZFh(F, l, h)$ $A = 204.69\ kN$

$B := B\_RaZqv(q_v, l) + B\_RaZqh(q_h, l, h) + B\_RaZFh(F, l, h)$ $B = 195.31\ kN$

Horizontalkräfte

$H_1 := H1\_RaZqv(q_v, l, h, k) + H1\_RaZqh(q_h, l, h, k) + H1\_RaZFh(F)$ $H_1 = 65.7\ kN$

$H_2 := H2\_RaZqv(q_v, l, h, k) + H2\_RaZqh(q_h, l, h, k) + H2\_RaZFh(F)$ $H_2 = 48.7\ kN$

Eckmomente

$M_3 := M3\_RaZqv(q_v, l, h, k) + M3\_RaZqh(q_h, l, h, k) + M3\_RaZFh(F, h)$ $M_3 = -197.09\ kN \cdot m$

$M_4 := M4\_RaZqv(q_v, l, h, k) + M4\_RaZqh(q_h, l, h, k) + M4\_RaZFh(F, h)$ $M_4 = -213.59\ kN \cdot m$

Weitere Schnittgrößen lassen sich damit berechnen. Beispielsweise erhält man das maximale Feldmoment im Riegel zu:

Maximales Feldmoment im Riegel

$max\_M_{Riegel} := \frac{A^2}{2 \cdot q_v} + M_3$ $max\_M_{Riegel} = 221.88\ kN \cdot m$

bei $x := \frac{A}{2 \cdot q_v}$ $x = 2.05\ m$

Weitere Mathcad-Arbeitsblätter mit den in [5-5] zusammengestellten Rahmenformeln finden sich in [5-6].

1.2.6 Elastisch gebettete Balken

Unter elastisch gebetteten Balken versteht man Biegebalken, die kontinuierlich federnd gelagert sind. Man verwendet elastisch gebettete Balken zur Modellierung von Flächengründungen. Die Bodenplatte wird als elastisch gebettete Platte, die Steifigkeit des Bodens als elastische Bettung dargestellt. Platten, die aufgrund ihres statischen Systems und ihrer Belastung die Lasten einachsig abtragen, können vereinfachend auch als elastisch gebettete Balken berechnet werden.

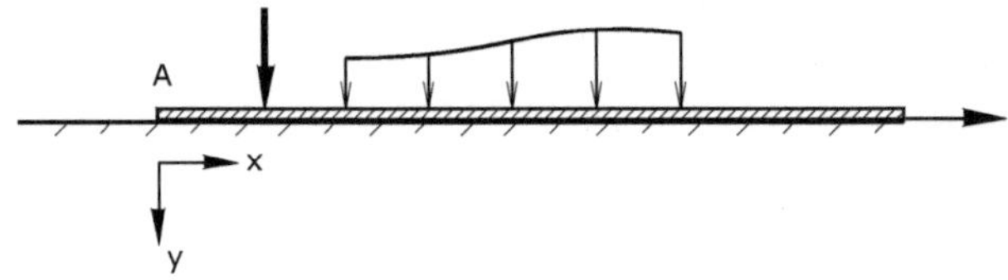

Bild 5.14: Elastisch gebetteter Balken

Die elastische Bettung des Balkens wird durch den Bettungsmodul beschrieben. Man erhält ihn als Quotient der Bodenpressung σ_b und der Verschiebung w an einer Stelle des Balkens zu:

$$k_s = \frac{\sigma_b}{w} \tag{5.28}$$

Der Bettungsmodul wird in der Regel als Konstante angesetzt. Somit ist die Bodenpressung unter einem elastisch gebetteten Balken

$$\sigma_b = k_s \cdot w \tag{5.29}$$

Diese Bodenpressung wirkt als Streckenlast $-\sigma_b \cdot b$ auf einen Balken der Breite b. Führt man die Streckenlast $q - \sigma_b \cdot b$ anstelle von q in die Differentialgleichung des Biegebalkens

$$w^{IV} = \frac{q}{E \cdot I} \tag{5.30}$$

ein, erhält man mit (5.30) die Differentialgleichung des elastisch gebetteten Balkens zu:

$$E \cdot I \cdot w^{IV} + k_s \cdot b \cdot w - q = 0 \tag{5.31}$$

Die Randbedingungen hängen wiederum von den Lagerbedingungen ab, wobei hier auch beidseitig freie Ränder oder unendlich lange Balken ohne weitere Lagerung außer durch die elastische Bettung möglich sind.

Als Lösungsverfahren kommen insbesondere in Betracht:

- analytische Lösungen,
- direkte numerische Lösung,
- Übertragungsmatrizenverfahren,
- Finite-Element-Methode,
- klassische statische Verfahren wie das Kraftgrößenverfahren.

Für einfache Systeme und Lastarten kann diese Differentialgleichung analytisch gelöst werden. Löst man die Differentialgleichung numerisch, so sind beliebige Belastungs- und Bettungsmodulverläufe möglich. Die numerische Lösung der Differentialgleichung des elastisch gebetteten Balkens mit Mathcad wird im Teil IV, Beispiel 4.29 gezeigt. Zur Berechnung mit dem Übertragungsmatrizenverfahren findet man beispielsweise in [5-3] die Übertragungsmatrix des elastisch gebetteten Balkens. Bei Berechnung elastisch gebetteter Balken nach der Finite-Element-Methode wird die Bettung häufig zu Einzelfedern zusammengefasst. Hinweise zur Modellierung finden sich in [5-4].

Im Folgenden werden für einfache Fälle Formeln angegeben, die man mit Hilfe der analytischen Lösung erhält [5-7]. Es werden folgende elementaren Belastungsarten und Randbedingungen untersucht, Bild 5.14:

- Beidseitig unendlich langer Balken
- Belastung mit einer Einzellast
- Belastung mit einem Einzelmoment
- Einseitig unendlich langer Balken
- Belastung mit einer Einzellast am Stabende
- Belastung mit einem Einzelmoment am Stabende
- Belastung mit einer Einzellast im Abstand *a* vom Stabende

Das Arbeitsblatt *„TV_1_09_Elba_bu_F.xmcd“* enthält die Berechnung eines beidseitig unendlich langen elastisch gebetteten Balkens mit einer Einzellast, Bild 5.15 (a) . Zunächst wird der Parameter

$$\lambda := \sqrt[4]{\frac{k_s \cdot b}{4 \cdot E \cdot I}} \tag{5.32}$$

und dessen Kehrwert, die sogenannte „elastische Länge“

$$L := \frac{1}{\lambda} \tag{5.33}$$

berechnet. Damit werden die statischen Größen im Bereich $x \geq 0$ ermittelt. Man erhält:

Lösung für x ≥ 0 :

Durchbiegung: $w(x) := \frac{F \cdot \lambda}{2 \cdot k_s \cdot b} \cdot e^{-\lambda \cdot x} \cdot (\cos(\lambda \cdot x) + \sin(\lambda \cdot x))$

Biegemoment: $M(x) := \frac{F}{4 \cdot \lambda} \cdot e^{-\lambda \cdot x} \cdot (\cos(\lambda \cdot x) - \sin(\lambda \cdot x))$

Querkraft: $V(x) := \frac{-F}{2} \cdot e^{-\lambda \cdot x} \cdot \cos(\lambda \cdot x)$

Bodenpressung: $\sigma_b(x) := -k_s \cdot w(x)$ (5.34)

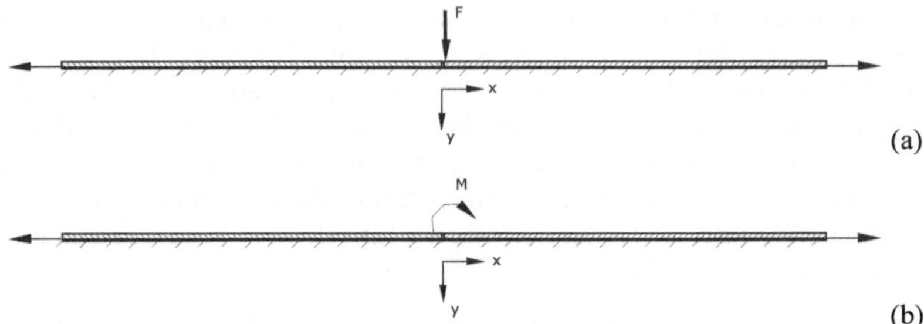

Bild 5.15: Beidseitig unendlich langer, elastisch gebetteter Balken
(a) mit Einzellast, (b) mit Einzelmoment

Die Werte für $x < 0$ ergeben sich aus der Symmetrie des Systems. Aus der grafischen Darstellung der Ergebnisse ist zu erkennen für welche Länge x_0 die statischen Größen noch nennenswerte Werte besitzen. Für Balken mit $\ell/2 > x_0$ stimmen die Ergebnisse des unendlich langen Balkens mit denjenigen des endlich langen Balkens praktisch überein.

Bei Belastung des beidseitig unendlich langen Balkens durch ein Moment erhält man entsprechend, Arbeitsblatt *„TV_1_10_Elba_bu_M.mcd"* Bild 5.15 (b):

Lösung für x ≥ 0 :

Durchbiegung: $$w(x) := \frac{M_L \cdot \lambda^2}{k_S \cdot b} \cdot e^{-\lambda \cdot |x|} \cdot \sin(\lambda \cdot |x|) \cdot \text{sign}(x)$$

Biegemoment: $$M(x) := \frac{M_L}{2} \cdot e^{-\lambda \cdot |x|} \cdot \cos(\lambda \cdot |x|) \cdot \text{sign}(x)$$

Querkraft: $$V(x) := \frac{-M_L \cdot \lambda}{2} \cdot e^{-\lambda \cdot |x|} \cdot (\cos(\lambda \cdot |x|) + \sin(\lambda \cdot |x|))$$

Bodenpressung: $$\sigma_b(x) := -k_S \cdot w(x) \qquad (5.35)$$

Die Gleichungen für den einseitig unendlich langen Balken sind ähnlich einfach. Bei Belastung des freies Balkenendes durch eine Einzellast gilt, Arbeitsblatt *„TV_1_09_Elba_bu_F.xmcd"* Bild 5.16 (a):

Lösung für x ≥ 0 :

Durchbiegung: $$w(x) := \frac{2 \cdot F \cdot \lambda}{k_S \cdot b} \cdot e^{-\lambda \cdot x} \cdot \cos(\lambda \cdot x)$$

Biegemoment: $$M(x) := \frac{-F}{\lambda} \cdot e^{-\lambda \cdot x} \cdot \sin(\lambda \cdot x)$$

Querkraft: $$V(x) := -F \cdot e^{-\lambda \cdot x} \cdot (\cos(\lambda \cdot x) - \sin(\lambda \cdot x))$$

Bodenpressung: $$\sigma_b(x) := -k_S \cdot w(x) \qquad (5.36)$$

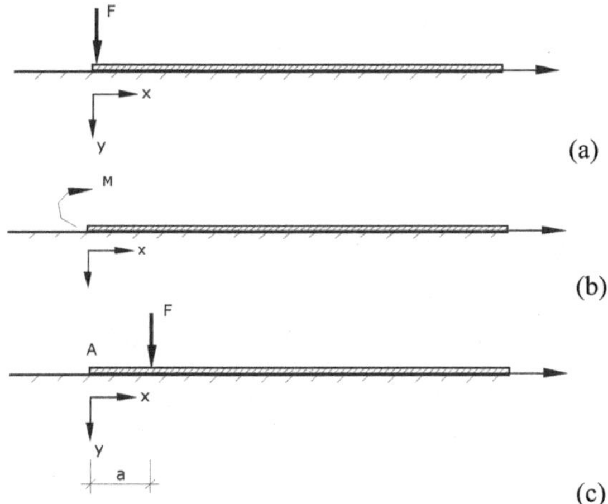

Bild 5.16: Einseitig unendlich langer, elastisch gebetteter Balken
(a) mit Einzellast, (b) mit Einzelmoment, (c) mit Einzellast im Abstand a

Entsprechend erhält man für ein Einzelmoment, Arbeitsblatt *„TV_1_12_Elba_eu_M.xmcd“* Bild 5.16 (b):

Lösung für x ≥ 0 :

Durchbiegung: $$w(x) := \frac{2 \cdot M_L \cdot \lambda^2}{k_s \cdot b} \cdot e^{-\lambda \cdot x} \cdot (\cos(\lambda \cdot x) - \sin(\lambda \cdot x))$$

Biegemoment: $$M(x) := M_L \cdot e^{-\lambda \cdot x} \cdot (\cos(\lambda \cdot x) + \sin(\lambda \cdot x))$$

Querkraft: $$V(x) := -2 \cdot M_L \cdot \lambda \cdot e^{-\lambda \cdot x} \cdot \sin(\lambda \cdot x)$$

Bodenpressung: $$\sigma_b(x) := -k_s \cdot w(x) \qquad (5.37)$$

In der Regel wirken Einzellasten nicht direkt am Balkenende sondern in einem Abstand *a*. Bereits ein geringer Abstand *a* kann die Beanspruchungen eines elastisch gebetteten Balkens deutlich verringern. Zur rechnerischen Untersuchung dieses Falles ist der Balken allerdings in zwei Abschnitte zu unterteilen. Die Übergangsbedingungen zwischen den beiden Abschnitten führen zu einem linearen Gleichungssystem mit zwei Unbekannten. Bei der Formulierung nach dem Kraftgrößenverfahren lauten diese:

$$X := F \cdot \left[\left[(\cos(\lambda \cdot a) - \sin(\lambda \cdot a)) \cdot e^{-\lambda \cdot a} + 2 \cdot \cos(\lambda \cdot a) \cdot e^{-\lambda \cdot a}\right]\right]$$

$$Y := \frac{-F}{\lambda} \cdot \left[\left[(\cos(\lambda \cdot a) - \sin(\lambda \cdot a)) \cdot e^{-\lambda \cdot a} + \cos(\lambda \cdot a) \cdot e^{-\lambda \cdot a}\right]\right] \qquad (5.38)$$

Die statischen Größen erhält man damit zu Arbeitsblatt „*TV_1_13_Elba_eu_Fa.xmcd*“:

Lösung für x ≥ 0 :

Durchbiegung:
$$w(x) := \frac{X\cdot\lambda}{2\cdot k_S\cdot b}\cdot e^{-\lambda\cdot x}\cdot\left(\cos(\lambda\cdot x)+\sin(\lambda\cdot x)\right)+\frac{Y\cdot\lambda^2}{k_S\cdot b}\cdot e^{-\lambda\cdot x}\cdot\sin(\lambda\cdot x)\ ...$$
$$+\frac{F\cdot\lambda}{2\cdot k_S\cdot b}\cdot e^{-\lambda\cdot|x-a|}\cdot\left(\cos(\lambda\cdot|x-a|)+\sin(\lambda\cdot|x-a|)\right)$$

Biegemoment:
$$M(x) := \left[\frac{X}{4\cdot\lambda}\cdot e^{-\lambda\cdot x}\cdot\left(\cos(\lambda\cdot x)-\sin(\lambda\cdot x)\right)+\frac{Y}{2}\cdot e^{-\lambda\cdot x}\cdot\cos(\lambda\cdot x)\right]\ ...$$
$$+\frac{F}{4\cdot\lambda}\cdot e^{-\lambda\cdot(|x-a|)}\cdot\left[\cos(\lambda\cdot|x-a|)-\sin[\lambda\cdot(|x-a|)]\right]$$

Querkraft:
$$V(x) := \left[\frac{-X}{2}\cdot e^{-\lambda\cdot x}\cdot\cos(\lambda\cdot x)-\frac{Y}{2}\cdot\lambda\cdot e^{-\lambda\cdot x}\cdot\left(\cos(\lambda\cdot x)+\sin(\lambda\cdot x)\right)\right]\ ...$$
$$+\frac{-F}{2}\cdot e^{-\lambda\cdot(|x-a|)}\cdot\cos(\lambda\cdot|x-a|)\cdot\mathrm{sign}(x-a)$$

Bodenpressung:
$$\sigma_b(x) := -k_S\cdot w(x) \tag{5.39}$$

Für die Systemkennwerte

Systemkennwerte:

Balkenbreite $b := 0.5\cdot m$

Balkenhöhe $h := 0.4\cdot m$

Elastizitätsmodul $E := 3\cdot 10^7\ \frac{kN}{m^2}$

Bettungsmodul $k_S := 25\ \frac{MN}{m^3}$

Belastung $F := 100\cdot kN$ Abstand: $a := 2m$

sind die Ergebnisse in Bild 5.17 dargestellt.

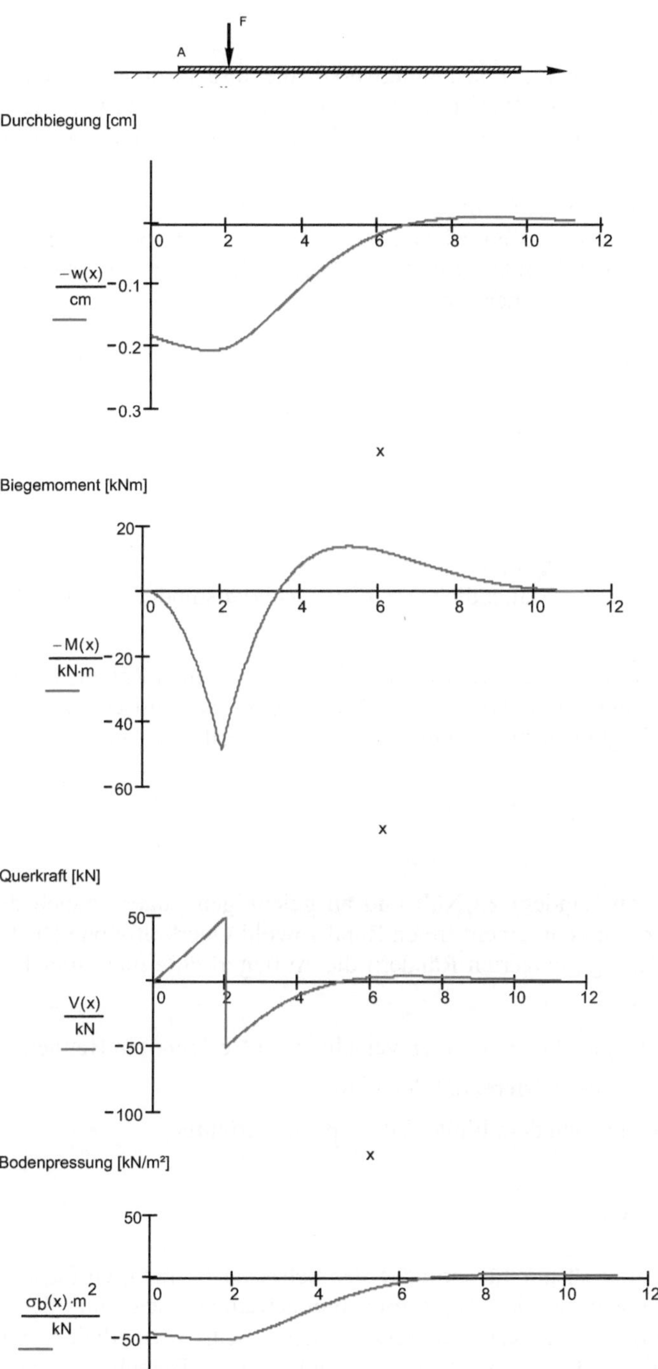

Bild 5.17: Verläufe der statischen Größen bei einem elastisch gebetteten Balken

1.2.7 Platten

Platten sind biegebeanspruchte Flächentragwerke, die ihre Lasten zweiachsig abtragen. Die Modellierung von Decken als Plattentragwerke hat mit der Verbreitung der Finite-Element-Methode zugenommen, da ihre Berechnung für beliebige Belastungen und Geometrie numerische Verfahren erfordert.

Man unterscheidet zwischen der schubstarren und der schubweichen Platte. Im Folgenden wird ausschließlich die in der Praxis ausreichende schubstarre Platte betrachtet. Aus deren Grundgleichungen lässt sich folgende partielle Differentialgleichung vierter Ordnung für die Durchbiegung $w(x,y)$ der Platte herleiten:

$$\frac{\partial^4 w}{\partial x^4} + 2 \cdot \frac{\partial^4 w}{\partial x^2\,\partial y^2} + \frac{\partial^4 w}{\partial y^4} = \frac{p}{K} \tag{5.40}$$

Hierin bedeuten

$$K = \frac{E \cdot t^3}{12 \cdot (1 - \mu^2)} \tag{5.41}$$

die Plattensteifigkeit, t die Plattendicke, E der Elastizitätsmodul, μ die Querdehnzahl und $p(x,y)$ die Flächenlast.

Hinzu kommen die durch Lager oder freie Ränder vorgegebenen Randbedingungen. Sie lassen sich bei gelenkiger Lagerung und bei freien Rändern nicht mechanisch vollständig beschreiben. Anstatt die Randbedingungen für die Querkraft und das Drillmoment einzeln zu erfüllen, führt man die Randkraft

$$\bar{q}_n = q_n + \frac{\partial m_{ns}}{\partial s} \tag{5.42}$$

ein, die man an freien Rändern zu Null und an gelenkigen Lagern gleich der Auflagerkraft setzt. Dies führt dazu, dass an einem freien Rand sowohl Querkräfte wie Drillmomente auftreten und dass an gelenkig gelagerten Rändern die Auflagerkräfte nicht gleich den Querkräften sind.

Zur Lösung der Plattengleichung kommen verschiedene Verfahren in Betracht:

- Analytische Lösung der Differentialgleichung
- Numerische Lösung nach dem Finite-Differenzen-Verfahren
- Finite-Element-Methode
- Randelementmethode

Die analytische Lösung ist nur für einfache geometrische Formen, einfache Lagerungsbedingungen und Belastungen möglich. Sie erfolgt durch Reihenentwicklung der Verschiebungen. Mit dem Finite-Differenzen-Verfahren lassen sich bereits wesentlich kompliziertere Fälle untersuchen. In Teil IV, Beispiel 4.30 ist ein Arbeitsblatt zur Berechnung einer Rechteckplatte nach dem Finite-Differenzen-Verfahren angegeben. Am allgemeinsten und in der Praxis von größter Bedeutung sind die Finite-Element-Methode und die Randelementmethode.

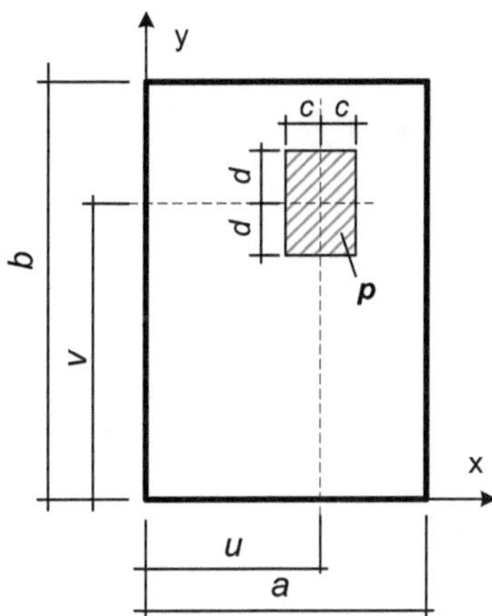

Bild 5.18: Allseitig gelenkig gelagerte Platte mit Teilflächenlast

Analytische Lösungen der Differentialgleichung (5.40) werden meist durch den Ansatz trigonometrischer Reihen erhalten. Für einfache Fälle können derartige Lösungen ähnlich hilfreich sein wie die in Tabellenbüchern angegebenen Plattentafeln. Allerdings ist die rechnerische Auswertung von Hand kaum möglich. Computeralgebrasysteme erschließen die in den klassischen Büchern über die Theorie der Flächentragwerke angegebenen analytischen Lösungen für die Anwendung in der Praxis.

Das Arbeitsblatt *„TV_1_14_Platte_q.xmcd“* enthält ein Beispiel für die praktische Anwendung einer analytischen Lösung für Rechteckplatten. Es wird die allseitig gelenkig gelagerte schubstarre Platte mit einer Gleichlast auf einer Teilfläche betrachtet, Bild 5.18. Die Lösung für die Durchbiegungen w ist in [5-8] angegeben. Die Schnittgrößen lassen sich ohne weiteres daraus herleiten. Die Durchbiegungen der Platte mit einer Teilflächenlast nach Bild 5.18 erhält man mit den Koeffizienten

$$a\_(m\_,n) := \frac{16}{\pi^2 \cdot m\_ \cdot n} \cdot \sin\left(\frac{m\_ \cdot \pi \cdot u}{a}\right) \cdot \sin\left(\frac{m\_ \cdot \pi \cdot c}{a}\right) \cdot \sin\left(\frac{n \cdot \pi \cdot v}{b}\right) \cdot \sin\left(\frac{n \cdot \pi \cdot d}{b}\right) \tag{5.43}$$

als doppelte trigonometrische Reihe zu

$$w(x,y) := \frac{p}{K \cdot \pi^4} \cdot \sum_{m\_=1}^{m_{max}} \sum_{n=1}^{n_{max}} \frac{a\_(m\_,n)}{\left(\frac{m\_^2}{a^2} + \frac{n^2}{b^2}\right)^2} \cdot \sin\left(\frac{m\_ \cdot \pi \cdot x}{a}\right) \cdot \sin\left(\frac{n \cdot \pi \cdot y}{b}\right) \tag{5.44}$$

Bild 5.19 zeigt die Auswertung der Gleichung für die Eingabewerte.

Systemkenntwerte:

Abmessungen	$a := 6 \cdot m$	$b := 9 \cdot m$	$t := 0.3 \cdot m$
Materialkennwerte:	$E := 3. \cdot 10^7 \dfrac{kN}{m^2}$	$\mu := 0.$	
Belastung:	$p := 5 \dfrac{kN}{m^2}$	$u := 2.5 \cdot m$	$v := 3.5 \cdot m$
		$c := 2 \cdot m$	$d := 2 \cdot m$

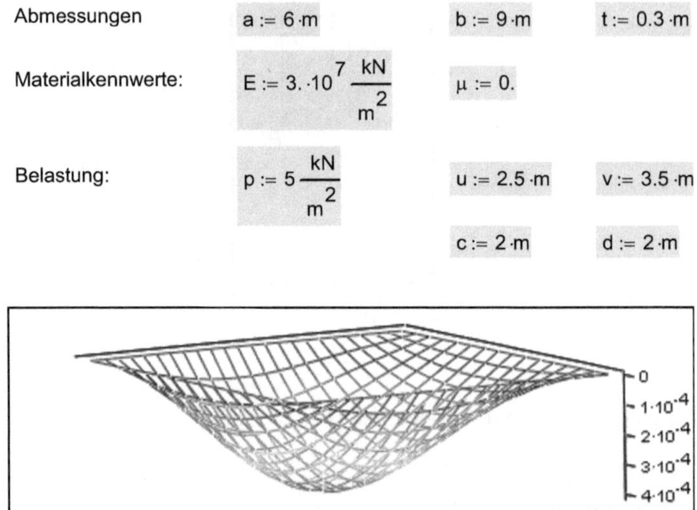

Bild 5.19: Durchbiegungen einer allseitig gelenkig gelagerten Platte mit Teilflächenlast

Die Biege- und Drillmomente lassen sich aus den Durchbiegungen der Platte leicht herleiten. Nach [5-8] gilt:

$$m_x = -K \cdot \left(\frac{\partial^2 w}{\partial x^2} + \mu \cdot \frac{\partial^2 w}{\partial y^2} \right) \qquad m_y = -K \cdot \left(\frac{\partial^2 w}{\partial y^2} + \mu \cdot \frac{\partial^2 w}{\partial x^2} \right) \qquad m_{xy} = -(1-\mu) \cdot K \cdot \frac{\partial^2 w}{\partial x \, \partial y} \tag{5.45}$$

Die durchzuführenden Operationen sind elementar, da die Variablen x und y lediglich in den Sinus-Termen vorkommen. Selbstverständlich kann man auch den symbolischen Rechenteil von Mathcad nutzen, um die Durchbiegungen zu differenzieren. Beispielsweise erhält man für die Summanden des Drillmoments:

$$\frac{d}{dx}\left[\frac{d}{dy}\left[\frac{a\_(m\_,n)}{\left(\frac{m\_^2}{a^2}+\frac{n^2}{b^2}\right)^2}\right]\cdot\left(\sin\left(\frac{m\_\cdot\pi\cdot x}{a}\right)\cdot\sin\left(\frac{n\cdot\pi\cdot y}{b}\right)\right)\right] \rightarrow \frac{a\_(m\_,n)}{\left(\frac{m\_^2}{a^2}+\frac{n^2}{b^2}\right)^2}\cdot\cos\left(m\_\cdot\pi\cdot\frac{x}{a}\right)\cdot m\_\cdot\frac{\pi^2}{a}\cdot\cos\left(n\cdot\pi\cdot\frac{y}{b}\right)\cdot\frac{n}{b} \tag{5.46}$$

Führt man die entsprechende Differentiation nach (5.45) aus, erhält man mit (5.44):

$$m_x(x,y) := \frac{p}{\pi^2} \cdot \sum_{m\_=1}^{m_{max}} \sum_{n=1}^{n_{max}} \frac{a\_(m\_,n)}{\left(\frac{m\_^2}{a^2}+\frac{n^2}{b^2}\right)^2} \cdot \sin\left(\frac{m\_\cdot\pi\cdot x}{a}\right) \cdot \sin\left(\frac{n\cdot\pi\cdot y}{b}\right) \cdot \left(\frac{m\_^2}{a^2}+\mu\cdot\frac{n^2}{b^2}\right)$$

$$m_y(x,y) := \frac{p}{\pi^2} \cdot \sum_{m\_=1}^{m_{max}} \sum_{n=1}^{n_{max}} \frac{a\_(m\_,n)}{\left(\frac{m\_^2}{a^2}+\frac{n^2}{b^2}\right)^2} \cdot \sin\left(\frac{m\_\cdot\pi\cdot x}{a}\right) \cdot \sin\left(\frac{n\cdot\pi\cdot y}{b}\right) \cdot \left(\frac{n^2}{b^2}+\mu\cdot\frac{m\_^2}{a^2}\right)$$

$$m_{xy}(x,y) := \frac{-p\cdot(1-\mu)}{\pi^2} \cdot \sum_{m\_=1}^{m_{max}} \sum_{n=1}^{n_{max}} \left[\frac{a\_(m\_,n)}{\left(\frac{m\_^2}{a^2}+\frac{n^2}{b^2}\right)^2} \cdot \left(\cos\left(m\_\cdot\pi\cdot\frac{x}{a}\right)\cdot\frac{m\_}{a}\cdot\cos\left(n\cdot\pi\cdot\frac{y}{b}\right)\cdot\frac{n}{b}\right)\right] \tag{5.47}$$

Die Biege- und Drillmomente für die oben angegebenen Werte sind in Bild 5.20 als Höhenlinien dargestellt. Es ist hier noch anzumerken, dass die Abszissen- und Ordinatenwerte der 3D-Diagramme die Nummerierung der Darstellungspunkte angeben, da Mathcad die Darstellung der Werte für die *x*- beziehungsweise *y*-Koordinaten hier nicht unterstützt. Die Anzahl der Stützstellen wird allerdings im Arbeitsblatt dem Verhältnis *a/b* angepasst, so dass eine annähernd gleiche Diskretisierung in beide Richtungen gegeben ist.

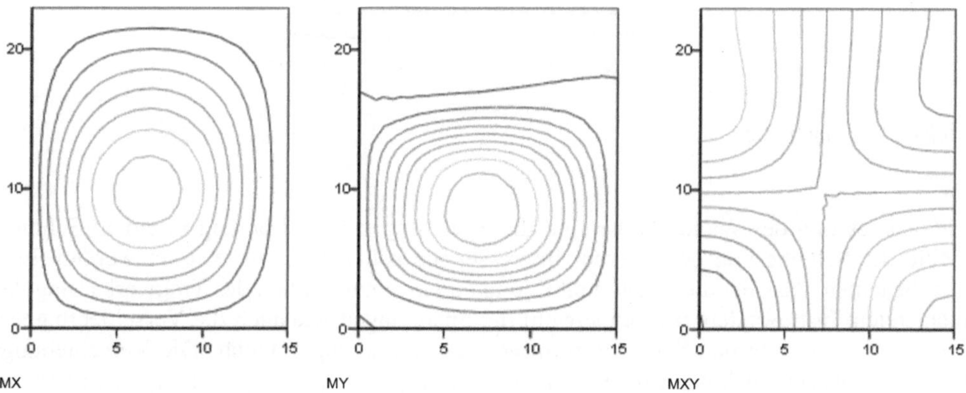

Bild 5.20: Biege- und Drillmomente einer allseitig gelenkig gelagerten Platte mit Teilflächenlast

1.2.8 Scheiben

Scheiben kommen als sogenannte wandartige Träger im Stahlbetonbau zur Anwendung. In der Praxis werden Wandscheiben zunehmend mit der Finite-Element-Methode berechnet, wenn auch vielfach noch vereinfachende Fachwerkmodelle verwendet werden, die lediglich die Gleichgewichtsbedingungen erfüllen.

Als Berechnungsverfahren kommen dieselben Methoden wie bei Platten in Betracht. Analytische Lösungen sind allerdings wegen der Schwierigkeiten bei der Erfüllung der Randbedingungen auf sehr einfache Fälle beschränkt. Beispiele hierfür sind in [5-8] angegeben. Die Berechnung nach der Finite-Element-Methode wurde im Einführungsbeispiel in Abschnitt 1.2.2 erläutert. Das dort entwickelte Arbeitsblatt soll hier zur Berechnung einer einfeldrigen Scheibe verwendet werden.

Die Wandscheibe in Arbeitsblatt *„TV_1_15_Scheibe_1.xmcd“* ist in Bild 5.21 dargestellt. Sie wird für folgende Parameter untersucht:

Abmessungen: Stützweite: $l_x := 14$ Höhe: $l_y := 14$

Dicke: $t := 0.5$

Materialkennwerte: Elastizitätsmodul : $E := 3 \cdot 10^7$

Querdehnzahl: $\nu := 0.2$

Linienlast: $q := -1000$

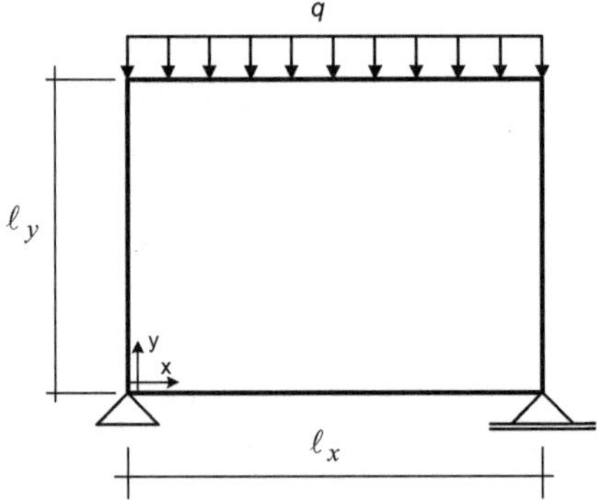

Bild 5.21: Wandscheibe

Für die Bemessung der Wandscheibe sind die Spannungen in *x*-Richtung in einem Schnitt in der Mitte der Scheibe von besonderem Interesse. Sie sollen hier ausgewertet werden. Es ist auch zu beachten, dass bei dieser Modellbildung an einzelnen Stellen des Tragwerks Singularitäten auftreten. Insbesondere werden sowohl die Spannungen wie auch die Verschiebungen an den beiden Lagern aufgrund der punktförmigen Lasteintragung singulär. Die Verschiebungen sind damit im gesamten Modell nicht mehr interpretierbar. Zur Interpretation der Spannungs- und Verschiebungsgrößen an singulären Punkten wird auf [5-4] verwiesen. Die Spannungen im Schnitt in Scheibenmitte werden hiervon jedoch praktisch nicht beeinflusst.

Bild 5.22 zeigt die Spannungen in *x*-Richtung in einem vertikalen Schnitt bei $x = \ell_x/2$ für ein Elementraster mit 8x8 Elementen. Die Spannungen an den Knotenpunkten liegen in Mathcad im Vektor *sig_x_Mitte* vor. Sie können mit den von Mathcad zur Verfügung gestellten Funktionen für Matrizen und Vektoren weiter ausgewertet werden. Beispielsweise erhält man die Spannungen am oberen und unteren Scheibenrand sowie die Maxima und Minima der Spannungen zu:

$\sigma x\_oben := sig\_x\_Mitte_{ny+1}$ $\sigma x\_unten := sig\_x\_Mitte_1$

Spannung am oberen Rand: $\sigma x\_oben = -409.41$

Spannung am unteren Rand: $\sigma x\_unten = 4110.81$

Maximale Spannung: max(sig_x_Mitte) = 4110.81

Minimale Spannung: min(sig_x_Mitte) = −972.82

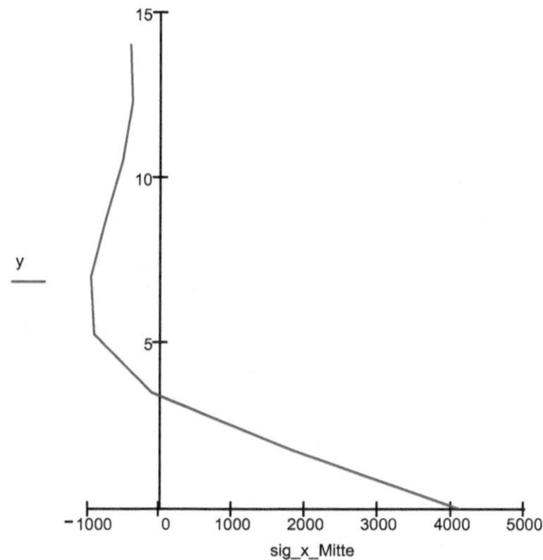

Bild 5.22: Horizontalspannungen in einem vertikalen Schnitt in Scheibenmitte

Die Funktionen *max* und *min* werden standardmäßig von Mathcad zur Verfügung gestellt. Die Daten im Vektor *sig_x_Mitte* lassen sich mit

$yhoehe(i,j) := \frac{l_y}{n_y} \cdot i$ $y\_ := matrix(n_y + 1, 1, yhoehe)$

sigx(y) := linterp(y_, sig_x_Mitte, y)

als Funktion von *y* darstellen. Auf *sigx(y)* können die von Mathsoft zur Verfügung gestellten Funktionen angewandt werden. Beispielsweise kann der Nulldurchgang der Spannungen bestimmt werden zu:

$y_0 := wurzel(sigx(y), y, 0, l_y)$

Nullstelle der Spannungen bei $y_0 = 3.4$

Damit lassen sich auch die resultierende Zug- und Druckkraft durch Integration des Spannungsverlaufs leicht ermitteln zu:

Resultierende Druckkraft $D_{res} := \int_{y0}^{ly} sigx(y)\,dy$ $D_{res} = -6758.0$

Resultierende Zugkraft: $Z_{res} := \int_{0}^{y0} sigx(y)\,dy$ $Z_{res} = 6657.4$

Die Beträge der beiden Werte unterscheiden sich aufgrund des numerischen Fehlers der Finite-Element-Methode um ca. 2 %.

1.2.9 Schalen

1.2.9.1 Allgemeines

Schalen sind räumlich gekrümmte Flächentragwerke, deren statische Untersuchung in der Regel anspruchsvoll und sehr aufwendig ist. Hier werden in der Praxis leistungsfähige Finite-Element-Programme verwendet. Für elementare Fälle liegen analytische Lösungen vor, für die CA-Systeme geeignet sind. Ein Beispiel ist die Berechnung von Zylinderschalen. Die Berechnung einer eingespannten Zylinderschale unter Innendruck ist in Teil IV, Beispiel 4.1 dargestellt. Deutlich anspruchsvoller ist die Berechnung kreiszylindrischer Schalensegmente mit beliebiger Belastung und Lagerung an den Rändern nach der Theorie der Tonnenschalen, die in diesem Abschnitt behandelt wird. Sie kann zur Berechnung von Mischgutsilos mit sektorförmiger Kammerteilung angewandt werden (siehe Arbeitsblatt „*TV_1_16_Silokammer.xmcd*“).

1.2.9.2 Kreiszylindrische Schalensegmente

Die Schnittgrößen, Oberflächenkräfte und die Schalenparameter werden in Anlehnung an [5.8], [5.9] definiert (Bild 5.23).

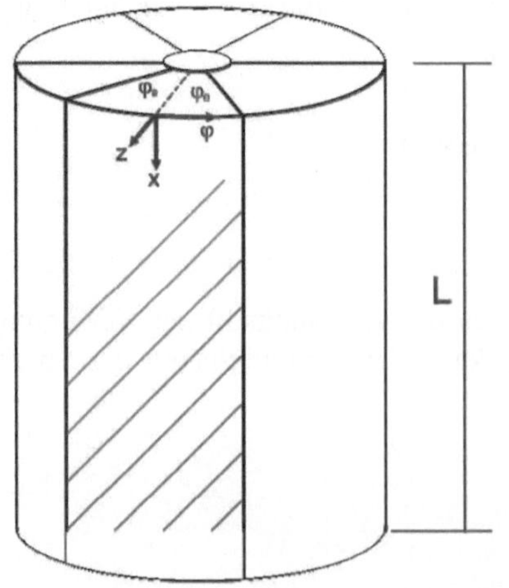

$\delta = 2\,h$ = Schalendicke

ν = Querkontraktion

E = Elastizitätsmodul

$D = \dfrac{E\delta}{1-\nu^2}$ = Dehnsteifigkeit

$K = \dfrac{E\delta^3}{12(1-\nu^2)}$ = Biegesteifigkeit

a = Schalenradius

$k = \dfrac{K}{D\,a^2} = \dfrac{\delta^2}{12\,a^2} << 1$

Bild 5.23: Segment einer Tonnenschale und Schalenparameter

Ausgehend von den FLÜGGE'schen Differentialgleichungen [5-9] folgen nach leichter Modifikation durch GIRKMANN [5-8] die drei partiellen Differentialgleichungen:

$$a^2u'' + \tfrac{1}{2}(1-\nu)u^{\bullet\bullet} + \nu a w' + \tfrac{1}{2}(1+\nu)a v'^{\bullet} + X\,a^2/D = 0 \quad (...)' = \frac{\partial(...)}{\partial x},\ (...)^{\bullet} = \frac{\partial(...)}{\partial \varphi}$$

$$\begin{aligned} &\tfrac{1}{2}(1+\nu)a u'^{\bullet} + v^{\bullet\bullet} + \tfrac{1}{2}(1-\nu)a^2 v'' + w^{\bullet} + Y\,a^2/D = 0 \\ &\nu a u' + v^{\bullet} + w + k(w^{\bullet\bullet\bullet\bullet} + 2a^2 w''^{\bullet\bullet} + a^4 w'''') + Z\,a^2/D = 0 \end{aligned} \tag{5.48}$$

In (5.48) sind u, v, w die Verschiebungen der Schalenmittelfläche in x-, φ- bzw. z-Richtung, X, Y die Flächenlasten in x-, φ- Richtung. Die Flächenlast Z ist gemäß [5-8] entgegen der z-Richtung definiert, d. h. von außen normal zur Schalenfläche wirkend positiv.

1.2.9.3 Partikulare Lösung der Differentialgleichungen

Die hier allein wirkende Flächenlast Z wird in Umfangsrichtung als konstant angenommen und in x-Richtung in eine Fourierreihe entwickelt, so dass gilt:

$$Z(x) = P(x) = \sum_{n=1}^{\infty} Z_n \sin(\frac{\lambda_n x}{a}) \quad \text{mit } \lambda_n = \frac{n\pi a}{L} \quad \text{und } X = Y = 0 \tag{5.49}$$

Die Gleichungen (5.48) sind dann für k<<1 mit folgenden Ansätzen lösbar:

$$u_p = \sum_n u_{p,n} \cos\frac{\lambda_n x}{a}, \quad v_p = \sum_n v_{p,n} \sin\frac{\lambda_n x}{a}, \quad w_p = \sum_n w_{p,n} \sin\frac{\lambda_n x}{a} \tag{5.50}$$

mit

$$u_{p,n} = \frac{-Z_n \nu}{\lambda_n (1 + k\lambda_n{}^4 - \nu^2)} \frac{a^2}{D}, \quad w_{p,n} = \frac{-Z_n}{1 + k\lambda_n{}^4 - \nu^2} \frac{a^2}{D}, \quad v_{p,n} = 0 \tag{5.51}$$

Die partikularen Schnittgrößen $n_{p,\varphi,n}$, $n_{p,x,n}$, $m_{p,x,n}$, $q_{p,x,n}$ können hieraus für jedes Reihenglied n berechnet werden (siehe [5-8], Gln 1259). Die partikulären Schnittgrößen $n_{p,x,\varphi}$, $m_{p,\varphi}$, $q_{p,\varphi}$ sowie die Verdrehung χ in Umfangsrichtung φ sind für den gewählten Fall der Belastung gleich Null.

1.2.9.4 Homogene Lösung

Die homogene Lösung der Differentialgleichungen lässt sich, wenn man alle Größen wie bei der partikulären Lösung in eine Fourierreihe in x-Richtung entwickelt, darstellen zu

$$u_h = \sum_n u_{h,n} \cos\frac{\lambda_n x}{a}, \qquad u_{h,n} = \sum_{j=1}^{8} C_{n,j}\, F_{u,n,j}\, e^{m_{n,j}\,\varphi}$$
$$v_h = \sum_n v_{h,n} \sin\frac{\lambda_n x}{a}, \qquad v_{h,n} = \sum_{j=1}^{8} C_{n,j}\, F_{v,n,j}\, e^{m_{n,j}\,\varphi}$$
$$w_h = \sum_n w_{h,n} \cos\frac{\lambda_n x}{a}, \qquad w_{h,n} = \sum_{j=1}^{8} C_{n,j}\, F_{w,n,j}\, e^{m_{n,j}\,\varphi} \tag{5.52}$$

mit:

$$F_{u,n,j} = \lambda_n^3 \cdot \nu + \lambda_n \cdot m_{n,j}^2, \quad F_{v,n,j} = \lambda_n^2 \cdot m_{n,j} \cdot (2+\nu) - m_{n,j}^3, \quad F_{w,n,j} = (m_{n,j}^2 - \lambda_n^2)^2 \tag{5.53}$$

Die für jeden Fourierterm n jeweils 8 Beiwerte $m_{n,j}$ ergeben sich als Nullstellen einer charakteristischen Gleichung zu:

$$\begin{aligned} &m_{n,1} = \alpha_{n,1} + i\cdot\bar{\alpha}_{n,1},\ m_{n,2} = \alpha_{n,1} - i\cdot\bar{\alpha}_{n,1},\ m_{n,3} = \alpha_{n,2} + i\cdot\bar{\alpha}_{n,2},\ m_{n,4} = \alpha_{n,2} - i\cdot\bar{\alpha}_{n,2}, \\ &m_{n,5} = -m_{n,1},\ m_{n,6} = -m_{n,2},\ m_{n,7} = -m_{n,3},\ m_{n,8} = -m_{n,4} \end{aligned} \tag{5.54}$$

mit

$$\alpha_{n,1} = \frac{\rho_n}{\sqrt[4]{8}}\sqrt{\sqrt{(1+\kappa_n\sqrt{2})^2+1}+(1+\kappa_n\sqrt{2})} \quad \text{mit} \quad \rho_n = \sqrt{\lambda_n}\cdot\sqrt[8]{\frac{1-\nu^2}{k}} \quad \text{und} \quad \kappa_n = \frac{\lambda_n^2}{\rho_n^2}$$
$$\alpha_{n,2} = \frac{\rho_n}{\sqrt[4]{8}}\sqrt{\sqrt{(1-\kappa_n\sqrt{2})^2+1}-(1-\kappa_n\sqrt{2})}$$
$$\bar{\alpha}_{n,1} = \frac{\rho_n}{\sqrt[4]{8}}\sqrt{\sqrt{(1+\kappa_n\sqrt{2})^2+1}-(1+\kappa_n\sqrt{2})} = \frac{1}{\alpha_{n,1}}\left(\frac{\rho_n}{\sqrt[4]{8}}\right)^2$$
$$\bar{\alpha}_{n,2} = \frac{\rho_n}{\sqrt[4]{8}}\sqrt{\sqrt{(1-\kappa_n\sqrt{2})^2+1}+(1-\kappa_n\sqrt{2})} = \frac{1}{\alpha_{n,2}}\left(\frac{\rho_n}{\sqrt[4]{8}}\right)^2 \tag{5.55}$$

Die für jeden Fourierterm n jeweils 8 Konstanten $C_{n,j}$ lassen sich mit Hilfe der Randbedingungen ermitteln. Damit die Verschiebungsanteile $u_{h,n}$, $v_{h,n}$, $w_{h,n}$ reell sind, müssen alle Konstanten $C_{n,j}$ paarweise konjugiert komplex sein.

Zur Berechnung der Verdrehung und der Schnittgrößen, sind die Ableitungen der Funktionen erforderlich. Hierbei werden abweichend von [5-8] die Möglichkeiten der Funktionentheorie benutzt, d. h., alle Ableitungen erfolgen im komplexen Zahlenraum (siehe z. B. [5-10]) und es ergibt sich eine wesentlich vereinfachte Darstellung der Lösungsfunktionen und deren Ableitungen. Beispielsweise erhält man für die Verdrehung in Umfangsrichtung

$$\chi_h = \sum_n \chi_{h,n} \cdot \sin\frac{\lambda_n x}{a}, \quad \chi_{h,n} = \frac{1}{a}\sum_{j=1}^{8} C_{n,j} \cdot F_{\chi,n,j} \cdot e^{m_{n,j}\varphi}, \quad F_{\chi,n,j} = (F_{v,n,j} - m_{n,j} \cdot F_{w,n,j}) \tag{5.56}$$

Eine tabellarische Zusammenstellung aller übrigen Zustandsgrößen findet sich in [5-11].

1.2.9.5 Randbedingungen und Gleichungssystem

Es wird der Fall des Schalensegments eines Silos mit mehreren Kammern betrachtet, das an den radialen Kammerwänden unverschieblich gelagert ist. Weiterhin wird angenommen, dass alle Kammern vollständig befüllt sind. Zur Bestimmung der 8 unbekannten Konstanten für jedes Glied n der Fourierreihe stehen dann je Schalenlängsrand 4 Randbedingungen zur Verfügung, so dass sich ein Gleichungssystem mit acht Unbekannten $C_{n,j}$ (j = 1,2 ..8) ergibt. Für ein Silo, bei dem alle Kammern voll befüllt sind, kann an den Segmenträndern $\varphi = +\varphi_0$ und $\varphi = -\varphi_0$ eine Einspannung angenommen werden und es gilt:

$$u = 0,\ v = 0,\ w = 0,\ \chi = 0 \text{ jeweils für } \varphi = +\varphi_0 \text{ und } \varphi = -\varphi_0 \tag{5.57}$$

Die Lösung der Differentialgleichungen setzt sich aus einem partikulären und einem homogenen Lösungsanteil zusammen. So gilt für die Verschiebungen und Verdrehungen

$$\begin{aligned} u &= \sum_n \left(u_{h,n} + u_{p,n}\right)\cdot \cos\frac{\lambda_n x}{a}, \quad v = \sum_n \left(v_{h,n} + v_{p,n}\right)\cdot \sin\frac{\lambda_n x}{a}, \\ w &= \sum_n \left(w_{h,n} + w_{p,n}\right)\cdot \sin\frac{\lambda_n x}{a}, \quad \chi = \sum_n \chi_{h,n} \cdot \sin\frac{\lambda_n x}{a} \end{aligned} \tag{5.58}$$

Setzt man hier die Randbedingungen ein, erhält man für jede Randbedingung eine Gleichung mit den Konstanten $C_{n,j}$ als Unbekannten. Beispielsweise ergibt sich für $u=0$ für alle Werte x am Rand $\varphi = +\varphi_0$:

$$\begin{aligned} &u_n = u_{h,n} + u_{p,n} = \sum_{j=1}^{8} C_{n,j}\cdot F_{u,n,j}\cdot e^{m_{n,j}\,\varphi_0} + u_{p,n} = 0 \\ &\rightarrow\ C_{n,1}\cdot F_{u,n,1}\cdot e^{m_{n,1}\,\varphi_0} + C_{n,2}\cdot F_{u,n,2}\cdot e^{m_{n,2}\,\varphi_0} + \ldots + C_{n,8}\cdot F_{u,n,8}\cdot e^{m_{n,8}\,\varphi_0} = -u_{p,n} \end{aligned} \tag{5.59}$$

Für die 8 Randbedingungen ergeben sich 8 Gleichungen, aus denen sich die Konstanten $C_{n,1}$ bis $C_{n,8}$ bestimmen lassen. Die Lösung für die Verschiebungen ergibt sich aus (5.52). Entsprechende Gleichungen lassen sich auch für die Schnittgrößen angeben [5-11]. Es sei darauf hingewiesen, dass sich die hier verwendete Methode auch auf den Fall der Einzelkammerbefüllung von Mischgutsilos erweitern lässt [5-11].

1.2.9.6 Beispiel: Silokammer bei vollständiger Silobefüllung

Das Arbeitsblatt *TV_1_16_Silokammer.xmcd* enthält die Berechnung einer Silokammer bei vollständiger Befüllung aller Kammern. Die Belastung, d. h. der Innendruck auf die Silowand, wird mit

$$\mathrm{p(x)} = \mathrm{p_0} \times \left(1 - \mathrm{e}^{-\frac{\mathrm{x}}{\mathrm{x_0}}}\right) \tag{5.60}$$

als Exponentialfunktion dargestellt. Die nach (5.49) in eine Fourierreihe zerlegte Belastung wird zur Beurteilung der Genauigkeit mit der Originalfunktion verglichen.

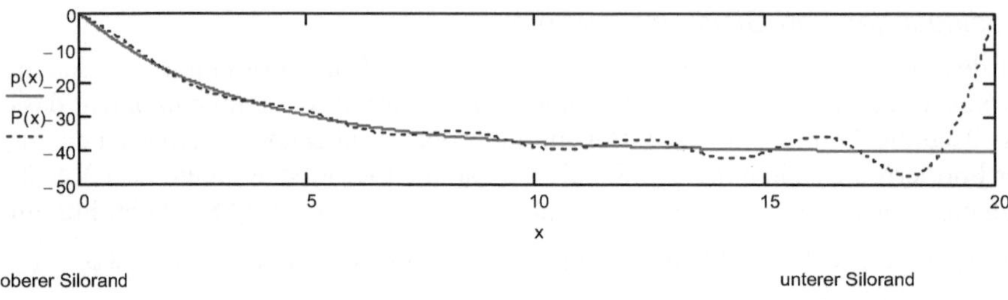

Bild 5.24: Innendruck *p(x)* auf die Silowand und Fourierentwicklung *P(x)*

Es folgt das Aufstellen des Gleichungssystems für die Randbedingungen und dessen Lösung. Die Verschiebungen werden nach (5.58) und die Schnittgrößen nach [5-11] als Fourierreihe ermittelt und superponiert.

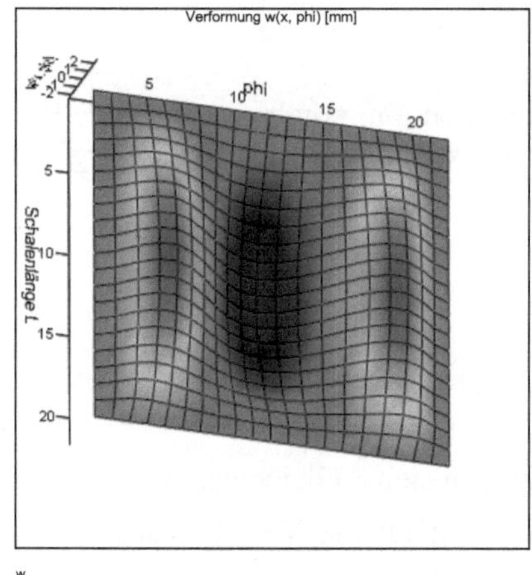

Bild 5.25: Verschiebungen $w(x,\varphi)$ des Schalensegments

Für die Schnittgrößen werden beispielhaft die Spannungen σ_φ in Umfangsrichtung an der Innen- und Außenseite der Schale in einem Schnitt für einen konstanten Wert x ermittelt. Sie lassen sich auf elementare Weise aus den bezogenen Normalkräften und den bezogenen Momenten in Umfangsrichtung bestimmen.

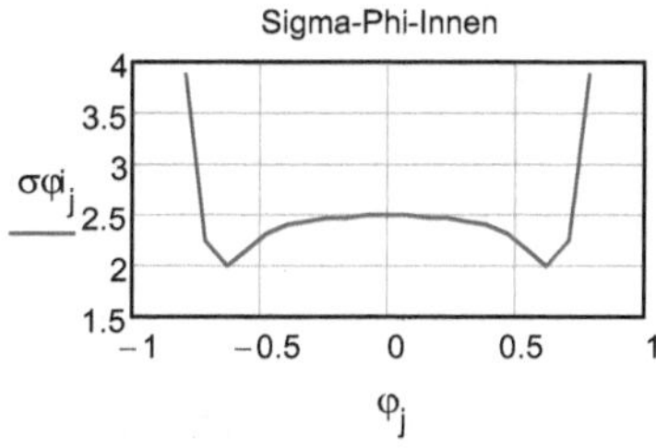

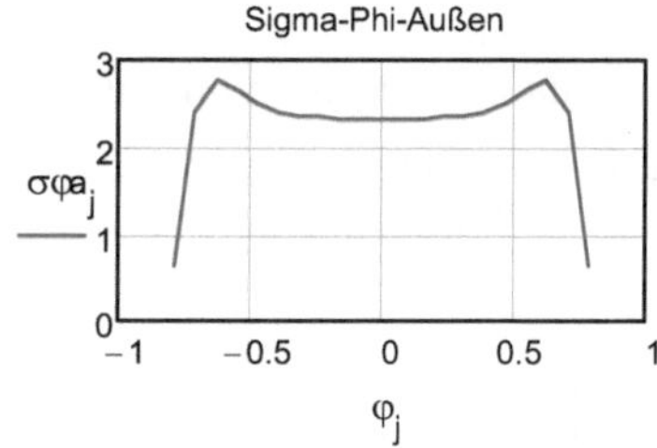

Bild 5.26: Spannungen σ_φ an der Innen- und Außenseite des Schalensegments

1.3 Nichtlineare Statik

1.3.1 Arten der Nichtlinearität

In der nichtlinearen Statik unterscheidet man grundsätzlich zwischen zwei Arten der Nichtlinearität:

- geometrische Nichtlinearität
- materielle Nichtlinearität

Bei der geometrischen Nichtlineariät werden, über die klassische lineare Biegebalkentheorie hinausgehend, große Verformungen des Tragwerks berücksichtigt. Hierdurch entstehen nichtlineare Effekte, die insbesondere bei druckbeanspruchten Bauteilen das Tragverhalten entscheidend verändern können. Von materieller Nichtlinearität spricht man, wenn das Material sich nichtlinear verhält, also nicht mehr das Hook´sche Gesetz gilt. Ein typisches Beispiel hierfür ist das Fließen des Stahls in der Nähe des Bruchzustands eines Tragwerks. Hinzu kommt die Nichtlinearität durch Systemveränderungen wie sie beispielsweise durch das Auftreten einer klaffenden Bodenfuge unter einer Fundamentplatte oder das planmäßige Ausfallen eines Druckstabes bei hoher Belastung gegeben sind.

Die nichtlineare Berechnung von Tragkonstruktionen unter Berücksichtigung aller Arten der Nichtlinearität ist eine anspruchsvolle Ingenieuraufgabe und wird mit hierfür speziell konzipierten Finite-Element-Programmen durchgeführt. Für Computeralgebrasysteme sind vor allem analytische Lösungen geeignet, die sich für einfache Fälle herleiten lassen. Diese sind für entsprechend einfache Tragwerke und Einwirkungen direkt anwendbar. Sie sind aber auch geeignet, um bei komplizierteren Systemen überschlägige Kontrollrechnungen durchzuführen.

Im Folgenden werden solche einfachen Lösungen betrachtet. Im Bereich der geometrischen Nichtlinearität wird die vereinfachte Berechnung einseitig eingespannter Stäbe nach Theorie II-ter Ordnung sowie die Stabilität von Baukonstruktionen beispielhaft untersucht. Als vereinfachende Verfahren zur materiellen Nichtlinearität werden die Fließgelenktheorie für Stabwerke und die Bruchlinientheorie für Platten betrachtet.

1.3.2 Theorie II-ter Ordnung und Stabilität von Stabwerken

Die Theorie II-ter Ordnung ist eine vereinfachte Theorie, die die Auswirkungen der Verformungen auf das Gleichgewicht berücksichtigt. Sie ergibt sich durch Linearisierung der allgemeinen Gleichungen für große Verformungen. Durch die Linearisierung entstehen Gleichungen, die bei konstanten Normalkräften auch eine Superposition von Lastfällen erlauben. Dies ist bei nichtlinearen Berechnungsverfahren im Allgemeinen nicht der Fall.

Die Differentialgleichung des Biegebalkens nach Theorie II-ter Ordnung lautet, wenn man konstante Biegesteifigkeit $E \cdot I$ und eine konstante Druckkraft P voraussetzt:

$$E \cdot I \cdot w^{IV} + P \cdot w'' - q = 0 \tag{5.61}$$

Hierin ist w die Durchbiegung und q die auf den Stab wirkende Streckenlast. Die Differentialgleichung lässt sich für einfache Systeme analytisch lösen. Im Übrigen kommen die in Abschnitt 5.1.2.2 genannten Verfahren für Stabwerke wie beispielsweise das Übertragungsmatrizenverfahren und die Finite-Element-Methode in Betracht.

Im Folgenden werden die analytischen Lösungen für einen einseitig eingespannten Stab mit einem freien Ende betrachtet, Bild 5.27. Die Lösungen für den Fall einer Einzellast und einer Streckenlast sind in [5-12] angegeben.

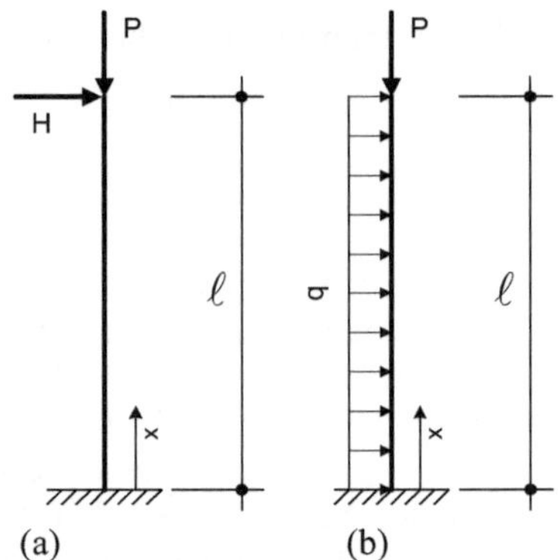

Bild 5.27: Verschiebungsgrößen und Schnittgrößen eines einseitig eingespannten Stabes nach Theorie II-ter Ordnung

Das Arbeitsblatt *„TV_1_16_Druckstab_H.xmcd"* enthält die Lösung für den Fall einer Einzelkraft am Stabende. Zunächst ermittelt man die Stabkennzahl

$$\varepsilon := l \cdot \sqrt{\frac{P}{E \cdot I}}$$

P ist hier als Druckkraft mit positivem Vorzeichen einzusetzen. Die Durchbiegungen und die Schnittgrößen erhält man damit zu:

Durchbiegung $$w(x) := \frac{H}{E \cdot I} \cdot \frac{l^3}{\varepsilon^3} \cdot \left[\tan(\varepsilon) \cdot \left(1 - \cos\left(\varepsilon \cdot \frac{x}{l}\right)\right) + \sin\left(\varepsilon \cdot \frac{x}{l}\right) - \varepsilon \cdot \frac{x}{l}\right]$$

Biegemoment $$M(x) := -H \cdot l \cdot \frac{1}{\varepsilon} \cdot \left(\tan(\varepsilon) \cdot \cos\left(\varepsilon \cdot \frac{x}{l}\right) - \sin\left(\varepsilon \cdot \frac{x}{l}\right)\right)$$

Querkraft $$Q(x) := H \cdot \left(\tan(\varepsilon) \cdot \sin\left(\varepsilon \cdot \frac{x}{l}\right) + \cos\left(\varepsilon \cdot \frac{x}{l}\right)\right)$$

Transversalkraft $$T(x) := H$$

Hierin bedeutet *T(x)* die Transversalkraft, die senkrecht zur *x*-Achse steht, während die Querkraft *Q(x)* senkrecht zur verformten Stabachse steht.

Die Ergebnisse lassen sich auch mit denjenigen nach Theorie I-ter Ordnung vergleichen. Beispielsweise erhält man für die Systemkennwerte

Abmessungen $l := 6 \cdot m$

Stabkennwerte: $I := 40000 \cdot cm^4$

$E := 2.1 \cdot 10^8 \frac{kN}{m^2}$

Belastung: $P := 1000 \cdot kN$ $H := 10kN$

folgende Ergebnisse an ausgewählten Stellen:

Durchbiegung bei x=l: nach Theorie II-ter Ordnung $w(l) = 1.03\ cm$

nach Theorie I-ter Ordnung $\frac{H \cdot l^3}{3 \cdot E \cdot I} = 0.86\ cm$

Biegemoment bei x=0: nach Theorie II-ter Ordnung $M(0 \cdot m) = -70.35\ kN \cdot m$

nach Theorie I-ter Ordnung $-H \cdot l = -60\ kN \cdot m$

Querkraft bei x=l: nach Theorie II-ter Ordnung $Q(l) = 12.61\ kN$

nach Theorie I-ter Ordnung $H = 10\ kN$

Die zugehörigen Verläufe der Durchbiegungen und der Schnittgrößen sind in Bild 5.28 dargestellt.

Für einen durch eine konstante Streckenlast beanspruchten Stab erhält man die Durchbiegungen und Schnittgrößen entsprechend zu Arbeitsblatt *„TV_1_18_Druckstab_q.xmcd“*:

Durchbiegung $w(x) := \frac{q}{E \cdot I} \cdot \frac{l^4}{\varepsilon^4} \cdot \left[\varepsilon \cdot \sin\left(\varepsilon \cdot \frac{x}{l}\right) - \frac{1 - \varepsilon \cdot \sin(\varepsilon)}{\cos(\varepsilon)} \cdot \left(1 - \cos\left(\varepsilon \cdot \frac{x}{l}\right)\right) - \varepsilon^2 \cdot \left(\frac{x}{l} - \frac{1}{2} \cdot \frac{x^2}{l^2}\right)\right]$

Biegemoment $M(x) := \frac{-q \cdot l^2}{\varepsilon^2} \cdot \left(-\varepsilon \cdot \sin\left(\varepsilon \cdot \frac{x}{l}\right) - \frac{1 - \varepsilon \cdot \sin(\varepsilon)}{\cos(\varepsilon)} \cdot \cos\left(\varepsilon \cdot \frac{x}{l}\right) + 1\right)$

Querkraft $Q(x) := \frac{q \cdot l}{\varepsilon} \cdot \left[\varepsilon \cdot \cos\left(\varepsilon \cdot \frac{x}{l}\right) - \left(\frac{1 - \varepsilon \cdot \sin(\varepsilon)}{\cos(\varepsilon)} \cdot \sin\left(\varepsilon \cdot \frac{x}{l}\right)\right)\right]$

Transversalkraft $T(x) := q \cdot l \cdot \left(1 - \frac{x}{l}\right)$

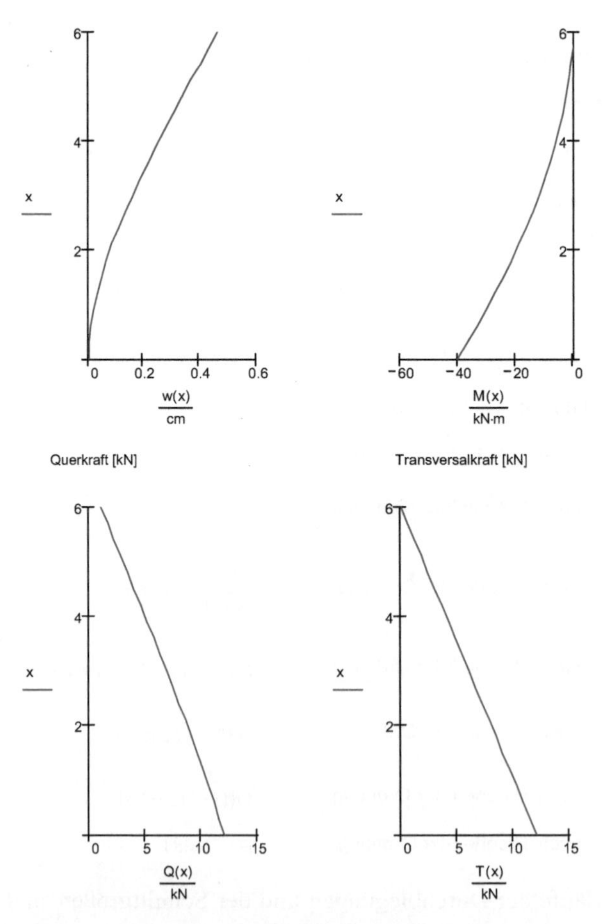

Bild 5.28: Durchbiegungen und Schnittgrößenverläufe nach Theorie II-ter Ordnung

Setzt man in (5.61) die äußere Belastung zu Null, so erhält man die homogene Differentialgleichung des Biegebalkens nach Theorie II-ter Ordnung

$$E \cdot I \cdot w^{IV} + P \cdot w'' = 0 \tag{5.62}$$

Ihre Lösung führt zu einem Eigenwertproblem. Die Gleichung besitzt damit nur noch für bestimmte Werte $P = P_k$ von Null verschiedene Lösungen *w(x)*. Diese werden als Knicklasten oder als Verzweigungslasten bezeichnet. Bei der diskreten Lösung von (5.62) mit der Finite-Element-Methode erhält man ein algebraisches Eigenwertproblem.

Im Folgenden werden einige Beispiele für die Bestimmung der Verzweigungslasten gezeigt. Das Arbeitsblatt *„TV_1_18_Knicken_Eulerfälle.xmcd"* gibt einen Überblick über die klassischen vier Eulerfälle. Für die Eingabewerte

Systemkennwerte:

Abmessungen $l := 6 \cdot m$

Stabkennwerte: $I := 4000 \cdot cm^4$ $E := 2.1 \cdot 10^8 \frac{kN}{m^2}$

Belastung: $P := 100 \cdot kN$

erhält man folgende Ergebnisse:

$i := 1, 2 .. 4$

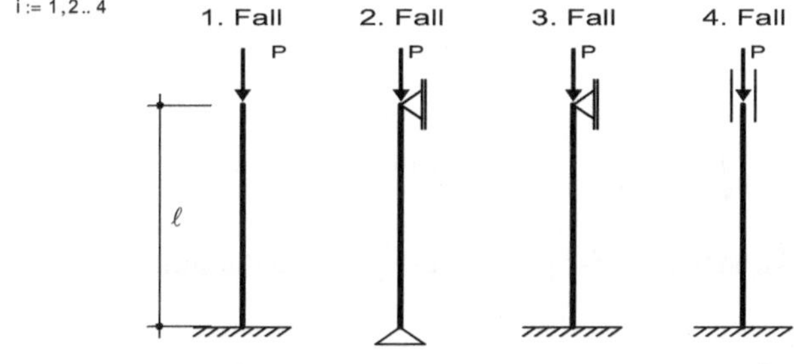

Knicklängen: $sk_1 := 2 \cdot l$ $sk_2 := l$ $sk_3 := 0.699 \cdot l$ $sk_4 := \frac{l}{2}$

$sk_1 = 12\,m$ $sk_2 = 6\,m$ $sk_3 = 4.19\,m$ $sk_4 = 3\,m$

Verzweigungslastfaktor

$\eta ki_i := \frac{E \cdot I \cdot \pi^2}{P \cdot (sk_i)^2}$ $\eta ki_1 = 5.76$ $\eta ki_2 = 23.03$ $\eta ki_3 = 47.13$ $\eta ki_4 = 92.12$

Verzweigungslasten:

$Pk_i := \eta ki_i \cdot P$ $Pk_1 = 576\,kN$ $Pk_2 = 2303\,kN$ $Pk_3 = 4713\,kN$ $Pk_4 = 9212\,kN$

Der Verzweigungslastfaktor gibt an, um welchen Wert die eingegebene Last gesteigert werden kann bis Stabilitätsversagen eintritt. Die in der letzten Zeile angegebenen Verzweigungslasten sind die zugehörigen Lasten.

Im Arbeitsblatt *„TV_1_20_Knicken_Rahmen.xmcd“* wird das Stabilitätsversagen eines Zweigelenkrahmens nach Bild 5.29 behandelt. Zunächst wird der Beiwert

$$\nu := \frac{2}{\frac{l_R \cdot E \cdot I}{l \cdot E \cdot I_R} + 2} \tag{5.63}$$

bestimmt. Den Verzweigungslastfaktor, die zugehörigen Verzweigungslasten und die Knicklängen erhält man damit nach [5-5] zu:

Verzweigungslastfaktor $\eta_{Ki} := \frac{6 \cdot \nu}{\left(0.216 \cdot \nu^2 + 1\right) \cdot \left(P_{li} + P_{re}\right)} \cdot \frac{E \cdot I}{l^2}$

Verzweigungslasten: $P_{K\_li} := \eta_{Ki} \cdot P_{li}$ P_{K_li}

$P_{K\_re} := \eta_{Ki} \cdot P_{re}$ P_{K_re}

Knicklängen der Rahmenstiele:

$s_{K\_li} := \pi \cdot \sqrt{\frac{E \cdot I}{\eta_{Ki} \cdot P_{li}}}$ s_{K_li}

$s_{K\_re} := \pi \cdot \sqrt{\frac{E \cdot I}{\eta_{Ki} \cdot P_{re}}}$ s_{K_re}

Formeln für weitere Systeme können aus [5-5], [5-6] und [5-12] entnommen werden.

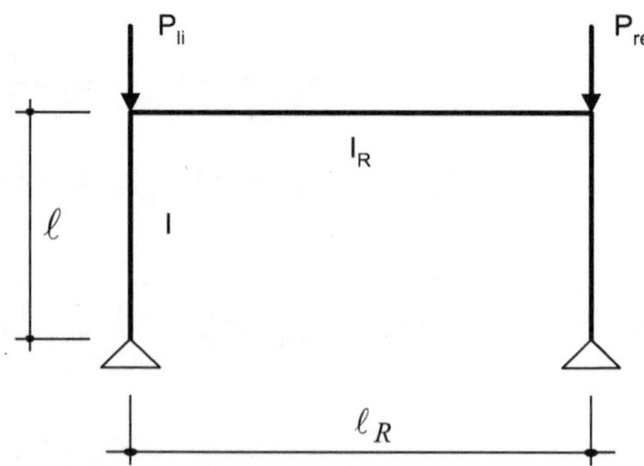

Bild 5.29: Zweigelenkrahmen

1.3.3 Fließgelenktheorie

Die Fließgelenktheorie stellt ein vereinfachtes Verfahren dar, um bei der Berechnung von Stabwerken nichtlineares Materialverhalten zu berücksichtigen. Alle Nichtlinearitäten in einem Fließbereich eines Balkens werden dabei punktförmig zu einem Gelenk zusammengefasst. Bei Laststeigerung bilden sich nun bei einem statisch unbestimmten System nacheinander an allen Stellen, an denen die Biegemomente die jeweiligen Fließmomente überschreiten, Fließgelenke aus. Beim Erreichen der kinematischen Kette ist die Traglast des Tragwerks erreicht und die Traglastreserven des statisch unbestimmten Systems sind damit ausgeschöpft. Das sukzessive Herausbilden der kinematischen Kette setzt allerdings voraus, dass während der Laststeigerung an allen Fließgelenken eine ausreichende Duktilität vorhanden ist und dass kein Stabilitätsversagen einzelner Bauteile eintritt. Durch die Forderung nach einer ausreichenden Duktilität wird sichergestellt, dass kein Querschnitt vorzeitig vor Eintreten der kinematischen Kette versagt. Die Einhaltung beider Forderungen muss durch entsprechende Untersuchungen sichergestellt sein, damit die Fließgelenktheorie bei einem Tragwerk angewandt werden darf. Weiterhin wird hier ausschließlich die Fließgelenktheorie I-ter Ordnung betrachtet. Dies setzt kleine Verformungen voraus. Die weit aufwendigere Fließgelenktheorie II-ter Ordnung berücksichtigt darüber hinaus das Gleichgewicht am verformten System bei ebenfalls kleinen Verformungen.

Zur Ermittlung der Traglast des Systems nach der Fließgelenktheorie gibt es grundsätzlich zwei Verfahren:

- Verfahren der sukzessiven Laststeigerung und schrittweisen Ausbildung von Fließgelenken bis zum Versagen des Systems
- Untersuchung mehrerer kinematischer Ketten mit dem Prinzip der virtuellen Verschiebungen unter Berücksichtigung der Traglastsätze

Während das erste Verfahren zur Entwicklung von Computerprogrammen nach der Fließgelenktheorie gut geeignet ist, ist das zweite Verfahren wegen des vergleichsweise geringen Rechenaufwands für die Handrechnung vorteilhaft.

Für einfache Fälle lassen sich auch geschlossene Formeln angeben. Im Folgenden werden Einfeldträger unter Gleichlasten und Einzellasten betrachtet. Die verwendeten Gleichungen sind beispielsweise in [5-13] angegeben.

Das Arbeitsblatt *„TV_1_21_FGT_Einfeldträger.xmcd“* dient der Ermittlung der Momente im Grenzzustand der Tragfähigkeit nach der Fließgelenktheorie. Die verwendeten Formeln sind in Tabelle 5.5 für die beiden Lagerungsfälle zusammengestellt. Bei Belastung mit zwei Einzellasten sind zwei mögliche Gelenkketten zu untersuchen, von denen nach den Traglastsätzen diejenige, die das größte (erforderliche) plastische Moment ergibt, maßgebend ist.

Bei Durchlaufträgern bilden sich bei einer kinematischen Kette über den Auflagern Fließgelenke aus. Die Gleichungen können daher auch für die Innen- beziehungsweise Endfelder von Durchlaufträgern angewandt werden. Ein Beispiel zum Nachweis eines Durchlaufträgers nach der Fließgelenktheorie findet sich in [5-5] beziehungsweise [5-6].

Tabelle 5.5: Einfeldträger nach der Fließgelenktheorie

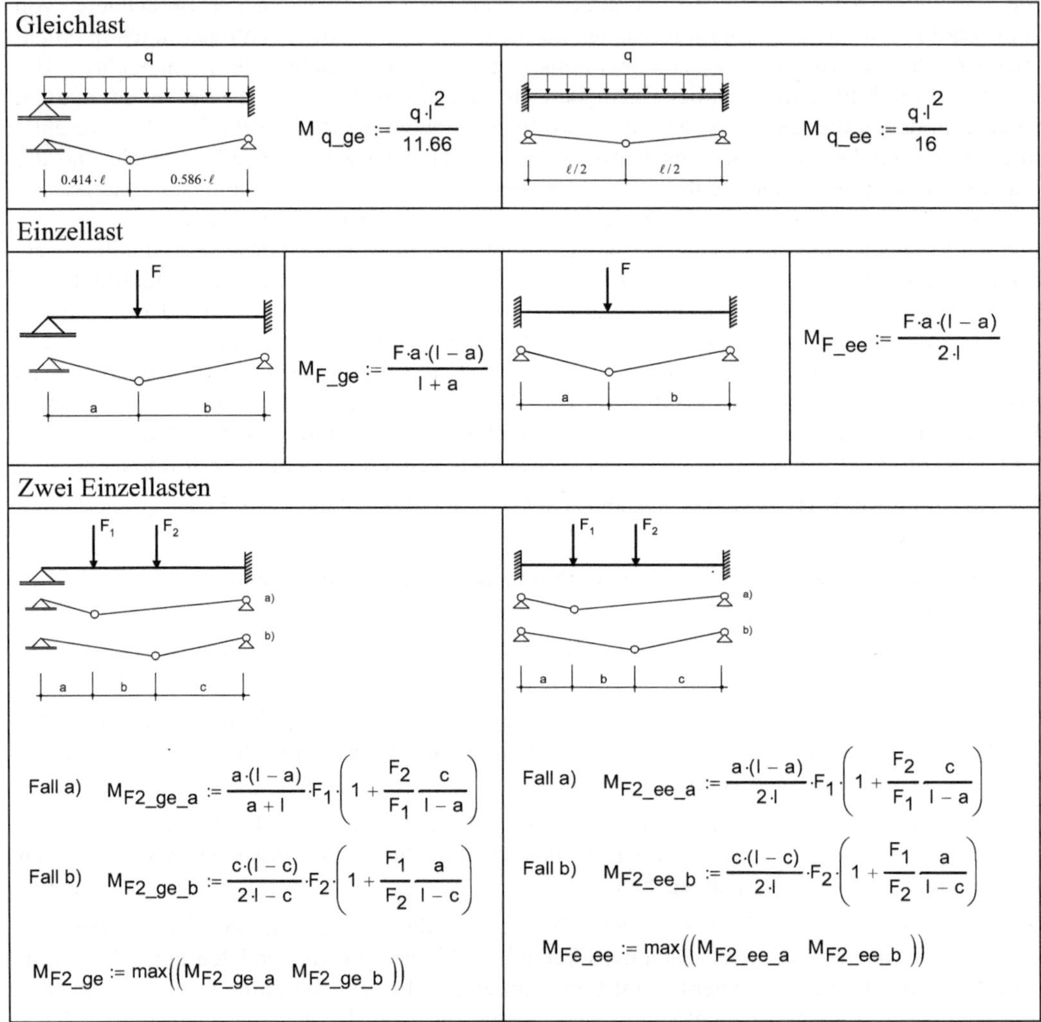

Gleichlast	
$M_{q\_ge} := \frac{q \cdot l^2}{11.66}$ (0.414 · ℓ, 0.586 · ℓ)	$M_{q\_ee} := \frac{q \cdot l^2}{16}$ (ℓ/2, ℓ/2)
Einzellast	
$M_{F\_ge} := \frac{F \cdot a \cdot (l - a)}{l + a}$	$M_{F\_ee} := \frac{F \cdot a \cdot (l - a)}{2 \cdot l}$
Zwei Einzellasten	
Fall a) $M_{F2\_ge\_a} := \frac{a \cdot (l - a)}{a + l} \cdot F_1 \cdot \left(1 + \frac{F_2}{F_1} \cdot \frac{c}{l - a}\right)$	Fall a) $M_{F2\_ee\_a} := \frac{a \cdot (l - a)}{2 \cdot l} \cdot F_1 \cdot \left(1 + \frac{F_2}{F_1} \cdot \frac{c}{l - a}\right)$
Fall b) $M_{F2\_ge\_b} := \frac{c \cdot (l - c)}{2 \cdot l - c} \cdot F_2 \cdot \left(1 + \frac{F_1}{F_2} \cdot \frac{a}{l - c}\right)$	Fall b) $M_{F2\_ee\_b} := \frac{c \cdot (l - c)}{2 \cdot l} \cdot F_2 \cdot \left(1 + \frac{F_1}{F_2} \cdot \frac{a}{l - c}\right)$
$M_{F2\_ge} := \max((M_{F2\_ge\_a} \;\; M_{F2\_ge\_b}))$	$M_{Fe\_ee} := \max((M_{F2\_ee\_a} \;\; M_{F2\_ee\_b}))$

1.3.4 Bruchlinientheorie

Die Bruchlinientheorie stellt die Fortführung der Fließgelenktheorie für Platten dar. Die Fließgelenke treten hierbei entlang von Linien, den sogenannten Bruchlinien, auf. Mit Hilfe des Prinzips der virtuellen Verschiebungen lässt sich die Traglast für vorgegebene Biegemomente im Bruchzustand bestimmen. Umgekehrt kann man auch die Momente für eine vorgegebene Belastung ermitteln. Hierbei sind allerdings die Verhältnisse der Momente untereinander vorab festzulegen. In der Regel ist durch Variation der Lage der Bruchlinien die ungünstigste Bruchfigur zu bestimmen. Diese ist nach den Traglastsätzen maßgebend.

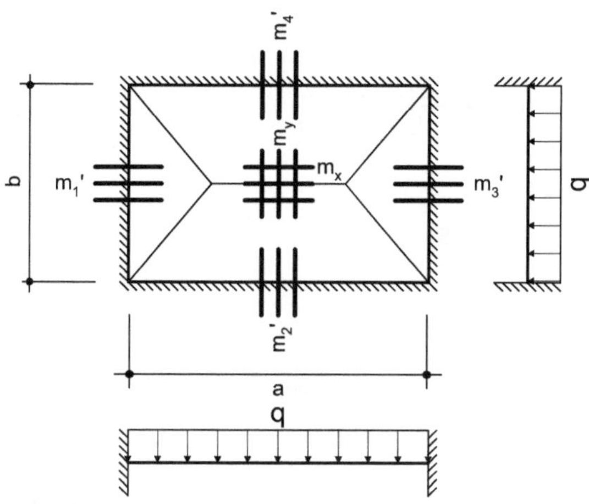

Bild 5.30: Rechteckplatte nach der Bruchlinientheorie

Geschlossene Lösungen lassen sich nur für einfache Fälle angeben. Ein solcher Fall ist die Rechteckplatte unter Gleichlast, Bild 5.30. Die Ränder können gelenkig gelagert oder eingespannt sein. Die Ermittlung der Plattenmomente für diese Platte nach [5-14] ist im Arbeitsblatt *„TV_1_22_BLT_Rechteckplatte.xmcd"* dargestellt.

Zunächst werden die Systemkennwerte eingegeben:

Abmessungen $a := 4 \cdot m$ $b := 6 \cdot m$ Flächenlast: $q := 10 \frac{kN}{m^2}$

Momentenverhältnisse:

Feldmomente mx/my: $\mu := 0.4$

Einspannmomente - Rand 1: m1'/mx $i_1 := 0.4$

Rand 2: m2'/my $i_2 := 1.0$

Rand 3: m3'/mx $i_3 := 0.$

Rand 4: m4'/my $i_4 := 0.5$

Hierbei sind auch die Verhältnisse der Feldmomente in *x*- und *y*-Richtung sowie der Einspannmomente an den vier Rändern zu den jeweiligen Feldmomenten festzulegen. Die Momente werden damit ermittelt zu:

Ermittlung der Bemessungsmomente

$$a_r := \frac{2 \cdot a}{\sqrt{1+i_1}+\sqrt{1+i_3}} \qquad b_r := \frac{2 \cdot b}{\sqrt{1+i_2}+\sqrt{1+i_4}} \qquad \varepsilon_r := \frac{a_r}{b_r}$$

$$c := \frac{1}{24} \cdot \left(\sqrt{3+\frac{\mu}{\varepsilon_r^{2}}} - \frac{\sqrt{\mu}}{\varepsilon_r} \right)^2 \qquad c = 0.05$$

Feldmomente:

$$m_y := c \cdot q \cdot b_r^{2} \qquad m_y = 10.74 \frac{kN \cdot m}{m} \qquad \text{Verhältniswert:} \quad \frac{q \cdot b^2}{m_y} = 33.51$$

$$m_x := \mu \cdot m_y \qquad m_x = 4.3 \frac{kN \cdot m}{m} \qquad \frac{q \cdot b^2}{m_x} = 83.76$$

Einspannmomente:

$$m_1 := i_1 \cdot m_x \qquad m_1 = 1.72 \frac{kN \cdot m}{m}$$

$$m_2 := i_2 \cdot m_y \qquad m_2 = 10.74 \frac{kN \cdot m}{m}$$

$$m_3 := i_3 \cdot m_x \qquad m_3 = 0 \frac{kN \cdot m}{m}$$

$$m_4 := i_4 \cdot m_y \qquad m_4 = 5.37 \frac{kN \cdot m}{m}$$

Insbesondere bei vierseitig eingespannten Platten ergeben sich spürbar niedrigere Momente als nach der Elastizitätstheorie. Ein weiteres Anwendungsgebiet der Bruchlinientheorie ist die überschlägige Kontrolle nichtlinearer Finite-Element-Berechnungen von Platten, wobei allerdings die Vereinfachungen der Bruchlinientheorie zu deutlich höheren rechnerischen Bruchlasten führen können [5-4].

1.4 Dynamik

1.4.1 Massenkräfte

Die Dynamik befasst sich mit den Schwingungen mechanischer Systeme. Die Verschiebungen sind zeitabhängig. Deren erste und zweite Ableitung sind die Geschwindigkeit und die Beschleunigung.

Die Beschleunigung einer Masse M bewirkt aufgrund ihrer Trägheit die entgegen der Beschleunigung b gerichtete Massenkraft

$$F_M := -b \cdot M \tag{5.64}$$

Die Masse eines Körpers ergibt sich aus dessen Gewichtskraft, dividiert durch die Erdbeschleunigung $g = 9.81\ m/s^2$. Sie hat die Dimension t (Tonne) oder kg (Kilogramm), wobei gilt:

$$1t = 1000\,kg \qquad 1N\frac{s^2}{m} = 1\,kg \qquad 1kN = 1t\frac{m}{s^2}$$

Bei Berechnungen mit Einheiten kann die in Mathcad bereits vordefinierte physikalische Konstante $g = 9.81\ m/s^2$ verwendet werden. Im Arbeitsblatt *„TV_1_23_Masse_einer_Platte.xmcd"* wird dies anhand der Berechnung der Masse einer Deckenplatte erläutert:

Fläche der Platte $A_{pl} := 140m^2$ Dicke $d_{pl} := 30cm$ Spezifisches Gewicht: $\gamma := 25\frac{kN}{m^3}$

Gewicht und Masse: $G_{pl} := A_{pl} \cdot d_{pl} \cdot \gamma = 1050 \cdot kN$ $M := \frac{G_{pl}}{g} = 107.07 \cdot t$

Ingenieurmäßig wird allerdings in der Regel mit g=10m/s² gerechnet. Dies lässt sich in Mathcad durch die Neudefinition

$$g := 10\frac{m}{s^2}$$

erreichen.

1.4.2 Freie Schwingungen

Einmassenschwinger

Freie Schwingungen von Systemen entstehen durch eine anfängliche Schwingungsanregung eines Systems. Das einfachste schwingungsfähige System ist der aus einer Masse und einer Feder bestehende Einmassenschwinger. Beim gedämpften System kommt die Dämpferkonstante hinzu. Die Gleichgewichtsbedingung unter Berücksichtigung der Massenkraft, die sogenannte Bewegungsgleichung lautet:

$$k \cdot u + c \cdot \dot{u} + m \cdot \ddot{u} = 0 \qquad (5.65)$$

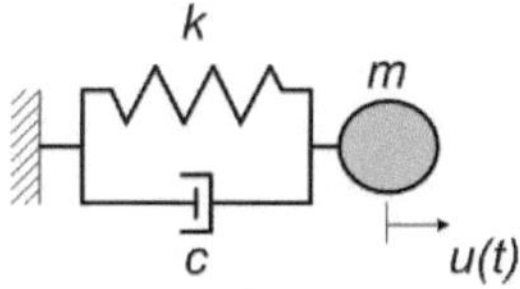

Bild 5.31: Einmassenschwinger

Ihre Lösung ist eine abklingende sinusförmige Schwingung. Im Arbeitsblatt *„TV_1_24_EMS_Freie_Schwingungen.xmcd"* werden die freien Schwingungen eines

Einmassenschwingers nach der Auslenkung mit einer Anfangsamplitude ermittelt. Nach der Eingabe der Kennwerte werden die Eigenkreisfrequenz, die Eigenfrequenz und die Eigenschwingzeit für das gedämpfte und vergleichsweise auch für das ungedämpfte System bestimmt.

Federkonstante $K := 6 \cdot 10^3 \frac{kN}{m}$ Masse $M := 1.5 \cdot t$ Dämpfung: $\xi := 5\%$

Amplitude zur Zeit t=0 $u_0 := 0.1\,cm$

Eigenkreisfrequenz, Eigenfrequenz und Eigenschwingzeit:

- ungedämpftes System: $\omega := \sqrt{\frac{K}{M}} = 63.2 \cdot Hz$ $f := \frac{\omega}{2 \cdot \pi} = 10.07 \cdot Hz$ $T := \frac{1}{f} = 0.1\,s$

- gedämpftes System: $\omega_D := \sqrt{1 - \xi^2} \cdot \sqrt{\frac{K}{M}} = 63.2 \cdot Hz$ $f_D := \frac{\omega}{2 \cdot \pi} = 10.07 \cdot Hz$ $T_D := \frac{1}{f} = 0.1\,s$

Setzt man voraus, dass die Anfangsgeschwindigkeit Null ist, gilt:

$\varphi := -\text{atan}\left(\frac{1}{\xi}\right) = -87.14 \cdot Grad$ $A := \frac{u_0}{\sin(-\varphi)} = 1\,mm$

Mit der analytischen Lösung der Bewegungsgleichung des Einmassenschwingers erhält man den Verschiebungszeitverlauf und daraus durch Differenzieren die Zeitverläufe der Geschwindigkeit und Beschleunigung.

$u(t) := A \cdot e^{-\xi \cdot \omega_D \cdot t} \cdot \sin(\omega_D \cdot t - \varphi)$ $up(t) := \frac{d}{dt} u(t)$ $upp(t) := \frac{d}{dt} up(t)$

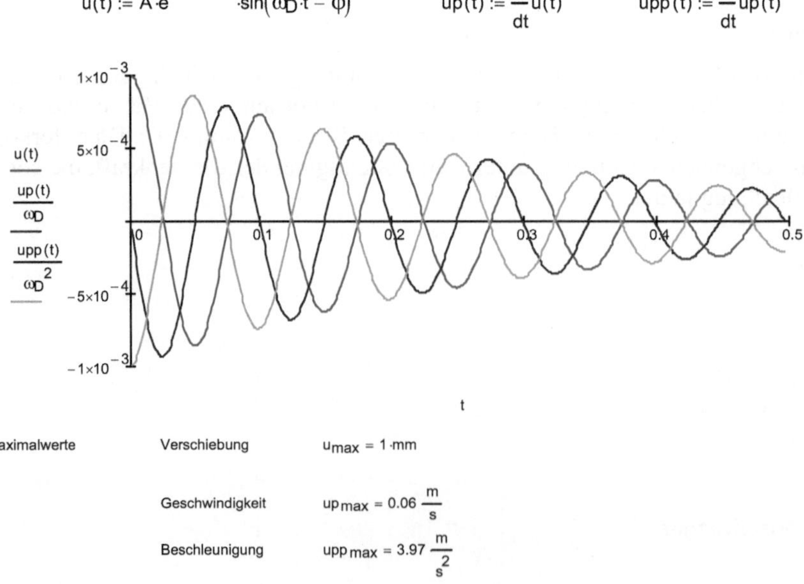

Bild 5.32: Gedämpfte freie Schwingung des Einmassenschwingers

Mehrmassenschwinger

Der Mehrmassenschwinger besitzt mehrere Eigenfrequenzen. Seine Bewegungsgleichungen lauten für das ungedämpfte System:

$$\underline{K} \cdot \underline{u}(t) + \underline{M} \cdot \underline{\ddot{u}}(t) = \underline{0} \tag{5.66}$$

wobei $\underline{K}$ die Steifigkeitsmatrix und $\underline{M}$ die Massenmatrix des Systems bedeuten. Mit dem Lösungsansatz $\underline{u} = \underline{\phi} \cdot \sin(\omega \cdot t)$ erhält man das allgemeine Eigenwertproblem

$$\left(\underline{K} - \omega^2 \cdot \underline{M}\right) \cdot \underline{\phi} = \underline{0} \tag{5.67}$$

Dessen Lösung liefert die Eigenkreisfrequenzen ω_i und die zugehörigen Eigenformen $\underline{\phi}_i$. Ein System besitzt so viele Eigenfrequenzen und Eigenformen wie mit Masse belegte Freiheitsgrade. Die Eigenformen sind nur bis auf einen beliebigen Multiplikationsfaktor bestimmbar und können somit unterschiedlich normiert werden. Die Lösung des Eigenwertproblems kann mit den Mathcad-Funktionen

eig_wert := genwerte(K_{sys_f}, M_{sys_f}) eig_form := genvektoren(K_{sys_f}, M_{sys_f})

erfolgen. Im Beispiel 4.21: *Eigenschwingungen eines Fachwerks* beziehungsweise dem Arbeitsblatt *„TIV_12_Eigenwertprobleme.xmcd"* wird dies am Beispiel eines Fachwerks gezeigt.

Kontinuierliche Systeme

Bei kontinuierlichen Systemen sind die Bewegungsgleichungen Differentialgleichungen mit der Zeit und den Ortskoordinaten als Variablen. Für die freien Schwingungen des ungedämpften Biegebalken gilt beispielsweise die Bewegungsgleichung

$$E \cdot I \cdot \frac{d^4 w}{dx^4} + \mu \cdot \frac{d^2 w}{dx^2} = 0 \tag{5.68}$$

mit der Biegesteifigkeit EI und der Massenbelegung (Masse/Längeneinheit) μ des Balkens. Deren Lösung kann man mit dem Produktansatz

$$w = \phi_i(x) \cdot \sin(\omega_i \cdot t) \tag{5.69}$$

in eine zeitabhängige Funktion und die ortsabhängige Funktion $\phi_i(x)$ aufspalten. Aus der Lösung der Differentialgleichung für $\phi_i(x)$, die man durch Einsetzen des Produktansatzes in die Bewegungsgleichung erhält, ergibt sich bei Berücksichtigung der Randbedingungen die sogenannte Frequenzgleichung zur Ermittlung der Eigenfrequenzen ω_i.

Das Arbeitsblatt *„TV_1_25_STAB_EF_Freie_Schwingungen.xmcd"* zeigt die Ermittlung der Eigenfrequenzen und Eigenformen für einen einseitig eingespannten Stab. Zunächst werden die Kennwerte des Balkens und die Frequenzgleichung (vgl. [5-15]) eingegeben.

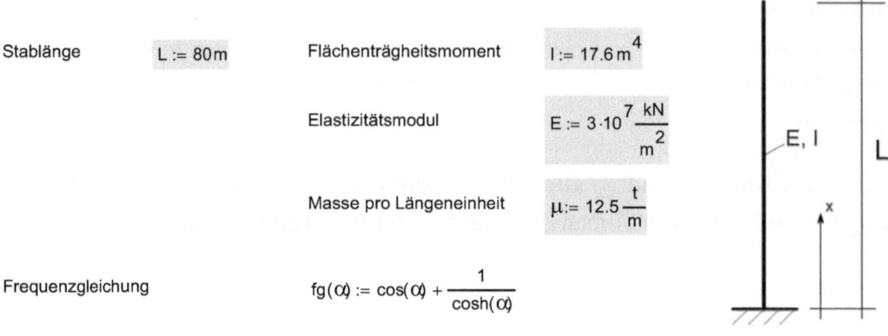

Bild 5.33: Stab

Die Nullstellen der Frequenzgleichung werden im Arbeitsblatt mit der Mathcad-Funktion

wurzel(fg(a), a)

bestimmt. Hier sind allerdings die Besonderheiten der Funktion *wurzel* zu beachten, die in der Regel nur durch mehrmaliges Probieren eine vollständige Lösung in einem bestimmten Wertebereich gestattet.

$$f_i := \frac{(\alpha_i)^2}{2\cdot\pi\cdot L^2}\cdot\sqrt{\frac{E\cdot I}{\mu}} \qquad f = \begin{pmatrix} 0.57 \\ 3.56 \\ 9.97 \\ 19.54 \\ 32.3 \\ 67.4 \end{pmatrix}\cdot Hz \qquad T_i := \frac{1}{f_i} \qquad T = \begin{pmatrix} 1.76 \\ 0.28 \\ 0.10 \\ 0.05 \\ 0.03 \\ 0.01 \end{pmatrix} s$$

Die Eigenformen nach [5-15] sind

$$\phi(\alpha,x) := \sin\left(\alpha\frac{x}{L}\right) - \sinh\left(\alpha\frac{x}{L}\right) + \left(\cosh\left(\alpha\frac{x}{L}\right) - \cos\left(\alpha\frac{x}{L}\right)\right)\frac{\sinh(\alpha) + \sin(\alpha)}{\cosh(\alpha) + \cos(\alpha)}.$$

Diese auf den Maximalwert 1 normierten Eigenformen sind in Bild 5.34 dargestellt.

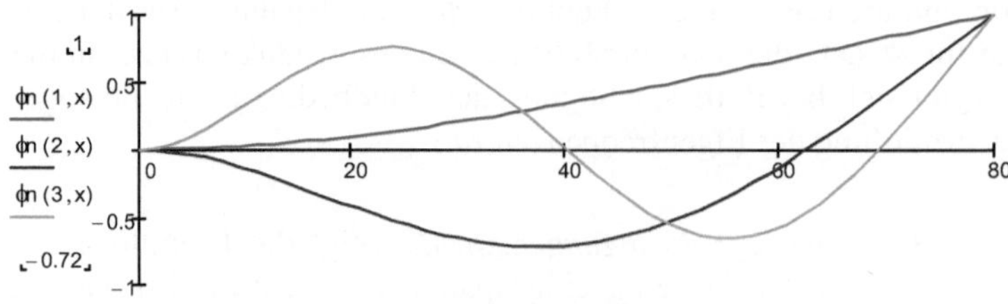

Bild 5.34: Eigenformen

Die für die Berechnung krafterregter Schwingungen benötigten generalisierten Massen in den betrachteten Eigenformen lassen sich leicht ermitteln:

$$Mgen_i := \int_0^L \phi n(i,x)^2 \cdot \mu dx \qquad Mgen^T = (250\ \ 250\ \ 250\ \ 250\ \ 250\ \ 250)\cdot t \quad \text{mit} \quad \mu \cdot L = 1000 \cdot t$$

Auch für Flächentragwerke können analytische Lösungen der Eigenformen mit Mathcad ausgewertet werden. Das Beispiel 4.2 „Eigenschwingungen einer Kreisplatte“ zeigt dies am Beispiel einer am Rand eingespannten Kreisplatte.

1.4.3 Krafterregte Schwingungen

Einmassenschwinger

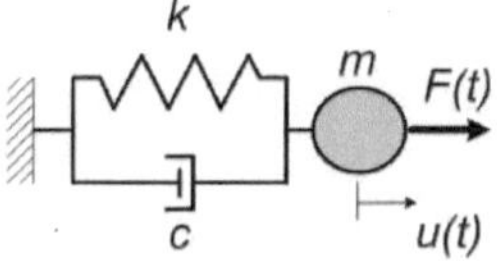

Bild 5.35: Einmassenschwinger mit Krafterregung

Die Bewegungsgleichung des krafterregten Einmassenschwingers erhält man aus der Gleichgewichtsbedingung zu

$$k \cdot u + c \cdot \dot{u} + m \cdot \ddot{u} = F(t) \tag{5.70}$$

Deren Lösung kann mit den Funktionen in Mathcad einfach erfolgen.

Das Arbeitsblatt *„TV_1_26_EMS_Krafterregte_Schwingungen_MC.xmcd“* zeigt dies am Beispiel eines Einmassenschwingers, wobei der Kraftzeitverlauf als analytische Funktion oder als digitale Datenreihe beschrieben werden kann.

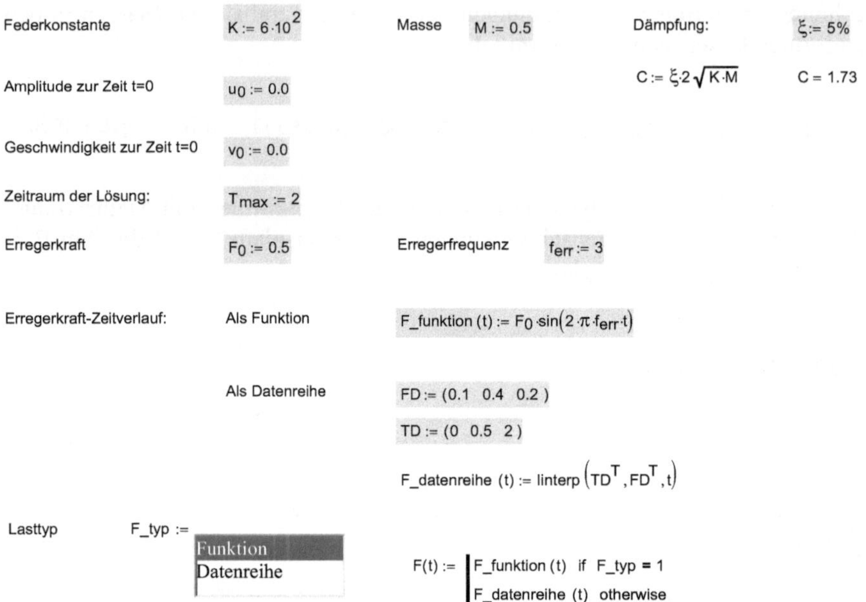

Unter Verwendung der in Mathcad implementierten Verfahren zur Lösung von Differentialgleichungen erhält man die Verschiebungs-, Geschwindigkeits- und Beschleunigungszeitverläufe mit:

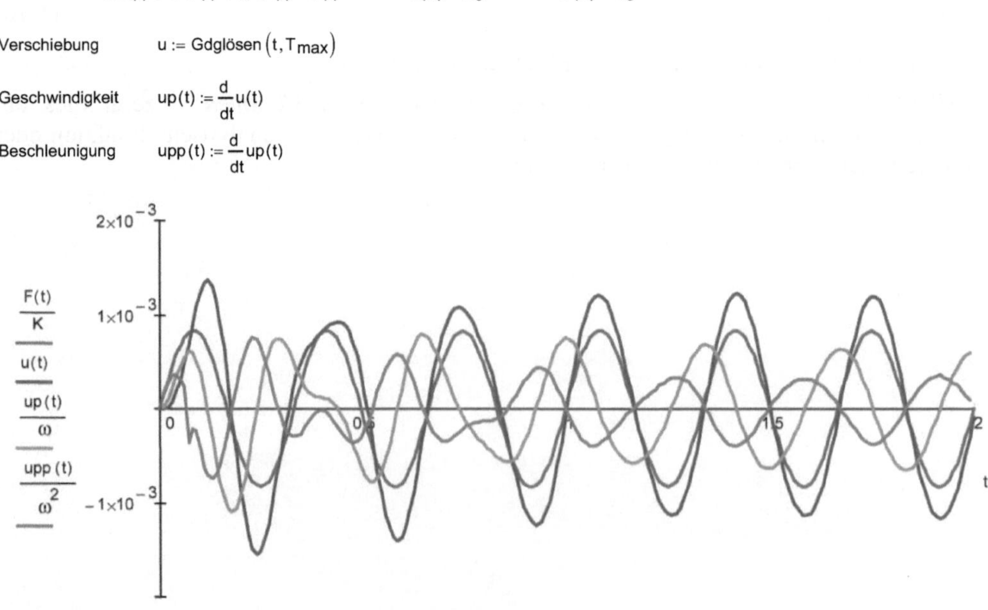

Bild 5.36: Kraft-, Verschiebungs-, Geschwindigkeits- und Beschleunigungzeitverlauf

Die Rechenzeiten des Arbeitsblattes lassen sich deutlich verkürzen, wenn man ein speziell zur Lösung der Bewegungsgleichung entwickeltes Verfahren verwendet. Im Arbeitsblatt „*TV_1_27_EMS_Krafterregte_Schwingungen_NM.xmcd*“ wird hierzu das Newmark-Verfahren verwendet (vgl. [5-4] mit $\alpha = 0.25,\ \ \delta = 0.5$). Man ermittelt für den gewählten Zeitschritt Δt die Beiwerte

$$a_0 := \frac{4}{\Delta t^2} \qquad a_1 := \frac{2}{\Delta t} \qquad a_2 := \frac{4}{\Delta t} \qquad a_6 := 0.5 \cdot \Delta t \qquad a_7 := 0.5 \cdot \Delta t$$

und weiter mit der Federkonstanten K, der Dämpferkonstanten C und der Masse M

$$ks := K + a_1 \cdot C + a_0 \cdot M$$

$$Fs(u, up, upp, F_0) := F_0 + M \cdot (a_0 \cdot u + a_2 \cdot up + upp) + C \cdot (a_1 \cdot u + up)$$

Die Verschiebung, Beschleunigung und Geschwindigkeit ergeben sich für jeden Zeitschritt zu:

$$\left| \begin{array}{l} u_{j+1} \leftarrow \dfrac{Fs(u_j, up_j, upp_j, F(t_j))}{ks} \\ upp_{j+1} \leftarrow a_0 \cdot (u_{j+1} - u_j) - a_2 \cdot up_j - upp_j \\ up_{j+1} \leftarrow up_j + a_6 \cdot upp_j + a_7 \cdot upp_{j+1} \end{array} \right.$$

Mehrmassenschwinger

Krafterregte Schwingungen von Mehrmassenschwingern lassen sich durch direkte Integration oder durch modale Analyse ermitteln. In beiden Fällen kann für die Zeitintegration das Newmark-Verfahren verwendet werden. Bei der Modalanalyse ermittelt man die Lösung der Bewegungsgleichung

$$\underline{K} \cdot \underline{u}(t) + \underline{C} \cdot \underline{\dot{u}}(t) + \underline{M} \cdot \underline{\ddot{u}}(t) = \underline{F}(t) \tag{5.71}$$

durch Superposition der Eigenformen $\underline{\phi}_i$ mit

$$\underline{u}(t) = \sum_i \alpha_i(t) \cdot \underline{\phi}_i \,. \tag{5.72}$$

Die sogenannten generalisierten Koordinaten $\alpha_i(t)$ erhält man durch Lösen der (skalaren) modalen Gleichungen

$$k_i^* \cdot \alpha(t) + c_i^* \cdot \dot{\alpha}(t) + m_i^* \cdot \ddot{\alpha}(t) = f_i^*(t) \,. \tag{5.73}$$

mit

$$m_i^* = \underline{\phi}_i^T \cdot \underline{M} \cdot \underline{\phi}_i \qquad k_i^* = \underline{\phi}_i^T \cdot \underline{K} \cdot \underline{\phi}_i = \omega_i^2 \cdot m_i^* \qquad c_i^* = \underline{\phi}_i^T \cdot \underline{C} \cdot \underline{\phi}_i = 2 \cdot \xi_i \cdot \sqrt{k_i^* \cdot m_i^*}$$

$$f_i^* = \underline{\phi}_i^T \cdot \underline{F}(t) \,. \tag{5.74}$$

Eine ausführliche Darstellung sowie Beispiele finden sich in [5-4] und den Mathcad-Arbeitsblättern in [5-16].

Kontinuierliche Systeme

Kontinuierliche Systeme lassen sich mit Hilfe der modalen Analyse untersuchen. Man benötigt dazu aber die modalen Massen des Systems. Diese können, wenn sie nicht bekannt sind, mit Mathcad symbolisch oder auch numerisch aus den Eigenformen ermittelt werden.

Das Beispiel *„TV_1_28_STAB_GG_Bewegte_Personenlast.xmcd“* ermittelt die Schwingungen eines gelenkig gelagerten Einfeldträgers unter einer beweglichen, zeitlich veränderlichen Einzellast für personeninduzierte Schwingungen.

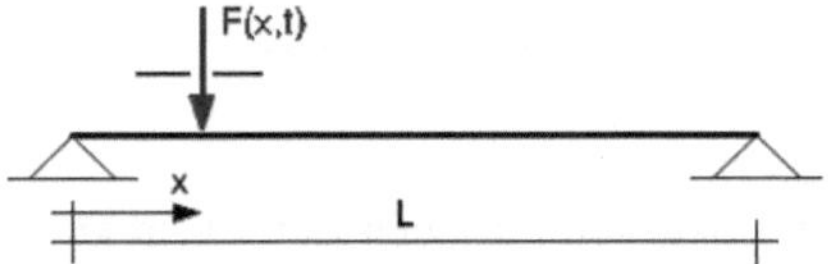

Bild 5.37: Einfeldträger mit beweglicher Einzellast

Mit den Systemkennwerten – der Stützweite L, dem Elastizitätsmodul E und dem Trägheitsmoment I sowie der Masse pro Längeneinheit μ werden zunächst die vier niedrigsten Eigenfrequenzen f(i) und Eigenformen ϕ(i) ermittelt:

$$f(i) := \frac{(\alpha_i)^2}{2 \cdot \pi \cdot L^2} \cdot \sqrt{\frac{E \cdot I}{\mu}} \qquad \text{mit} \quad _i = i \cdot \qquad \text{und} \qquad \phi(i,x) := \sin\left(\frac{i \cdot x \cdot \pi}{L}\right) \tag{5.75}$$

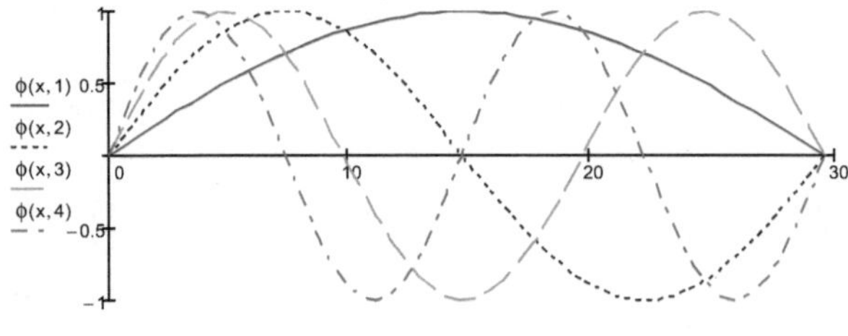

Bild 5.38: Stab Eigenformen des beidseitig gelenkig gelagerten Stabes

Mit den modalen Massen m_s, die hier in allen Eigenformen $\mu \cdot L/2$ betragen, lassen sich die generalisierten Steifigkeiten k_s und die generalisierte Dämpfung c_s jeder Eigenform bestimmen:

$$m_s(i) := \frac{1}{2} \mu \cdot L \qquad k_s(i) := (\omega(i))^2 \cdot m_s(i) \qquad c_s(i) := \xi \cdot 2 \cdot \sqrt{k_s(i) \cdot m_s(i)} \tag{5.76}$$

Am Ort x_0, an dem die Beschleunigungen, Geschwindigkeiten und Verschiebungen des Trägers ermittelt werden, sind die Werte der Eigenformen

$$\phi_L(i) := \phi(i, x_0)$$

Die Größe des Zeitschritts für die Integration der modalen Gleichungen wird in Abhängigkeit von der kleinsten berücksichtigten Eigenschwingzeit gewählt:

Anzahl der Schritte für min T: $n_{\Delta t} := 6$

Zeitschritt: $\Delta t := \dfrac{\min(T(1), T(2), T(3), T(4))}{n_{\Delta t}}$ $\Delta t = 2.6 \times 10^{-3}$

Verschiedene Lastmodelle für die Bewegungsarten „Gehen“ und „Laufen“ stehen zur Verfügung und werden mit dem Parameter mod_L angewählt:

Lastmodell: $mod_L := 1$

Gehen
1: Fourierreihe Gehen Bachmann
2: Fourierreihe Gehen Seiler-Hüttner

Laufen
3: Halbsinus Bachmann
4: Modell Seiler-Hüttner
5: Fourierreihe Laufen Bachmann
6: Fourierreihe Laufen Seiler-Hüttner

Die entsprechenden Lastzeitfunktionen sind in [5-17] dargestellt. Beispielsweise gilt für das Lastmodell „Gehen“ nach Bachmann:

Fourierreihe Gehen Bachmann

$$\alpha_{BG} := \begin{pmatrix} 0 \\ 0.4 \\ 0.1 \\ 0.1 \end{pmatrix} \qquad \phi_{BG} := \begin{pmatrix} 0 \\ 0 \\ \frac{\pi}{2} \\ \frac{\pi}{2} \end{pmatrix} \qquad F_{BG}(t) := G \cdot \left[1 + \sum_{j=1}^{3} \left(\alpha_{BG_j} \cdot \sin\left(2 \cdot \pi \cdot j \cdot f_s \cdot t - \phi_{BG_j} \right) \right) \right] \tag{5.77}$$

Weiterhin müssen das Personengewicht, die Schrittfrequenz und die Schrittlänge angegeben werden. Hieraus lassen sich die Schrittdauer und die Schrittgeschwindigkeit der Person ermitteln.

Personengewicht:	$G := 0.8$	Schrittfrequenz:	$f_S := 2.$
Schrittlänge:	$l_S := 0.8$	Faktor Zeitverlauf:	$\alpha_{Tmax} := 1.2$
Schrittdauer:	$T_S := \frac{1}{f_S}$	$T_S = 0.5$	
Schrittgeschwindigkeit:	$v_S := f_S \cdot l_S$	$v_S = 1.6$	

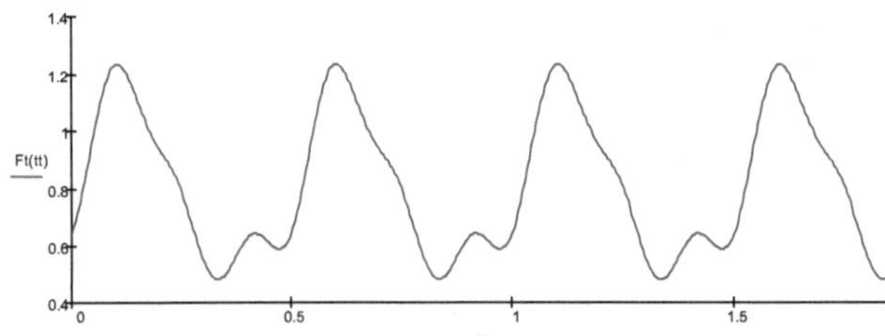

Bild 5.39: Lastzeitverlauf für die ersten Schritte

Die Integration der modalen Gleichungen erfolgt nach dem Newmark-Verfahren. Dabei wird die Zeitdauer der Integration als die $\alpha_{T\,\max}$ -fache Dauer L/v_s, die zum Überqueren des Trägers benötigt wird, festgelegt. Für die modale Last zur Zeit t_j wird mit

$$FF \leftarrow Ft(t_j) \cdot \phi(v_S \cdot t_j, i)$$

die Lastzeitfunktion zur Zeit t_j mit der i-ten Eigenform an der Stelle $v_s \cdot t_j$, an der sich die Last zur Zeit t_j befindet, multipliziert. Die Funktion

$$\text{beweg}(n_{max}, i) := \left| \begin{array}{l} u_0 \leftarrow 0 \\ up_0 \leftarrow 0 \\ \ldots\ldots \end{array} \right.$$

ermittelt eine Matrix mit den Zeitenpunkten, Verschiebungen, Geschwindigkeiten und Beschleunigungen des diskretisierten Zeitverlaufs für die i-te Eigenform. Den Zeitverlauf der Beschleunigungen erhält man durch Überlagerung der mit der jeweiligen Eigenform an der Stelle der Auswertung multiplizierten modalen Beschleunigungswerte. Die Ermittlung der Verschiebungs- und Geschwindigkeitszeitverläufe erfolgt analog. Für die Beschleunigungen gilt:

Zeitverlauf der Beschleunigung $b := \sum_{i=1}^{4} \left(beweg(n_T, i)^{\langle 3 \rangle} \cdot \phi_L(i)\right)$ max_b := max(b)

min_b := min(b)

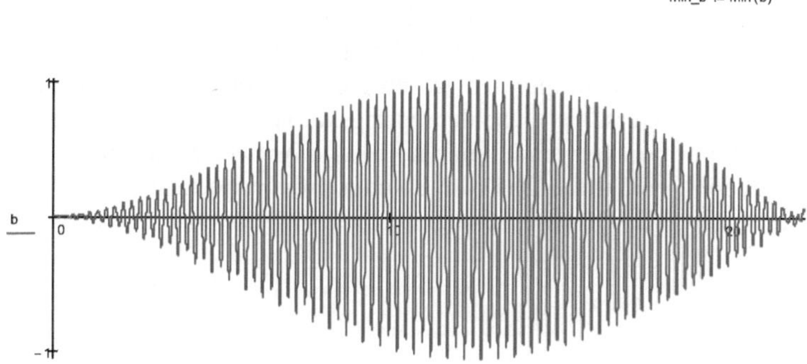

Bild 5.40: Beschleunigungszeitverlauf infolge personeninduzierter Anregung

Die Beschleunigung für mehrere Personen kann nach der Gleichung von Matsumoto abgeschätzt werden zu:

Maximalwert der Beschleunigung: mmax_b := max(max_b , −min_b) mmax_b = 1.05

Anzahl der Personen: $n_L := 3$ $max\_b\_n := \sqrt{n_L} \cdot mmax\_b$ max_b_n = 1.83

1.4.4 Erdbebenerregte Schwingungen

Einmassenschwinger

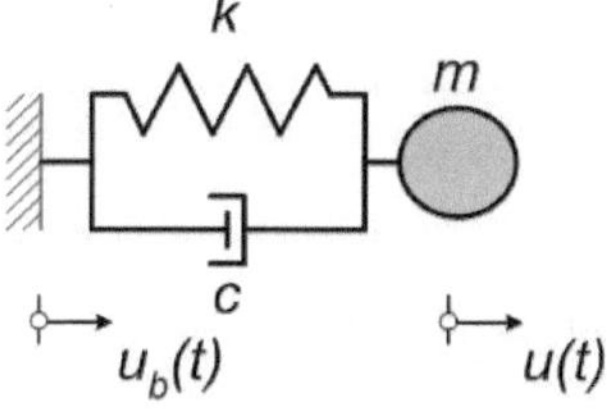

Bild 5.41: Einmassenschwinger mit Erdbebenerregung

Bei Erdbeben erfolgt die Schwingungsanregung von Systemen durch eine Bewegung $u_b(t)$ der Lager. Die Bewegungsgleichung des Einmassenschwingers erhält man aus der Gleichgewichtsbedingung zu

$$k \cdot u + c \cdot \dot{u} + m \cdot \ddot{u} = -m \cdot \ddot{u}_b \qquad (5.78)$$

Deren Lösung kann für einen beliebigen Beschleunigungszeitverlauf $\ddot{u}_b(t)$ mit denselben Verfahren wie bei einer Kraftanregung $F(t) = -\ddot{u}_b(t) \cdot m$ erfolgen. Die für einen bestimmten Erdbebenzeitverlauf erhaltenen maximalen Beschleunigungen lassen sich in Abhängigkeit von der Eigenschwingzeit des Einmassenschwingers als Beschleunigungsantwortspektrum darstellen (vgl. Beispiel 5.14 in [5-4]). In den Normen verwendet man normierte Antwortspektren, die die Einflüsse einer Vielzahl von Erdbeben enthalten. Das Bemessungsantwortspektrum nach DIN 4149 [5-18] wird im Arbeitsblatt *„TV_1_29_Antwortspektrum_DIN_4149.xmcd"* berechnet.

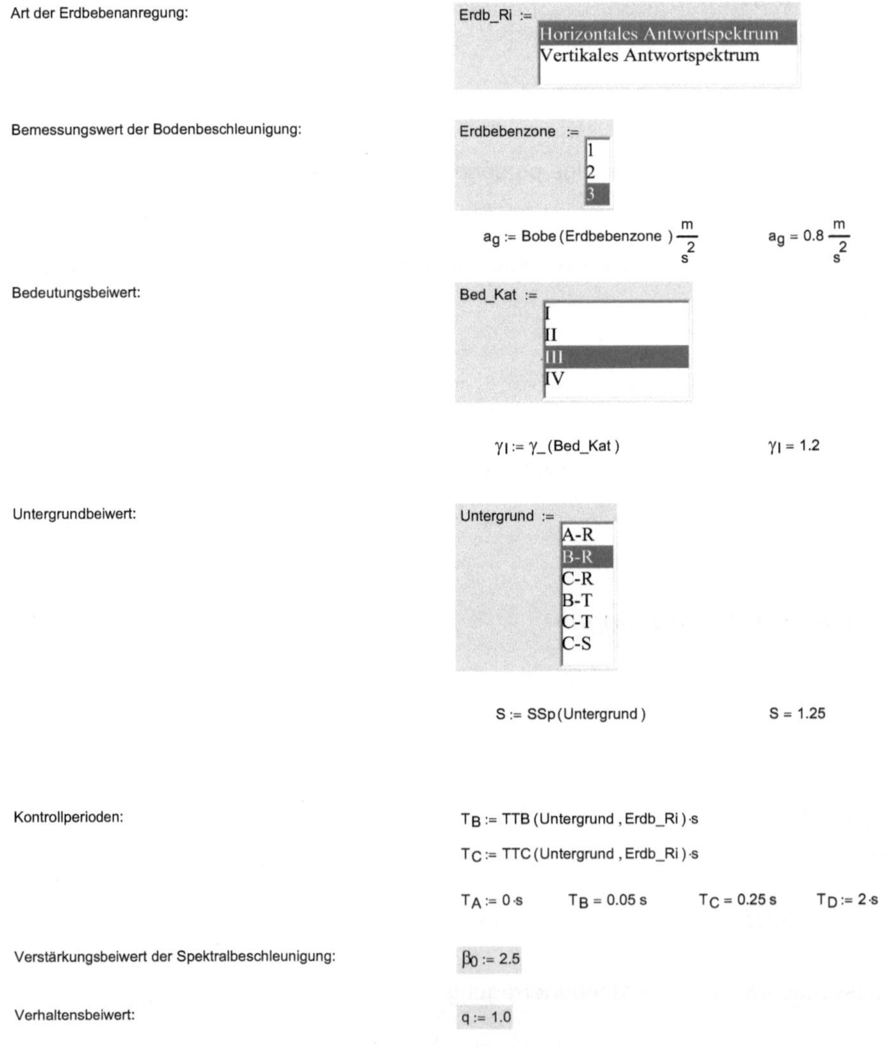

Kontrollperioden:

$T_B :=$ TTB (Untergrund , Erdb_Ri)·s

$T_C :=$ TTC (Untergrund , Erdb_Ri)·s

$T_A := 0 \cdot s$ $\quad T_B = 0.05\ s$ $\quad T_C = 0.25\ s$ $\quad T_D := 2 \cdot s$

Verstärkungsbeiwert der Spektralbeschleunigung: $\beta_0 := 2.5$

Verhaltensbeiwert: $q := 1.0$

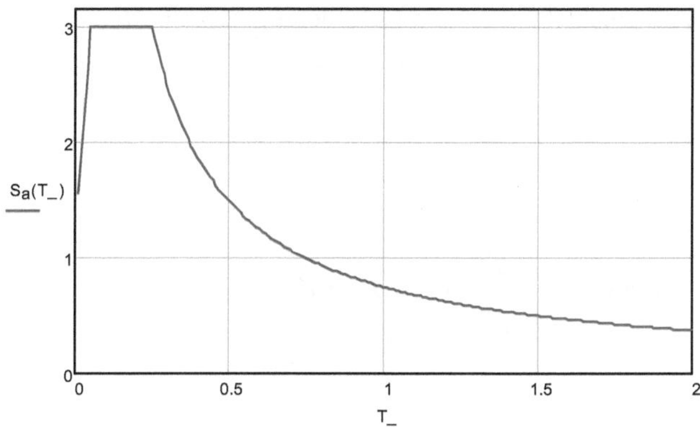

Bild 5.42: Beispiel eines Antwortspektrums nach DIN 4149

Mehrmassenschwinger

Zeitverlaufsberechnungen erdbebenerregter Mehrmassenschwinger lassen sich durch direkte Integration oder durch modale Analyse ermitteln. Für die Zeitintegration kann das Newmark-Verfahren verwendet werden. Eine ausführliche Darstellung sowie Beispiele finden sich in [5-4] und [5-16]. In der Praxis wird meistens das Antwortspektrenverfahren verwendet. Bei diesem werden die Maximalwerte der generalisierten Koordinaten ermittelt zu

$$\alpha_{i,\max} = \max|\alpha_i| = \frac{\Gamma_i}{m_i^* \cdot \omega_i^2} \cdot S_a(T_i) \qquad \text{mit} \qquad \Gamma_i = \varphi_i^T \cdot \underline{M} \cdot \underline{I} \tag{5.79}$$

Der Vektor $\underline{I}$ enthält in allen Freiheitsgraden in Richtung der Erdbebenanregung den Wert 1, in den übrigen den Wert 0. $S_a(T_i)$ ist der Wert des Beschleunigungsantwortspektrums bei der Schwingzeit T_i der i-ten Eigenform. Für Beispiele, auch mit Mathcad, wird wieder auf [5-4] beziehungsweise [5-16] verwiesen.

Kontinuierliche Systeme

Erdbebenerregte Schwingungen kontinuierlicher Systeme lassen sich analog zum Mehrmassenschwinger behandeln. Das Arbeitsblatt *„TV_1_30_STAB_EF_Erdbebenerregte_Schwingungen.xmcd“* zeigt die Ermittlung der Erdbebenbeanspruchung eines einseitig eingespannten Stabes nach dem Antwortspektrenverfahren. Nach der Eingabe der Kennwerte des Stabes und des Erdbebenspektrums werden die Eigenfrequenzen und Eigenformen sowie die generalisierten Massen des Stabes ermittelt.

Die Beteiligungsfaktoren und die Maximalwerte der Funktionen $\alpha(t)$ erhält man mit

$$\Gamma_i := \int_0^L \phi n(i,x) \cdot \mu dx \quad , \quad \alpha\_max_i := \frac{\Gamma_i}{M_{gen_i} \cdot (\omega_i)^2} \cdot Sa_i \quad . \tag{5.80}$$

Damit lassen sich die Maximalwerte der Verschiebungen und Beschleunigungen bestimmen zu

$$u\_mod(ii,x) := \alpha\_max_{ii} \cdot \phi n(ii,x) \qquad u\_ges(x) := \sqrt{\sum_{i=1}^{i\_max} (u\_mod(i,x))^2}$$

$$b\_mod(ii,x) := \left(\omega_{ii}\right)^2 \cdot u\_mod(ii,x) \qquad b\_ges(x) := \sqrt{\sum_{i=1}^{i\_max} (b\_mod(i,x))^2} \tag{5.81}$$

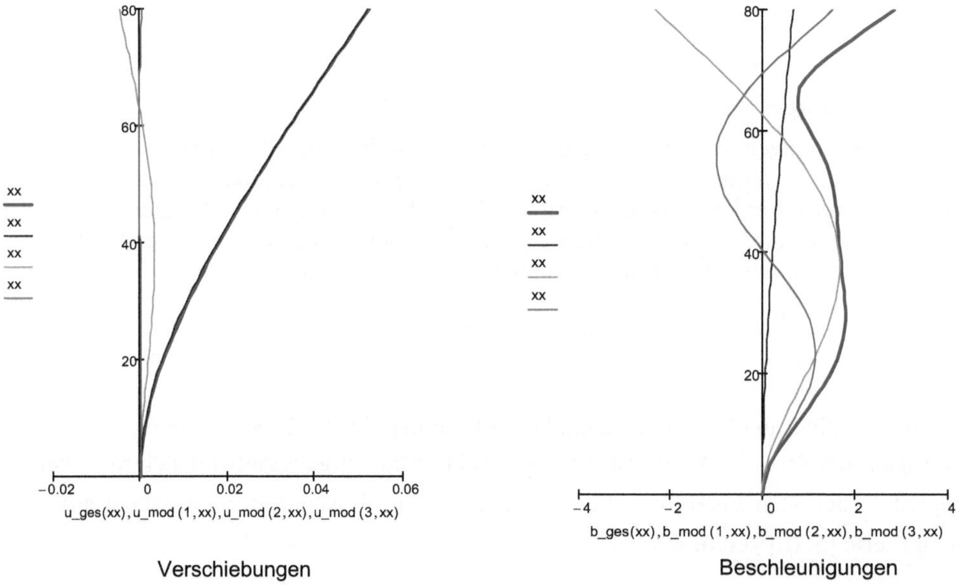

u_ges(xx), u_mod (1, xx), u_mod (2, xx), u_mod (3, xx)

Verschiebungen

b_ges(xx), b_mod (1, xx), b_mod (2, xx), b_mod (3, xx)

Beschleunigungen

Bild 5.43: Überlagerung und Modalwerte der Verschiebungen und Beschleunigungen

Die Biegemomente und Querkräfte erhält man durch Differentiation der Biegelinien mit

$$M\_mod(ii,x) := E \cdot I \frac{d^2}{dx^2}(u\_mod(ii,x)) \qquad M\_ges(x) := \sqrt{\sum_{i=1}^{i\_max} (M\_mod(i,x))^2}$$

$$V\_mod(ii,x) := E \cdot I \frac{d^3}{dx^3}(u\_mod(ii,x)) \qquad V\_ges(x) := \sqrt{\sum_{i=1}^{i\_max} (V\_mod(i,x))^2} \tag{5.82}$$

Auch für andere Lagerungsarten von Stäben sowie für Platten lassen sich auf die gleiche Weise die Erdbebenbeanspruchungen leicht mit Mathcad ermitteln, sofern analytische Lösungen der Eigenfrequenzen und Eigenformen vorliegen.

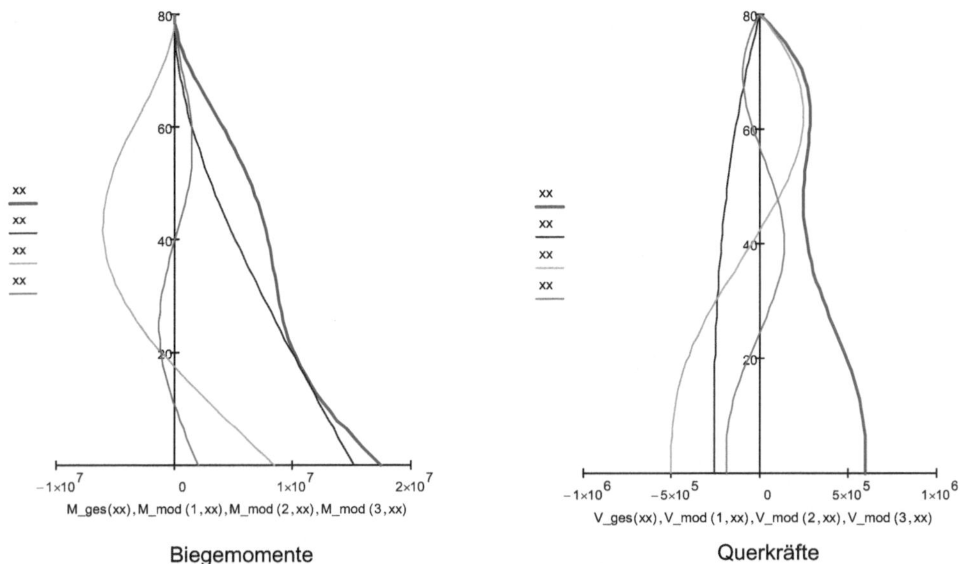

Bild 5.44: Überlagerung und Modalwerte der Biegemomente und Querkräfte

Teil V: Anwendungen im Konstruktiven Ingenieurbau

2 Stahlbetonbau

Heiko Denk, Silas Eints[1]

2.1 Allgemeine Definitionen

2.1.1 Nachweise

In den nachfolgenden Abschnitten werden Nachweise des Stahlbeton- und Spannbetonbaus gemäß DIN EN 1992-1-1 [5.19] unter Berücksichtigung von E DIN EN 1992-1-1/NA [5.20] und ihre Umsetzung in Mathcad-Arbeitsblätter behandelt:

- Grenzzustand der Tragfähigkeit:

  Nachweis für Biegung (siehe Abschnitt 2.2)
  Nachweis für Querkraft (siehe Abschnitt 2.3)
  Nachweis für Druckglieder (siehe Abschnitt 2.4)

- Grenzzustand der Gebrauchstauglichkeit:

  Nachweis der Spannungsbegrenzung (siehe Abschnitt 2.5)
  Ermittlung der Kriechzahl (siehe Abschnitt 2.6)
  Ermittlung der Schwindzahl (siehe Abschnitt 2.7)
  Vorgespannte Halbfertigteile mit Ortbetonergänzung (siehe Abschnitt 2.8)

2.1.2 Anwendungsbeispiel

In den Abschnitten 2.2 bis 2.5 wird das nachfolgend beschriebene Anwendungsbeispiel verwendet, um die implementierte Nachweisführung praxisnah verdeutlichen zu können.

Ergänzungen werden in den entsprechenden Abschnitten angegeben.

[1] Wir möchten uns an dieser Stelle bei Herrn Prof. Dr. Avak sowie bei seinen Co-Autoren herzlich dafür bedanken, dass Sie uns das Skript für das Unterkapitel „Stahlbetonbau“ zur Verfügung gestellt haben. In der vorliegenden Auflage wurden die Berechnungen auf den EC2 umgestellt und um Aufgabestellungen aus dem Spannbetonbau ergänzt.

Systemskizze:

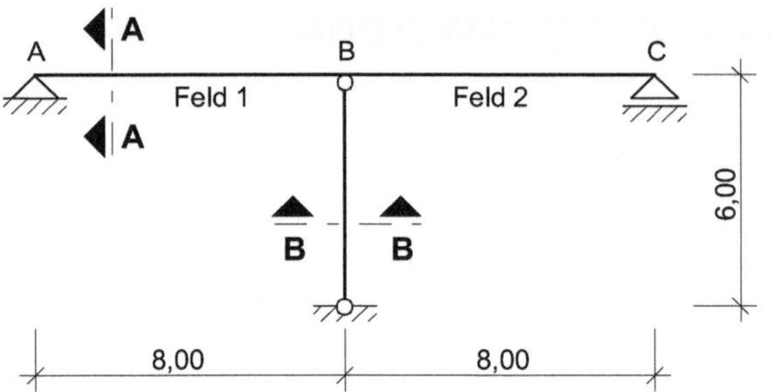

- Beton: C 30/37
- Zement CEM 32,5R
- Außenbauteil
- Betonalter bei Belastungsbeginn t_0 = 7 Tage
- UK: XC4, XF4

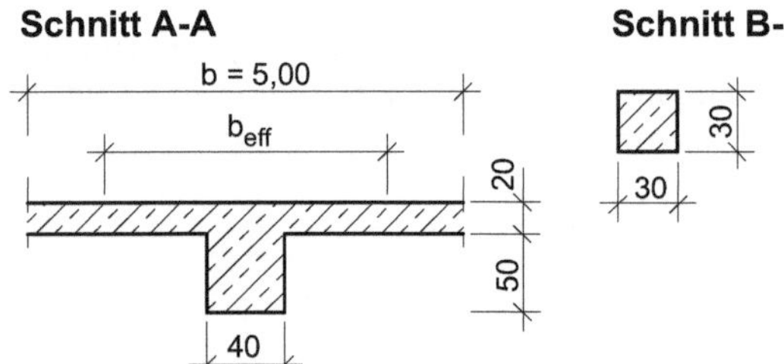

Einwirkungen:

Eigenlast: g_1 = 30 kN/m

Ausbaulast: g_2 = 1 kN/m²

Verkehrslast: q = 5 kN/m²

	Laststellung	M_1 [kNm]	M_B [kNm]	B [kN]	$Q_{B,li}$ [kN]
$g_1 + g_2$		156,8	– 280,0	350,0	– 175,0
q		153,6	– 100,8	125,0	– 112,5
q		112,0	– 200,0	250,0	– 125,0

Bild 5.45: Charakteristische Schnittgrößen

maßgebende Schnittgrößen im Grenzzustand der ...	M_1 [kNm]	M_B [kNm]	B [kN]	$Q_{B,li}$ [kN]
... Tragfähigkeit	442,1	– 678,0	847,5	– 423,8
... Gebrauchstauglichkeit				
seltene Lastkombination	310,4	– 480,0	600,0	– 300,0
quasi-ständige Lastkombination (Ψ_2 = 0,8)	279,7	– 440,0	550,0	– 275,0

Bild 5.46: Schnittgrößen in den Grenzzuständen

2.1.3 Materialdefinitionen

Für die Nachweise werden verschiedene Kenngrößen benötigt, welche in allen Mathcad-Arbeitsblättern verwendet werden. Aufgrund dieser Mehrfachverwendung bietet sich der Entwurf von Prototyp-Berechnungen an, welche die erforderlichen Werte bereitstellen. Die entsprechenden Berechnungen und Definitionen finden sich als Region („Definitionen") in den Abschnitten 2.2 bis 2.5 wieder.

Es werden die Werkstoffkenngrößen für Betonstahl festgelegt. Die Grundlage für die Ermittlung der Festigkeits- und Formänderungskennwerte des Betons ist die Wahl der entsprechenden Betonfestigkeitsklasse. Die Auswahl erfolgt in allen Arbeitsblättern über ein MSForms-Steuerelement, welches die zulässigen Betone gemäß [5-19] und [5-20] bereitstellt. Das im Hintergrund ablaufende Visual Basic Skript (VBScript) weist bei Wahl einer Betonfestigkeitsklasse der in Mathcad definierten Variablen „Beton" Zahlenwerte gemäß folgendem Schema zu:

$f_{yk} := 500 \cdot \frac{N}{mm^2}$ charakteristischer Wert der Streckgrenze

$f_{tk} := 525 \cdot \frac{N}{mm^2}$ charakteristischer Wert der Zugfestigkeit

$E_s := 200000 \frac{N}{mm^2}$ Elastizitätsmodul

Bild 5.47: Materialkennwerte Stahl

Normalbeton	Wert	Leichtbeton	Wert
C12/15	0	LC12/13	15
C16/20	1	LC16/18	16
:	:	:	:
C100/115	14	LC60/66	25

Bild 5.48: Zuordnung Betonfestigkeitsklassen

Diese Zahlenwerte werden festgelegt, um bestimmte Festigkeits- und Formänderungskennwerte aus einer Tabelle auslesen zu können. Hierbei entsprechen die Zahlenwerte (Betonfestigkeitsklassen für Normalbeton) den Zeilennummern der Tabelle.

Tabelle 5.6: Materialkennwerte Beton

B :=

	f_{ck}	f_{ctm}	$f_{ctk.0,05}$	E_{cm}	n	ε_{c2}	ε_{cu2}	E_{c0}
	0	1	2	3	4	5	6	7
0	12	1.6	1.1	27000	2	-2	-3.5	28400
1	16	1.9	1.3	29000	2	-2	-3.5	30000
2	20	2.2	1.5	30000	2	-2	-3.5	31000
3	25	2.6	1.8	31000	2	-2	-3.5	33000
4	30	2.9	2	33000	2	-2	-3.5	34500
5	35	3.2	2.2	34000	2	-2	-3.5	35800
6	40	3.5	2.5	35000	2	-2	-3.5	37000
7	45	3.8	2.7	36000	2	-2	-3.5	38100
8	50	4.1	2.9	37000	2	-2	-3.5	39100
9	55	4.2	3	38000	1.75	-2.2	-3.1	40100
10	60	4.4	3.1	39000	1.6	-2.3	-2.9	41100
11	70	4.6	3.2	41000	1.45	-2.4	-2.7	42800
12	80	4.8	3.4	42000	1.4	-2.5	-2.6	44400
13	90	5	3.5	44000	1.4	-2.6	-2.6	45800
14	100	5.2	3.7	45000	1.4	-2.6	-2.6	47200

Des Weiteren werden die Faktoren η_1 und η_E berechnet, welche bei der Bemessung von Leichtbetonbauteilen berücksichtigt werden müssen. Am Beispiel der Ermittlung des charakteristischen Wertes für die Zylinderdruckfestigkeit des Betons wird das Berechnungsprinzip zur Unterscheidung von Normal- und Leichtbeton deutlich:

$$f_{ck} := \text{wenn}\left(\text{Beton} > 14, B_{(\text{Beton}-15),0}\frac{\text{N}}{\text{mm}^2}, B_{\text{Beton},0}\frac{\text{N}}{\text{mm}^2}\right)$$

$$f_{ck} = 30\frac{\text{N}}{\text{mm}^2}$$

Die Fallunterscheidung zwischen den Betonen erfolgt durch eine „wenn"-Funktion. Die Tabelle wird über die Matrix $B_{i,j}$ mit:

i: Zahlenwert der Festigkeitsklasse und

j: Spaltennummer gemäß Festigkeits- bzw. Formänderungskennwert

angesprochen.

Abschließend werden Teilsicherheitsbeiwerte und dementsprechend die Bemessungswerte der Werkstoffkenngrößen ermittelt.

Bemessungswert der Streckgrenze des Betonstahls

$$f_{yd} := \frac{f_{yk}}{\gamma_s} \qquad f_{yd} = 435\frac{\text{N}}{\text{mm}^2}$$

2.2 Nachweis für Biegung

2.2.1 Verwendete besondere Mathcad-Funktionen

Im Arbeitsblatt "Nachweis für Biegung.xmcd" wird die in Mathcad vorhandene Excel-Komponente genutzt. Damit können nicht nur Daten zwischen Excel (Version 7.0 oder höher) und Mathcad ausgetauscht und dabei modifiziert werden, sondern es steht auch der komplette Funktionsumfang von Excel innerhalb der Komponente in Mathcad zur Verfügung.

Für die Biegebemessung des Plattenbalken- und Rechteckquerschnitts wurde die Tafel 4 in [5.21] ab Seite 5.140 als Exceltabelle vorbereitet ("Plattenbalken.xlsx"). Über den Menüpunkt *Einfügen/Komponente* kann anschließend mit dem Komponentenassistenten die Exceltabelle als Datei in Mathcad eingefügt werden. Da hier nur ein Austausch der Daten von Excel zu Mathcad geplant ist, kann die Frage des Assistenten bei Eingaben mit "0" und bei Ausgaben mit "1" beantwortet werden. Eingaben dienen der Datenmanipulation in der Exceltabelle, sind hier jedoch nicht erforderlich. Der anzugebende Zellenbereich der Ausgabe 1 (hier C3:G230) wird von Excel zu Mathcad in eine Feldvariable übertragen. Der Platzhalter der Feldvariable ist zu definieren (hier: mechanischer Bewehrungsgrad ω_1) und empfängt von Excel den angegebenen Zellenbereich als Matrixkopie. Innerhalb des Mathcad-Arbeitsblattes wird dann je nach Bedarf durch Indexberechnung auf die benötigten Matrixelemente zugegriffen.

Es können auch mehrere Ein-/Ausgaben definiert werden, wie z. B. für Ausschnitte eines großen Zellenbereichs oder Zellenbereiche aus verschiedenen Tabellen innerhalb derselben Exceldatei. Dementsprechend müssen dann im Mathcad-Arbeitsblatt die Platzhalter der benötigten Feldvariablen definiert werden, um den Datentransfer abzuwickeln. Eine Änderung der Ein- und Ausgaben der markierten Excel-Komponente ist jederzeit über den Popup-Menüpunkt (Untermenü über rechte Maustaste) *Eigenschaften* möglich.

2.2.2 Erläuterungen zum Nachweis

Nach der Schwerpunktberechnung des Querschnitts erfolgt die Ermittlung des in die Schwerpunktlage von A_{s1} versetzten Biegemomentes M_{Eds}

$$M_{Eds} = M_{Ed} - N_{Ed} \cdot z_{s1} \tag{5.83}$$

und daraus das bezogene Moment

$$\mu_{Eds} = \frac{M_{Eds}}{b_{eff} \cdot d^2 \cdot f_{cd}} \tag{5.84}$$

Mit den Tafeleingangsgrößen

$\frac{h_f}{d}$ → Auswahl der Tafel

μ_{Eds} → Auswahl der Zeile, evtl. lineare Interpolation

$\frac{b_{eff}}{b_w}$ → Auswahl der Spalte in der Tafel

wird der mechanische Bewehrungsgrad ω_1 aus der vorbereiteten Bemessungstafel als Excelkomponente (Kap. 2.2.1) bestimmt. Gegebenenfalls wird zeilenweise linear interpoliert.

Auf eine Interpolation zwischen den Spalten innerhalb einer Tafel wurde hier verzichtet, da sich die ω_1-Werte nur in solchen Bereichen relevant unterscheiden, in denen schon beinahe Druckbewehrung erforderlich ist. Zur Auswahl der Spalte wird der Tafeleingangswert b_{eff}/b_w zum nächstgrößeren Wert aufgerundet. Sollte ein Wert zwischen zwei Tafeln liegen, so wird der ungünstigere der beiden Tafelwerte verwendet. Der erforderliche Bewehrungsquerschnitt ergibt sich zu

$$A_{s1} = \frac{1}{f_{yd}} \cdot \left(\omega_1 \cdot b_{eff} \cdot d \cdot f_{cd} + N_{Ed} \right) \tag{5.85}$$

Abschließend ist die minimale und maximale Längsbewehrung zu überprüfen. Die Mindestbewehrung (Robustheitsbewehrung) dient der Sicherstellung eines duktilen Bauteilverhaltens. Hierfür lautet die Gleichung

$$A_{s,min} \geq \frac{M_{cr}}{z_{II} \cdot f_{yk}} \tag{5.86}$$

Unter der Annahme einer linearen Spannungsverteilung gilt für das Rissmoment

$$M_{cr} = \left(f_{ctm} - \frac{N_{Ed}}{A_c} \right) \cdot \frac{I_{ys}}{z_1} \tag{5.87}$$

Der Hebelarm der inneren Kräfte im gerissenen Zustand II kann mit

$$z_{II} = 0{,}9 \cdot d \tag{5.88}$$

abgeschätzt werden. Die Gleichung für die Maximalbewehrung lautet gemäß [5-20] 9.2 (NDP) 9.2.1.1 (3):

$$A_{s1} \leq 8\% \cdot A_c \tag{5.89}$$

2.2.3 Programmablaufplan

Der Programmablaufplan ist auf der nachfolgenden Seite angegeben.

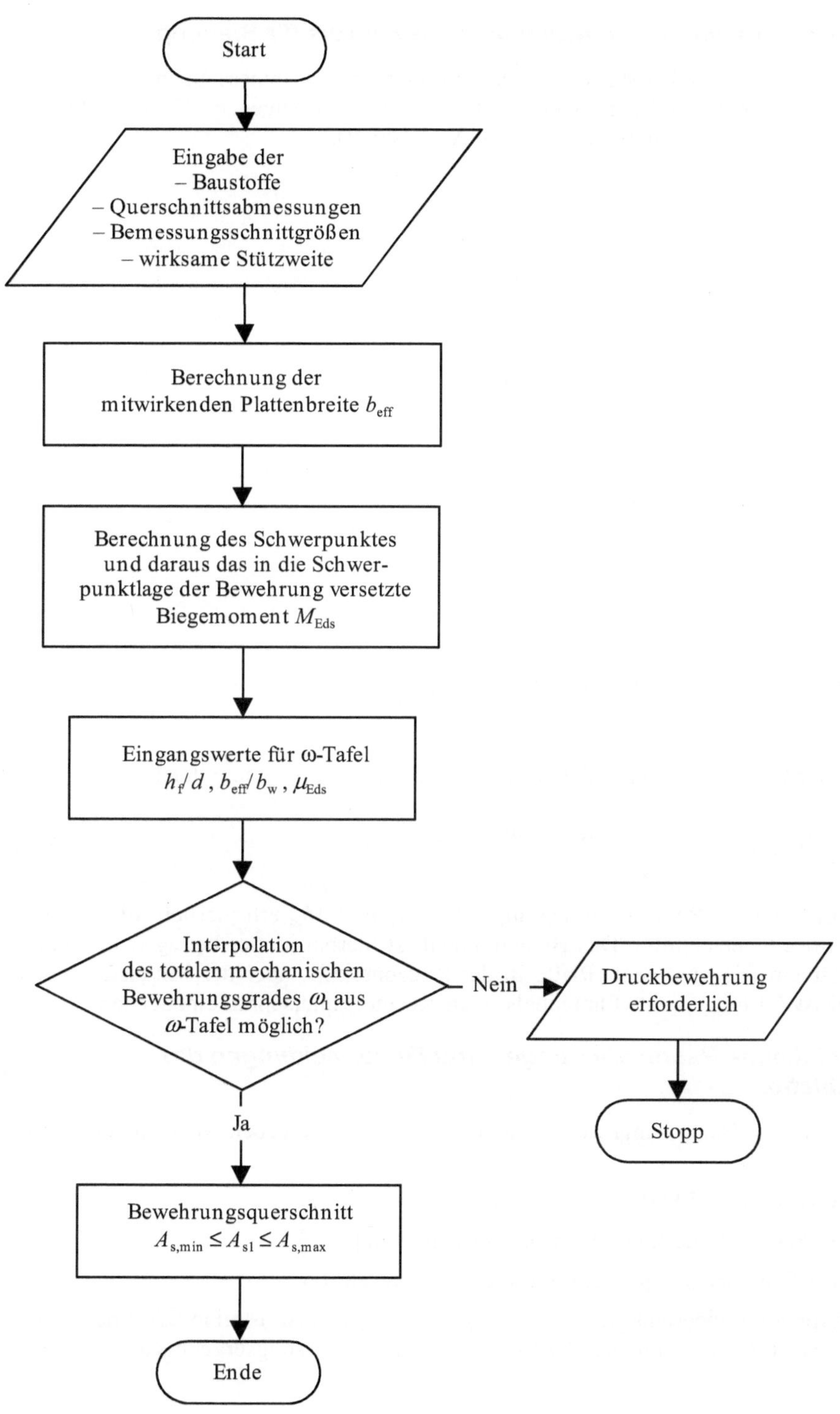
Start
Eingabe der
– Baustoffe
– Querschnittsabmessungen
– Bemessungsschnittgrößen
– wirksame Stützweite
Berechnung der
mitwirkenden Plattenbreite b_{eff}
Berechnung des Schwerpunktes
und daraus das in die Schwer-
punktlage der Bewehrung versetzte
Biegemoment M_{Eds}
Eingangswerte für ω-Tafel
h_f/d, b_{eff}/b_w, μ_{Eds}
Interpolation
des totalen mechanischen
Bewehrungsgrades ω_1 aus
ω-Tafel möglich?
Nein
Druckbewehrung
erforderlich
Stopp
Ja
Bewehrungsquerschnitt
$A_{s,min} \le A_{s1} \le A_{s,max}$
Ende

2.2.4 Eingabebeschreibung zum Arbeitsblatt „Nachweis für Biegung"

Nach Auswahl der Betonfestigkeitsklasse werden die Querschnittsabmessungen gemäß nachfolgender Skizze festgelegt. Hierbei müssen nicht alle Variablen eingegeben werden. Die Ermittlung einiger Größen erfolgt automatisch (siehe Arbeitsblatt).

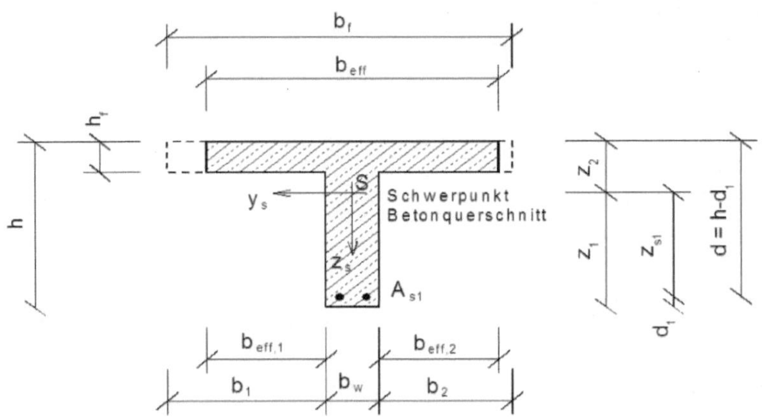

Bild 5.49: Bezeichnungen des Plattenbalkenquerschnitts

Die wirksamen Gurtbreiten berechnen sich nach [5.19] 5.3.2 mit folgender Gleichung:

$$b_{\text{eff,i}} = 0,2 \cdot b_{\text{i}} + 0,1 \cdot l_0 \begin{cases} \leq 0,2 \cdot l_0 \\ \leq b_{\text{i}} \end{cases} \quad \text{kleinster Wert maßgebend} \tag{5.90}$$

Danach ist die Eingabe der Bemessungsschnittgrößen N_{Ed} und M_{Ed} erforderlich (diese wirken im Schwerpunkt des Querschnitts). Das Biegemoment ist hierbei immer betragsmäßig einzugeben. Bei negativem Biegemoment (Platte in der Zugzone, z.B. über der Mittelstütze beim Durchlaufträger) ist der umgedrehte Plattenbalken als Rechteckquerschnitt einzugeben.

2.2.5 Einschränkende Randbedingungen und Fehlermeldungen des Arbeitsblattes

Durch die verwendete Bemessungstafel (Excel-Komponente) ergeben sich folgende Einschränkungen:

- Betongüten C12/15 bis C50/60
- Betonstahl B500 ([5.19] 3.2) unter Berücksichtigung von [5.20]
- Rechteck- oder Plattenbalkenquerschnitt ohne Druckbewehrung

Wenn keine Interpolation innerhalb der Bemessungstafel möglich ist, ist eine Druckbewehrung erforderlich und es wird ein entsprechender Kommentar im Bemessungsergebnis ausgegeben.

2.2.6 Beispiel

Eine Momentenumlagerung zur Reduzierung des Stützmomentes wird im Rahmen des Beispiels nicht durchgeführt. Aufgrund der direkten Lagerung und der monolithischen Verbindung zwischen Innenstütze und Durchlaufträger darf das Stützmoment nach [5.19] 5.3.2.2 (3) am Stützenanschnitt verwendet werden. Man erhält

$$\text{red. } M_{\mathrm{Ed,B}} = M_{\mathrm{Ed,B}} + |Q_{\mathrm{B,li}}| \cdot \frac{a}{2} = -678{,}0 + 423{,}8 \cdot \frac{0{,}30}{2} = -614{,}4 \text{ kNm}$$

Hierbei ist nach [5.19] 5.3.2.2(3) das Mindestmoment einzuhalten

$$|M_{\mathrm{Ed,B}}| \geq \frac{(g_\mathrm{d} + q_\mathrm{d}) \cdot l_\mathrm{n}^2}{12} = \frac{(1{,}35 \cdot 35{,}0 + 1{,}50 \cdot 25{,}0) \cdot 8{,}0^2}{12} = 452{,}0 \text{ kNm}$$

Für den erforderlichen Bewehrungsquerschnitt über der Innenstütze ergibt sich $A_{\mathrm{s,tot}} = 25{,}4\ \mathrm{cm}^2$. Im letzten Schritt ist die Bewehrung zu wählen:

Bewehrungswahl: 4∅25 + 2∅20 mit $A_{\mathrm{s,prov}} = 25{,}9\ \mathrm{cm}^2$.

Den Abschluss bildet eine Überprüfung der Mindest- und Maximalbewehrung.

Analog kann die Bewehrung im Feld ermittelt werden. Das Bemessungsmoment beträgt $M_{\mathrm{Ed,1}} = 442{,}1$ kNm. Es ergibt sich eine erforderliche Bewehrung $A_{\mathrm{s,tot}} = 16{,}2\ \mathrm{cm}^2$. Die Bewehrung kann mit 2∅25 + 2∅20 ($A_{\mathrm{s,prov}} = 16{,}1\ \mathrm{cm}^2$) gewählt werden.

2.3 Nachweis für Querkraft

2.3.1 Verwendete besondere Mathcad-Funktionen

Im Folgenden soll gezeigt werden, wie ein Kombinationsfeld (ComboBox) in ein Mathcad-Arbeitsblatt eingebunden wird. In einem Kombinationsfeld sind eine Reihe von Einträgen enthalten, aus denen der Anwender einen selektieren muss. Es wird über den Menüpunkt *Einfügen/ Komponente.../ Skriptobjekt/ Microsoft Forms 2.0 ComboBox* in das Mathcad-Arbeitsblatt eingebunden. Als Skriptsprache kann VB Script bzw. J Script verwendet werden. Das Kombinationsfeld soll *n* Einträge enthalten und einen dem Eintrag zugewiesenen Wert an das Mathcad-Arbeitsblatt übergeben. Dort soll dieser mit Hilfe der Variablen „*Rückgabe*" abgerufen werden können. Aus diesem Grund ist es erforderlich, zunächst die Scriptsprache zu wählen und den Objektnamen (in diesem Fall mit „Beispiel" bezeichnet) einzugeben, dann die Anzahl der Eingabevariablen mit 0 und die der Ausgabevariablen mit 1 festzulegen. Es sollte beachtet werden, dass maximal 4 Ein- und Ausgabewerte bearbeitet werden können.

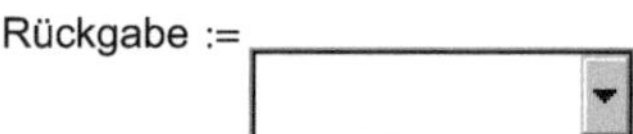

Nachdem das Steuerelement in das Arbeitsblatt eingebunden wurde, kann der Quellcode mit Hilfe des Scripteditors in der gewählten Scriptsprache geschrieben werden. Erst dadurch wird es möglich, die Liste mit Einträgen zu füllen und die Nummer des selektierten Eintrages an das Arbeitsblatt zu übergeben. Nachfolgend ist das vollständige Skript für das beschriebene Kombinationsfeld in allgemeiner Form in VB Script Sprache dargestellt.

```
Sub BeispielEvent_Exec(Inputs,Outputs)
 If Beispiel.ListCount = 0 Then     'Füllen der Liste
   Beispiel.Additem "Eintrag n"
   Beispiel.Additem "Eintrag n+1"
 End If
 Wert = -1                          'Wert zur Fehlerbehandlung
 Select Case Beispiel
   Case "Eintrag n"
     Wert = a                       'Wenn n gewählt, wird a zurückgegeben
   Case "Eintrag n+1"
     Wert = b                       'Wenn n+1 gewählt, wird b  zurückgegeben
 End Select
 Outputs(0).Value = Wert            'Wert, der an Mathcad zurückgegeben wird
End Sub
```

2.3.2 Erläuterungen zum Nachweis

Die nachfolgenden Angaben gelten für nicht vorgespannte Tragwerke. Bei vorgespannten Bauteilen sind die in DIN EN 1992-1-1 2004 [5.19] erläuterten Ergänzungen unter Berücksichtigung von [5.20] zu beachten.

Ermittlung der Bemessungsquerkraft

Nach [5.19] und [5.20] 6.2.1 und 6.2.2 darf bei direkter Auflagerung und Gleichstreckenlasten der Bemessungswert der Querkraft im Abstand d vom Auflagerrand bestimmt werden. Der Nachweis der Betondruckstrebe ist auch bei direkter Lagerung am Auflagerrand zu führen.

Querkrafttragfähigkeit ohne Querkraftbewehrung

Der Bemessungswert der Querkrafttragfähigkeit ohne Querkraftbewehrung darf nach [5.19] und [5.20] 6.2.2 mit Hilfe von (5.91) und (5.92) erfolgen. In ungerissenen Bereichen von Stahlbetonbauteilen darf die Querkrafttragfähigkeit nach (5.93) auf Grundlage der Betonzugfestigkeit berechnet werden.

$$V_{\mathrm{Rd.c}} = \left[\eta_1 \cdot 0{,}10 \cdot \kappa \cdot (100 \cdot \rho_1 \cdot f_{\mathrm{ck}})^{1/3} - 0{,}12 \cdot \sigma_{\mathrm{cd}}\right] \cdot b_{\mathrm{w}} \cdot d \tag{5.91}$$

$$V_{Rd,c} \geq (v_{\min} + k_1 \cdot \sigma_{cP}) \cdot b_w \cdot d \tag{5.92}$$

$$V_{\mathrm{Rd,ct}} = \frac{I \cdot b_{\mathrm{w}}}{S} \cdot \sqrt{\left(\frac{f_{\mathrm{ctk;0,05}}}{\gamma_{\mathrm{c}}}\right)^2 - \alpha_1 \cdot \sigma_{\mathrm{cd}} \cdot \frac{f_{\mathrm{ctk;0,05}}}{\gamma_{\mathrm{c}}}} \tag{5.93}$$

Für Normalbeton gilt:

$$v_{\min} = \frac{0.0525}{\gamma_c} \cdot k^{\frac{3}{2}} \cdot f_{ck}^{\frac{1}{2}} \text{ für d} \leq 600\,\text{mm} \tag{5.94}$$

$$v_{\min} = \frac{0.0375}{\gamma_c} \cdot k^{\frac{3}{2}} \cdot f_{ck}^{\frac{1}{2}} \text{ für d} > 800\,\text{mm} \tag{5.95}$$

$k_1 = 0.12$

Für Leichtbeton wird nach [5.20] 11.6.1 (1):

$v_{\min} = 0$

Wenn v_{Ed} $v_{Rd,c}$ braucht bei Platten mit b/h > 5 keine Bewehrung bzw. bei Balken nur die Mindestbewehrung nach [5.19] 9.2.2 (5) und [5.20] 9.2.2 (5) berücksichtigt werden.

Mindestbewehrung:

$$a_{sw.\min} = \rho_{w.\min} \cdot b_w \cdot \sin\alpha \tag{5.96}$$

$$\rho_{w.\min} = \eta_1 \cdot 0.16 \cdot f_{ctm} / f_{yk} \tag{5.97}$$

Querkrafttragfähigkeit mit Querkraftbewehrung

Die Querkraftbemessung biegebewehrter Bauteile mit Querkraftbewehrung erfolgt auf Grundlage eines Fachwerkmodells. Die Neigung θ der Druckstrebe wird nach [5.20] 6.2.3 (2) auf folgende Werte begrenzt:

$$0.58 \leq \cot\theta \leq 3 \textit{ für Normalbeton}$$
$$0.58 \leq \cot\theta \leq 2 \textit{ für Leichtbeton}$$

Die Druckstrebenneigung kann nach [5.20] 6.2.3 (2) berechnet werden:

$$\cot\theta = \frac{1.2 + 1.4 \cdot \sigma_{cd} / f_{cd}}{1 - V_{Rd,cc} / V_{Ed}} \tag{5.98}$$

$$V_{Rd,cc} = \eta_1 \cdot 0.24 \cdot f_{ck}^{\frac{1}{3}} \cdot \left(1 - 1.2 \cdot \frac{\sigma_{cd}}{f_{cd}}\right) \cdot b_w \cdot z \tag{5.99}$$

$\eta_1 = 1$ für Normalbeton

Durch Umstellen der Gleichung [5.19] 6.2.3 (4) ergibt sich unter Berücksichtigung des Bemessungswerts $V_{Rd,s}$, der durch die Fließgrenze der Querkraftbewehrung begrenzt ist, und dem Winkel der Querkraftbewehrung α die erforderliche Bewehrung zu:

$$a_{sw} = \frac{V_{Ed}}{0.9 \cdot d \cdot f_{ywd} \cdot (\cot\theta + \cot\alpha) \cdot \sin\alpha} \tag{5.100}$$

Nachdem die erforderliche Bewehrung berechnet wurde, muss nachgewiesen werden, dass der Bemessungswert der maximalen Querkraft V_{Ed} am Auflagerrand die maximale Betonruckstrebentragfähigkeit $V_{Rd.max}$ nach [5.19] 6.2.3 (4) nicht überschreitet.

$$V_{Rd,\max} = \alpha_{cw} \cdot b_w \cdot z \cdot v_1 \cdot f_{cd} \cdot \frac{(\cot\theta + \cot\alpha)}{\left(1 + \cot^2\theta\right)} \tag{5.101}$$

mit [5.19] 6.2 und [5.20] 6.2.3 (3) gilt:

$$\begin{aligned} v_1 &= \eta_1 \cdot 0.75 && \textit{für } C \leq 55/67 \textit{ und } LC \leq 55/60 \\ v_1 &= \eta_1 \cdot 0.75 \cdot \left(1.1 - \frac{f_{ck}}{500}\right) && \textit{für } C \geq 55/67 \textit{ und } LC \geq 55/60 \end{aligned} \tag{5.102}$$

Konstruktionsregeln

Nach [5.19] 9.2 und [5.20] 9.2.2 (5) darf bei Balken und Plattenbalken der Bewehrungsgrad der Querkraftbewehrung ρ_w den Mindestwert $\rho_{w.\min}$ nicht unterschreiten:

$$\rho_w = \frac{A_{sw}}{s \cdot b_w \cdot \sin\alpha} \geq \rho_{w,\min} \tag{5.103}$$

somit ergibt sich eine Mindestquerkraft von:

$$a_{sw,\min} \geq \rho_{w,\min} \cdot b_w \cdot \sin\alpha \tag{5.104}$$

Abschließend ist zu überprüfen, ob die maximal zulässigen Längs- und Querabstände nach [5.19] 9.2 Tabelle 8.4.1 DE (maximale Längsabstände der Bügel $s_{l,max}$) und Tabelle 8.4.2 DE (maximalen Querabstände $s_{t,max}$) eingehalten sind.

Der maximale Längsabstand von aufgebogenen Stäben darf nach [5.19] 9.2 und [5.20] 9.2.2 (7) den Wert $s_{b.max}$ nicht überschreiten.

$$s_{b,\max} = 0.5 \cdot h \cdot (1 + \cot\alpha) \tag{5.105}$$

2.3.3 Programmablaufplan

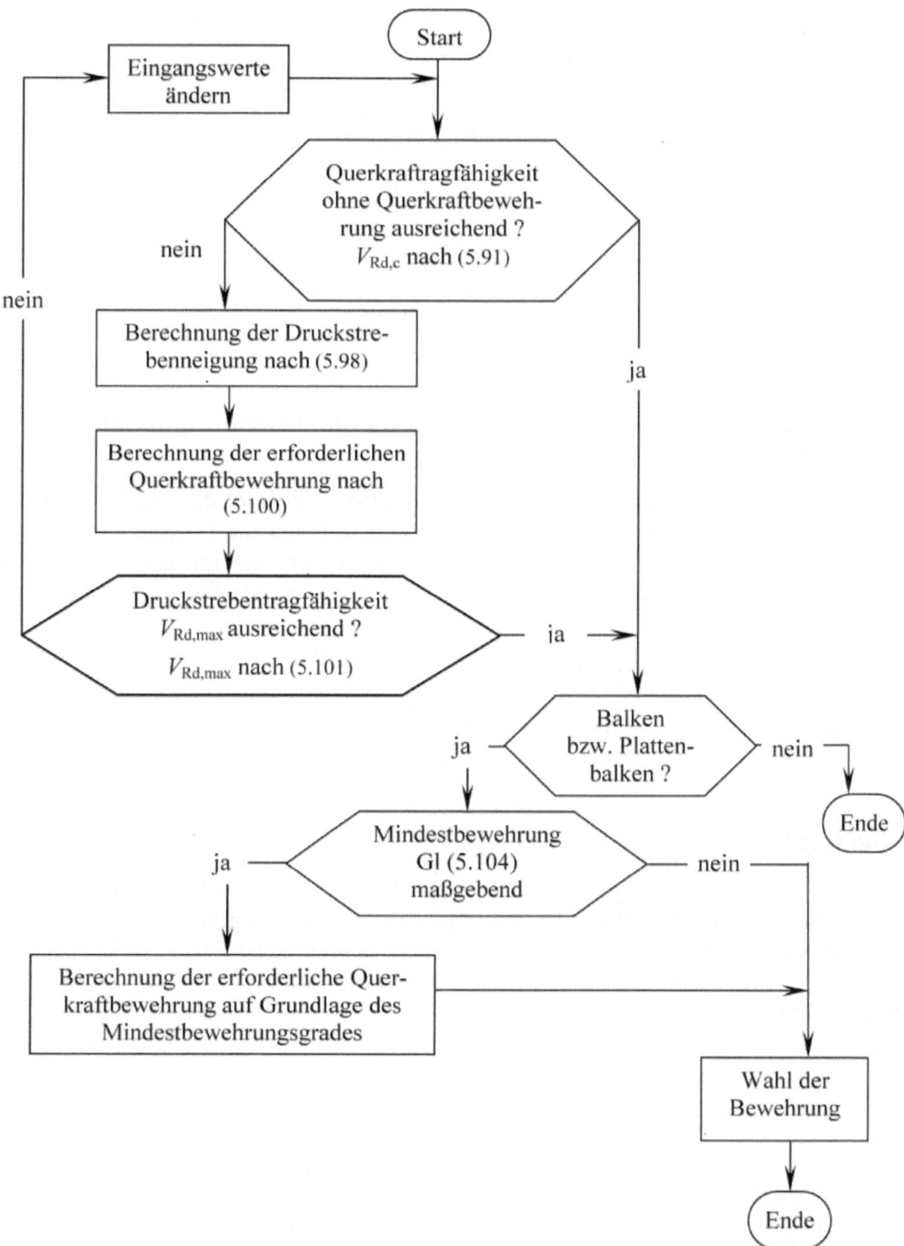

2.3.4 Eingabebeschreibung zum Arbeitsblatt „Nachweis für Querkraft"

Nachdem die Betongüte gewählt und im Fall des Leichtbetons die Trockenrohdichte eingegeben wurde, können in die dafür vorgesehenen Felder die Querschnittswerte, die Schnittgrößen sowie die Neigung der Bügelbewehrung eingegeben werden.

Dabei ist Folgendes zu beachten:

- die Querschnittsfläche A_c muss nur im Fall einer Längskraft N_{Ed} eingegeben werden
- im Feld red V_{Ed} wird der Bemessungswert der Querkraft eingegeben (wird keine Abminderung durchgeführt, ist der bemessungsrelevante Wert der Querkraft einzusetzen)

Die Eingabe ist im Punkt „*Wahl der Bügelbewehrung*“ durch die Eingabe des Bügeldurchmessers sowie der Bügelausführung zu beenden.

Wahl der Bügelbewehrung:

Durchmesser des Bügels: $d_{sw} := 10 \cdot mm$

2-schnittige Bügelausführung

2.3.5 *Einschränkende Randbedingungen und Fehlermeldungen des Arbeitsblattes*

Wenn im Abschnitt „*Überprüfung der Druckstrebentragfähigkeit*“ die Meldung „*Druckstrebentragfähigkeit nicht ausreichend!*“ ausgegeben wird, müssen die Eingangswerte (Betonfestigkeit, Querschnittsabmessungen) solange verändert werden, bis im Textfeld die Meldung „*Druckstrebentragfähigkeit ausreichend!*“ erscheint. Sollte im Abschnitt „*Wahl der Bügelbewehrung*“ im Textfeld die Meldung „*Wahl der Bügelbewehrung ändern*“ ausgegeben werden, muss der Durchmesser der Bügelbewehrung bzw. die Bügelausführung solange verändert werden, bis diese Fehlermeldung erlischt.

Mit dem Arbeitsblatt ist es möglich, die erforderliche Querkraftbewehrung für Platten zu berechnen. Die in [5.19] und [5.20] beschriebenen Konstruktionsregeln bleiben jedoch unberücksichtigt.

2.3.6 *Beispiel*

Für das im Abschnitt 2.1.2 beschriebene Beispiel wird im Folgenden der Querkraftnachweis geführt. Die maßgebende Querkraft V_{Ed} im Grenzzustand der Tragfähigkeit beträgt 423,8 kN. Da es sich um eine direkte Lagerung handelt, darf der bemessungsrelevante Wert der Querkraft zur Berechnung der erforderlichen Bügelbewehrung im Abstand d = 64cm vom Auflagerrand bestimmt werden.

$$red\ V_{Ed} = 423{,}8\ \text{kN} - (1{,}35 \cdot (30\ \frac{\text{kN}}{\text{m}} + 5\ \frac{\text{kN}}{\text{m}}) + 1{,}5 \cdot 25\ \frac{\text{kN}}{\text{m}}) \cdot (0{,}64\ \text{m} + 0{,}15\ \text{m})$$

$$red\ V_{Ed} = 356{,}8\ \text{kN}$$

Die Schnittgrößen sowie die Querschnittswerte können nun in das Arbeitsblatt eingegeben werden. Die erforderliche Querkraftbewehrung beträgt $a_{sw,req}$ = 7,06 cm²/m, da die Mindestquerkraftbewehrung von $a_{sw,min}$ = 3,71 cm²/m nicht maßgebend ist. Bei der Verwendung von

2-schnittigen Bügeln mit einem Betonstahldurchmesser von 10 mm ist der Querkraftnachweis für Bügelabstände von 20 cm erbracht.

2.4 Nachweis für Stützen nach dem Verfahren mit Nennkrümmung

Das Verfahren mit Nennkrümmung nach [5.19] 5.8 zur Bemessung von Stahlbetonstützen entspricht dem in Deutschland als "Modellstützenverfahren" bekannten Näherungsverfahren.

2.4.1 *Verwendete besondere Mathcad-Funktionen*

Das Mathcad-Arbeitsblatt "Modellstuetze.mcd" nutzt die Funktion PRNLESEN zum Einlesen von Feldvariablen aus strukturierten ASCII-Dateien. Hierbei werden nur gültige, alphanumerische Zahlen eingelesen, die durch Tabulator oder Leerzeichen getrennt sind. Ungültige Zeichen in der Datei veranlassen Mathcad zum Abbruch. Eine Ausnahme bildet dabei nur der sog. Textvorsatz am Dateianfang, d. h. der Bereich vor Auftreten der ersten Zahl. Dieser Textvorsatz wird beim Einlesen einfach ignoriert. Mathcad bildet die Feldvariablen (Matrizen) während des Einlesens nach folgendem Schema: Tabulator oder Leerzeichen erzeugen eine neue Spalte, Zeilenumbruch erzeugt eine neue Zeile.

Die Struktur der hier verwendeten ASCII-Datendateien (*.txt) ist durchgängig zweispaltig, d. h. die Feldvariable *Dat* wird nach dem Einlesen eine *m*,2-Matrix mit *m* Zeilen (Anzahl der Wertepaare des Grafen) und zwei Spalten sein. Der erste Spaltenvektor ($Dat^{\langle 0 \rangle}$) repräsentiert dabei die bezogene Normalkraft ν_{Ed} und der zweite Spaltenvektor ($Dat^{\langle 1 \rangle}$) das bezogene

Biegemoment μ_{Ed0} nach Th. I. O.. Das als x/y-Diagramm eingefügte Interaktionsdiagramm wird also durch $Dat^{\langle 0 \rangle}$ auf der y-Achse und $Dat^{\langle 1 \rangle}$ auf der x-Achse erzeugt. Durch Zuweisen des Dateinamens in die Textvariable *Datei* (Argument der Funktion PRNLESEN), abhängig vom Tafeleingangswert d_1/h, wird automatisch die richtige ASCII-Datei ausgewählt. Liegt das Verhältnis d_1/h zwischen zwei Tafeln, so wird auf der sicheren Seite liegend die ungünstigere Tafel, also diejenige mit größerem d_1/h, gewählt.

Eine besondere Erleichterung für den Anwender – im Vergleich zu einer Handrechnung – sind die im Interaktionsdiagramm als Markierungen bereits eingetragenen, bezogenen Bemessungsschnittgrößen ν_{Ed} und μ_{Ed} nach Th. II. O., wodurch der mechanische Bewehrungsgrad ω_{tot} nur noch am Bildschirm abzulesen ist. Ein Ablesen aus den Tafeln in [5.21] wäre hingegen meistens noch mit Zeichenarbeit verbunden. Die Markierungen sind auch der Grund dafür, dass die Tafeleingangsgröße ν_{Ed} negativ (Längsdruckkräfte sind dadurch positiv) aufgetragen ist. Sie werden andernfalls von Mathcad nicht dargestellt.

Die Wertetabellen zur Erzeugung der Interaktionsdiagramme als Mathcad-x/y-Diagramm wurden vorab mit einem separaten, vom Autor erstellten Programm berechnet und sind in Form von ASCII-Datendateien (*.txt) bereitgestellt. Sie entsprechen den Tafeln 5 in [5.21] ab Seite 5.142 zum Ablesen des mechanischen Bewehrungsgrades. Schlankheitsabhängige Bemessungsdiagramme (Tafeln 10 in[5.21]) werden hier nicht behandelt, da in diesen Diagrammen das Modellstützenverfahren bereits eingearbeitet ist (vgl. [5.24]).

2.4.2 Erläuterungen zum Nachweis

Wenn die Bauteilverformungen zu berücksichtigen sind, kann das Modellstützenverfahren nach DIN EN 1992-1-1[5.19] 5.8.8 für den vereinfachten Nachweis von Einzeldruckgliedern verwendet werden. Für Druckglieder sind zunächst die Grenzschlankheiten zu überprüfen. Wenn gemäß [5.19] (5.106) und (5.107) die Schlankheit λ des Einzeldruckgliedes die folgende Grenze

$$\lambda \le \lambda_{\max} = \begin{cases} 25 & \text{für } |\nu_{\mathrm{Ed}}| \ge 0{,}41 \quad (5.106) \\ \dfrac{16}{\sqrt{|\nu_{\mathrm{Ed}}|}} & \text{für } |\nu_{\mathrm{Ed}}| < 0{,}41 \quad (5.107) \end{cases}$$

mit $\nu_{\mathrm{Ed}} = \dfrac{N_{\mathrm{Ed}}}{A_{\mathrm{c}} \cdot f_{\mathrm{cd}}}$

nicht überschreitet, so dürfen die Auswirkungen der Bauteilverformungen vernachlässigt werden. Sofern es sich um ein Druckglied in einem unverschieblichen Tragwerk handelt, brauchen die Zusatzmomente nach Th. II. O. selbst bei Überschreiten von Gl. (5.106) und (5.107) nicht ermittelt werden, wenn die Bedingung

$$\lambda \le \lambda_{\mathrm{lim}} = 25 \cdot \left(2 - \frac{e_{01}}{e_{02}} \right) \qquad (5.108)$$

mit $|e_{01}| \le |e_{02}|$ Lastausmitten an den Stützenenden

für $e_{01} = e_{02} = 0$ ist $\lambda_{\mathrm{lim}} = 25$

eingehalten ist. Allerdings ist in diesem Fall das Mindestmoment

$$M_{\mathrm{Rd}} \ge |N_{\mathrm{Ed}}| \cdot \frac{h}{20} \qquad (5.109)$$

d. h. $e_0 \ge \dfrac{h}{20}$

an beiden Stützenenden zu überprüfen ([5.22] 5.8). Die Ermittlung der planmäßigen Lastausmitte nach Th. I. O. erfolgt mit:

$$e_0 = \frac{M_{\mathrm{Ed0}}}{N_{\mathrm{Ed}}} \qquad (5.110)$$

In horizontal unverschieblichen Systemen werden Kopf- und Fußmomente nach [5.22] 8.6.5 wie folgt berücksichtigt:

$$e_0 \ge \begin{cases} 0{,}6 \cdot e_{02} + 0{,}4 \cdot e_{01} \\ 0{,}4 \cdot e_{02} \end{cases} \quad \text{größerer Wert maßgebend} \qquad (5.111)$$

mit $|e_{01}| \le |e_{02}|$ Lastausmitten an den Stützenden

In solchen Fällen, in denen die Auswirkungen nach Th. II. O. nicht vernachlässigbar sind, müssen die Zusatzausmitten aus ungewollter Schiefstellung e_a (Imperfektion nach[5.22] 8.6.4)

$$e_a = \alpha_{a1} \cdot \frac{l_0}{2} \tag{5.112}$$

$$\text{mit } \alpha_{a1} = \frac{1}{100 \cdot \sqrt{l_{col}}} \leq \frac{1}{200}$$

l_0 Ersatzlänge des Einzeldruckgliedes

sowie aus Theorie II. Ordnung unter Berücksichtigung physikalischer Nichtlinearität e_2 nach dem Modellstützenverfahren gemäß [5.22] 8.6.5(8)

$$e_2 = K_1 \cdot \left(\frac{1}{r}\right) \cdot \frac{l_0^2}{10} \tag{5.113}$$

$$\text{mit } K_1 = \begin{cases} \frac{\lambda}{10} - 2{,}5 & \text{für } 25 \leq \lambda \leq 35 \\ 1 & \text{für } \lambda > 35 \end{cases}$$

$$\text{und } \left(\frac{1}{r}\right) = K_2 \cdot \frac{2 \cdot \varepsilon_{yd}}{0{,}9 \cdot d}$$

zur Gesamtausmitte addiert werden:

$$e_{tot} = e_0 + e_c + e_a + e_2 \tag{5.114}$$

Die Kriechausmitte e_c darf nach [5.22] 8.6.3(5) i. d. R. vernachlässigt werden, wenn die Stützenenden monolithisch mit lastabtragenden Bauteilen verbunden sind oder wenn bei verschieblichen Tragwerken die Schlankheit $\lambda < 50$ und gleichzeitig $e_0/h > 2$ ist. Ansonsten kann sie nach [5.23] 4.2.2 abgeschätzt werden. Der Faktor K_2 zur Berücksichtigung der Krümmungsabnahme bei größeren Längsdruckkräften liegt mit der Annahme $K_2 = 1$ stets auf der sicheren Seite. Nach erfolgter Bemessung kann diese mit einem verbesserten Wert

$$K_2 = \frac{N_{ud} - N_{Ed}}{N_{ud} - N_{bal}} \tag{5.115}$$

nach DIN [5.22] 8.6.5(9) wiederholt werden.

Die Bemessung selbst erfolgt mit Hilfe des Interaktionsdiagramms wie in Kap. 2.4.1 beschrieben. Abschließend ist die minimale und maximale Längsbewehrung zu überprüfen. Die Mindestbewehrung ist nach [5.20] 9.5

$$A_{s,min} = 0{,}15 \cdot \frac{|N_{Ed}|}{f_{yd}} \tag{5.116}$$

und die Maximalbewehrung

$$A_{s,max} = 9\% \cdot A_c \tag{5.117}$$

2.4.3 Programmablaufplan

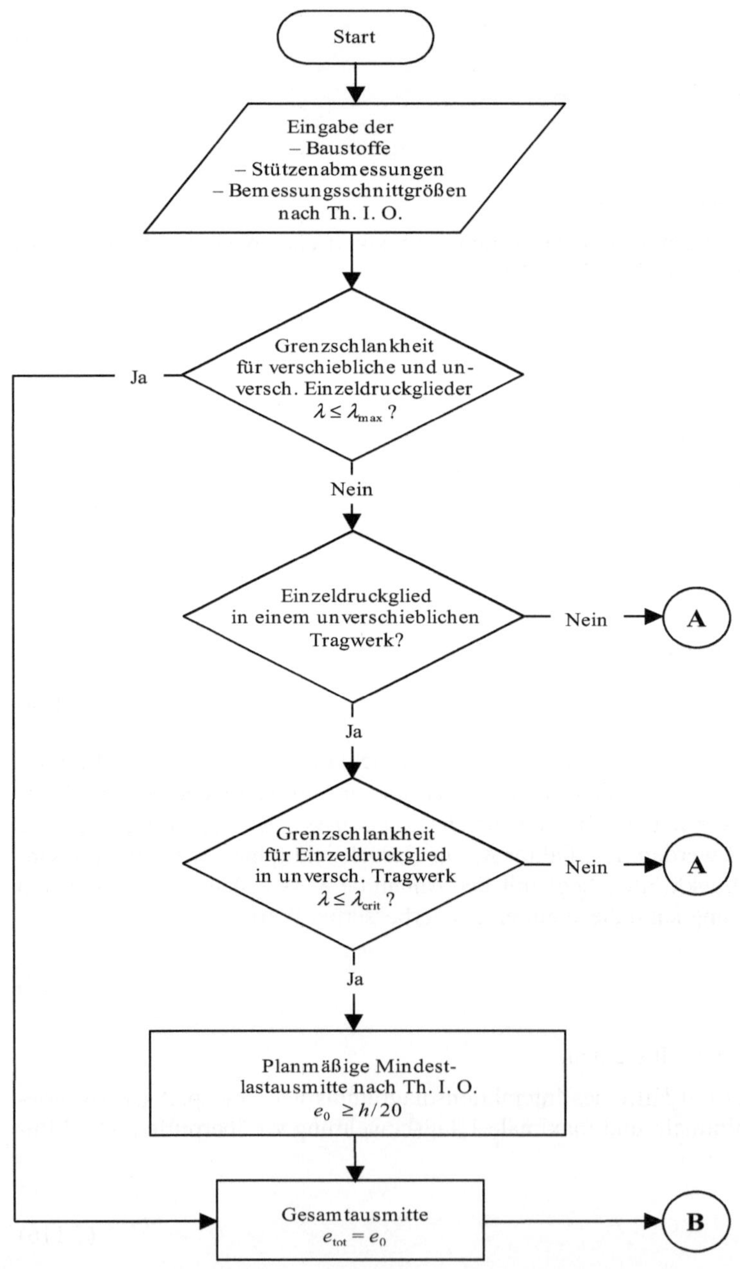

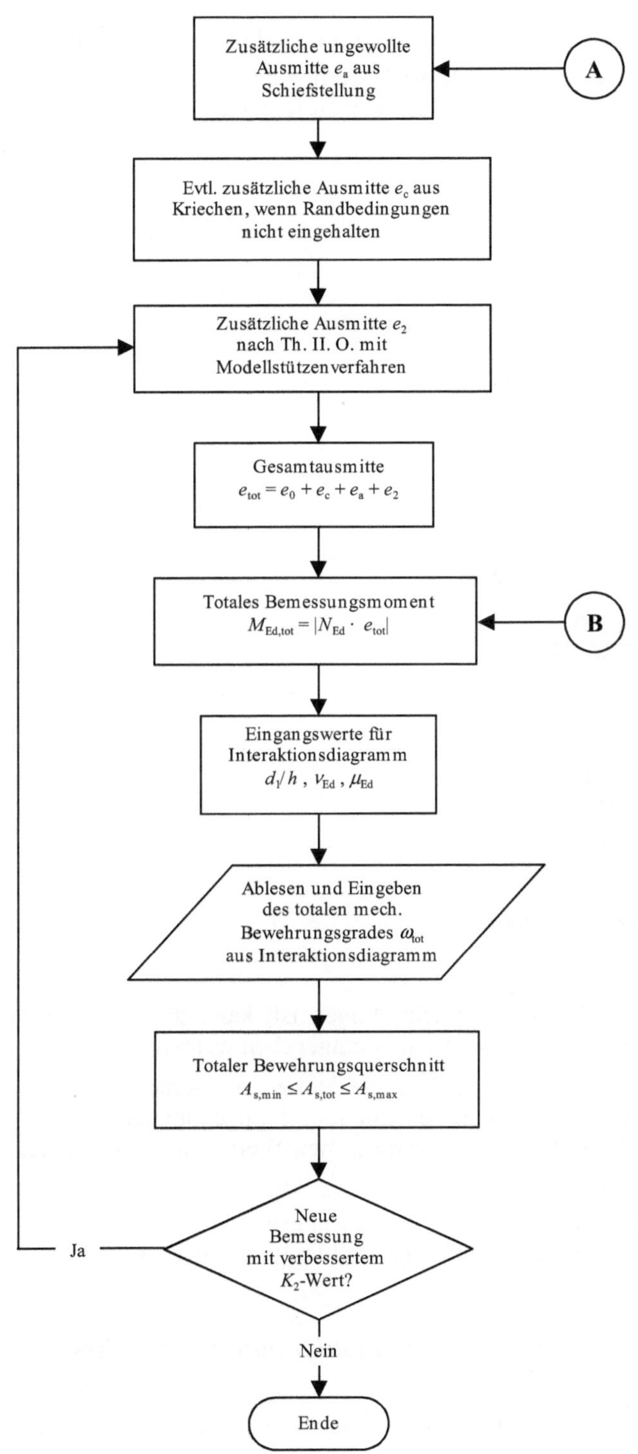
Zusätzliche ungewollte Ausmitte e_a aus Schiefstellung
A
Evtl. zusätzliche Ausmitte e_c aus Kriechen, wenn Randbedingungen nicht eingehalten
Zusätzliche Ausmitte e_2 nach Th. II. O. mit Modellstützenverfahren
Gesamtausmitte $e_{tot} = e_0 + e_c + e_a + e_2$
Totales Bemessungsmoment $M_{Ed,tot} = |N_{Ed} \cdot e_{tot}|$
B
Eingangswerte für Interaktionsdiagramm d_1/h , ν_{Ed} , μ_{Ed}
Ablesen und Eingeben des totalen mech. Bewehrungsgrades ω_{tot} aus Interaktionsdiagramm
Totaler Bewehrungsquerschnitt $A_{s,min} \leq A_{s,tot} \leq A_{s,max}$
Ja
Neue Bemessung mit verbessertem K_2-Wert?
Nein
Ende

2.4.4 Eingabebeschreibung zum Arbeitsblatt „Verfahren mit Nennkrümmung"

Zunächst ist die Betonfestigkeitsklasse auszuwählen. Danach werden die Querschnittsabmessungen, die Ersatzlänge sowie die Bemessungsschnittgrößen gemäß folgender Skizze eingegeben.

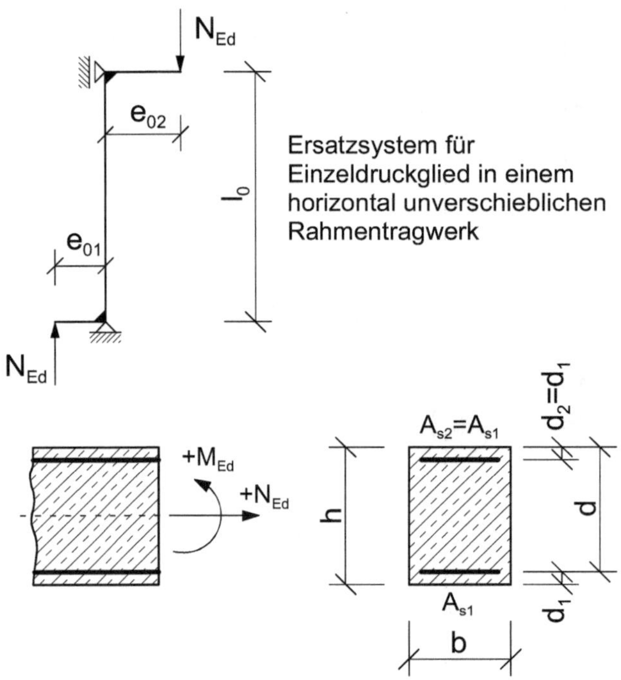

Bild 5.50: Ersatzstab und Querschnittsbezeichnungen

Falls die Kriechausmitte nach [5.22] 8.6.3 (5) zu berücksichtigen ist, kann diese z. B. mit [5.25] 4.2.2 abgeschätzt und im dafür vorgesehenen Platzhalter eingegeben werden.

Im ersten Bemessungsdurchlauf wird i. d. R. der Abminderungsfaktor K_2 zur Berücksichtigung der Krümmungsabnahme bei größeren Längsdruckkräften mit $K_2 = 1$ angenommen (sichere Seite). Erst nach erfolgter Bemessung *kann* durch einen verbesserten Wert (mit der im ersten Iterationsschritt ermittelten Bewehrung) die Bemessung wiederholt werden.

Der totale mechanische Bewehrungsgrad ω_{tot} ist in jedem Bemessungsdurchlauf mit Hilfe des Interaktionsdiagramms (Kap. 2.4.1) abzulesen und danach manuell im Platzhalter einzugeben.

2.4.5 Einschränkende Randbedingungen und Fehlermeldungen des Arbeitsblattes

Die Anwendung der Tafeln 5 in [5.21] ab Seite 5.140 sind mit sich folgenden „Einschränkungen" verbunden:

- Betongüten C12/15 bis C50/60
- Betonstahl B500
- Rechteckquerschnitt

Abgesehen von den Anwendungsgrenzen, die durch das Modellstützenverfahren bedingt sind und somit auch hier gelten, ist das Arbeitsblatt "Modellstuetze.mcd" zunächst nur für zweiseitig- oder eckbewehrte Rechteckquerschnitte ausgelegt. Durch Bereitstellung entsprechender ASCII-Dateien wäre eine Anpassung z. B. auch für hochfeste Betone oder andere Querschnittsformen möglich. Für Kreis- oder Kreisringquerschitte wird dies etwas umständlicher, weil in diesem Fall die Anpassung einiger Gleichungen notwendig wäre.

Sofern Mathcad wegen einer fehlenden Datendatei kein Interaktionsdiagramm zeichnen kann und dadurch auch kein Ablesen möglich ist, wird das Bemessungsergebnis mit einem entsprechenden Text versehen.

2.4.6 Beispiel

Für den Nachweis der Mittelstütze des Beispiels in Abschnitt 2.1.2 wird die maximale Auflagerkraft des Mittenlagers mit B = 847,5 kN übernommen und als konstante Bemessungslängskraft N_{Ed} angesetzt. Die Stützeneigenlast wird hierbei vernachlässigt. Da es sich um eine Pendelstütze handelt, ergeben sich die Bemessungsmomente am Kopf M_{Ed02} und am Fuß M_{Ed01} jeweils zu Null.

Der bezogene Randabstand der Bewehrung wird zu $d_1/h = 0{,}20$ geschätzt und bestimmt das zu verwendende Interaktionsdiagramm. Der Ansatz der zusätzlichen Kriechausmitte ist hier nicht erforderlich. Mit Berücksichtigung der Grenzschlankheiten und Kontrolle des Mindestmomentes ergibt sich ein Bemessungsergebnis von erforderlich $A_{s,tot} = 4{,}6\ \text{cm}^2$.

Die Bewehrung soll aus 4∅14 mit $A_{s,prov} = 6{,}16\ \text{cm}^2$ bestehen.

Den Abschluss der Bemessung bildet die Überprüfung der Mindest- und Maximalbewehrung. Der verbesserte K_2-Wert entspricht dem zunächst angenommenen Wert mit $K_2 = 1$, d. h. es erübrigt sich eine Wiederholung der Bemessung.

Auf eine Darstellung der Wahl der konstruktiven Bügelbewehrung wird im Rahmen dieses Beispiels verzichtet.

2.5 Nachweis der Spannungsbegrenzung

2.5.1 Verwendete besondere Mathcad-Funktionen

In diesem Beispiel wird die Möglichkeit genutzt, zur Verbesserung der Anschaulichkeit ein Bild einzufügen. Es werden mit dem Programm *Designer* erstellte Querschnittsskizzen über die Zwischenablage und den Befehl *Bearbeiten/ Inhalte einfügen* eingebunden. Falls beim Nutzer das Programm Designer (Version 7.1) installiert ist, könnten die Skizzen nach einem Doppelklick auf den Bildbereich bearbeitet werden.

Mit Hilfe der *Bedingten Anweisung* (*if- Anweisung*) werden die Formeln für den vorliegenden Querschnitt ausgewählt und zur verbalen Bewertung der Nachweise die zutreffenden Zeichenfolgen ausgegeben.

2.5.2 Erläuterungen zum Nachweis

Spannungsnachweise bei nicht vorgespannten Tragwerken können entfallen, wenn die in [5.19] 7.2 unter Berücksichtigung von [5.20] genannten Bedingungen eingehalten werden.

Sollten diese Bedingungen nicht erfüllt werden, sind die in Tabelle 5.7 zusammengestellten Spannungsnachweise zu führen.

Tabelle 5.7 Nachweis der Spannungsbegrenzungen

Nachweis	Einwirkungskombination	Nachweisformat
Begrenzung der Beton-(druck-) spannungen	seltene Kombination	$\lvert\sigma_c\rvert \leq 0{,}6 \cdot f_{ck}$ (5.118)
	quasi-ständige Kombination	$\lvert\sigma_c\rvert \leq 0{,}45 \cdot f_{ck}$ (5.119)
Begrenzung der Stahl-(zug-) spannungen	seltene Kombination	$\sigma_s \leq 0{,}8 \cdot f_{yk}$ (5.120) bei Spannungen nur aus Zwang $\sigma_s \leq 1{,}0 \cdot f_{yk}$ (5.121)

Es werden in Anlehnung an [5.19] folgende Annahmen getroffen:

Langzeiteinflüsse werden durch einen abgeminderten E-Modul des Betons mit $\alpha_e = E_s/E_c = 15$ näherungsweise berücksichtigt.

Wenn die im ungerissenen Zustand ermittelten Spannungen unter der *seltenen* Lastkombination die mittlere Zugfestigkeit f_{ctm} überschreiten, wird der Berechnung der Zustand II zugrunde gelegt, auch wenn bei dem betrachteten Nachweis eine Lastkombination mit geringerer Belastung maßgebend ist.

Für den Beton wird auch im Zustand II eine lineare Spannungs-Dehnungs-Beziehung angenommen. Im Zustand II wird die Zugfestigkeit des Betons vernachlässigt.

Bei einem Bauteil mit rechteckiger Betondruckzone ohne Längskraft werden die Spannungen unter Annahme des Zustandes II und einer unbewehrten Betondruckzone, wie folgt berechnet:

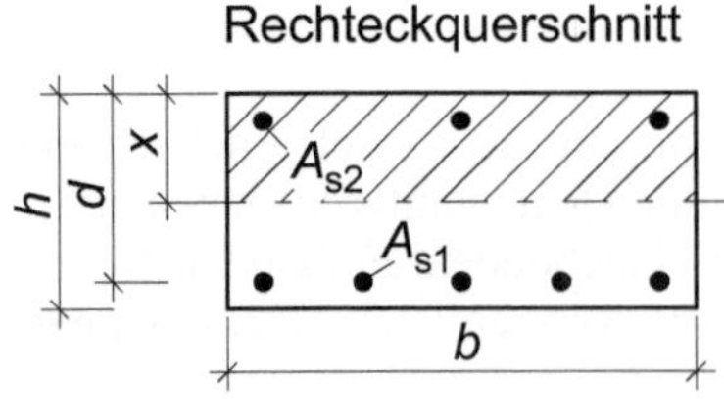

Bild 5.51: Rechteckquerschnitt

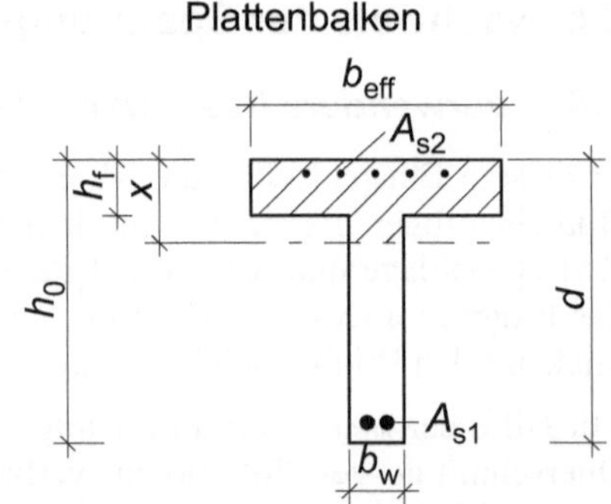

Bild 5.52: Plattenbalken

$$x = \frac{\alpha_e \cdot A_{s1}}{b}\left[-1+\sqrt{1+\frac{2 \cdot b \cdot d}{\alpha_e \cdot A_{s1}}}\right] \quad (5.122)$$

$$z = d - x/3 \quad (5.123)$$

$$\sigma_{s1} = \frac{M_{Ed}}{z \cdot A_{s1}} \quad (5.124)$$

$$|\sigma_c| = \frac{2M_{Ed}}{b \cdot x \cdot z} \quad (5.125)$$

$$x = \frac{0,5 \cdot b_{eff} \cdot h_f^2 + \alpha_1 \cdot A_{s1} \cdot d}{b_{eff} \cdot h_f + \alpha_e \cdot A_{s1}} \quad (5.126)$$

$$z = d - \frac{h_f}{2} + \frac{h_f^2}{6(2x - h_f)} \quad (5.127)$$

$$\sigma_{s1} = \frac{M_{Ed}}{z \cdot A_{s1}} \quad (5.128)$$

$$|\sigma_c| = \sigma_{s1}\frac{x}{\alpha_e(d - x)} \quad (5.129)$$

2.5.3 Programmablaufplan

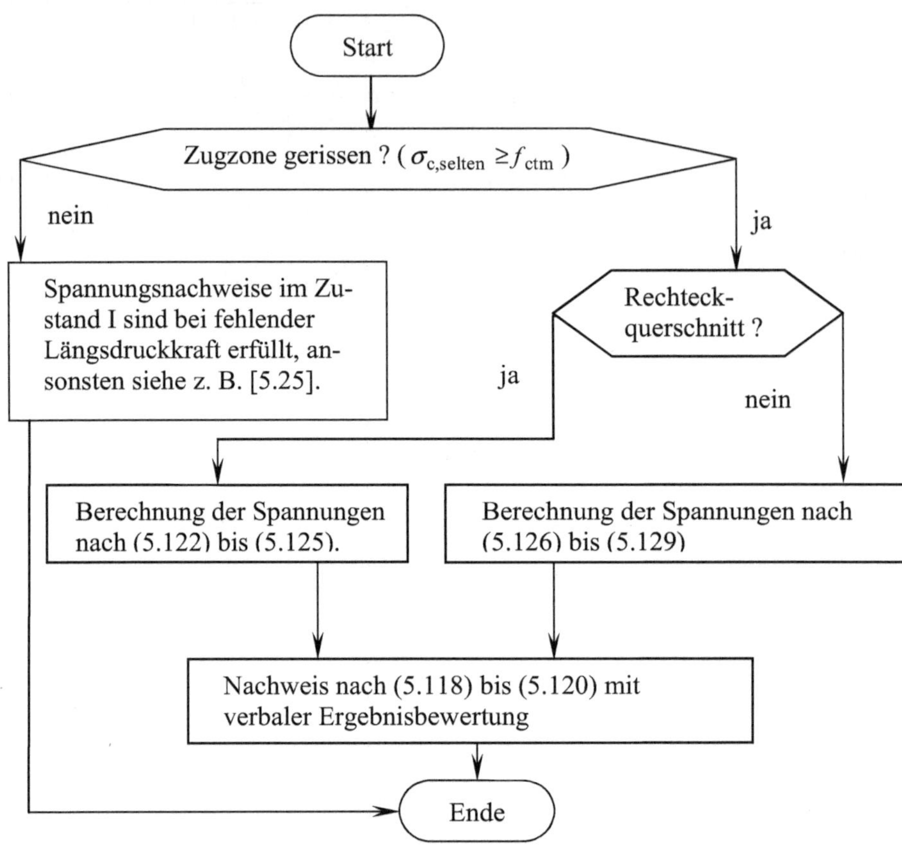

2.5.4 Eingabebeschreibung zum Arbeitsblatt „Spannungsnachweise"

Mit Auswahlboxen ist festzulegen, welche Betonfestigkeitsklasse vorliegt und ob es sich um einen Rechteckquerschnitt oder einen Plattenbalken handelt. Danach sind die Bauteilabmessungen, die Momente für den Zustand der Gebrauchstauglichkeit (seltene und quasi-ständige Kombination) sowie die Ergebnisse der Biegebemessung einzugeben.

2.5.5 Einschränkende Randbedingungen und Fehlermeldungen des Arbeitsblattes

Das Arbeitsblatt beinhaltet nur die Nachweise für den i. d. R. zutreffenden Zustand II. Es wird rechnerisch geprüft, ob nach Zustand II gerechnet werden muss und ausgegeben, ob nach Zustand I gerechnet werden könnte. Das Arbeitsblatt kann nicht angewendet werden, wenn die betrachteten Querschnitte durch Längskräfte beansprucht werden und/oder eine Druckbewehrung angeordnet ist.

Mathcad prüft permanent, ob alle in Formeln vorkommenden Variablen auch definiert sind. Bei diesem Arbeitsblatt, welches Rechteckquerschnitte und Plattenbalken abdeckt, muss deshalb bei beiden Querschnittsarten eine zahlenmäßige Eingabe erfolgen, da sonst keine Berechnung durchgeführt werden kann.

2.5.6 Beispiel

Die Nachweise erfolgen beispielhaft für den unter Abschnitt 2.1.2 beschriebenen Plattenbalken für Feld 1 unabhängig davon, ob die Bedingungen für den Fortfall der Nachweise erfüllt sind. Die geometrischen Eingabewerte und die maßgebenden Einwirkungskombinationen sind Abschnitt 2.1.2 zu entnehmen, die mitwirkende Plattenbreite wurde ebenso wie die Biegezugbewehrung in Abschnitt 2.2 berechnet.

Als Ergebnis wird ausgegeben, dass der „Nachweis der Begrenzung der Betondruckspannung erbracht" ist und ebenso für die Stahlzugspannungen.

2.6 Ermittlung der Kriechzahlen unter einer mehrstufigen Belastungsgeschichte

2.6.1 Verwendete besondere Mathcad-Funktionen

- Einfügen einer Grafik mittels Microsoft Office Word-Dokument.
- Einfügen einer ComboBox (siehe auch Kapitel 2.3 Nachweis für Querkraft)

2.6.2 Erläuterungen zum Nachweis

In Bild 5.53 sind zwei Belastungszeitpunkte dargestellt (t_{01} und t_{02}). Die Kriechzahlen infolge von unterschiedlichen Belastungszeitpunkten werden beispielsweise benötigt, um bei vorgespannten Betonbauteilen die Spannkraftverluste aus Kriechen ermitteln zu können.

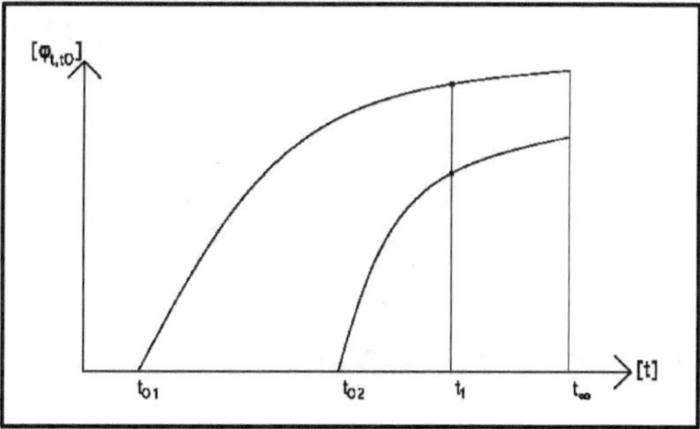

Bild 5.53: Belastungsschema

Die Kriechzahlen werden gemäß [5.19] 3.1.4 und Anhang B ermittelt.

Hierin darf die Kriechzahl wie folgt ermittelt werden:

$$\varphi_{(t,t_0)} = \varphi_0 \cdot \beta_c(t,t_0) \tag{5.130}$$

t_0 = *Belastungsbeginn*

t = *Zeitpunkt der zu ermittelnden Kriechzahl*

Die Grundzahl des Kriechens ergibt sich zu:

$$\varphi_0 = \varphi_{RH} \cdot \beta(f_{cm}) \cdot \beta(t_0) \tag{5.131}$$

$$\varphi_{RH} = 1 + \frac{1 - RH / 100}{0.1 \cdot \sqrt[3]{h_0}} \text{ für } f_{cm} \leq 35N / mm^2 \tag{5.132}$$

$$\varphi_{RH} = \left[1 + \frac{1 - RH / 100}{0.1 \cdot \sqrt[3]{h_0}} \cdot \alpha_1 \right] \cdot \alpha_2 \text{ für } f_{cm} > 35N / mm^2 \tag{5.133}$$

RH = *relative Luftfeuchte in %*

$\beta(f_{cm})$ = *Auswirkung der Betondruckfestigkeit bei Belastungsbeginn*

$$\beta(f_{cm}) = \frac{16.8}{\sqrt{f_{cm}}} \tag{5.134}$$

$\beta(t_0)$ = *Auswirkung des Betonalters bei Belastungsbeginn*

$$\beta(t_0) = \frac{1}{(0.1 + t_0^{0.2})} \tag{5.135}$$

$$h_o = \frac{2 \cdot A_c}{u} \tag{5.136}$$

A_c = *Gesamtfläche Betonquerschnitt*

u = *Umfang des Querschnitts welcher Trocknung ausgesetzt ist*

Die Beschreibung der zeitlichen Entwicklung des Kriechens wird beschrieben mit:

$$\beta_c(t - t_0) = \left[\frac{t - t_0}{\beta_H + t - t_0} \right]^{0.3} \tag{5.137}$$

t = *Betonalter zum betrachteten Zeitpunkt*

t_0 = *tatsächliches Betonalter bei Belastungsbeginn*

β_H = *Beiwert zur Berücksichtigung der relativen Luftfeuchte*

$$\beta_H = \left[1.5 \cdot 1 + (0.012 \cdot RH)^{18}\right] \cdot h_0 + 250 \leq 1500 \qquad \text{für } f_{cm} \leq 35$$
$$\beta_H = \left[1.5 \cdot 1 + (0.012 \cdot RH)^{18}\right] \cdot h_0 + 250 \cdot \alpha_3 \leq 1500 \cdot \alpha_3 \quad \text{für } f_{cm} \geq 35 \tag{5.138}$$

$$\alpha_1 = \left[\frac{35}{f_{cm}}\right]^{0.7} \tag{5.139}$$

$$\alpha_2 = \left[\frac{35}{f_{cm}}\right]^{0.2} \tag{5.140}$$

$$\alpha_3 = \left[\frac{35}{f_{cm}}\right]^{0.5} \tag{5.141}$$

Die Kriechzahl des Betons wird maßgeblich durch das Betonalter bei Belastungsbeginn t_0 beeinflusst.

t_0 darf nach [5.19] Anhang B.1 (B.7) wie folgt ermittelt werden:

$$t_0 = t_{0,T} \cdot \left(\frac{9}{2 + t_{0,T}{}^{1.2}} + 1\right)^{\alpha} \geq 0.5 \tag{5.142}$$

Der Einfluss von Umgebungstemperaturen denen das Bauteil ausgesetzt ist, muss bei der Berechnung des Betonalters nach Gleichung (5.142) ermittelt werden zu:

$$t_{0,T} = \sum_{i=1}^{n} e^{-\left[\left(\frac{4000}{273+T(\Delta t_i)}\right)-13.65\right]} \cdot \Delta t_i \tag{5.143}$$

$T(\Delta t_i)$: die vorhandene Temperatur im Zeitintervall Δt_i

Δt_i : Anzahl der Tage in denen die Temperatur T vorherrscht.

α : Berücksichtigung der Zementart

Zementklasse S $\alpha = -1$

Zementklasse S $\alpha = 0$

Zementklasse S $\alpha = 1$

2.6.3 Programmablaufplan

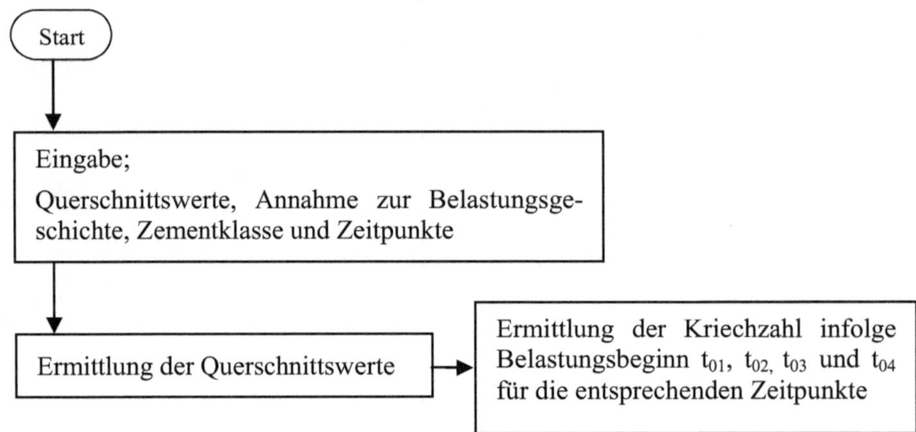

2.6.4 Eingabebeschreibung zum Arbeitsblatt „Ermittlung von Kriechzahlen"

Zu Beginn müssen die Querschnittswerte eingegeben werden. Die Abmessungen des Querschnitts sind der im Arbeitsblatt angefügten Skizze zu entnehmen. Die Berechnung der Kriechzahl ist sowohl für einen Rechteckquerschnitt als auch für einen Plattenbalkenquerschnitt möglich.

Anschließend sind die relative Luftfeuchte und die mittlere Jahrestemperatur sowie die Zementklasse und die Belastungszeitpunkte einzugeben.

2.6.5 Eingeschränkte Randbedingungen des Arbeitsblattes

Die Eingabe ist auf maximal vier Belastungszeitpunkte begrenzt. Die Berechnung zur Ermittlung der Kriechzahl wird mit einer angenommenen mittleren Jahrestemperatur durchgeführt.

2.6.6 Beispiel

Für den Querschnitt in Bild 5.54 sollen sämtliche relevanten Kriechzahlen für folgende Belastungsgeschichte ermittelt werden:

Belastungsgeschichte:

t_{01}: 3 Tage

t_{02}: 40 Tage

t_{03}: 60 Tage

relative Luftfeuchte RH: 60 %

mittlere Jahrestemperatur: 15 °C

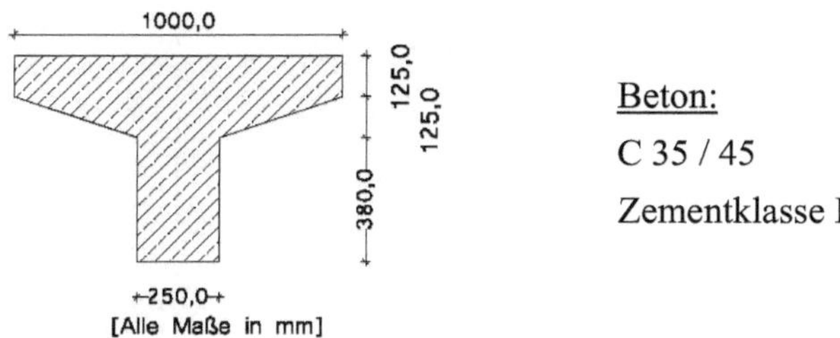

Beton:

C 35 / 45

Zementklasse R

Bild 5.54: Querschnitt

Ergebnis:

Kriechzahlen infolge Belastungsbeginn t_{01}:

$\varphi_{(t_{02},t_{01})} = 1.1$ *Kriechzahl zum Zeitpunkt* t_{02} *infolge der Last die zum Zeitpunkt* t_{01} *aufgebracht wird*

$\varphi_{(t_{03},t_{01})} = 1.25$ *Kriechzahl zum Zeitpunkt* t_{03} *infolge der Last die zum Zeitpunkt* t_{01} *aufgebracht wird*

$\varphi_{(t_{\infty},t_{01})} = 2.51$ *Kriechzahl zum Zeitpunkt* t_{∞} *infolge der Last die zum Zeitpunkt* t_{01} *aufgebracht wird*

2.7 Ermittlung der Schwindzahl

2.7.1 Verwendete besondere Mathcad-Funktionen

Für die Berechnung der Schwindzahl wurden die folgenden Mathcad-Funktionen verwendet:

- Einfügen einer Grafik mittels Microsoft Office Word-Dokument. (siehe Kapitel 2.8)
- Einfügen einer ComboBox (siehe Kapitel 2.3 Nachweis für Querkraft
- If-Anweisungen
- Interpolation

2.7.2 Erläuterungen zum Nachweis

Die Schwindzahl wird gemäß [5.19] 3.1.4 und Anhang B ermittelt und setzt sich wie folgt zusammen:

$$\varepsilon_{cs} = \varepsilon_{cd} + \varepsilon_{ca} \tag{5.144}$$

ε_{cd} = *Trocknungsschwinddehnung des Betons*

ε_{ca} = *autogene Schwinddehnung*

Die zeitabhängige Entwicklung der Trocknungsschwinddehnung wird mit nachfolgender Formel berechnet:

$$\varepsilon_{cd}(t) = \beta_{ds}(t,t_s) \cdot k_h \cdot \varepsilon_{cd,0} \tag{5.145}$$

mit:

k_h - Koeffizient nach [5.19] Tabelle 3.3

$$\beta_{ds}(t,t_s) = \frac{(t-t_s)}{(t-t_s)+0.04\cdot\sqrt{h_0{}^3}} \tag{5.146}$$

t: Betonalter zum betrachteten Zeitpunkt

t_s: Alter des Betons zu Beginn des Trocknungsschwinden (normalerweise zum Ende der Nachbehandlung)

h_0: $2A_c/u$

$$\varepsilon_{cd,0} = 0.85 \cdot \left[(220 + 110 \cdot \alpha_{ds1}) \cdot e^{\left(-\alpha_{ds2}\frac{f_{cm}}{f_{cm0}}\right)} \right] \cdot 10^{-6} \cdot \beta_{RH} \tag{5.147}$$

$$\beta_{RH} = 1.55 \cdot \left[1 - \left(\frac{RH}{RH_0} \right)^3 \right] \tag{5.148}$$

f_{cm} : mittlere Zylinderdruckfestigkeit [N/mm²]

f_{cm0}: 10 N/mm²

α_{ds1}: Berücksichtigung der Zementart

Zementklasse S : 3

Zementklasse N : 4

Zementklasse R : 6

α_{ds2}: Zementklasse S : 0.13

Zementklasse N : 0.12

Zementklasse R : 0.11

RH: relative Luftfeuchte [%]

RH_0: 100%

Die autogene Schwinddehnung folgt aus:

$$\varepsilon_{ca}(t)=\beta_{as}(t)\cdot\varepsilon_{ca}(\infty) \tag{5.149}$$

$$\varepsilon_{ca}(\infty)=2.5\cdot(f_{ck}-10)\cdot 10^{-6} \tag{5.150}$$

$$\beta_{as}(t)=1-e^{(-0.2\cdot t^{0.5})} \tag{5.151}$$

t: Angabe in Tagen

2.7.3 Programmablaufplan

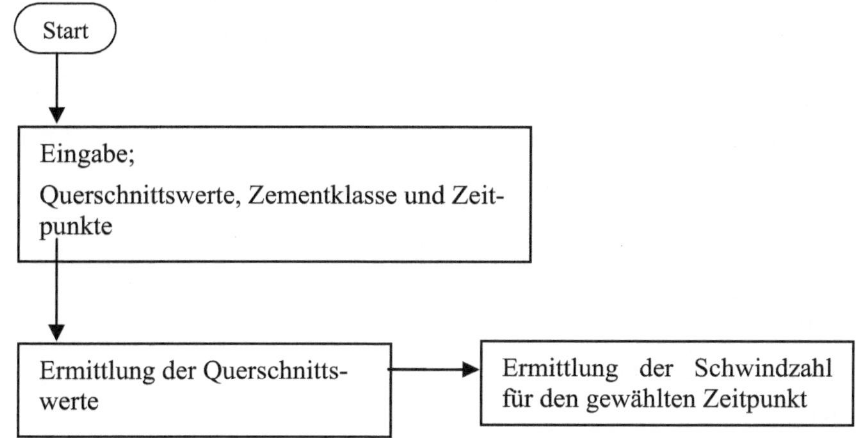

2.7.4 Eingabebeschreibung zum Arbeitsblatt „Ermittlung von Kriechzahlen"

Nachdem das Programm gestartet wurde, müssen die Querschnittswerte eingegeben werden. Die Abmessungen des Querschnitts sind der im Arbeitsblatt angefügten Skizze zu entnehmen. Es ist sowohl die Berechnung für einen Rechteckquerschnitt als auch für einen T-Querschnitt möglich.

Anschließend sind die relative Luftfeuchte und das Ende der Nachbehandlung (in Tagen) sowie die Zementklasse und der Zeitpunkt einzugeben, für die die Schwindzahl ermittelt werden soll.

2.7.5 Beispiel

Für den Querschnitt in Bild 5.55 soll die Schwindzahl mit folgenden Angaben ermittelt werden:

Querschnitt:

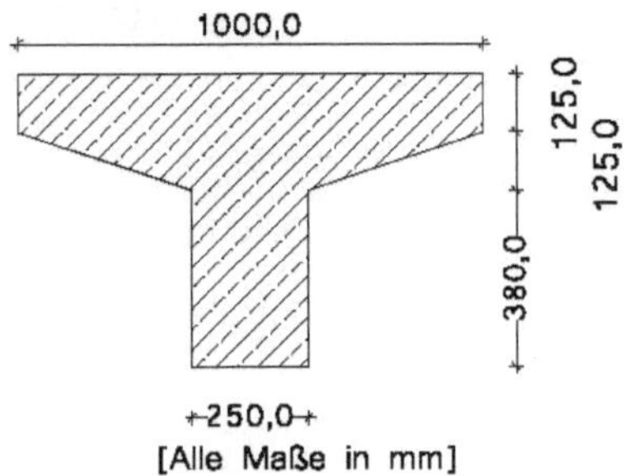

<u>Beton:</u>

C 35 / 45

Zementklasse R

relative Luftfeuchte RH: 60%

t_s: 1 Tag (Ende der Nachbehandlung)

Bild 5.55: Querschnitt

Ergebnis:

Schwinddehnung zum Zeitpunkt t_{01}:

$\varepsilon_{cs} = 2.194 \cdot 10^{-4}$

Schwinddehnung zum Zeitpunkt ∞:

$\varepsilon_{cs,\infty} = 5.478 \cdot 10^{-4}$

2.8 Vorgespannte Halbfertigteile mit Ortbetonergänzung

2.8.1 Verwendete besondere Mathcad-Funktionen

2.8.1.1 Übergabe von einem zuvor ermittelten Wert auf ein weiteres Mathcad-Arbeitsblatt mittels Verweisen.

Werte können auf mehreren Arbeitsblättern gleichzeitig verwendet werden. Es ist lediglich ein Verweis zwischen den Arbeitsblättern herzustellen, die verknüpft werden sollen.

Einfügen eines Verweises in ein Mathcad Arbeitsblatt:

Über den Menüpunkt Einfügen / Verweis kann der Bezug zwischen Arbeitsblättern hergestellt werden. Es ist vorteilhaft Arbeitsblätter mit Verweisen im gleichen Verzeichnis abzulegen. Durch die Wahl von relativen Verweisen können verknüpfte Arbeitsblätter problemlos verschoben und kopiert werden. Es muss allerdings darauf geachtet werden, dass die Verweise aktualisiert wurden!

2.8.1.2 Erstellen von Bereichsvariablen.

Wenn ausschließlich Wertebereiche von Funktionen ausgegeben werden sollen, müssen die Variablen als Bereichsvariablen definiert werden.

Die Definition von Bereichsvariablen ist nachfolgend beschrieben:

Definition des Startwerts der Variablen: $x_1 := 1$

Definition der Schrittweite: $x_1 := 1;2$

Definition Bereichsende: $x_1 := 1;2..5$

Ergebnis: $x_1 = \begin{array}{|c|}\hline 1 \\ \hline 2 \\ \hline 3 \\ \hline 4 \\ \hline 5 \\ \hline \end{array}$

Die Definition des Bereichsendes darf nicht mit zwei Punkten definiert werden. Die Eingabe erfolgt über die Symbolleiste Matrix und dem Symbol [m..n].

Mit Hilfe von Bereichsvariablen ist es möglich, mehrere Funktionen in einem Schaubild in bestimmten Bereichen darstellen zu lassen (siehe Bild 5.59).

2.8.1.3 Einfügen von Grafiken

In Mathcad stehen mehrere Möglichkeiten zum Einfügen von Graphiken zur Verfügung. Die in diesem Beispiel verwendete Möglichkeit basiert auf dem Einfügen von Objekten als Microsoft Office Word-Dokument.

Werden Grafiken über ein solches Objekt eingefügt, steht dem Anwender die Oberfläche von Microsoft Office (Word) zur Verfügung. Dadurch kann die Grafik wie auch in üblichen Textdokumenten bearbeitet und verändert werden.

Des Weiteren sind Arbeitstechniken verwendet worden, welche bereits in vorhergehenden Kapiteln erläutert wurden (z.B. Interpolation, Combobox, If-Anweisungen).

2.8.2 Erläuterungen zur Berechnung

2.8.2.1 Inhalt der Berechnung

Bei Fertigteilen mit anschließender Ortbetonergänzung treten Spannungsumlagerungen aus Systemkriechen (Querschnittsveränderung) sowie aus Materialkriechen (unterschiedliche Betoneigenschaften von Ortbeton und Fertigteil) auf. Betonspannungen, die vor der Herstellung des Verbundquerschnitts auf das Fertigteil wirken, lagern sich im Laufe der Zeit auf den Verbundquerschnitt um.

Das Fertigteil wird im Werk hergestellt und mit Litzen im sofortigen Verbund vorgespannt.

Als Ergebnis der Berechnungen (Region: Ergebnisse) werden die Spannungen innerhalb des Querschnitts zum Zeitpunkt $t = \infty$ in einem Schaubild dargestellt.

2.8.2.2 Definition der Zeitpunkte

Für die Berechnung sind folgende Zeitpunkte relevant:

t_1: Lösen der Spannverankerung im Spannbett

t_{01}: Wirken des Verbundquerschnitts

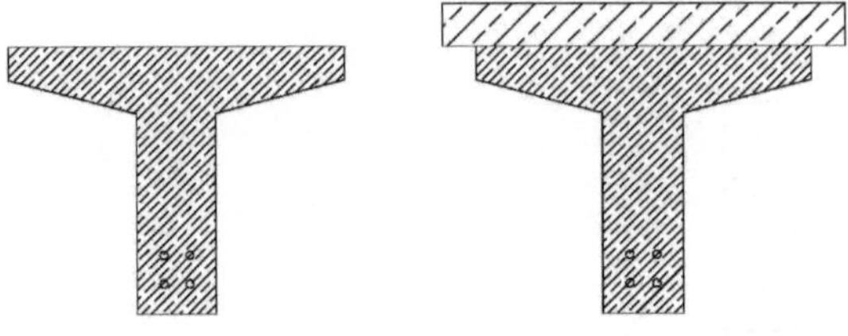

Zeitpunkt t_1 = z.B. 35 h

lösen der Spannkabel im Werk

Zeitpunkt t_{01} = z.B. 50 Tage

erstmaliges Wirken des Verbundquerschnitts

Bild 5.56: Definition der Zeitpunkte

2.8.2.3 Spannkraftverluste

Die Spannkraftverluste werden bis zur Herstellung des Verbundquerschnitts ermittelt. Hierbei wird der Spannkraftverlust bis zum Lösen der Verankerung im Spannbett sowie der Spannkraftverlust nach dem Lösen bis zur Herstellung des Verbundquerschnitts berechnet. Für die Spannkraftverluste nach der Herstellung des Verbundquerschnitts ist vom Anwender eine Annahme zu treffen.

Ermittlung der Spannkraftverluste:

In der Berechnung werden die Spannkraftverluste nach [5.19] Kap. 3.3.2 (7) berechnet:

Die Spannstähle werden nach Klassen unterteilt:

Klasse 1: ist praktisch nicht mehr am Markt vorhanden

Klasse 2: $$\frac{\Delta\sigma_{pr}}{\sigma_{pi}} = 0.66 \cdot \rho_{1000} \cdot e^{9.1\mu} \left(\frac{t}{1000}\right)^{0.75\cdot(1-\mu)} \cdot 10^{-5} \tag{5.152}$$

Klasse 3: $$\frac{\Delta\sigma_{pr}}{\sigma_{pi}} = 1.98 \cdot \rho_{1000} \cdot e^{8\mu} \left(\frac{t}{1000}\right)^{0.75\cdot(1-\mu)} \cdot 10^{-5} \tag{5.153}$$

mit:

σ_{pi} = Spannung im Spannstahl.

Nach dem Lösen der Spannverankerung muss die zusätzliche Spannstahlspannung berücksichtigt werden, welche durch die Aktivierung des Eigengewichts des Fertigteils entsteht.

zusätzliche Spannstahlspannung: $\Delta\sigma_p = \alpha_p \cdot \sigma_{cg}$ (5.154)

mit: $\alpha_p = \frac{E_p}{E_c}$ (5.155)

σ_{cg} = Betonspannung auf Höhe des Spannstahls infolge Eigengewicht Fertigteil

2.8.2.4 Querschnittswerte

Bei der Ermittlung der ideellen Querschnittswerte werden die unterschiedlichen Materialeigenschaften von Ortbetonplatte, Fertigteil und Spannstahl berücksichtigt.

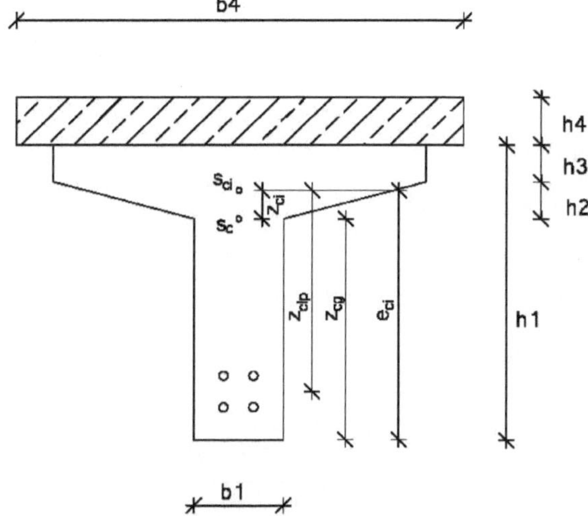

Bild 5.57: Ideeller Querschnitt

Die unterschiedlichen Betongüten werden über den Faktor n berücksichtigt.

$$n = \frac{E_{c,Ortbeton}}{E_{c,Fertigteil}} \quad (5.156)$$

$$\alpha_P = \frac{E_P}{E_c} \quad (5.157)$$

$$A_{ci} = A_c + (\alpha_p - 1) \cdot \Sigma A_p + (n-1) \cdot (b_4 \cdot h_4) \quad (5.158)$$

$$e_{ci} = \frac{A_c \cdot e_c + (\alpha_p - 1) \cdot \Sigma(A_p \cdot e_p) + (n-1) \cdot (b_4 \cdot h_4) \cdot \left(h_1 + \frac{h_4}{2}\right)}{A_{ci}} \quad (5.159)$$

2.8.2.5 Ermittlung der Spannungen zum Zeitpunkt unendlich

Die Ermittlung der Spannungen erfolgt gemäß der Vorgehensweise in [5.26]. Hierbei wird die Ortbetonplatte gedanklich vom Fertigteil getrennt. Mit Hilfe des Kraftgrößenverfahrens kann die Größe der Spannungsumlagerungen zwischen Fertigteil und Ortbetonplatte ermittelt werden.

Sämtliche Spannungen aller Einwirkungen müssen im Bauzustand (Fertigteil alleine) sowie am Eingusssystem ermitteln werden.

Spannungen aus Einwirkungen, die nach der Herstellung des Verbundquerschnitts aufgebracht werden, werden im Bauzustand dem Fertigteil alleine zugewiesen.

Die Spannungen am Gesamtsystem zum Zeitpunkt t = ∞ werden nach Gleichung (5.160) berechnet.

$$\sigma_{c,V} = (1 - C) \cdot \sigma_{c,B} + C \cdot \sigma_{c,E} \tag{5.160}$$

mit: $\sigma_{c,V}$ = Spannungen am Verbundquerschnitt zum Zeitpunkt unendlich

$\sigma_{c,B}$ = Spannungen im Bauzustand

$\sigma_{c,E}$ = Spannungen am Eingusssystem

C = Abminderungsfaktor nach [5.26] Kap. 2.7.2

Die Abminderungsfaktoren sind abhängig von der Art der Einwirkung.

Tabelle 5.8: Abminderungsfaktoren nach [5.26] Kap 2.7.2

Plötzlicher Zwang:	$C_{p,zw} = 1 - \frac{\varphi_{PT}}{1 + 0.8 \cdot \varphi_{PT}}$
Allmählicher Zwang:	$C_{a,zw} = \frac{1}{1 + 0.8 \cdot \varphi_{PT}}$
Ständige Einwirkungen die nach der Herstellung des Verbundquerschnitts wirken:	$C_{d,zw} = \frac{\varphi_{PT}}{1 + 0.8 \cdot \varphi_{PT}}$
Ständige Einwirkungen, die nach der Herstellung des Verbundquerschnitts wirken:	$C_p = 1 + \frac{\varphi_T - \varphi_{PT}}{1 + 0.8 \cdot \varphi_{PT}}$

2.8.3 Programmablaufplan

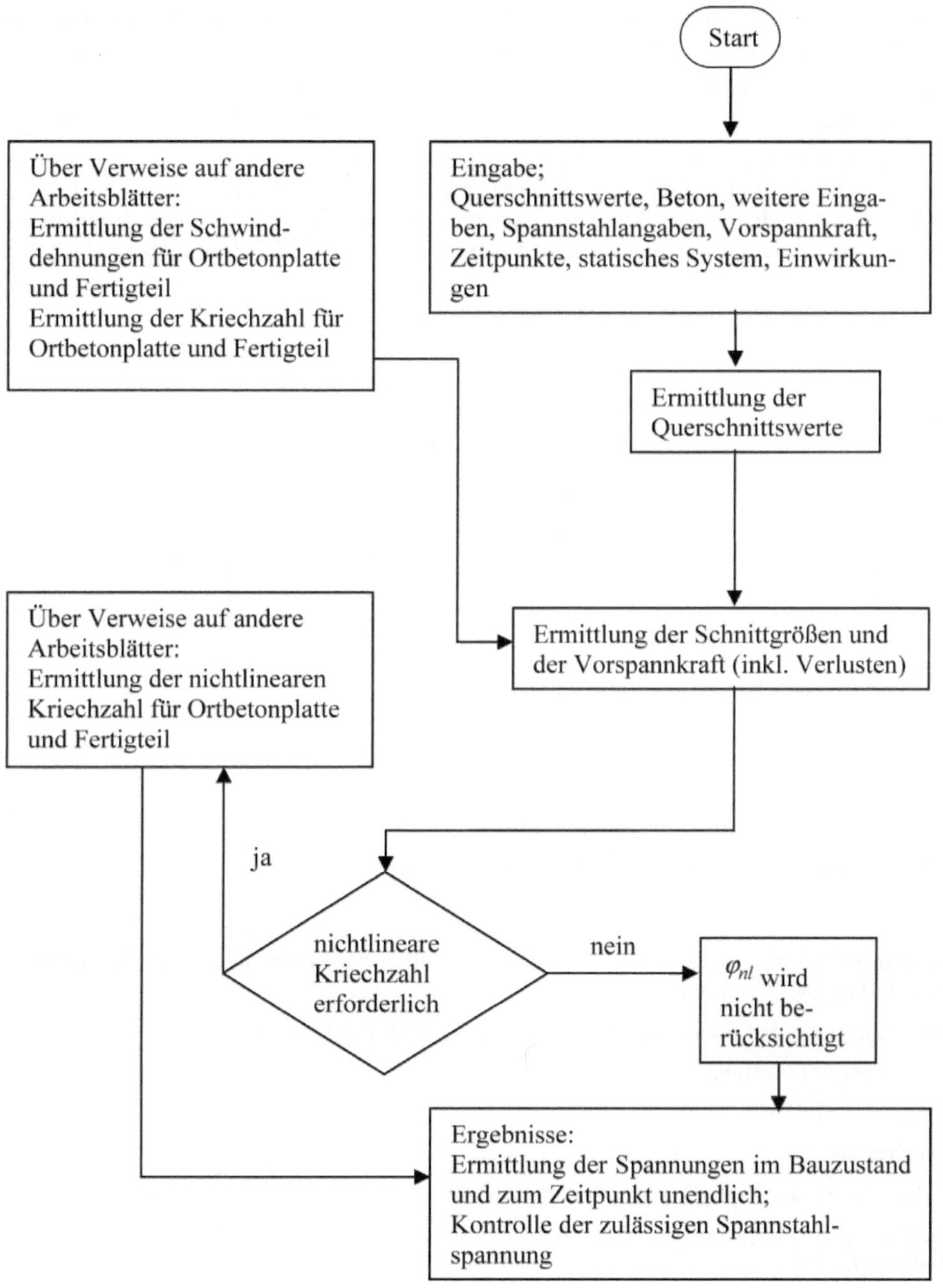

2.8.4 Eingabebeschreibung

Aus Gründen der Übersichtlichkeit wurden Regionen innerhalb der Arbeitsblätter grün hinterlegt, in denen Eingaben getätigt werden müssen. Die Eingabefelder sind gelb markiert worden.

Es können Rechteck- und Plattenbalkenquerschnitte eingegeben werden. Für einen Rechteckquerschnitt sind die entsprechenden Abmessungen der Platte mit dem Wert Null zu belegen.

Die materialspezifischen Werte der Spannstahllitzen werden im Arbeitsblatt ebenfalls abgefragt. Kriechzahlen und Schwindzahlen werden in den vorher beschriebenen Arbeitsblättern ermittelt. Es ist auch möglich, die Eingaben über ein separates Arbeitsblatt durchzuführen, indem entsprechende Verweise definiert werden. Im vorliegenden Beispiel wird jedoch darauf verzichtet.

2.8.4.1 Beispiel

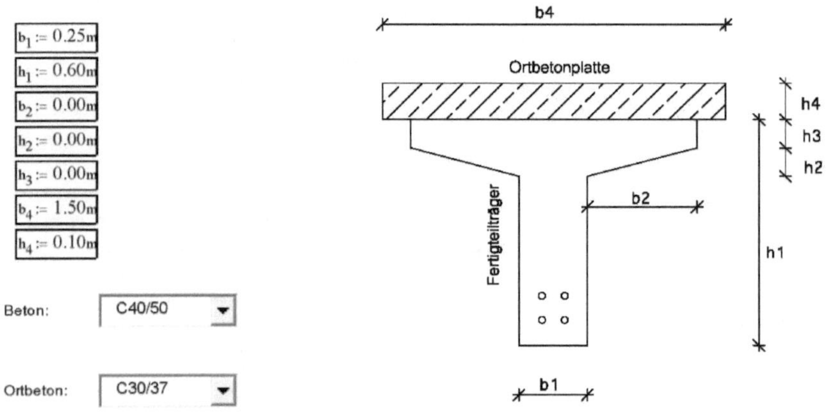

Bild 5.58: Querschnitt; Fertigteil und Ortbetonergänzung

Für den in Bild 5.58 dargestellten Fertigteilträger sollen die Spannungen zum Zeitpunkt $t = \infty$ graphisch dargestellt werden.

Berücksichtigt werden Spannungen aus den ständigen Einwirkungen:

- Eigengewicht Fertigteil
- Eigengewicht Ortbetonplatte
- Ausbaulast
- Spannungen aus Abfließen der Hydratationswärme
- Spannungen infolge unterschiedlichem Schwindverhalten von Ortbetonplatte und Fertigteilträger

Im Beispiel werden folgende Zeitpunkte definiert:

Lösen der Spannverankerung im Werk:	nach 35 Stunden
Beginn des Verbundquerschnitts:	nach 50 Tagen
Alter der Ortbetonplatte bei Belastungsbeginn:	3 Tage
Ende der Nachbehandlung:	1 Tag

Vorspannung:

Spannstahlfläche A_P:	11,2 cm²
Vorspannkraft im Spannbett P_0:	900 kN
Schwerpunkt der Bewehrung von UK Träger:	7 cm
Verluste ab t_1=50 Tage bis t = ∞ :	6 %
Streuungsbeiwert:	1

Schwinden und Kriechen:

$\varphi_{\infty,Fertigteil}$:	1,266
$\varphi_{\infty,Ortbetonplatte}$:	3,096
Relative Luftfeuchte:	60 %
Mittlere Jahrestemperatur:	15 C0
Zementklasse:	R
Alter der Ortbetonplatte bei Belastung:	3 Tage

Für die Ermittlung der Kriechzahl und der Schwinddehnung wird berücksichtigt, dass das Fertigteil bis zum wirken des Verbundquerschnitts ungehindert kriechen und schwinden kann.

Ergebnis:

Die Spannungen im Querschnitt werden zum Zeitpunkt t = ∞ in Bild 5.59 grafisch dargestellt.

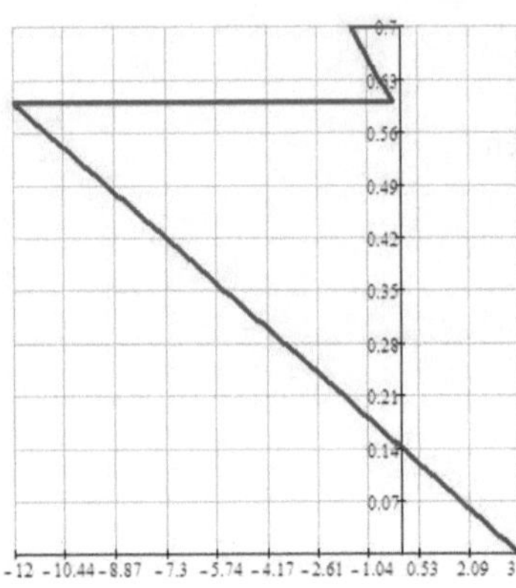

$$\sigma_{cP.oben.V} = -1.625 \ \frac{\mathrm{N}}{mm^2}$$

$$\sigma_{cP.unten.V} = -0.266 \ \frac{\mathrm{N}}{mm^2}$$

$$\sigma_{cF.oben.V} = -11.959 \ \frac{\mathrm{N}}{mm^2}$$

$$\sigma_{cF.unten.V} = 3.637 \ \frac{\mathrm{N}}{mm^2}$$

Bild: 5.59: Betonspannungen zum Zeitpunkt t = ∞

Teil V: Anwendungen im Konstruktiven Ingenieurbau

3 Stahlbau

Wolfgang Francke, Thilo Brändle

Bei der Bearbeitung von Tragwerken aus Stahl stehen dem Tragwerksplaner zahlreiche Hilfsmittel zur Verfügung. Neben hilfreichen Angaben in der Literatur (z. B. Tabellenwerke, Bemessungstafeln, Fachbücher, etc.) wird in der heutigen Zeit auch bei der Tragwerksplanung immer häufiger auf die Unterstützung durch die EDV nicht verzichtet. Zahlreiche äußerst leistungsfähige Programmpakete werden zum Thema Stahlbau angeboten, sie haben jedoch oft den Nachteil, dass konkrete Fragestellungen nur hinlänglich bearbeitet werden können. Mit den nachfolgenden Mathcad-Arbeitsblättern soll daher folgendes erreicht werden:

Die Darstellung des Einsatzes eines Computeralgebrasystems als hilfreiches und effektives Werkzeug bei der Aufstellung von sich häufig wiederholenden Aufgabenstellungen, die an ausgewählten Beispielen besprochen werden. Aus der großen Vielzahl möglicher Themen werden detailliert die Stützenfußpunkte, der biegesteife Anschluss und die Berechnung der Schubfeldsteifigkeit von Verbänden und/oder Eindeckungen aus Trapezblechen aufgenommen.

3.1 Allgemeines

a) Literaturangaben

Alle nachfolgenden fachlichen Aussagen basieren auf der weitverbreiteten Fachliteratur und geben daher für sich gesehen keine wesentlichen neuen Erkenntnisse wieder. Zu jedem Thema werden die zu Grunde gelegten Quellen am Kapitelanfang aufgeführt.

b) Eingabe in Mathcad

- In den Berechnungsblättern sind die Felder in denen ein Wert für die Berechnung eingegeben werden muss gelb unterlegt und die Felder die automatisch berechnet werden blau. Die Werte, die verändert werden sollen, werden mit dem Cursor angefahren, entfernt und durch den neuen Wert mit Dimension ersetzt.
- Bei Schweißnähten gibt es eine empfohlene Schweißnahtdicke. Soll diese für die Berechnung verändert werden, so muss der Wert und das Gleichheitszeichen „=“ entfernt werden und durch ein Definitionszeichen (:=) ersetzt werden. Gehen Sie wie folgt vor: Entfernen Sie den Wert und das Gleichheitszeichen mit [3 -Entf]. Geben sie [3 -:] ein, um das Definitionssymbol „:=“ und einen Platzhalter anzuzeigen (siehe auch Mathcad-Hilfe Kapitel: „Variable definieren“. Geben Sie dann den neuen Wert mit Einheit in den Platzhalter ein.
- Für die Berechnung von Größt- und Kleinstwerten wurden die in Mathcad definierten Funktionen floor(x) für Kleinstwert und ceil(x) für Größtwert verwendet.
- Es wurden in den einzelnen Blättern Verweise eingefügt, in denen auf Werte und Formeln zurückgegriffen wird, die in anderen Blättern stehen. Es ist dies z. B. die Formel für die Nachweise.

$$\text{Nachweis}(S,R) := \begin{array}{|l} \text{"Nachweis erfüllt !"} \quad \text{if } |S| \le |R| \\ \text{"Nachweis näherungsweise erfüllt !"} \quad \text{if } (|R| < |S|) \cdot (|S| \le 1.03 \cdot |R|) \\ \text{"Nachweis nicht erfüllt !"} \quad \text{if } |S| > 1.03 \cdot |R| \end{array}$$

c) Zulässige Eingaben

Nachfolgend werden alle in den Arbeitsblättern möglichen Bezeichnungen aufgeführt.

1. Walzprofile:

- Material:
  S235; St 37-2; Ust 37-2; RSt 37-2; St 37-3; St 37
  S355; St 52-3; St 52; StE 355; WSt 355; TstE 355; EstE 355;
  GS-52; GS-20 Mn 5; C 35 N
- Bezeichnung:
  Stegstärke = t_s; Gurtstärke = t_g; Höhe = h; Breite = b

2. Schrauben:

Der Anwender hat darauf zu achten, dass nur handelsübliche Schrauben eingesetzt werden. Rohe Schrauben mit der Festigkeitsklasse 10.9 sind z. B. keine im Handel erhältliche Schrauben, diese Kombination kann zwar eingegeben werden, jedoch ist die damit durchgeführte Berechnung für die Praxis nicht geeignet. Dem Anwender wird und kann daher nicht die Verantwortung für seine Eingaben und Berechnungen abgenommen werden.

- Größe:
  M12; M16; M20; M22; M24; M27; M30; M36
- Festigkeitsklasse:
  4.6; 5.6; 8.8; 10.9
- Schraubenart:
  R; HR; P; HP
- Ferner wird unterschieden welcher Teil der Schrauben in der Scherfuge liegt, der Schaftquerschnitt der Schraube A_{Sch} oder der Gewindeteil der Schraube A_{Sp}.

3. Beton:

- Betonfestigkeit nach DIN 1045-1:
  C12/15; C16/20; C20/25; C30/37; C35/45; C40/50; C45/55

d) Benutzerhinweise

3.2 Fußpunkte

Jede Stütze besteht aus Kopf, Schaft und Fuß. Der Kopf nimmt die Lasten auf und überträgt sie auf den Schaft, aus dem Schaft werden die Lasten über die Schweißnähte zwischen Schaft und Fuß in den Fuß übertragen, der verteilt sie auf das Fundament. Bei den Stützenfüßen wird nach der Art der Kräfte unterschieden, die sie in das Fundament ableiten müssen. Werden nur Normal- und Querkräfte übertragen, so wird ein gelenkiger Stützenfuß ausgeführt, soll außerdem auch noch ein Moment übertragen werden, so kommt ein eingespannter Stützenfuß zur Ausführung. Die wesentlichen Unterschiede werden in den nachfolgenden Kapiteln erläutert.

3.2.1 Gelenkig gelagerte Stützen

Bei gelenkig gelagerten Stützen ist das Wesentliche, dass ihre Kraft über die Fußplatte in den Beton des Fundamentes eingeleitet wird. Die Flächenpressung unter der Fußplatte ist nach DIN 1045-1 [5-28] nachzuweisen. Bei den Fußplatten wird noch einmal unterschieden zwischen Fußplatten mit und ohne Überstand, da sich das Modell zur Berechnung der Betonpressung und zur Berechnung der Fußplatte ändert.

3.2.1.1 Bündige Fußplatte

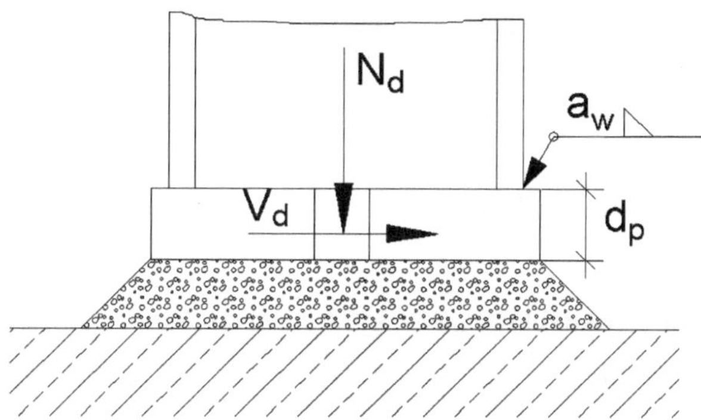

Bild 5.60: Bündige Fußplatte – Ansicht

Hinweise zum Mathcad-Arbeitsblatt: ***„TV_3_01_Buendige Fußplatte.mcd"***

Zu a) Betonspannung im Fundament

Bei bündigen Fußplatten kann die gesamte Fläche der Fußplatte, unter Berücksichtigung der Nettoaufstandsfläche, für die Betonpressung angesetzt werden, da bei nur kleinen Überständen für eine Schweißnaht die Fußplatte ausreichend steif ist, so dass sich keine örtlichen Spannungsspitzen unter den Flanschen und Stegen einstellen.

Zu b) Plattendicke ermitteln

Für die Berechnung der Dicke der Fußplatte wird eine dreiseitig gelagerte Platte nach Czerny [5-27] herangezogen. Die Platte hat einen freien, zwei gelenkig gelagerte und einen eingespannten Rand. Der Nachweis erfolgt nach den Verfahren Elastisch-Elastisch und Elastisch-Plastisch. In der weiteren Berechnung wird die Plattendicke aus dem Verfahren Elastisch-Plastisch angesetzt.

Zu c) Nachweis der Schweißnaht zwischen Fußplatte und Profil

Es folgt der Nachweis der Schweißnähte. In den Schweißnähten wird die Übertragung durch den Kontaktstoß nicht angesetzt.

Sollte eine Querkraft im Stützenfuß vorhanden sein, so muss für diese ein Nachweis nach Kapitel 3.2.3 geführt werden.

3.2.1.2 Überstehende Fußplatte

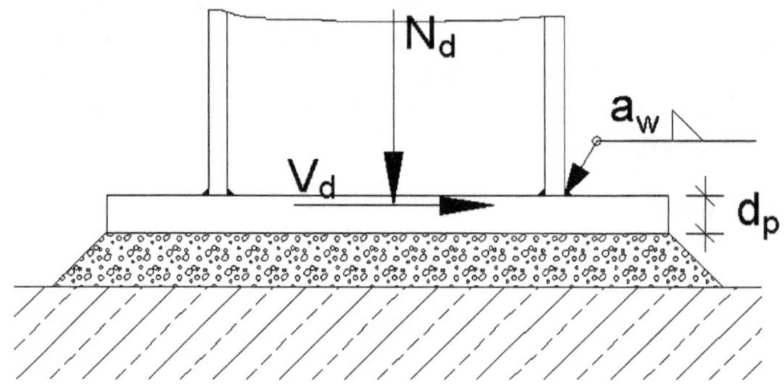

Bild 5.61: Überstehende Fußplatte – Ansicht

Hinweise zum Mathcad-Arbeitsblatt: *„TV_3_02_Ueberstehende Fußplatte.mcd"*

Zu a) Betonspannung im Fundament

Bei überstehenden Fußplatten können nur die Flächen der Fußplatte für die Ermittlung der Flächenpressung des Betons angesetzt werden, die sich in der Nähe der Flansche und des Steges befinden. Diese Flächen werden mit A_1 und A_2 bezeichnet und unter gewissen Randbedingungen ermittelt. Es werden auch wieder die Aussparungen für die Befestigung abgezogen.

Zu b) Plattendicke bestimmen

Die Plattendicke wird hier ermittelt unter der Annahme, dass sich das größte Moment durch den Kragarm des Überstandes am Flansch der Stütze ergibt. Die Plattendicke wird mit dem Verfahren Elastisch-Plastisch ermittelt, mögliche Interaktionen der Schnittgrößen werden beachtet.

Wichtiger Hinweis: Werden bei dieser Berechnung nur kleine Plattenüberstände eingegeben, so wird die Ermittlung der Plattendicke nicht richtig durchgeführt, da dann ein falsches statisches Modell zu Grunde gelegt wird.

Zu c) Nachweis der Schweißnaht zwischen Fußplatte und Stütze

Es werden die Schweißnähte auf ihre Tragfähigkeit nachgewiesen.

3.2.2 Eingespannte Stützen

Für die Konstruktion und die Funktion des Tragwerkes kann es von Bedeutung sein, dass die Fußpunkte auch Momente übertragen können. Es gibt hier zwei verschiedene Typen, die üblicherweise zur Ausführung kommen. Der Unterschied der beiden Typen ist, dass bei einem Köcherfundament das Moment in ein horizontales Kräftepaar zerlegt wird und bei einer Einspannung mit Zugankern in ein vertikales Kräftepaar aufgeteilt wird.

3.2.2.1 Stützenfuß mit Zuganker

Bei einem eingespannten Stützenfuß mit Zugankern wird das Moment in ein vertikales Kräftepaar zerlegt. Die sich aus der Druckkraft ergebende Spannung im Beton wird mit Hilfe der Berechnungsansätze aus [5-29] dem Heft 220 des DAfStb ermittelt. Es ist nachzuweisen, dass die zulässigen Spannungen im Beton nicht überschritten werden.

Hinweise zum Mathcad-Arbeitsblatt: „*TV_3_03_Stuetzenfuss_mit_Zuganker.mcd*“

Zu a) Plattenfläche

Im Punkt a wird der Überstand an der Platte überprüft, um auszuschließen, dass die Befestigung nicht berücksichtigt wird.

Zu b) Zuganker und Druckfläche

Hier werden nach dem Parabel-Rechteck-Diagramm und einigen Umformungen aus dem k_h-Verfahren der Wert k_x für die Höhe der Druckzone und der Wert k_z für den Hebelarm der inneren Kräfte ausgegeben. Aus dem Gleichgewicht der Kräfte wird dann die Zugkraft Z_S ermittelt. Aus der Beanspruchbarkeit des Zugankers wird dann der erforderliche Querschnitt für diese Anker ermittelt.

Zu c) Berechnung der Fußplatte

Es wird die Mindestdicke der Fußplatte ermittelt unter Berücksichtigung des maximalen Momentes aus Druck und Zug auf die Fußplatte. Mit der ermittelten Mindestdicke und der maximalen Querkraft in der Fußplatte wird dann ein Schubnachweis geführt.

Zu d) Anschluss des Stützenschafts an die Fußplatte

In d) werden dann noch die erforderlichen Schweißnähte für den Anschluss des Schaftes an die Fußplatte nachgewiesen.

3.2.2.2 Stützenfuß mit Köcherfundament

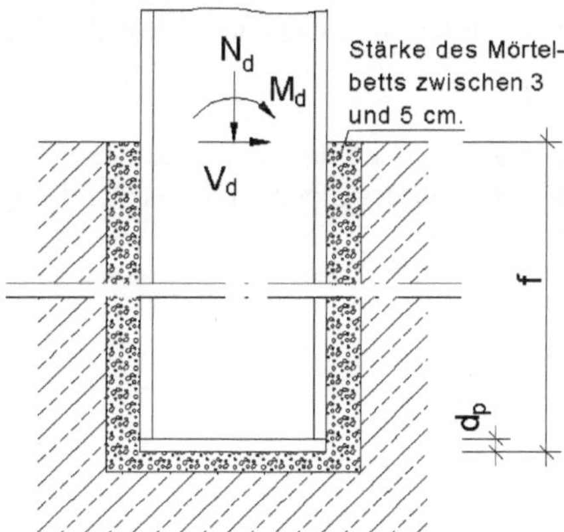

Bild 5.62: Eingespannte Stütze – Köcherfundament, Ansicht

In einem Köcher- oder Hülsenfundament wird das Moment in ein horizontales Kräftepaar zerlegt. Eine große Bedeutung für die Nachweise hat die Einspanntiefe *f*.

Hinweise zum Mathcad-Arbeitsblatt:
„TV_3_04_Stuetzenfuss_mit_Koecherfundament.mcd"

Zu a) Ermittlung der Einspanntiefe *f*

Die Einspanntiefe *f* wird zu Beginn der Berechnung bestimmt. Aus der Flächenpressung auf den Beton und dem Rechteck-Diagramm gemäß [5-29] werden die Druckresultierenden D_o und D_u ermittelt. Es wird in dem Berechnungsmodell davon ausgegangen, dass sich unter der Belastung eine Flanschbiegung einstellt. Für die Ermittlung der Beanspruchung darf daher nur ein Teil des Flansches angesetzt werden. Die Breite b_n ergibt sich aus der Breite des Stegs und einer Ausbreitung der Kraft unter der Neigung 1:2,5. Da oben von einer elastischen Verformung des Flansches ausgegangen wurde, darf auch angenommen werden, dass sich ein Teil der Kraft durch die Verformung der Flansche durch den Beton auch in den zweiten Flansch einleitet. Es wird daher auf den erst belasteten Flansch nur 55 % der Kraft angesetzt. Diese Kraftaufteilung wird auch in der Einleitungsbreite berücksichtigt $b_{effn} = (t_s + 1{,}6 \cdot r + 5{,}0 \cdot t_g)/0{,}55$. In der weiteren Berechnung wird dann eine Substitution für die Breite der Einleitung und der Beanspruchbarkeit, die um 5 % reduziert wird, eingesetzt. Aus den Gleichgewichtsbedingungen $\Sigma H = 0$, $\Sigma M = 0$ und den oben genannten Bedingungen ergibt sich die Einspanntiefe *f*.

Für die Ermittlung der Einspanntiefe *f* gibt es zwei verschiedene Grenzkriterien. Zum einen die zulässige Betondruckspannung, zum anderen die Grenzschubspannung im Profilsteg. Entscheidend für die Einspanntiefe *f* ist die maßgebende Tragfähigkeit des Betons oder des Profilsteges aus Stahl. Am Ende der Berechnung wird ein Mindestwert für die Einspanntiefe *f* errechnet und der Benutzer wird aufgefordert für die weitere Berechnung einen Wert *f* zu wählen.

Zu b) Aufnahme der Normalkraft durch die Fußplatte

Der Nachweis erfolgt analog zum Kapitel 3.2.1.1 bündige Fußplatten. Die Höhe der Fußplatte wird durch die Geometrie des Profils festgelegt, die Breite durch die zulässige Auflagerpressung. Anschließend wird mit dieser bestimmten Höhe und der gewählten Breite eine Mindestdicke der Fußplatte bestimmt und diese dann zur nächsthöheren lieferbaren Materialstärke aufgerundet. Mit diesen Werten wird der Nachweis der Schweißnähte durchgeführt.

Zu c) Nachweis des Stützenprofils

Der maßgebende Punkt für den Nachweis ist das Stegende der Profile. An diesen Stellen werden über die Trägerflansche die Betonpressungen und aus der Längskraft und den Biegemomenten die Normalspannungen eingeleitet.

Die Nachweise der Bruchsicherheit für die Normalspannung, Schubspannung und die Vergleichsspannung werden geführt.

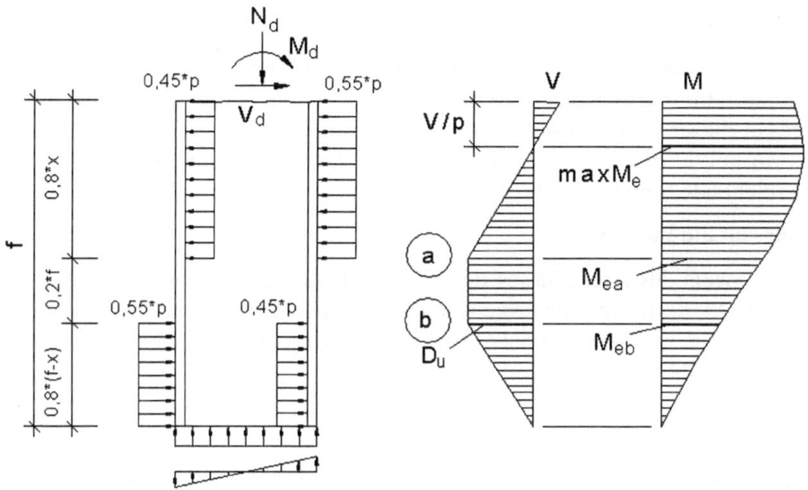

Bild 5.63: Köcherfundament – Einwirkungen und Schnittgrößen

3.2.3 Schubdübel

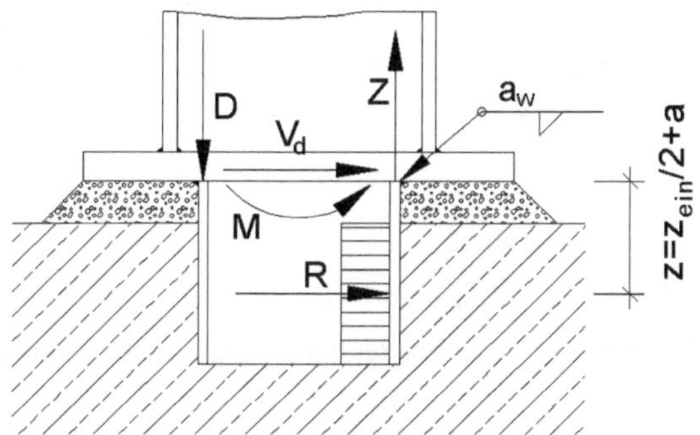

Bild 5.64: Schubdübel – Einwirkungen

Der Schubdübel ist nur eine Ergänzung zu den Kapiteln 3.2.1.1; 3.2.1.2 und 3.2.2.1, da bei diesen Stützenfüßen durch die Konstruktion nur Normalkräfte bzw. Normalkräfte und Momente aufgenommen werden können. Es wird bei diesen Stützenfüßen ergänzend zu der Grundkonstruktion noch ein Schubdübel angeordnet, der die Querkräfte im Auflagerpunkt aufnimmt und in das Fundament überträgt.

Hinweise zum Mathcad-Arbeitsblatt: *„TV_3_05_Schubduebel.mcd"*

Zu a) Betonpressung

Über die gewählte Einbindetiefe und die Breite des Gurtes wird die Flächenpressung des Betons nachgewiesen.

Zu b) Maximales Moment im Flansch vor der Ausrundung

Das statische System für die Berechnung sieht hier wie folgt aus: Der Flansch ist ein Kragarm, der an der Ausrundung eingespannt ist und durch die Flächenpressung des Betons belastet wird. Es wird an dieser Stelle infolge des Momentes die Beanspruchung infolge der Normalspannungen ermittelt und der vorhandenen Beanspruchbarkeit gegenübergestellt. Anschließend wird eine ausreichende Schubtragfähigkeit im Steg nachgewiesen.

Zu c) Anschluss an die Fußplatte

Es wird der Nachweis des Anschlusses des Schubdübels an die Fußplatte über eine Schweißnaht geführt. Die Querkraft und die Exzentrizität des Anschlusses erzeugen ein Moment, das in ein Kräftepaar zerlegt wird. Die daraus resultierende Zug- und Druckkräfte müssen über die Schweißnähte in die Fußplatte eingeleitet werden.

3.3 Biegesteife Anschlüsse

In biegesteifen Verbindungen können neben Normal- und Querkraft auch Momente übertragen werden, was in Rahmenecken den Vorteil bringt, dass für Träger ein kleineres Profil gewählt werden kann und bei Trägerstößen eine Durchlaufwirkung erzielt wird. Die Herstellung biegesteifer Anschlüsse ist relativ aufwändig und es sind daher in der Planung immer die Vor- und Nachteile kritisch zu werten. Es wird unterschieden zwischen Werkstatt- und Baustellenanschlüssen. Bei Werkstattanschlüssen werden geschweißte Rahmen an die Baustelle geliefert und unmittelbar auf die Fundamente montiert. Anders bei Baustellenanschlüssen, hier werden Einzelteile an die Baustelle geliefert und vor Ort mit Schrauben verbunden, um anschließend auf den Fundamenten montiert zu werden.

3.3.1 Rahmenecke

Eine Rahmenecke hat folgende Aufgaben:

- die biegesteife Verbindung von Trägern und Stützen und
- die Umlenkung von Kräften aus der vorwiegend horizontalen Lage der Riegel in die vertikale der Stiele.

Der Vorteil durch die Ausführung von Rahmenecken liegt darin, dass der Träger annähernd als Mittelfeldträger eines Durchlaufträgers gerechnet werden kann, also mit einer geringeren Durchbiegung und einem kleinen Feldmoment. Der Nachteil liegt eindeutig in den ungünstigeren Bemessungsschnittgrößen und damit in der Dimensionierung der Stützen. Bei einem gelenkigen Anschluss muss die Stütze nur als Pendelstütze mit einer Normalkraft auf Knicken nachgewiesen werden. Bei der Ausführung einer Rahmenecke muss die Stütze auf Biegedrillknicken nachgewiesen werden, da hier die Schnittgrößen Normal-, Querkraft und Biegemoment auftreten.

In den im Folgenden erwähnten Mathcad-Blättern wird nur der Anschluss betrachtet.

3.3.1.1 Rahmenecke ohne Voute

Die Herstellung von Rahmenecken ohne Voute ist relativ einfach und daher zu bevorzugen. Sie haben jedoch den Nachteil, dass sie nur geringe Kräfte übertragen können, da sich in dem Verbindungsbereich der Stütze und des Trägers durch die hohen Querkräfte ein beulengefährdetes Schubfeld ausbildet.

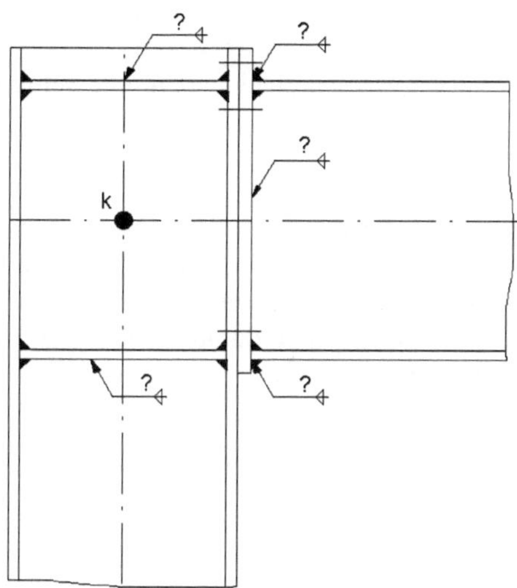

Bild 5.65: Rahmenecke ohne Voute

Hinweise zum Mathcad-Arbeitsblatt: *„TV_3_06_Rahmenecke_ohne_Voute.mcd"*

Zu a) Umrechnen der Schnittkräfte

Die Schnittkräfte, die angegeben werden müssen, können z. B. einem Stabstatikprogramm entnommen werden. Die Bemessungsschnittkräfte beziehen sich auf den Schnittpunkt *k* der Schwerelinien des Trägers und der Stütze. Um den Anschluss zu dimensionieren, werden aus Gründen der Wirtschaftlichkeit die Bemessungsschnittkräfte auf die Schnittkräfte im Anschlusspunkt transformiert.

Zu b) Nachweis der Schrauben

Für den Nachweis der Schrauben werden die Kräfte im Träger laut [5-34] folgendermaßen zugewiesen:

- Das Moment wird aufgeteilt in eine Zug- und eine Druckkraft, die jeweils in den Gurten aufgenommen werden.
- Die Normalkraft wird je zur Hälfte den Gurten zugewiesen und zu dem Kräftepaar aus dem Moment unter Berücksichtigung des Vorzeichens überlagert.
- Die Querkraft wird dem Steg zugewiesen.

Für die Schrauben gibt es folgende Aufteilung:

- Die oberen Schrauben nehmen den Zug aus Moment und Normalkraft auf. Da die Druckkraft über den Gurt des Trägers in die Steife der Stütze übertragen wird, können die unteren Schrauben vollständig die Querkraft aufnehmen und es kann auf einen Interaktionsnachweis verzichtet werden.

Zu c) Bemessung der Schweißnähte zwischen Riegel und Stirnplatte

Die Aufteilung der Kräfte in den Schweißnähten erfolgt analog zu denen des Profils.

Zu d) Tragfähigkeit der Stirnplatte

Zur Berechnung der Stirnplattenstöße werden zwei Typen unterschieden:

- bündige Stirnplatten und
- überstehende Stirnplatten.

Es wird in diesem Kapitel nur von überstehenden Stirnplatten ausgegangen, da deren höhere Tragfähigkeit aufgrund des größeren Hebels und die Aufnahme der größeren Zugkraft durch mehr Schrauben, die konstruktiv und fertigungstechnisch einfachere Lösung ermöglicht. Es muss jedoch bei der Ausführung der Werkpläne darauf geachtet werden, dass der Überstand in der Dachkonstruktion berücksichtigt wird.

Für die Berechnung wird der Anschluss durch ein Stabwerkmodell ersetzt. Ermittelt wird die aufnehmbare Zugkraft Z_{Rd} , die in dem Anschluss übertragen werden kann.

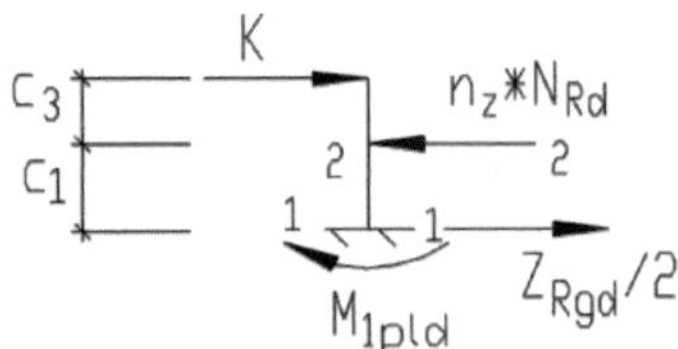

Bild 5.66: Stabwerksmodell für die Stirnplatte

Unterschieden werden 3 Versagenszustände:

I. Beim Erreichen der Grenzzugkraft N_{Rd} in den Schrauben plastiziert die Stirnplatte im Schnitt 1-1 vollständig

II. Die Platte im Schnitt 2-2 unter Berücksichtigung des Lochabzuges vollständig plastiziert.

III. Schubversagen in der Platte durch die aufzunehmende Querkraft

Welcher Versagenszustand in der Berechnung maßgebend wird, wird in der Berechnung ermittelt und für den Tragfähigkeitsnachweis angesetzt.

Zu e) Bemessung der Steifen und deren Anschluss

Für die Bemessung der Steifen und deren Anschluss wird anteilig die Kraft aus den Gurten des Trägers angesetzt. Die sich daraus ergebenden Kräfte und das Moment aus der Exzentrizität müssen von den Schweißnähten aufgenommen werden.

Zu f) Nachweis des Schubfeldes

Wie oben schon erwähnt wurde, ist bei diesem Anschluss der kritische Nachweispunkt das Schubfeld im Stützensteg, dessen Tragfähigkeit am Ende der Berechnung untersucht wird. Durch die Ermittlung der Schubkräfte an jeder Seite kann der Schubfluss bestimmt werden. Wird der Schubfluss durch die Stärke der Platte des Schubfeldes geteilt, so ergibt sich die Schubbeanspruchung τ_d; diese wird mit der Schubbeanspruchbarkeit τ_{Rd} verglichen. Ist der Nachweis nicht erfüllt, so errechnet das Programm die erforderliche Schubfeldverstärkung, die angeordnet werden müsste, um die Ausführung in der vorgeplanten Bauweise zu ermöglichen. Die Alternative zur Verstärkung des Schubfeldes ist, dass der Anschluss mit einer Voute ausgebildet wird (siehe hierzu Kapitel 3.3.1.2).

3.3.1.2 Rahmenecke mit Voute

Rahmenecken mit Vouten werden immer dann angeordnet, wenn die zu übertragenden Kräfte und Momente sehr groß sind und die sowohl kosten- als auch platzintensive Konstruktion dem Bauherrn gegenüber zu vertreten ist. Sehr kostenintensiv ist die Fertigung der Voute und das Einschweißen der Steifen in den Profilen.

In dem allgemeinen Teil müssen Angaben zum Stütz- und Trägerprofil gemacht werden. Es werden dann die Höhe und die Länge der Voute, Angaben zu den Schrauben und der Stirnplatte abgefragt. Diese Eingaben werden benötigt, um die Aufteilung der Schrauben in zweierlei Hinsicht durchzuführen.

- Die Plastizierung der Stirnplatte auf Grund der Mindestabstände der Schauben untereinander, sowie zum Plattenrand;
- die oberen Schraubenreihen für die Übertragung des Zuges angeordnet werden und die unterste Schraubenreihe nimmt die Querkraft auf.

Hinweise zum Mathcad-Arbeitsblatt: *„TV_3_07_Rahmenecke_mit_Voute.mcd"*

Zu a) und b) Umrechnung der Schnittkräfte

Die Schnittkräfte aus der Berechnung eines Stabwerkes, die sich auf den Schnittpunkt der Schwerelinien der beiden Profile beziehen, werden an die jeweilige Stelle des Anschlusses umgerechnet.

Zu c) Nachweis der Schrauben

Hier wird für die Berechnung der Schrauben das Modell des doppelsymmetrischen I-Profils angewandt. Die Druckkraft aus dem Moment und der Normalkraft wird über den Gurt des Trägers unmittelbar in die Steife der Stütze eingeleitet. Die Querkraft wird über die untere Hälfte der Schrauben in den Gurt der Stütze eingeleitet und somit bleibt die obere Hälfte der Schrauben für die Übertragung der Zugkraft aus Moment und Normalkraft. Es wird für die Ermittlung der aufnehmbaren Zugkraft folgendes Berechnungsmodell angesetzt: Die oberste Schraube wird bis zur Grenzzugkraft N_{rd} belastet. Alle anderen Schrauben nehmen mit wachsendem Abstand immer weniger Zugkraft auf. In einer ersten Näherung wird vereinfachend angenommen, dass die Schraubenkräfte sich linear über die Kopfplattenhöhe verteilen. Die einzelnen Zugkräfte in den Schrauben berechnen sich dann über den Strahlensatz. Damit ergibt sich ein separater Nachweis der Schrauben für die Querkraft- und Zugbeanspruchung.

Zu d) und e) Bemessung der Schweißnähte zwischen Riegel und Stirnplatte

- Nachweis der Schweißnähte (siehe analog dem Kapitel 3.3.1.1 c)
- Tragfähigkeit der Stirnplatte (siehe Kapitel 3.3.1.1 d)

Zu f) Bemessung der Steifen und deren Anschluss

Siehe Kapitel 3.4 ff.

Abschließend wird das Schubfeld nachgewiesen. Auf Grund der günstigen Konstruktionshöhe des Schubfeldes wird dieser Nachweis, im Vergleich zur Konstruktion ohne Voute, in der Regel günstiger ausfallen.

3.3.2 Gehrungsstoß

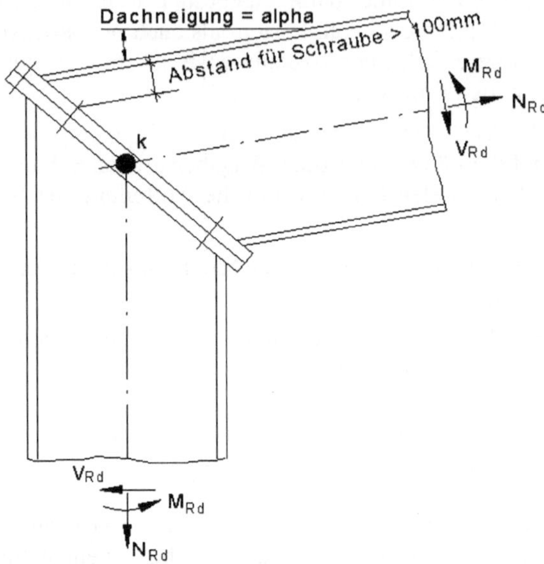

Bild 5.67: Rahmenecke – Gehrungsstoß

Die Herstellung eines Gehrungsstoßes hat bedeutende Vorteile gegenüber den Anschlüssen mit Kopfplatte. Die Aussteifung des Schubfeldes ist durch die Stirnplatte, die genau im kritischen Bereich – Schubfeld – verläuft, gewährleistet. Auch ist die Herstellung einer beliebigen Dachneigung ohne großen Aufwand möglich. Die überstehende Stirnplatte befindet sich in einem Bereich der Konstruktion, wo sie die konstruktive Ausbildung des Traufbereiches nicht stört. Es werden nur geschraubte Verbindungen, bei denen die einzelnen Bauelemente auf der Baustelle zusammengefügt werden, behandelt.

3.3.2.1 Rahmenecke

Die Berechnung des Anschlusses ist nur möglich für Rahmen, bei denen die Stütze und der Träger ähnliche Profilhöhen haben. Es wird davon ausgegangen, dass die Stütze vertikal steht. Die Dachneigung α hingegen wird abgefragt und der Gehrungsstoß in der Winkelhalbierenden angeordnet. Die Geometrie der Profile, die Festigkeit der Profile und der Schrauben, sowie weitere Angaben zur Geometrie muss der Anwender eingeben, bevor die Berechnung erfolgt.

Hinweise zum Mathcad-Arbeitsblatt:

Zu a) Ermitteln der Schnittkräfte an der Stirnplatte

Die einzugebenden Schnittkräfte beziehen sich auf den Schnittpunkt *k* der Schwerelinien der Profile und werden auf das lokale orthogonale Koordinatensystem der Stirnplatte im Punkt *k* transformiert.

Zu b) Nachweis der Schrauben

Mit den transformierten Schnittkräften erfolgt der Nachweis der Stirnplatte wie im Kapitel 3.3.1.2 beschrieben. Es wird zwischen den Zugkräften in der Stütze und dem Träger unterschieden, da aufgrund der zugelassenen verschiedenen Profilhöhen die größere Zugkraft in der Berechnung angesetzt werden muss.

Für die Punkte c) und d) wird auf die vorstehenden Kapitel verwiesen, da sie keine neuen Inhalte beschreiben.

3.3.2.2 Trägerstoß

Die Berechnung des Trägerstoßes erfolgt analog zur Rahmenecke.

3.4 Steifen

Die ideale Querschnittsform von I-Profilen und die Vielzahl von Profilhöhen ermöglicht es fast immer eine wirtschaftliche Lösung für die gestellte Aufgabe zu finden. Besondere Aufmerksamkeit ist in der Konstruktion dann notwendig, wenn Knicke des Profils und große Querkräfte auftreten. In diesen Fällen ist es notwendig die Gurte am Ausweichen zu hindern und das Gleichgewicht der Kräfte zu ermöglichen, dies erfolgt durch Halb- oder Vollsteifen.

Alle für die Benutzung der Mathcad-Arbeitsblätter erforderlichen Angaben und Hinweise sind unmittelbar auf den Arbeitsblättern vermerkt; an dieser Stelle wird daher auf die entsprechenden Arbeitsblätter verwiesen.

3.5 Schubfeldsteifigkeit

Für den Stabilitätsnachweis Biegedrillknicken gemäß DIN 18 800, Teil 2, [5-34], kann es sinnvoll sein, die aussteifende Wirkung von Scheiben im Nachweis mit anzusetzen. Das vorliegende Mathcad-Arbeitsblatt ermittelt dazu die vorhandene und erforderliche Schubfeldsteifigkeit einer bekannten Konstruktion und beachtet dabei den Einfluss der Rahmenriegel, Windverbände und Trapezblecheindeckungen.

Der berechnete Wert der vorhandenen Schubfeldsteifigkeit kann ggf. auch für die exakte Berechnung des idealen Biegedrillknickmomentes M_{ki} mit z. B. dem Programm DRILL [5-28] weiter verwendet werden.

Alle für die Benutzung des Mathcad-Arbeitsblattes erforderlichen Angaben und Hinweise sind unmittelbar auf dem Arbeitsblatt vermerkt; an dieser Stelle wird daher auf das entsprechende Arbeitsblatt verwiesen.

3.6 Drehbettung

Zur Überprüfung der Stabilitätssicherheit Biegedrillknicken eines Trägers gemäß DIN 18 800, Teil 2 [5-34], ist der Nachweis einer ausreichend gegebenen Drehbettung der Konstruktion möglich. Mit Hilfe des Mathcad-Arbeitsblattes kann die vorhandene und erforderliche Drehbettung einer bekannten Konstruktion bestimmt werden.

Der berechnete Wert der vorhandenen Drehbettung kann ggf. auch für die exakte Berechnung des idealen Biegedrillknickmomentes M_{ki} mit z. B. dem Programm DRILL [5-28] weiter verwendet werden.

Alle für die Benutzung des Mathcad-Arbeitsblattes erforderlichen Angaben und Hinweise sind unmittelbar auf dem Arbeitsblatt vermerkt; an dieser Stelle wird daher auf das entsprechende Arbeitsblatt verwiesen.

Teil V: Anwendungen im Konstruktiven Ingenieurbau

4 Holzbau

Gunnar Möller

4.1 Allgemeine Definitionen

Mathcad ist für anspruchsvolle Berechnungen im Holzbau sehr gut geeignet. Die Auswahl der Anwendungsbeispiele erfolgte im Hinblick auf die Vielfältigkeit der verwendeten Funktionen in Mathcad. Es werden sowohl Nachweise im Grenzzustand der Tragfähigkeit, im Folgenden kurz als **GZT** bezeichnet, als auch Nachweise im Grenzzustand der Gebrauchstauglichkeit, im Folgenden kurz als **GZG** bezeichnet, geführt.

4.1.1 Bezeichnungen

Die Bezeichnungen innerhalb der Mathcad-Arbeitsblätter orientieren sich an den Bezeichnungen in [5-40]. An einigen Stellen können die Formelzeichen nicht übernommen werden, diese sind jedoch an den entsprechenden Stellen erläutert.

4.1.2 Materialdefinitionen

Die Materialdefinitionen werden über Excel-Datenblätter bereitgestellt. Folgende Excel-Dateien werden verwendet: ***Nadelholz.xls***, ***Laubholz.xls***, ***Brettschichtholz.xls*** (s.a. Teil III, 3).

Die Excel-Dateien enthalten alle erforderlichen charakteristischen Festigkeitskennwerte und die Mittelwerte der Steifigkeiten.

Die Einbindung der Excel-Dateien in die Mathcad-Arbeitsblätter erfolgt über den Befehl *Einfügen→Daten→Dateieingabe.* Als Variable kann ein beliebiger Name gewählt werden (Variablenname der Festigkeitskennwerte für Nadelholz = ***sigmanh***, für Laubholz = ***sigmalh***, für Brettschichtholz = ***sigmabs***). Formal handelt es sich bei den Variablen um Felder, die die entsprechenden Zuweisungen der Excel-Datei enthalten.

Der Zugriff auf einzelne Feldelemente kann über den Operator *Feldindex [* erfolgen. Hierbei ist zu beachten, dass Mathcad standardmäßig der 1. Zeile und der 1. Spalte den Wert 0 zuweist (dies kann über den Befehl ***Origin=1*** auch geändert werden). Will man z. B. den charakteristischen Wert der Biegefestigkeit von Nadelholz C24 angeben, der in der Excel-Datei in der 5. Zeile und der 3. Spalte steht, so entspricht dies dem Feldelement $\boldsymbol{sigmanh_{4,2}}$ und der Eingabe ***sigmanh [4,2*** .

Die Auswahl der Holzart und der Festigkeitsklasse wird über Websteuerelemente vorgenommen. Um ein Websteuerelement einzufügen, ist der Menüpunkt *Einfügen → Steuerelement → Websteuerelement→Listen-/Kombinationsfelder* zu wählen. Anschließend sind die gewünschten Anzeigen innerhalb des *Listen-/Kombinationsfeldes* und der zuzuordnende Wert einzugeben (Bild 5.68). Dem Websteuerelement ist anschließend noch ein Variablenname zuzuordnen (hier ***Holz***).

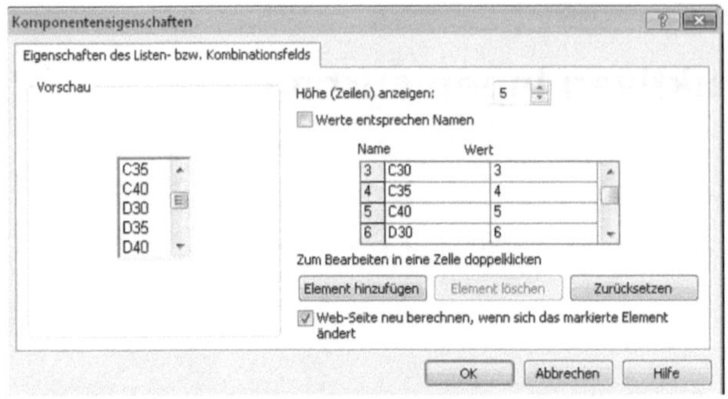

Bild 5.68: Einfügen eines Listen-/Kombinationsfeldes

Über das Websteuerelement werden den unterschiedlichen Holzarten Werte von 1 bis 15 zugewiesen (C16=1, C24=2, C30=3,……GL32h=14, GL32c=15). Um einfacher auf die Festigkeitskennwerte zugreifen zu können, werden die Festigkeits- und Steifigkeitskennwerte der gewählten Holzart und –festigkeitsklasse aus dem zugehörigen Feld als Spaltenvektor herausgefiltert. Dies erfolgt über den Befehl ***submatrix (Variable, von Zeile, bis Zeile, von Spalte, bis Spalte)***.

$$\text{festigkeit} := \left|\begin{array}{l} \text{submatrix}(\text{sigmanh}, 0, 18, \text{Holz}, \text{Holz}) \ \text{ if } \ \text{Holz} \le 5 \\ \text{submatrix}(\text{sigmalh}, 0, 18, \text{Holz}-5, \text{Holz}-5) \ \text{ if } \ \text{Holz} > 5 \wedge \text{Holz} \le 9 \\ \text{submatrix}(\text{sigmabs}, 0, 18, \text{Holz}-9, \text{Holz}-9) \ \text{ if } \ \text{Holz} > 9 \wedge \text{Holz} \le 15 \\ \text{"Falsche Eingabe"} \ \text{ otherwise} \end{array}\right.$$

Damit stehen die Festigkeitskennwerte für jede mögliche Holzart und –festigkeitsklasse in der gleichen Form zur Verfügung.

4.1.3 Nutzungsklasse, Klasse der Lasteinwirkungsdauer

Zur Ermittlung des Modifikationsbeiwertes k_{mod} (bereitgestellt durch die Excel-Datei ***Modifikationsbeiwert.xls***) und des Verformungsbeiwertes k_{def} (bereitgestellt durch die Excel-Datei ***Verformungsbeiwert.xls***) müssen den Bauteilen Nutzungsklassen (NKL 1, NKL 2, NKL 3) und Klassen der Lasteinwirkungsdauer (kurz KLED) zugeordnet werden. Die Zuordnung zu Nutzungsklassen wird wieder über Websteuerelemente vorgenommen (Bild 5.69). Der Variablen ***NKL*** wird dadurch der entsprechende Wert zugewiesen.

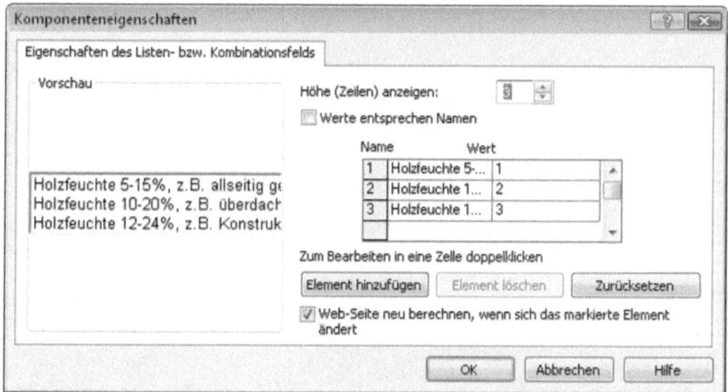

Bild 5.69: Zuordnung zu Nutzungsklassen über ein Listen-/Kombinationsfeld

Die Zuordnung zur Klasse der Lasteinwirkungsdauer (Variable ***KLED***) erfolgt über ein VBA-Script. Aus dem Feld ***mod*** wird entsprechend der NKL und der KLED der Wert für den Modifikationsbeiwert k_{mod} und aus dem Feld ***def*** entsprechend der NKL der Verformungsbeiwert k_{def} zugewiesen.

4.2 Querschnittsoptimierung für einen Einfeldträger mit Doppelbiegung

4.2.1 Aufgabenstellung

Für einen Einfeldträger mit Rechteckquerschnitt, der durch konstante vertikale und horizontale Streckenlasten beansprucht wird, sind alle erforderlichen Nachweise im GZT und im GZG zu führen. Diese können z. B. [5-41] entnommen werden. Die Querschnittsabmessungen sollen so bestimmt werden, dass die Querschnittsfläche minimal wird. Im mathematischen Sinne handelt es sich hierbei um eine Extremwertaufgabe mit Nebenbedingungen.

4.2.2 Nachweise

Nachweise im GZT

Der Verlauf der Biegespannungen bei Beanspruchung durch Doppelbiegung ist in Bild 5-70 dargestellt. Es sind die nachfolgenden Biegespannungsnachweise zu führen:

$$k_{\text{red}} \frac{\sigma_{\text{m, y, d}}}{f_{\text{m, y, d}}} + \frac{\sigma_{\text{m, z, d}}}{f_{\text{m, z, d}}} \leq 1 \qquad (5.161a)$$

und

$$\frac{\sigma_{\text{m, y, d}}}{f_{\text{m, y, d}}} + k_{\text{red}} \frac{\sigma_{\text{m, z, d}}}{f_{\text{m, z, d}}} \leq 1 \qquad (5.161b)$$

mit

$$\sigma_{\text{m, y, d}} = M_{\text{y, d}} / W_{\text{y, n}} \qquad (5.161c)$$

$$\sigma_{m,z,d} = M_{z,d} / W_{z,n} \tag{5.161d}$$

$f_{m,y,d}$; $f_{m,z,d}$ Bemessungswert der Biegefestigkeit ∥ zur Faser

$k_{red} = 0{,}7$ für Rechteckquerschnitt mit $h/b \leq 4$ aus Vollholz, Brettschichtholz und Balkenschichtholz

$k_{red} = 1{,}0$ für andere Querschnitte

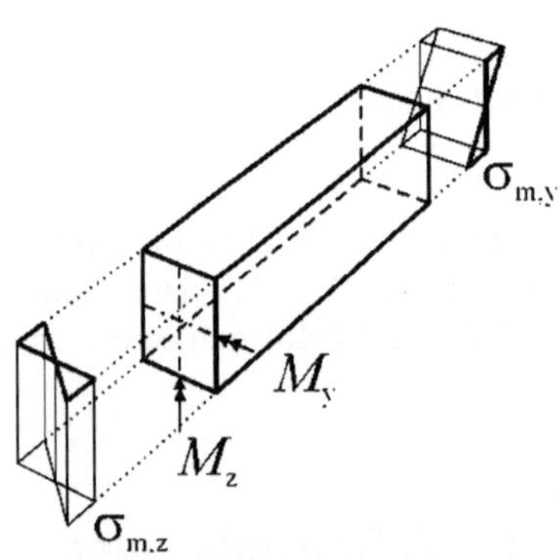

Bild 5.70: Spannungsverteilung beim Rechteckquerschnitt mit Doppelbiegung

Weiterhin ist der Schubspannungsnachweis zu führen:

$$\left(\frac{\tau_{y,d}}{f_{v,d}}\right)^2 + \left(\frac{\tau_{z,d}}{f_{v,d}}\right)^2 \leq 1 \tag{5.162a}$$

mit

$$\tau_{y,d} = 1{,}5 \frac{V_{yd}}{b \cdot h} \tag{5.162b}$$

$$\tau_{z,d} = 1{,}5 \frac{V_{zd}}{b \cdot h} \tag{5.162c}$$

$f_{v,d}$: Bemessungswert der Schubfestigkeit

Nachweise im GZG

Die elastische Verformung in y- und z-Richtung kann mit den nachfolgenden Beziehungen ermittelt werden:

$$w_{y,\,inst} = \frac{5}{384}\frac{q_y \cdot l_y^4}{E_{0,mean} \cdot I_z} \tag{5.163a}$$

$$w_{z,\,inst} = \frac{5}{384}\frac{q_z \cdot l_z^4}{E_{0,mean} \cdot I_y} \tag{5.163b}$$

Die elastische Gesamtverformung ergibt sich zu:

$$w_{m,inst} = \sqrt{w_{y,\,inst}^2 + w_{z,\,inst}^2} \tag{5.163c}$$

Folgende Nachweise sind gemäß DIN 1052 unter Berücksichtigung einer veränderlichen Einwirkung zu führen:

Nachweis 1a) in der charakteristischen Bemessungssituation:

$$w_{Q,\,inst} \leq \frac{l}{300} \tag{5.164}$$

Nachweis 1b) in der charakteristischen Bemessungssituation:

$$w_{fin} - w_{G,inst} = w_{G,inst} \cdot k_{def} + w_{Q,inst} \cdot \left(1 + \psi_2 \cdot k_{def}\right) \leq \frac{l}{200} \tag{5.165}$$

Nachweis 2 in der quasi-ständigen Bemessungssituation:

$$w_{fin} - w_0 = w_{G,inst} \cdot \left(1 + k_{def}\right) + w_{Q,inst} \cdot \psi_2 \cdot \left(1 + k_{def}\right) - w_0 \leq \frac{l}{200} \tag{5.166}$$

w_0 ist eine eventuell vorhandene Überhöhung des Trägers und wird hier nicht berücksichtigt. Für Kragträger gelten die doppelten Werte der empfohlenen Grenzwerte der Durchbiegung. Die Kombinationsbeiwerte sind DIN 1055-100 zu entnehmen.

4.2.3 Eingabebeschreibung zum Arbeitsblatt „Doppelbiegung"

Nach Auswahl der Holzart und –festigkeitsklasse sind die Nutzungsklasse und die Klasse der Lasteinwirkungsdauer auszuwählen. Anschließend sind die Stützweite und die charakteristischen Einwirkungen einzugeben. Eingaben sind nur in Auswahlboxen und in den gelb hinterlegten Feldern notwendig. Alle anderen Größen, wie z. B. die Festigkeits- und Steifigkeitskennwerte, werden im Arbeitsblatt berechnet.

Anschließend erfolgt die Angabe der gewünschten minimalen und maximalen Querschnittsabmessungen b_{max}, b_{min}, h_{max} und h_{min}. Die erforderlichen Querschnittswerte b und h werden im Arbeitsblatt in den Grenzen von $b_{min} \leq b \leq b_{max}$ und $h_{min} \leq h \leq h_{max}$ ermittelt.

Im nächsten Block werden die Bemessungswerte der Festigkeiten, der Einwirkungen und der Schnittgrößen bestimmt.

Danach werden die Querschnittswerte als Funktion der Querschnittsabmessungen ***b*** und ***h*** definiert.

Querschnittsfläche $A(b,h) := b \cdot h$

Widerstandsmomente: $W_y(b,h) := \frac{b \cdot h^2}{6}$ $W_z(b,h) := \frac{b^2 \cdot h}{6}$

Flächenträgheitsmomente: $I_y(b,h) := \frac{b \cdot h^3}{12}$ $I_z(b,h) := \frac{b^3 \cdot h}{12}$

Mit den oben definierten Querschnittswerten werden die Ausnutzungsgrade im **GZT** für die Biegespannung und die Schubspannung bestimmt. Alle Ausnutzungsgrade sind Funktionen der Querschnittsabmessungen ***b*** und ***h***. Exemplarisch wird die Ermittlung des Ausnutzungsgrades für die Biegespannungen angegeben:

Biegespannung für Biegung um die y-Achse: $\sigma_{myd}(b,h) := \frac{M_{yd}}{W_y(b,h)}$

Biegespannung für Biegung um die z-Achse: $\sigma_{mzd}(b,h) := \frac{M_{zd}}{W_z(b,h)}$

Ausnutzungsgrad der Biegespannungen:

$$\eta_{m1}(b,h) := \left[\frac{\sigma_{myd}(b,h)}{f_{md}} + 0,7 \cdot \frac{\sigma_{myd}(b,h)}{f_{md}}\right]$$

$$\eta_{m2}(b,h) := \left[0,7 \cdot \frac{\sigma_{myd}(b,h)}{f_{md}} + \frac{\sigma_{myd}(b,h)}{f_{md}}\right]$$

$$\eta_m(b,h) := \max\left(\eta_{m1}(b,h), \eta_{m2}(b,h)\right)$$

Mit der Funktion ***max(*** $\boldsymbol{\eta_{m1}(b,h), \eta_{m2}(b,h)}$ ***)*** wird der maßgebende Ausnutzungsgrad bestimmt.

Weiterhin werden die elastischen Durchbiegungen und die Enddurchbiegungen gemäß Abschnitt 4.2.2 bestimmt und den empfohlenen Grenzwerten der Durchbiegungen in Form eines Ausnutzungsgrades gegenübergestellt. Nachfolgend ist der Nachweis 1b) in der charakteristischen Bemessungssituation angegeben.

Nachweis 1b) in der charakteristischen Bemessungssituation

(ständige und veränderliche Einwirkungen)

Elastische Durchbiegung in z-Richtung aus ständigen Einwirkungen:

$$w_{Ginstz}(b,h) := \frac{5}{384} \frac{(g_{zk}) \cdot l^4}{E_{0mean} \cdot I_y(b,h)}$$

Elastische Durchbiegung in y-Richtung aus ständigen Einwirkungen:

$$w_{Ginsty}(b,h) := \frac{5}{384} \frac{(g_{yk}) \cdot l^4}{E_{0mean} \cdot I_z(b,h)}$$

Resultierende elastische Durchbiegung aus ständigen Einwirkungen:

$$w_{Ginst}(b,h) := \sqrt{w_{Ginstz}(b,h)^2 + w_{Ginsty}(b,h)^2}$$

Enddurchbiegung aus ständigen Einwirkungen:

$$w_{Gfin}(b,h) := w_{Ginst}(b,h) \cdot (1 + k_{def})$$

Enddurchbiegung aus veränderlichen Einwirkungen mit $\Psi_2 = 0{,}3$

$$w_{Qfin}(b,h) := w_{Qinst}(b,h) \cdot (1 + \psi_2 \cdot k_{def})$$

Enddurchbiegung aus ständigen und veränderlichen Einwirkungen:

$$w_{fin}(b,h) := w_{Gfin}(b,h) + w_{Qfin}(b,h)$$

Ausnutzungsgrad für den Nachweis 1b) der Durchbiegung in der charakteristischen Bemessungssituation:

$$\eta_{w2}(b,h) := \frac{w_{fin}(b,h) - w_{Ginst}(b,h)}{\frac{1}{200}}$$

Nach der Formulierung von allen erforderlichen Nachweisen werden die Querschnittsabmessungen ***b*** und ***h***, die zur kleinstmöglichen Querschnittsfläche ***A*** führen, bestimmt. Hierzu wird die Funktion ***„Minimieren“*** innerhalb eines ***„Lösungsblocks“*** verwendet. Ein ***Lösungsblock*** beginnt immer mit dem Schlüsselwort ***„Vorgabe“***. Der Befehl lautet

Minimieren *(Funktion, Variable 1, Variable 2)*

und gibt die Werte der *Variable 1* und *Variable 2* zurück, die die Nebenbedingungen in einem Lösungsblock erfüllen und mit denen die Funktion der Variablen1 und Variablen2 ihren kleinsten Wert annimmt. ***Minimieren*** verweist dabei auf Funktionen, die außerhalb des ***Lösungsblocks*** definiert sind.

Folgender Lösungsblock mit Nebenbedingungen wird im Arbeitsblatt verwendet:

Vorgabe:

$b \le b_{max}$ $\qquad$ $h \le h_{max}$

$\eta_m(b,h) \le 1$

$\eta_v(b,h) \le 1$

$\eta_{w1}(b,h) \le 1$

$\eta_{w2}(b,h) \le 1$

$\eta_{w3}(b,h) \le 1$

$$\begin{pmatrix} b \\ h \end{pmatrix} := \text{Minimieren}\left(A_{min}, b, h\right) = \begin{pmatrix} 21.03 \\ 25.707 \end{pmatrix} cm$$

Als Ergebnis werden die Querschnittsbreite ***b*** und die Querschnittshöhe ***h***, die bei Erfüllung aller Nachweise die kleinste Querschnittsfläche ergeben, ausgegeben.

Hinweis: Sollte die Funktion ***Minimieren*** zu keinem Ergebnis führen, sind die Grenzabmessungen $\boldsymbol{b_{max}}$, $\boldsymbol{b_{min}}$, $\boldsymbol{h_{max}}$ und $\boldsymbol{h_{min}}$ eventuell nicht sinnvoll gewählt und zu verändern.

Nach Ausgabe der kleinstmöglichen Querschnittsbreite ***b*** und Querschnittshöhe ***h*** werden die endgültig gewählten Abmessungen eingegeben. Für diese Querschnittswerte werden nachfolgend alle Nachweise explizit geführt und die entsprechenden Ausnutzungsgrade angegeben.

Zum Abschluss wird der Biegespannungsverlauf in 3D-Darstellung grafisch aufbereitet. Hierzu wird die Biegespannung

$$\sigma(y,z) = \frac{M_{yd}}{I_y} \cdot z + \frac{M_{zd}}{I_z} \cdot y \qquad (5.167)$$

in Abhängigkeit der Querschnittsordinaten y und z ermittelt. Um in der Darstellung eine Bezugsebene zu erhalten wird die Nullebene $\sigma_0(y,z) = 0$ festgelegt. Über den Menüpunkt *Einfügen → Diagramm → 3D-Säulendiagramm* wird ein zunächst leeres 3D-Diagramm in das Arbeitsblatt eingefügt. In den leeren Platzhalter sind die definierten Funktionen σ und σ_0 (ohne Angabe der Variablen) einzufügen. Mit einem Doppelklick auf das Diagramm kann anschließend die Formatierung erfolgen.

4.2.4 Anwendungsbeispiel

Pfette als Einfeldträger, Stützweite 3,50 m, BSH GL 28h, NKL 1, KLED mittel

Einwirkungen: $g_{z,k} = 2\,kN/m$; $g_{y,k} = 1\,kN/m$; $q_{z,k} = 3{,}1\,kN/m$; $q_{y,k} = 1{,}1\,kN/m$

Mit dem Mathcad-Arbeitsblatt werden folgende erforderlichen Querschnittsabmessungen ermittelt:

b = 10,353 cm h = 25,37 cm

Maßgebend ist bei diesem Beispiel der Biegespannungsnachweis. Alle Nachweise werden mit den gewählten Querschnittsabmessungen von $b = 12\,cm$ und $h = 26\,cm$ geführt. Die Nachweise im **GZT** sind nachfolgend dargestellt.

Endgültige Wahl der Querschnittsabmessungen

b = 12 cm h = 26 cm

Nachweis der Biegespannung

$W_y(b,h) = 1352 \cdot cm^3$ $\qquad$ $\sigma_{myd}(b,h) = 0.83 \cdot \frac{kN}{cm^2}$

$W_z(b,h) = 624 \cdot cm^3$ $\qquad$ $\sigma_{mzd}(b,h) = 0.74 \cdot \frac{kN}{cm^2}$

$I_y(b,h) = 17576 cm^4$ $\qquad$ $\eta_{m1}(b,h) = 0.78$ $\qquad$ Ausnutzung nach [5-40] Gl.(45)

$I_z(b,h) = 3744 cm^4$ $\qquad$ $\eta_{m2}(b,h) = 0.77$ $\qquad$ Ausnutzung nach [5-40] Gl. (46)

Vorhandener Ausnutzungsgrad: $\eta_m(b,h) = 0.78$

Schubspannungsnachweis

Schubspannung für Querkraft in z-Richtung: $\tau_{zd}(b,h) = 0.062 \cdot \frac{kN}{cm^2}$

Schubspannung für Querkraft in y-Richtung: $\tau_{yd}(b,h) = 0.025 \cdot \frac{kN}{cm^2}$

Schubspannungsnachweis: $\eta_v(b,h) := \left(\frac{\tau_{yd}(b,h)}{f_{vd}}\right)^2 + \left(\frac{\tau_{zd}(b,h)}{f_{vd}}\right)^2$

Vorhandener Ausnutzungsgrad: $\eta_v(b,h) = 0.19$

Das vollständige Beispiel ist auf der beigefügten CD als PDF-Datei enthalten.

4.3 Bemessung eines Satteldachträgers mit geneigtem Untergurt

4.3.1 Aufgabenstellung

Für einen Satteldachträger mit geneigtem Untergurt aus Brettschichtholz gemäß Bild 5.71 werden folgende Nachweise im **GZT** und im **GZG** aufbereitet:

- Nachweis der Schubspannungen am Auflager

- Ermittlung der Stelle der maximalen Biegespannung als Extremwertaufgabe mit dem Nachweis der maximalen Biegespannungen am oberen und unteren Querschnittsrand
- Nachweis der maximalen Längsrandspannung und der maximalen Querzugspannung im Firstquerschnitt
- Nachweis der Verstärkungen im querzugbeanspruchten Bereich
- Nachweis der Stabilisierung gegen seitliches Ausweichen
- Nachweis der Verformung unter Anwendung des Arbeitssatzes

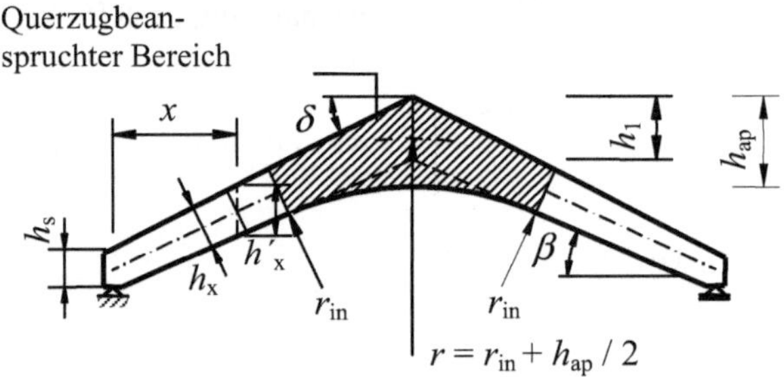

Bild 5.71: Satteldachträger mit veränderlicher Höhe und geneigtem Untergurt

4.3.2 Nachweise

Für die Nachweise im **GZT** sind zunächst die in Bild 5.71 dargestellten geometrischen Werte zu ermitteln.

Die Länge des ausgerundeten Bereiches c kann dabei frei gewählt werden.

Neigung der Stabachse im nicht ausgerundeten Bereich: $\gamma = (\beta + \delta)/2$ (5.168)

Ausrundungsradius: $$r_{in} = \frac{c}{2 \cdot \sin\beta} \qquad (5.169)$$

Höhe im First ohne Ausrundung: $$h_1 = h_s + l/2 \cdot (\tan\delta - \tan\beta) \qquad (5.170)$$

Höhe im First mit Ausrundung: $$h_{ap} = h_1 + c/2 \cdot \tan\beta - r_{in}(1 - \cos\beta) \qquad (5.171)$$

Folgende Nachweise im **GZT** sind zu führen:

Schubspannungsnachweis am Auflager:

$$\frac{\tau_d}{f_{v.d}} \leq 1 \text{ mit } \tau_d = 1{,}5 \cdot \frac{V_d}{b \cdot h_s} \qquad (5.172)$$

An der Stelle der maximalen Biegespannung:

Die Stelle x, an der die Biegespannung maximal ist, kann für eine Beanspruchung durch Gleichstreckenlasten mit Gl. (5.173) bestimmt werden. Im Mathcad-Arbeitsblatt wird die Stelle als Lösung einer Extremwertaufgabe bestimmt (s. Abs. 4.3.3).

Stelle x:
$$x = \frac{l \cdot h_s}{2 \cdot h_1} \tag{5.173}$$

Die vertikale Binderhöhe $h_x{}'$ und die Binderhöhe h_x senkrecht zur Stabachse an der Stelle x ergeben sich zu:

$$h_x{}' = h_s \cdot \left(2 - h_s / h_1\right) \tag{5.174}$$

$$h_x \approx h_x{}' \cdot \cos\gamma \tag{5.175}$$

Damit kann der Spannungsnachweis am Rand parallel zur Faser gemäß Gl. (5.176) geführt werden.

$$\frac{\sigma_{m,0,d}}{f_{m.d}} \le 1 \quad \text{mit} \quad \sigma_{m,0,d} = \left(1 + 4 \cdot \tan^2 \alpha\right) \cdot \frac{6 \cdot M_d}{b \cdot h_x{}^2} \tag{5.176}$$

Spannungsnachweis am Rand schräg zur Faserrichtung des Holzes unter Berücksichtigung des Faseranschnittswinkels:

$$\frac{\sigma_{m,\alpha,d}}{f_{m,\alpha,d}} \le 1 \quad \text{mit} \quad \sigma_{m,\alpha,d} = \frac{6 \cdot M_d}{b \cdot h_x{}^2} \tag{5.177}$$

Der Bemessungswert der Festigkeit am Rand im Biegedruckbereich ergibt sich aus:

$$f_{m,\alpha,d} = k_{\alpha,c} \cdot f_{m,d} \tag{5.178}$$

mit

$$k_{\alpha,c} = \frac{1}{\sqrt{\left(\frac{f_{m,d}}{f_{c,90,d}} \cdot \sin^2 \alpha\right)^2 + \left(\frac{f_{m,d}}{f_{v,d}} \cdot \sin\alpha \cdot \cos\alpha\right)^2 + \cos^4 \alpha}} \tag{5.179}$$

Für $\alpha \le 3°$ darf $k_{\alpha,c} = 1$ gesetzt werden. Für Brettschichtholz darf $f_{v,d}$ um 100 % erhöht werden.

Nachweise im Firstquerschnitt:

Die vorhandene Spannung am unteren Querschnittsrand in Längsrichtung ergibt sich zu:

$$\sigma_{m,d} = k_1 \cdot \frac{M_{ap,d}}{W_{ap}} \tag{5.180}$$

mit

M_{ap} Biegemoment im Firstquerschnitt

W_{ap} Widerstandsmoment im Firstquerschnitt

h_{ap} Querschnittshöhe im Firstquerschnitt

Der Beiwert k_l kann mit den nachfolgenden Gleichungen ermittelt werden:

$$k_l = k_1 + k_2 \cdot k_{ap} + k_3 \cdot k_{ap}^{\ 2} + k_4 \cdot k_{ap}^{\ 3} \tag{5.181a}$$

$$k_1 = \left(1 + 1{,}4 \cdot \tan\delta + 5{,}4 \cdot \tan^2\delta\right) \tag{5.181b}$$

$$k_2 = 0{,}35 - 8 \cdot \tan\delta \tag{5.181c}$$

$$k_3 = 0{,}6 + 8{,}3 \cdot \tan\delta - 7{,}8 \cdot \tan^2\delta \tag{5.181d}$$

$$k_4 = 6 \cdot \tan^2\delta \tag{5.181e}$$

$$k_{ap} = {h_{ap}}/{r} \tag{5.181f}$$

Der Ausnutzungsgrad für die maximale Längsrandspannung parallel zur Faser ermittelt sich zu:

$$\frac{\sigma_{\mathrm{m,d}}}{k_{\mathrm{r}} \cdot f_{\mathrm{m.d}}} \leq 1 \tag{5.182}$$

mit

$$\text{a) } k_{\mathrm{r}} = 1 \text{ für } \frac{r_{\mathrm{in}}}{t} \geq 240 \text{ und für geraden unteren Rand} \tag{5.183a}$$

$$\text{b) } k_{\mathrm{r}} = 0{,}76 + 0{,}001 \cdot \frac{r_{\mathrm{in}}}{t} \text{ für } \frac{r_{\mathrm{in}}}{t} < 240 \tag{5.183b}$$

mit der Lamellendicke t.

Die Querzugspannung im First ergibt sich zu:

$$\sigma_{\mathrm{t,90,d}} = k_{\mathrm{p}} \cdot \frac{M_{\mathrm{ap,d}}}{W_{\mathrm{ap}}} \tag{5.184}$$

Der Beiwert k_p kann mit den Gleichungen (5.185a–d) berechnet werden.

$$k_{\mathrm{p}} = k_5 + k_6 \cdot k_{\mathrm{ap}} + k_7 \cdot k_{\mathrm{ap}}^{\ 2} \tag{5.185a}$$

$$k_5 = 0{,}2 \cdot \tan\delta \tag{5.185b}$$

$$k_6 = 0,25 - 1,5 \cdot \tan\delta + 2,6 \cdot \tan^2 \delta \tag{5.185c}$$

$$k_7 = 2,1 \cdot \tan\delta - 4 \cdot \tan^2 \delta \tag{5.185d}$$

Das Zusammenwirken von Zugspannungen rechtwinklig zur Faser und Schub aus Querkraft im Firstquerschnitt kann wie folgt nachgewiesen werden:

$$\frac{\sigma_{t,90,d}}{k_{dis} \cdot \left(\frac{h_0}{h_{ap}}\right)^{0,3} \cdot f_{t,90,d}} + \left(\frac{\tau_d}{f_{v,d}}\right)^2 \leq 1 \tag{5.186}$$

In Gl. (5.186) ist einzusetzen:

h_0 = Bezugshöhe von 600 mm.

k_{dis} = 1,30

Wird die Querzugfestigkeit zu mehr als 60 % ausgenutzt, sind Verstärkungen zur Aufnahme klimatisch bedingter Querzugspannungen in den Nutzungsklassen 1 und 2 erforderlich. Ein Nachweis der Querzugbeanspruchung ist nicht erforderlich, wenn die Aufnahme der Zugkräfte rechtwinklig zur Faser ausschließlich durch Verstärkungselemente erfolgt. In dem vorliegenden Arbeitsblatt werden die Querzugspannungen vollständig durch Verstärkungselemente aufgenommen. Diese sind für die nachfolgend angegebenen Querzugkräfte zu bemessen:

Verstärkung in der mittleren Hälfte des querzugbeanspruchten Bereiches für eine Zugkraft von:

$$F_{t,90,d} = \frac{\sigma_{t,90,d} \cdot b \cdot a_1}{n} \tag{5.187a}$$

Verstärkung in den äußeren Vierteln des querzugbeanspruchten Bereiches für eine Zugkraft von:

$$F_{t,90,d} = \frac{2}{3} \cdot \frac{\sigma_{t,90,d} \cdot b \cdot a_1}{n} \tag{5.187b}$$

In Gleichung (5.187a,b) gilt:

$\sigma_{t,90,d}$ gemäß Gl. (5.184)

b Trägerbreite

a_1 Abstand der Verstärkungen in Trägerlängsrichtung in Höhe der Trägerachse

n Anzahl der Verstärkungselemente innerhalb der Länge a_1

Bei vollständiger Aufnahme der Zugkräfte rechtwinklig zur Faser durch Stahlstäbe als Verstärkungselemente muss der Abstand der Verstärkungselemente an der Trägeroberkante ≥ 250 mm und ≤ $0,75 \cdot h_{ap}$ betragen.

Die Aufnahme der Zugkraft durch eingeklebte Stahlstäbe ist durch den Nachweis der Klebfugenfestigkeit zwischen der Bohrlochwandung und dem eingeklebten Stahlstab wie folgt nachzuweisen:

$$\frac{\tau_{\mathrm{ef,d}}}{f_{\mathrm{k1,d}}} \le 1 \qquad (5.188)$$

mit der vorhandenen Klebfugenspannung

$$\tau_{\mathrm{ef,d}} = \frac{2 \cdot F_{\mathrm{t,90,d}}}{\pi \cdot l_{\mathrm{ad}} \cdot d_{\mathrm{r}}} \qquad (5.189)$$

In den Gleichungen (5.188–5.189) gilt:

l_{ad} wirksame Verankerungslänge oberhalb oder unterhalb der Trägerachse

d_{r} Stahlstabaußendurchmesser

$f_{\mathrm{k1,d}}$ Bemessungswert der Klebfugenfestigkeit ermittelt mit der charakteristischen Klebfugenfestigkeit von $f_{\mathrm{k1,k}} = 4{,}0\ \mathrm{N/mm^2}$

Die eingeklebten Stahlstäbe müssen dabei mit Ausnahme der Randlamelle über die Trägerhöhe durchgehen.

Weiterhin ist der Nachweis der seitlichen Stabilisierung, im Folgenden als Kippnachweis bezeichnet, zu führen. Es wird davon ausgegangen, dass der Binder durch einen Verband mit einer geraden Anzahl von Verbandsfeldern seitlich ausgesteift wird. Daher ist der Nachweis für das seitliche Ausweichen des Binders zwischen den Verbandsknoten zu führen. Gemäß DIN 1052, Abs. 8.4.3 (4) darf der Kippnachweis bei Stäben mit veränderlicher Querschnittshöhe mit den Querschnittswerten im Abstand der 0,65-fachen Stablänge vom Stabende mit dem kleineren Stabquerschnitt und mit dem Größtwert des Biegemomentes geführt werden. Maßgebend für den Kippnachweis wird in der Regel das Ausweichen in den beiden mittleren Verbandsfeldern. Der Nachweis ist wie folgt zu führen:

$$\frac{\sigma_{\mathrm{m,d}}}{k_{\mathrm{m}} \cdot f_{\mathrm{m,d}}} \le 1 \qquad (5.190)$$

Die Biegespannung $\sigma_{\mathrm{m,d}}$ wird dabei mit den oben genannten Querschnittswerten und dem maximalen Biegemoment in Feldmitte berechnet. Der Kippbeiwert k_m wird mit den gleichen Querschnittswerten wie die Biegespannung mit den folgenden Gleichungen bestimmt:

$$k_m = \begin{cases} 1{,}0 & \lambda_{rel,m} \le 0{,}75 \\ 1.56 - 0{,}75 \cdot \lambda_{rel,m} \quad \text{für} & 0{,}75 < \lambda_{rel,m} \le 1{,}4 \\ 1/\lambda_{rel,m}^2 & \lambda_{rel,m} > 1{,}4 \end{cases} \qquad (5.191)$$

Der Kippschlankheitsgrad $\lambda_{rel,m}$ darf für rechteckige Brettschichtholzquerschnitte vereinfacht mit Gl. (5.192) ermittelt werden.

$$\lambda_{\text{rel,m}} = \sqrt{\frac{l_{\text{ef}} \cdot h}{\pi \cdot b^2}} \cdot \sqrt{\frac{f_{\text{m,k}}}{\sqrt{1,4 \cdot E_{0,05} \cdot G_{05}}}} \tag{5.192}$$

mit

l_{ef}: Abstand der seitlichen Halterungen.

Die zu führenden Nachweise im **GZG** sind im Abschnitt 4.2 beschrieben. Die elastischen Verformungen werden im Mathcad-Arbeitsblatt mit dem Arbeitssatz bestimmt. Hierbei sind neben den Verformungen aus der Biegebeanspruchung auch die Schubverformungen zu berücksichtigen. Damit sind folgende Terme im Arbeitssatz zu berücksichtigen:

$$\delta_{\text{inst}} = \int \frac{M \cdot \overline{M}}{E_{0,\,\text{mean}} \cdot I} \cdot \mathrm{d}s + \int \frac{V \cdot \overline{V}}{G_{\text{mean}} \cdot A_{\text{V}}} \cdot \mathrm{d}s \tag{5.193}$$

4.3.3 Eingabebeschreibung zum Arbeitsblatt „Satteldachträger“

Nach der Auswahl der Festigkeitsklasse des Brettschichtholzes, der Nutzungsklasse und der Klasse der Lasteinwirkungsdauer werden die charakteristischen Festigkeits- und Steifigkeitskennwerte sowie die zugehörigen Bemessungswerte, wie in Abschnitt 4.1 beschrieben, ausgewertet.

Die Systemwerte sind anschließend einzugeben. Neben den Systemabmessungen ist auch die Lamellenstärke ***t*** des Brettschichtholzes zu wählen, die bei den Nachweisen im Firstbereich berücksichtigt wird. Weiterhin wird davon ausgegangen, dass der Satteldachträger am Obergurt seitlich durch einen Verband abgestützt wird. Die Anzahl der Verbandsfelder, Variablenname ***ver***, ist ebenfalls anzugeben.

Im nächsten Block sind die ständigen und veränderlichen charakteristischen Werte der Einwirkungen anzugeben. Im Mathcad-Arbeitsblatt kann als veränderliche Einwirkung nur die Schneelast berücksichtigt werden. Eine Erweiterung des Arbeitsblattes auf weitere Einwirkungen kann analog zu der berücksichtigten Schneelast erfolgen.

Mit den bisher erfolgten Eingaben werden die Schnittkräfte ermittelt und aus dem Schubspannungsnachweis am Auflager wird die erforderliche Binderhöhe am Auflager ermittelt. Anschließend ist die Binderhöhe am Auflager und die Ausrundungslänge *c* (Länge des schraffierten Bereichs in Bild 5.71) zu wählen.

Aus dem Schubspannungsnachweis: $h_{erf} := \frac{1.5 \cdot A_d}{b \cdot f_{vd}} = 59.4 \cdot cm$

Wahl der Querschnittshöhe am linken Lager: $h_s := 70\,cm$

Wahl der Länge des ausgerundeten Bereiches: $c := 6\,m$

Mit diesen Vorgaben werden alle geometrischen Werte berechnet. Hierzu wird der Verlauf der Binderoberkante in der Funktion $\boldsymbol{h_o(x)}$, der Verlauf der Binderunterkante $\boldsymbol{h_u(x)}$ und der Verlauf der Stabachse $\boldsymbol{h_m(x)}$ bestimmt. Alle 3 Funktionen werden in einem 2D-Diagramm als Binderabmessungen dargestellt. Nach Eingabe der Befehle *Einfügen→Diagramm→X-Y-Diagramm* sind in die leeren Platzhalter die entsprechenden Variablen einzutragen. Auf der x-Achse ist als Variable ***x*** einzugeben und als Anfangs- und Endpunkt ***0*** bzw. $\boldsymbol{l_{eff}}$. Für die y-Achse sind die

Funktionen ***h₀(x)***, ***hᵤ(x)*** und ***hₘ(x)*** einzugeben. Sollen, wie hier erforderlich, mehrere Funktionen in einem Diagramm dargestellt werden, gelangt man nach Eingabe der ersten Funktion durch Eingabe eines ***Kommas*** (,) in die nächste Zeile. Als Ergebnis erhält man das nachfolgende 2D-Diagramm.

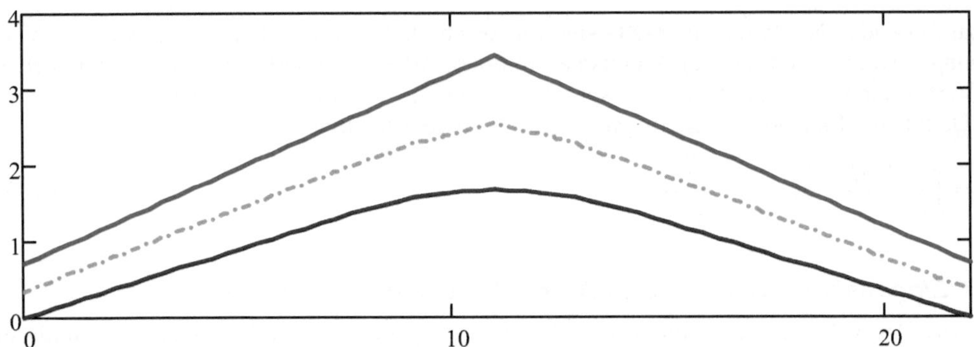

Bild 5.72: Grafische Darstellung des Binders (obere Linie = Binderoberkante, untere Linie = Binderunterkante, mittlere gestrichelte Linie = Stabachse des Binders)

Nach Ermittlung der Funktion der Schnittgrößen $V_{zd}(x)$ und $M_{yd}(x)$ wird die Stelle der maximalen Biegespannung bestimmt. Da die Binderhöhe veränderlich ist, muss die Stelle der maximalen Biegespannung aus einer Extremwertaufgabe bestimmt werden. Hierfür wird zunächst die Funktion der Biegerandspannung definiert.

Funktion der Biegerandspannung über die Trägerlänge: $\sigma(x) := \frac{M_{yd}(x)}{I(x)} \cdot \frac{h(x)}{2}$

Die notwendige Bedingung für die Existenz eines Maximums der Funktion $\sigma(x)$ lautet:

$$\sigma'(x) = \frac{d}{dx}\sigma(x) = 0 \qquad (5.194)$$

Mit Hilfe der Funktion ***wurzel(funktion(var1),var1)*** wird die Nullstelle der 1. Ableitung der Funktion $\sigma(x)$ ermittelt. Vor der Verwendung der Funktion ***wurzel*** ist ein Schätzwert für die Nullstelle anzugeben. Sollte keine Lösung gefunden werden, ist der Schätzwert zu verbessern.

Finden der Stelle x als Nullstelle der 1. Ableitung der Biegerandspannung mit Hilfe der Wurzelfunktion:

$$f_S(x) := \frac{d}{dx}(\sigma(x))$$

Schätzwert für die Nullstelle: x = 1m

Suchen der Nullstelle mit der Funktion "Wurzel"

$x0 := \text{wurzel}(f_S(x), x)$

Nach der Ausgabe der Nullstelle wird der Verlauf der Biegerandspannungen über die Trägerlänge grafisch dargestellt.

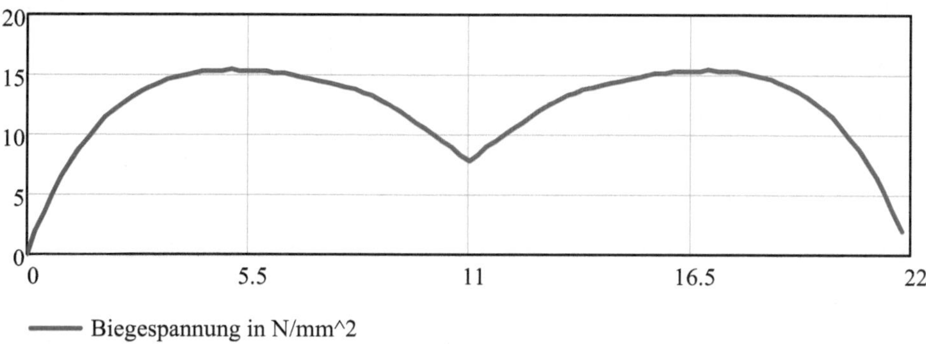

Bild 5.73: Grafische Darstellung der Biegerandspannung in der Trägerlängsrichtung

Die weiteren Nachweise im **GZT** werden gemäß den Gl. (5.168 - 5.192) geführt und können dem Arbeitsblatt entnommen werden.

Die erforderlichen Nachweise im **GZG** sind in Abschnitt 4.2.2 aufgeführt. Da es sich hier um einen Träger mit veränderlicher Höhe handelt und die Funktion der Trägerhöhe ***h(x)*** vorliegt, kann die Durchbiegungsermittlung mit Hilfe des Arbeitssatzes Gl. (5.193) erfolgen. Die für die Auswertung des Arbeitssatzes erforderlichen Funktionen ***M(x)***, ***V(x)***, ***I(x)*** und ***A(x)*** liegen bereits vor. Die Schnittkräfte infolge der virtuellen Last „1“ werden nachfolgend angegeben.

Schnittgrößen infolge der virtuellen "1"-Last in Feldmitte:

$$M_{quer}(x) := \begin{cases} \dfrac{x}{2} & \text{if } x \le \dfrac{l_{eff}}{2} \\ \dfrac{l_{eff}}{2} - \dfrac{x}{2} & \text{if } x > \dfrac{l_{eff}}{2} \\ 0 & \text{otherwise} \end{cases}$$

$$V_{quer}(x) := \begin{cases} \dfrac{1}{2} & \text{if } x \le \dfrac{l_{eff}}{2} \\ \dfrac{-1}{2} & \text{if } x > \dfrac{l_{eff}}{2} \\ 0 & \text{otherwise} \end{cases}$$

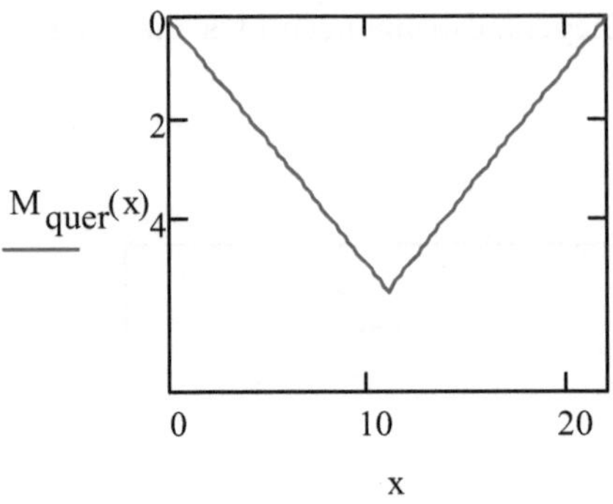

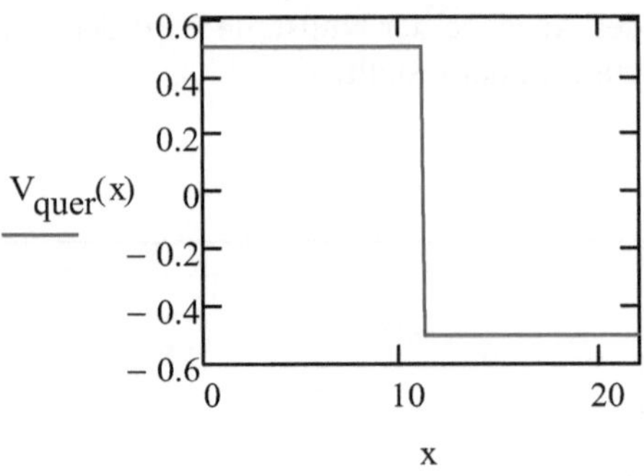

Bild 5.74: Grafische Darstellung der Schnittgrößenverläufe infolge der virtuellen Last

Anschließend kann die elastische Verformung aus ständigen Einwirkungen $w_{G,inst} = w_{M,G,inst} + w_{V,G,inst}$ und aus veränderlichen Einwirkungen $w_{Q,inst} = w_{M,Q,inst} + w_{V,Q,inst}$ berechnet werden.

$$w_{MGinst} := \int_0^{l_{eff}} \frac{M_{yGk}(x) \cdot M_{quer}(x)}{E_{0mean} \cdot I(x)} \, dx \qquad w_{VGinst} := \int_0^{l_{eff}} \frac{1.2 V_{zGk}(x) \cdot V_{quer}(x)}{G_{mean} \cdot b \cdot h(x)} \, dx$$

$$w_{MQinst} := \int_0^{l_{eff}} \frac{M_{yQk}(x) \cdot M_{quer}(x)}{E_{0mean} \cdot I(x)} \, dx \qquad w_{VQinst} := \int_0^{l_{eff}} \frac{1.2 V_{zQk}(x) \cdot V_{quer}(x)}{G_{mean} \cdot b \cdot h(x)} \, dx$$

Die Nachweise werden analog der Vorgehensweise in Abschnitt 4.2.2 geführt. Der Nachweis in der quasi-ständigen Bemessungssituation ist nachfolgend angegeben.

Durchbiegungsnachweis in der quasi-ständigen Bemessungssituation

Verformung unter Gesamtlast unter Berücksichtigung des Kriechens:

$w_{fin} := w_{Gfin} + \psi_2 \cdot w_{Qinst} \cdot (1 + k_{def})$ $\qquad w_{fin} = 5.54 \cdot cm$

Ausführung mit Überhöhung = 1, ohne Überhöhung = 0 $\qquad ue := 1$

Stichmaß für die Überhöhung: $\qquad f := 1000$

Überhöhung im lastfreien Zustand: $\qquad w_0 := \frac{l_{eff}}{f} \cdot ue = 2.2 \cdot cm$

Bedingungen für den Gebrauchstauglichkeitsnachweis $\qquad w_{fin} - w_0 < l_{eff} / 200$

$w_{fin} - w_0 = 3.34 \, cm$

4.3.4 Anwendungsbeispiel

Das Beispiel ist aus [5-41] entnommen.

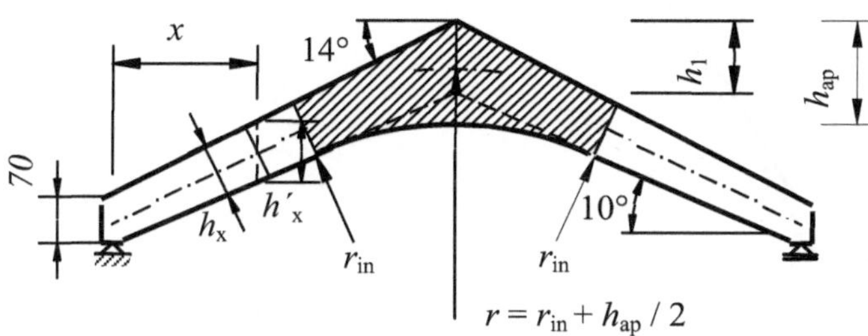

Stützweite:	$l_{ef} = 22{,}0$ m	Dachneigung:	$\delta = 14°$
Binderbreite:	$b = 16$ cm	Neigung Untergurt:	$\beta = 10°$
Binderabstand:	$e = 5$ m	Brettschichtholz GL 24 c	
Binderhöhe am Auflager:	$h_s = 70$ cm	Lamellenstärke:	$t = 40$ mm

Anzahl der Felder des Wind- und Aussteifungsverbandes = 4

Einwirkungen: aus Eigengewicht: $g_k = 3{,}5\,\text{kN/m}$; aus Schnee: $s_k = 3{,}75\,\text{kN/m}$

Nutzungsklasse 1, KLED kurz (Höhe des Gebäudes ≤ 1000 m über NN)

Länge des ausgerundeten Bereiches: $c = 6{,}0$ m

Das vollständige Beispiel ist auf der beigefügten CD als PDF-Datei enthalten und wird hier nicht wiedergegeben.

4.4 Nachweis der Stabilisierung biegebeanspruchter Bauteile und Ermittlung der Verbandsbelastung

4.4.1 Aufgabenstellung

Für einen schlanken Brettschichtholzträger, der seitlich durch einen Verband ausgesteift ist, ist der Nachweis der seitlichen Stabilisierung (Kippnachweis) zu führen. Weiterhin soll die Seitenlast für den Verband ermittelt werden. Folgende Nachweise können mit dem Mathcad-Arbeitsblatt geführt werden:

- Nachweis des seitlichen Ausweichens zwischen den Knotenpunkten des Verbandes. Hierzu werden die Schnittgrößen nach der Biegetorsionstheorie II. Ordnung ermittelt und anschließend ist der Träger auf Doppelbiegung und auf Beanspruchung durch Querkraft und Torsion nachzuweisen.
- Ermittlung der Seitenlast nach einem genaueren Verfahren (Biegetorsionstheorie II. Ordnung)

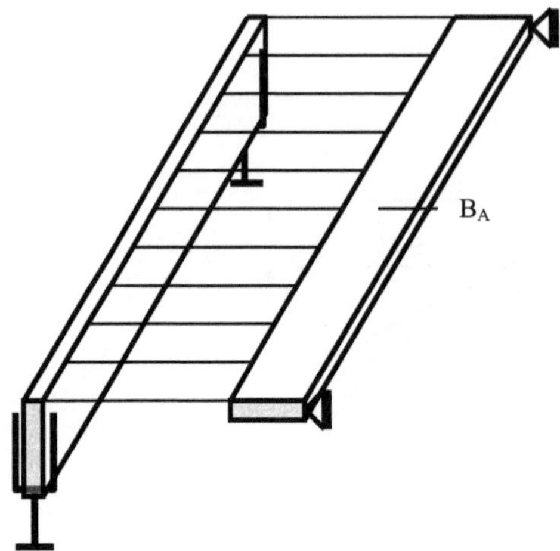

Bild 5.75: Seitlich ausgesteifter Träger

4.4.2 Nachweise nach der Biegetorsionstheorie II. Ordnung

Der Nachweis der Stabilisierung biege- und druckbeanspruchter Bauteile kann nach DIN 1052 nach dem Ersatzstabverfahren geführt werden. Alternativ können die Schnittgrößen nach Theorie II. Ordnung ermittelt und anschließend der Nachweis für Beanspruchung durch Doppelbiegung mit oder ohne Druck und der Nachweis für zweiachsige Querkraftbeanspruchung und Torsion geführt werden.

Bei der Ermittlung der Schnittgrößen nach Theorie II. Ordnung sind folgende Steifigkeitswerte zu verwenden:

Bei Tragwerken aus mehreren Stäben:

Elastizitätsmodul
$$E_i = \frac{E_{mean,i}}{\gamma_M} \tag{5.195a}$$

Schubmodul
$$G_i = \frac{G_{mean,i}}{\gamma_M} \tag{5.195b}$$

Verschiebungsmodul
$$K = \frac{K_{u,mean}}{\gamma_M} \quad \text{mit } K_{u,mean} = \frac{2}{3} \cdot K_{ser} \tag{5.195c}$$

Bei Einzelstäben:

Elastizitätsmodul $$E_i = \frac{E_{0,05}}{\gamma_M} \quad (5.196a)$$

Schubmodul $$G_i = \frac{G_{0,05}}{\gamma_M} \quad (5.196b)$$

Verschiebungsmodul $$K = \frac{K_{u,mean}}{\gamma_M} \cdot \frac{E_{0,05}}{E_{0,mean}} \quad (5.196c)$$

Die Nachweise für Beanspruchung durch Doppelbiegung mit oder ohne Druck lauten:

$$\left(\frac{\sigma_{c,0,d}}{f_{c,0,d}}\right)^2 + k_{red}\,\frac{\sigma_{m,y,d}}{f_{m,y,d}} + \frac{\sigma_{m,z,d}}{f_{m,z,d}} \le 1 \quad (5.197a)$$

und

$$\left(\frac{\sigma_{c,0,d}}{f_{c,0,d}}\right)^2 + \frac{\sigma_{m,y,d}}{f_{m,y,d}} + k_{red}\,\frac{\sigma_{m,z,d}}{f_{m,z,d}} \le 1 \quad (5.197b)$$

mit

$k_{red} = 0{,}7$ für Rechteckquerschnitt mit $h/b \le 4$ aus Vollholz, Brettschichtholz und Balkenschichtholz

$k_{red} = 1{,}0$ für andere Querschnitte

Der Nachweis für Querkraft und Torsion ist wie folgt zu führen:

$$\frac{\tau_{tor,d}}{f_{v,d}} + \left(\frac{\tau_{y,d}}{f_{v,d}}\right)^2 + \left(\frac{\tau_{z,d}}{f_{v,d}}\right)^2 \le 1 \quad (5.198)$$

Die Seitenlast für den Verband kann entweder mit den vereinfachten Angaben nach DIN 1052 oder nach einem genaueren Verfahren, welches in [5-40] jedoch nicht weiter erläutert wird, ermittelt werden.

Zum besseren Verständnis wird zunächst das vereinfachte Verfahren zur Ermittlung der Seitenlast erläutert. Aussteifungsverbände von Fachwerkträgern und Biegeträgern sind zusätzlich zu etwaigen horizontalen Lasten, z. B. Wind, zu bemessen für eine gleichmäßig verteilte Seitenlast (s. Bild 5.76) von:

$$q_d = k_l \cdot \frac{n \cdot N_d}{30 \cdot l} \quad \text{und} \quad Q_d = q_d \cdot \frac{l}{2} \quad \text{mit } k_l = \min\begin{cases} 1 \\ \sqrt{\dfrac{15}{l}} \end{cases} \quad (5.199)$$

und

n Anzahl der auszusteifenden Träger

l Verbandslänge

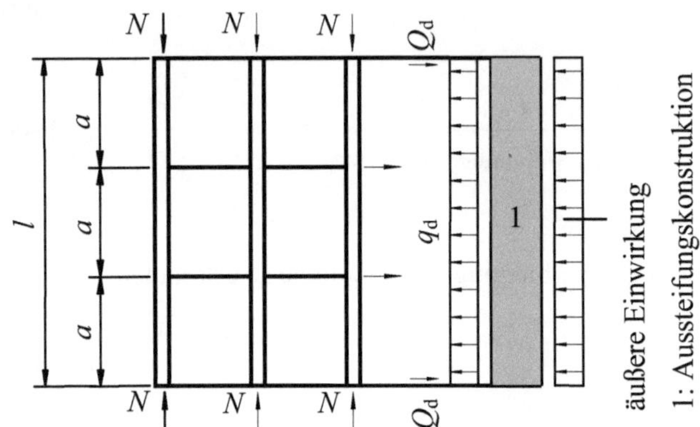

Bild 5.76: Seitenlast gemäß [5-40]

Die maßgebende Normalkraft in Gl. (5.199) lässt sich für Biegeträger wie folgt ermitteln:

$$N_\mathrm{d} = (1 - k_\mathrm{m}) \cdot \frac{M_\mathrm{d}}{h} \tag{5.200}$$

k_m Kippbeiwert des nicht ausgesteiften Biegeträgers

M_d Bemessungsmoment des Trägers

h Trägerhöhe

Die in DIN 1052 angegebenen Gleichungen gelten nur für Querschnitte mit einem Seitenverhältnis von h/b ≤ 10 und bei Einhaltung einer Verbandsverformung von $w \leq \frac{l}{500}$. Hierbei handelt es sich nicht um einen Nachweis im **GZG**, sondern um die Überprüfung der Voraussetzungen für die Anwendung der Gleichung für die Seitenlast. Daher sind für diesen Nachweis ebenfalls die Steifigkeitskennwerte wie bei der Schnittgrößenermittlung nach Theorie II. Ordnung zu verwenden.

Alternativ kann die Seitenlast nach einem genaueren Verfahren ermittelt werden. In DIN 1052 sind jedoch keine Hinweise zum Verfahren angegeben worden. Eine Möglichkeit, den genaueren Nachweis nach der Biegetorsionstheorie II. Ordnung zu führen, wird hier aufgezeigt.

Hierzu werden zunächst die theoretischen Grundlagen für den Nachweis nach der Biegetorsionstheorie II. Ordnung kurz erläutert.

Das auf der Energiemethode basierende Näherungsverfahren beschränkt sich auf beidseitig gabelgelagerte Einfeldträger mit Rechteckquerschnitt. Weitere Annahmen und Einschränkungen sind:

- Ideal-elastisches, homogenes und isotropes Werkstoffverhalten
- Kleine Verformungen
- Richtungstreue Belastung
- Über die Trägerlänge konstante äußere Lasten q_y, q_z, m_x und eine konstante Normalkraftbeanspruchung
- Kontinuierliche Stützung bei gleichbleibender Steifigkeit B_A der Stützung
- Über die Trägerlänge konstanter Querschnitt
- Gelenkige Lagerung des Aussteifungsverbandes an den Trägerenden
- Verformungen infolge Wölbkrafttorsion werden vernachlässigt
- Vernachlässigung der Verformungen des Grundzustandes, d.h. die Kopplung der Verformungen v und ϑ mit der Verformung w in Haupttragrichtung wird nicht berücksichtigt. Dies ist für ausschließlich biegebeanspruchte Bauteile eine auf der sicheren Seite liegende Vereinfachung. Für zusätzlich durch Normalkräfte beanspruchte Träger kann der Verlauf des Biegemomentes M_y nach Theorie II. Ordnung zugrunde gelegt werden.

Die für die Schnittgrößenermittlung benötigten Steifigkeitsmatrizen und Lastvektoren werden aus [5-42] entnommen. Die Herleitung erfolgt in [5-45] mit der Energiemethode unter Verwendung des Ritz´schen Verfahrens für die Erfordernisse im Stahlbau und wird in [5-42] an die Gegebenheiten des Holzbau angepasst. Das elastische Potenzial bzw. die erste Variation des elastischen Potenzials lautet:

$$\delta\Pi = \delta\Pi_e + \delta\Pi_g + \delta\Pi_p \tag{5.201a}$$

$$\delta\Pi_e = \int_0^l \left[EI_z \cdot v'''' \cdot \delta v + GI_T \cdot \vartheta' \cdot \delta\vartheta' + EI_w \cdot \left(v'' - z_v \cdot \vartheta''\right) \cdot \left(\delta v'' - z_v \cdot \delta\vartheta''\right)\right] \cdot dx \tag{5.201b}$$

$$\delta\Pi_g = \int_0^l \left[N \cdot \left(v' \cdot \delta v' + i_p{}^2 \cdot \vartheta' \delta\vartheta'\right) + M_y \cdot \left(v'' \delta v + \vartheta' \cdot \delta v''\right) + q_z \cdot z_p \cdot \vartheta \cdot \delta\vartheta \right] \cdot dx \tag{5.201c}$$

$$\delta\Pi_p = \int_0^l \left[q_y \cdot \delta v + m_x \cdot \delta\vartheta \right] \cdot dx \tag{5.201d}$$

Als Ansatzfunktionen für die Verschiebungen v und die Verdrehungen ϑ werden Sinusreihen gewählt.

$$v = \sum_{i=1}^{5} v_i \cdot \sin\left(\frac{i \cdot \pi \cdot x}{l}\right) \tag{5.202a}$$

$$\vartheta = \sum_{j=1}^{5} \vartheta_j \cdot \sin\left(\frac{j \cdot \pi \cdot x}{l}\right) \tag{5.202b}$$

$$\delta v = \sum_{m=1}^{5} \delta v_m \cdot \sin\left(\frac{m \cdot \pi \cdot x}{l}\right) \tag{5.202c}$$

$$\delta \vartheta = \sum_{n=1}^{5} \delta \vartheta_n \cdot \sin\left(\frac{n \cdot \pi \cdot x}{l}\right) \tag{5.202d}$$

Es wird ein parabelförmiger Momentenverlauf angenommen.

$$M_y(x) = M_i \cdot (1-\xi) + M_k \cdot \xi + 4M_0 \cdot \left(\xi - \xi^2\right) \tag{5.203}$$

M_i, M_k: Stabendmomente

M_0: Feldmoment infolge Gleichstreckenlast q_z

$\xi = x / l$

Die Ermittlung der Biegesteifigkeit B_A des aussteifenden Verbandes unter Berücksichtigung der Nachgiebigkeit der Verbindungsmittel und der Anschlussebene des Verbandes kann [5-43, 5-44] entnommen werden.

Durch Einsetzen der Verformungsfunktionen und deren Ableitungen in das elastische Potenzial und durch Differentiation erhält man die Steifigkeitsmatrizen $\mathbf{K_e}$ und $\mathbf{K_g}$. Die entsprechenden Matrizen sind in [5-42] angegeben.

Die Steifigkeitsmatrix $\mathbf{K_e}$ infolge der Systemsteifigkeiten mit den Festwerten

$$c_1 = \frac{E \cdot I_z \cdot \pi^4}{2 \cdot l^3} \quad ; \qquad c_3 = \frac{G_T \cdot I_T \cdot \pi^2}{2 \cdot l} \quad ; \qquad c_4 = \frac{B_A \cdot \pi^4}{2 \cdot l^3}$$

und die Steifigkeitsmatrix $\mathbf{K_g}$ infolge der äußeren Lasten mit den Festwerten

$$g_1 = \frac{N \cdot \pi^2}{2 \cdot l} \; ; \qquad g_2 = \frac{N \cdot i_p^2 \cdot \pi^2}{2 \cdot l} \; ; \qquad g_3 = \frac{M_0}{l} \; ; \qquad g_4 = \frac{\left(M_i + M_k\right) \cdot \pi^2}{4 \cdot l} \; ;$$

$$g_5 = \frac{-M_i + M_k}{l} \; ; \qquad g_6 = q_z \cdot z_q \cdot \frac{l}{2}$$

sind in Bild 5.77 angegeben. Die Eingabe der Matrizen in Mathcad erfolgt über den Menüpunkt *Einfügen → Matrix*.

Der Lastvektor $\mathbf{P_1}$ für die äußeren Lasten, der Lastvektor $\mathbf{P_2}$ infolge einer sinusförmigen Vorkrümmung mit dem maximalen Wert v_{10} und der Lastvektor $\mathbf{P_3}$ infolge einer sinusförmigen Vorverdrehung mit dem Maximalwert θ_{10} ergibt sich zu:

$$P_1 = \begin{pmatrix} \frac{2\cdot l\cdot q_y}{\pi} \\ 0 \\ \frac{2\cdot l\cdot q_y}{3\cdot\pi} \\ 0 \\ \frac{2\cdot l\cdot q_y}{5\cdot\pi} \\ \frac{2\cdot l\cdot m_x}{\pi} \\ 0 \\ \frac{2\cdot l\cdot m_x}{3\cdot\pi} \\ 0 \\ \frac{2\cdot l\cdot m_x}{5\cdot\pi} \end{pmatrix} \qquad P_2 = \begin{pmatrix} -g_1 \\ 0 \\ 0 \\ 0 \\ 0 \\ g_3\cdot\left(1+\frac{\pi^2}{3}\right)+g_4 \\ -g_5\cdot\frac{8}{9} \\ -g_3\cdot\frac{3}{4} \\ -g_5\cdot\frac{16}{225} \\ -g_3\cdot\frac{5}{36} \end{pmatrix}\cdot v_{10} \qquad P_3 = \begin{pmatrix} g_3\cdot\left(1+\frac{\pi^2}{3}\right)+g_4 \\ -g_5\cdot\frac{32}{9} \\ -g_3\cdot\frac{27}{4} \\ -g_5\cdot\frac{256}{225} \\ -g_3\cdot\frac{125}{36} \\ -g_2-g_6 \\ 0 \\ 0 \\ 0 \\ 0 \end{pmatrix}\cdot\theta_{10}$$

Die Gesamtsteifigkeitsmatrix erhält man mit:

$$K = K_e + K_g$$

Die Lastmatrix ergibt sich aus der Addition der drei Lastvektoren.

$$P = P_1 + P_2 + P_3$$

Das Spannungsproblem nach Theorie II.Ordnung lässt sich mit den oben aufgeführten Matrizen formulieren zu:

$$\left(K_e + K_g\right)\cdot V = \sum_i P_i \tag{5.204}$$

Der Vektor mit den Freiwerten der Verschiebungsansätze lautet dabei

$$V^T = \left[v^T, \vartheta^T\right] = \left[v_1, v_2, v_3, v_4, v_5, \vartheta_1, \vartheta_2, \vartheta_3, \vartheta_4, \vartheta_5\right] \tag{5.205}$$

Im Mathcad-Arbeitsblatt werden zunächst die Eigenwerte und Eigenformen des zugehörigen speziellen Eigenwertproblems gelöst. Das spezielle Eigenwertproblem lautet

$$A\cdot V_{ki} = \lambda_{ki}\cdot V_{ki} \text{ mit } A = -K_e^{-1}\cdot K_g \tag{5.206}$$

Die Lösung des Gleichungssystems (5.204) ergibt den Vektor mit den Freiwerten der Verschiebungsansätze (Gl. 5.205). Mit Hilfe der Gl. (5.202a - 5.202b) können hieraus die Funktionen für die Verschiebung *v(x)* und die Verdrehung $\vartheta(x)$ bestimmt werden.

Mit den Elastizitätsbeziehungen lassen sich aus den Verschiebungsfunktionen die Schnittkräfte für den Binder und den Verband ermitteln.

$$M_z = EI_z \cdot v'' = -EI_z \cdot \sum_i v_i \cdot \left(\frac{i \cdot \pi}{L}\right)^2 \cdot \sin\left(\frac{i \cdot \pi \cdot x}{L}\right) \tag{5.207}$$

$$M_x = GI_T \cdot \vartheta' = GI_T \cdot \sum_j \vartheta_j \cdot \left(\frac{j \cdot \pi}{L}\right) \cdot \cos\left(\frac{j \cdot \pi \cdot x}{L}\right) \tag{5.208}$$

$$V_y = M_z' \tag{5.209}$$

Die Schnittgrößen des Verbandes können ebenfalls angegeben werden. Mit der Verschiebung in der Verbandsebene

$$v_v = v - z_v \cdot \vartheta \tag{5.210}$$

ergibt sich das Biegemoment und die Querkraft des Verbandes zu:

$$M_v = -B_A \cdot v_v'' \tag{5.211}$$

$$V_v = -B_A \cdot v_v''' \tag{5.212}$$

Die Seitenlast des Verbandes lässt sich ermitteln mit

$$q_s = B_A \cdot v_v'''' = B_A \cdot \left[\sum_i v_i \cdot \left(\frac{i \cdot \pi}{L}\right)^4 \cdot \sin\left(\frac{i \cdot \pi \cdot x}{L}\right) - z_v \cdot \sum_j \vartheta_j \cdot \left(\frac{j \cdot \pi}{L}\right)^4 \sin\left(\frac{j \cdot \pi \cdot x}{L}\right)\right] \tag{5.213}$$

Mit den Gl. (5.207–5.209) lassen sich die Schnittgrößen für den Binder und mit den Gl. (5.211–5.213) die Schnittgrößen für den Verband nach der Biegetorsionstheorie II. Ordnung ermitteln. Für diese Beanspruchungen sind die entsprechenden Nachweise im **GZT** für den Binder und den Verband zu führen.

$$K_e = \begin{pmatrix} c_1+c_4 & 0 & 0 & 0 & 0 & -c_4 \cdot z_A & 0 & 0 & 0 & 0 \\ 0 & 16 \cdot c_1+16 \cdot c_4 & 0 & 0 & 0 & 0 & -16 \cdot c_4 \cdot z_A & 0 & 0 & 0 \\ 0 & 0 & 81 \cdot c_1+81 \cdot c_4 & 0 & 0 & 0 & 0 & -81 \cdot c_4 \cdot z_A & 0 & 0 \\ 0 & 0 & 0 & 256 \cdot c_1+256 \cdot c_4 & 0 & 0 & 0 & 0 & -256 \cdot c_4 \cdot z_A & 0 \\ 0 & 0 & 0 & 0 & 625 \cdot c_1+625 \cdot c_4 & 0 & 0 & 0 & 0 & -625 \cdot c_4 \cdot z_A \\ -c_4 \cdot z_A & 0 & 0 & 0 & 0 & c_3+c_4 \cdot z_A^2 & 0 & 0 & 0 & 0 \\ 0 & -16 \cdot c_4 \cdot z_A & 0 & 0 & 0 & 0 & 4c_3+16c_4 \cdot z_A^2 & 0 & 0 & 0 \\ 0 & 0 & -81 \cdot c_4 \cdot z_A & 0 & 0 & 0 & 0 & 9 \cdot c_3+81 \cdot c_4 \cdot z_A^2 & 0 & 0 \\ 0 & 0 & 0 & -256 \cdot c_4 \cdot z_A & 0 & 0 & 0 & 0 & 16 \cdot c_3+256 \cdot c_4 \cdot z_A^2 & 0 \\ 0 & 0 & 0 & 0 & -625 \cdot c_4 \cdot z_A & 0 & 0 & 0 & 0 & 25 \cdot c_3+625 \cdot c_4 \cdot z_A^2 \end{pmatrix}$$

$$K_g = \begin{bmatrix} g_1 & 0 & 0 & 0 & 0 & -g_3 \cdot \left(1+\frac{\pi^2}{3}\right)-g_4 & g_5 \cdot \frac{8}{9} & g_3 \cdot \frac{3}{4} & g_5 \cdot \frac{16}{225} & g_3 \cdot \frac{5}{36} \\ 0 & 4 \cdot g_1 & 0 & 0 & 0 & g_5 \cdot \frac{32}{9} & -g_3 \cdot \left(1+4 \cdot \frac{\pi^2}{3}\right)-4 \cdot g_4 & g_5 \cdot \frac{96}{25} & g_3 \cdot \frac{32}{9} & g_5 \cdot \frac{160}{441} \\ 0 & 0 & 9 \cdot g_1 & 0 & 0 & g_3 \cdot \frac{27}{4} & g_5 \cdot \frac{216}{25} & -g_3 \cdot \left(1+3 \cdot \pi^2\right)-9 \cdot g_4 & g_5 \cdot \frac{432}{49} & g_3 \cdot \frac{135}{16} \\ 0 & 0 & 0 & 16 \cdot g_1 & 0 & g_5 \cdot \frac{256}{225} & g_3 \cdot \frac{128}{9} & g_5 \cdot \frac{768}{49} & -g_3 \cdot \left(1+16 \cdot \frac{\pi^2}{3}\right)-16 \cdot g_4 & g_5 \cdot \frac{1280}{81} \\ 0 & 0 & 0 & 0 & 25 \cdot g_1 & g_3 \cdot \frac{125}{36} & g_5 \cdot \frac{1000}{441} & g_3 \cdot \frac{375}{16} & g_5 \cdot \frac{2000}{81} & -g_3 \cdot \left(1+25 \cdot \frac{\pi^2}{3}\right)-25 \cdot g_4 \\ -g_3 \cdot \left(1+\frac{\pi^2}{3}\right)-g_4 & g_5 \cdot \frac{32}{9} & g_3 \cdot \frac{27}{4} & g_5 \cdot \frac{256}{225} & g_3 \cdot \frac{125}{36} & g_2+g_6 & 0 & 0 & 0 & 0 \\ g_5 \cdot \frac{8}{9} & -g_3 \cdot \left(1+4 \cdot \frac{\pi^2}{3}\right)-4 \cdot g_4 & g_5 \cdot \frac{216}{25} & g_3 \cdot \frac{128}{9} & g_5 \cdot \frac{1000}{441} & 0 & 4 \cdot g_2+g_6 & 0 & 0 & 0 \\ g_3 \cdot \frac{3}{4} & g_5 \cdot \frac{96}{25} & -g_3 \cdot \left(1+3 \cdot \pi^2\right)-9 \cdot g_4 & g_5 \cdot \frac{768}{49} & g_3 \cdot \frac{375}{16} & 0 & 0 & 9 \cdot g_2+g_6 & 0 & 0 \\ g_5 \cdot \frac{16}{225} & g_3 \cdot \frac{32}{9} & g_5 \cdot \frac{432}{49} & -g_3 \cdot \left(1+16 \cdot \frac{\pi^2}{3}\right)-16 \cdot g_4 & g_5 \cdot \frac{2000}{81} & 0 & 0 & 0 & 16 \cdot g_2+g_6 & 0 \\ g_3 \cdot \frac{5}{36} & g_5 \cdot \frac{160}{441} & g_3 \cdot \frac{135}{16} & g_5 \cdot \frac{1280}{81} & -g_3 \cdot \left(1+25 \cdot \frac{\pi^2}{3}\right)-25 \cdot g_4 & 0 & 0 & 0 & 0 & 25 \cdot g_2+g_6 \end{bmatrix}$$

Bild 5.77: Steifigkeitsmatrizen K_e und K_g

4.4.3 Eingabebeschreibung zum Arbeitsblatt „Biegedrillknicken"

Wie auch bei den anderen Arbeitsblättern in diesem Abschnitt sind zunächst die Festigkeitsklasse des Brettschichtholzes, die Nutzungsklasse und die Klasse der Lasteinwirkungsdauer festzulegen.

Anschließend ist festzulegen, ob es sich um einen Einzelträger gemäß [5-40] handelt. Die Ermittlung der Steifigkeiten erfolgt für diesen Fall mit den 5%-Quantilwerten der Steifigkeiten (s. Gl. 5.196).

Für die weitere Berechnung sind folgende Systemwerte einzugeben.

l: Stützweite des Binders und des Verbandes

b: Binderbreite

h: Binderhöhe

z_A: Lage des Verbandes bezogen auf den Binderschwerpunkt (nach oben negativ)

B_A: Biegesteifigkeit des Verbandes

v_0: Vorkrümmung in Richtung der y-Achse

ϑ_0: Vorverdrehung um die x-Achse

Soll ein Einzelstab ohne seitliche Abstützung betrachtet werden, ist die Biegesteifigkeit des Verbandes zu Null zu setzen.

Bei der Angabe der Einwirkungen sind die nachfolgenden Definitionen zu beachten:

q_z: Gleichlast in z-Richtung

q_y: Gleichlast in y-Richtung

m_x: Streckentorsionsmoment um die x-Achse

z_q: Lastangriffspunkt der Gleichlast in z-Richtung bezogen auf den Binderschwerpunkt (nach oben negativ)

M_i: Randmoment am Trägeranfang (rechtsdrehend)

M_k: Randmoment am Trägerende (linksdrehend)

N: Normalkraft (als Druckkraft negativ)

Alle Einwirkungen sind als Bemessungswerte anzugeben. Soll eine Gleichlast in y-Richtung erfasst werden, die nicht im Schwerpunkt angreift, ist dies durch Eingabe eines Streckentorsionsmomentes m_x zu erfassen.

Im Arbeitsblatt werden nach der Eingabe der Systemwerte und Einwirkungen zunächst die Matrizen für das Gleichungssystem (5.204) aufbereitet. Anschließend werden die Matrizen für das spezielle Eigenwertproblem Gl. (5.206) formuliert.

Die Matrix A in Gl. (5.206) kann aus den Steifigkeitsmatrizen K_e und K_g errechnet werden.

$$A = K_e^{-1} \cdot K_g$$

Die Lösung des Eigenwertproblems erfolgt mit der Funktion *„Eigenwerte"*, die als Lösung die Eigenwerte λ des oben formulierten speziellen Eigenwertproblems liefert. Der Eigenwert gibt das Verhältnis der eingegebenen Einwirkungen zur Verzweigungslast an. Damit kann der Laststeigerungswert η, mit dem die eingegebene Last zu erhöhen ist, um die Verzweigungslast zu erreichen, errechnet werden (s. [5-45]).

λ = eigenwerte (-A)

λ =

	0
0	0.601
1	0.15
2	0.067
3	0.038
4	0.024
5	0.017
6	0.017
7	0.017
8	0.017
9	0.017

$\eta = \frac{1}{\lambda} =$

	0
0	1.664
1	6.657
2	14.978
3	26.627
4	41.604
5	58.062
6	58.062
7	58.062
8	58.062
9	58.062

Laststeigerungswert bis zum Erreichen des 1. Eigenwertes: $\eta_1 = \eta_{0,0} = 1{,}664$

Laststeigerungswert bis zum Erreichen des 2. Eigenwertes: $\eta_2 = \eta_{1,0} = 6{,}657$

Wird als Lösung des Eigenwertproblems ein Laststeigerungswert $\eta < 1$ ermittelt, liegen die eingegebenen Einwirkungen bereits höher als die niedrigste Verzweigungslast. Die Schnittgrößenermittlung nach der Biegetorsionstheorie II. Ordnung liefert dann keine sinnvollen Ergebnisse mehr.

Im nächsten Schritt werden die zu den Eigenwerten zugehörigen Eigenvektoren, häufig auch als Eigenformen bezeichnet, bestimmt. Diese entsprechen der „Knickbiegelinie“ des Systems. Die Größe der ermittelten Verschiebung ist dabei beliebig, lediglich der Funktionsverlauf ist von Interesse.

ev = eigenvektoren(A)

In Bild 5.78 sind für den einfachen Fall des beidseitig gelenkig gelagerten Stabes mit Beanspruchung durch eine konstante Druckkraft die 1.–5. Eigenform angegeben.

Die Lösung des linearen Gleichungssystems (5.204) erfolgt über die Funktion "llösen".

$K = K_e + K_g$

$P = P_1 + P_2 + P_3$

v = llösen(K, P)

v =

	0
0	$1.93 \cdot 10^{-4}$
1	0
2	$-4.236 \cdot 10^{-6}$
3	0
4	$-2.095 \cdot 10^{-7}$
5	$3.266 \cdot 10^{-3}$
6	0
7	$-9.989 \cdot 10^{-5}$
8	0
9	$-6.697 \cdot 10^{-6}$

1. Eigenform

$$v_{s\,Eigen1}(x) = \left(\sum_{i=1}^{5} ev_{i-1,0} \cdot \sin\left(\frac{i \cdot \pi \cdot x}{l}\right)\right)$$

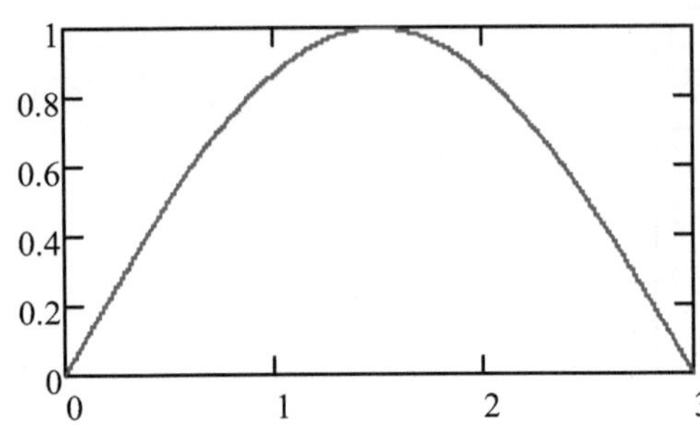

2. Eigenform

$$v_{s\,Eigen2}(x) = \left(\sum_{i=1}^{5} ev_{i-1,1} \cdot \sin\left(\frac{i \cdot \pi \cdot x}{l}\right)\right)$$

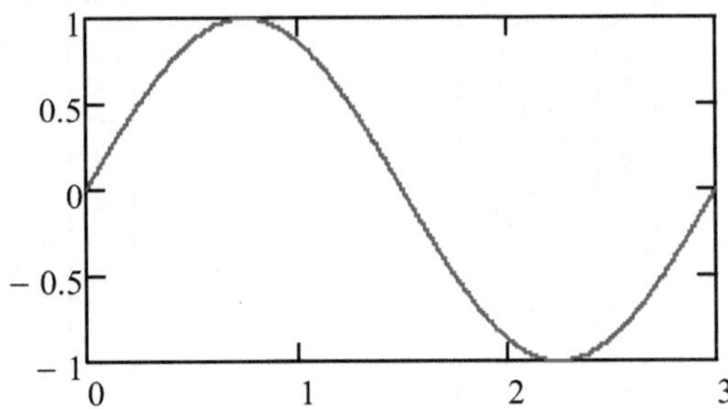

3. Eigenform

$$v_{s\,Eigen3}(x) = \left(\sum_{i=1}^{5} ev_{i-1,2} \cdot \sin\left(\frac{i \cdot \pi \cdot x}{l}\right)\right)$$

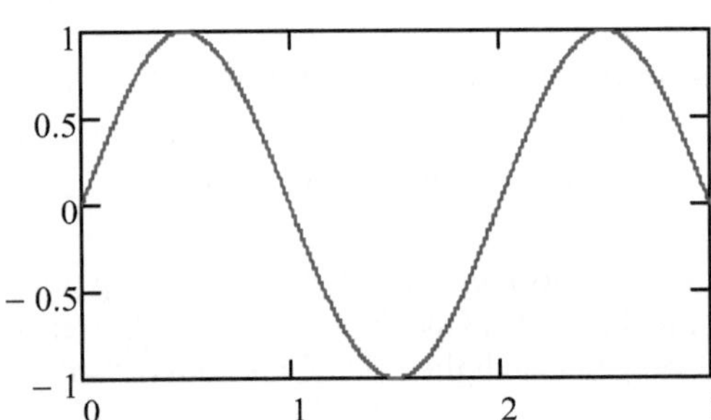

4. Eigenform

$$v_{s\,Eigen4}(x) = \left(\sum_{i=1}^{5} ev_{i-1,3} \cdot \sin\left(\frac{i \cdot \pi \cdot x}{l}\right)\right)$$

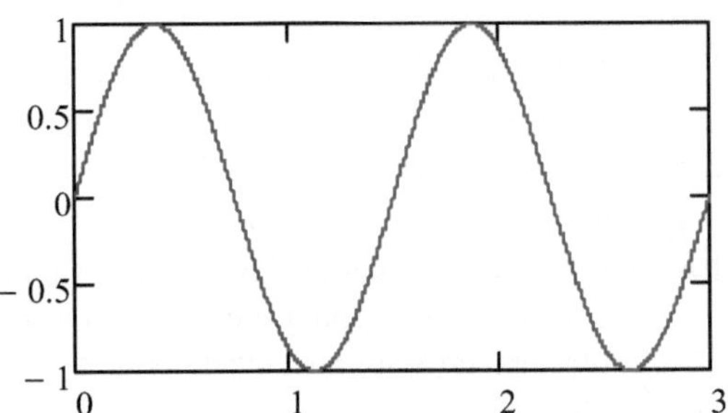

5. Eigenform

$$v_{s\,Eigen5}(x) = \left(\sum_{i=1}^{5} ev_{i-1,4} \cdot \sin\left(\frac{i \cdot \pi \cdot x}{l}\right)\right)$$

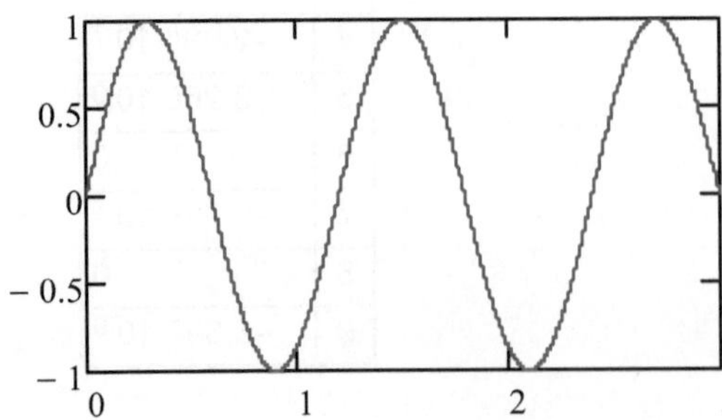

Bild 5.78:
Eigenformen für den beidseitig gelenkig gelagerten Druckstab mit konstanter Normalkraft

Die Lösung des Gleichungssystems liefert die Freiwerte der Verschiebungsansätze nach dem Ritzschen Verfahren. Das oben angegebene Ergebnis ist für einen Einfeldträger ohne seitliche Abstützung und Beanspruchung durch eine Gleichstreckenlast in z-Richtung ermittelt worden.

Mit den Freiwerten der Verschiebungsansätze können die Funktionen für die Verschiebung $v(x)$ und Verdrehung $\vartheta(x)$ (s. Gl. (5.202a - 5.202b)) des Binders und die Verschiebung $v_v(x)$ des Verbandes (s. Gl. (5.210)) bestimmt werden.

Verschiebung des Binderschwerpunktes: $$v_s(x) = \sum_{i=1}^{5}\left(v_{i-1} \cdot \sin\left(\frac{i \cdot \pi \cdot x}{l}\right)\right)$$

Verdrehung des Binders um die x-Achse: $$\theta(x) = \sum_{j=1}^{5}\left(v_{j+4} \cdot \sin\left(\frac{j \cdot \pi \cdot x}{l}\right)\right)$$

Verschiebung des Verbandes: $$v_v(x) = v_s(x) - z_A \cdot \theta(x)$$

Anschließend werden die Verschiebungen und Verdrehungen grafisch aufbereitet. Die Darstellung der Binderverformung erfolgt in einem 3D-Diagramm. Die erforderliche Formatierung des Diagramms ist detailliert im Arbeitsblatt beschrieben.

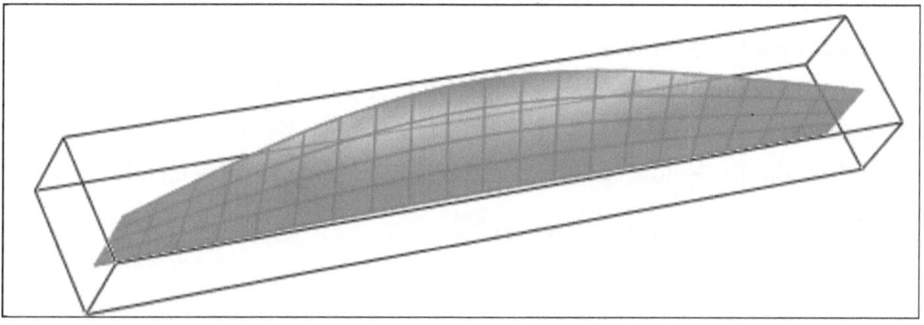

Bild 5.79: Binderverformung in perspektivischer Darstellung

Mit den Verschiebungsfunktionen kann die Querkraft $V_y(x)$, das Torsionsmoment $M_x(x)$ und das Biegemoment $M_z(x)$ des Binders mit den Gleichungen (5.207–5.209) ermittelt werden. Weiterhin können die Beanspruchungen des Verbandes mit den Gleichungen (5.211–5.213) bestimmt werden. Exemplarisch wird die Querkraft und die Seitenlast des Verbandes für einen gabelgelagerten Einfeldträger mit Beanspruchung durch eine vertikale Gleichlast am Binderobergurt nachfolgend dargestellt.

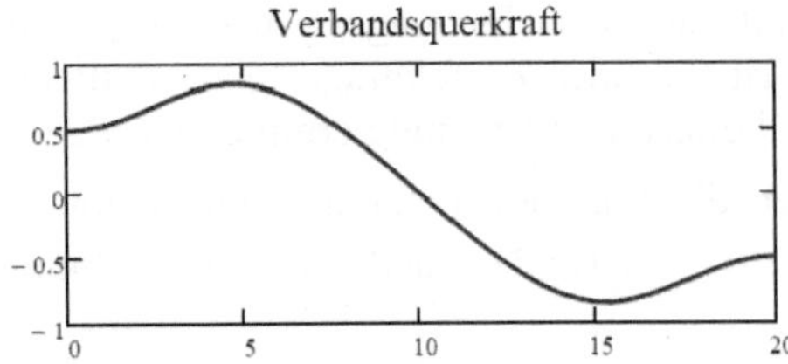

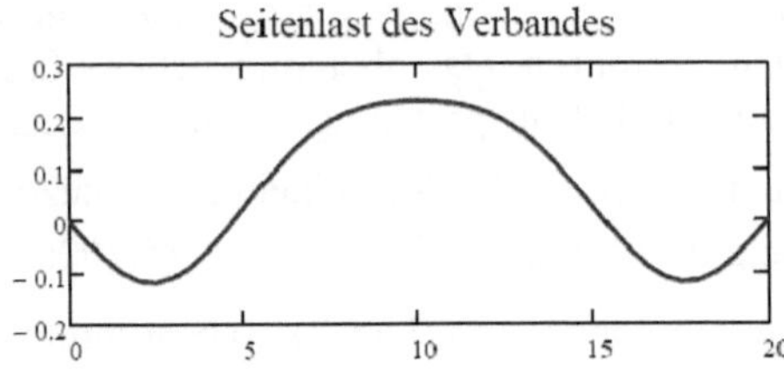

Bild 5.80: Querkraft und Seitenlast des Verbandes

Mit den Schnittkräften nach der Biegetorsionstheorie II. Ordnung kann die Bemessung im GZT erfolgen. Dieses ist im vorliegenden Arbeitsblatt nicht enthalten.

4.4.4 Anwendungsbeispiel

Einfeldträger mit einer Stützweite von $l = 25$ m

Querschnittsabmessungen: $b = 16$ cm, $h = 140$ cm,

Brettschichtholz GL 28h, Binderabstand e = 5,0 m, Nutzungsklasse 1

2 Verbände in Höhe des Binderobergurtes, Anzahl der auszusteifenden Binder je Verband: $n = 5$

Abstand der seitlichen Halterungen $l_{ef} = 5$ m,

Standort des Gebäudes über NN $\leq$ 1000 m

Charakteristische Werte der Einwirkungen: $g_k = 0{,}75$ kN/m², $s_k = 0{,}75$ kN/m²

Gebäudehöhe über Gelände: $h = 5$ m

Charakteristischer Wert für die Windbelastung je Verband (Windzone 1, Binnenland):

$$w_k = \frac{1}{2} \cdot c_{pe,10} \cdot q \cdot \frac{h}{2} = \frac{1}{2} \cdot (0{,}5 + 0{,}8) \cdot 0{,}5 \cdot \frac{5{,}0}{2} = 0{,}81 \frac{\text{kN}}{\text{m}}$$

Klasse der Lasteinwirkungsdauer KLED kurz

Für diesen Träger sollen folgende Nachweise geführt werden:

- Nachweis des Kippens zwischen den Abstützungen
- Ermittlung der Seitenlast des Verbandes

Beide Nachweise sollen nach der Biegetorsionstheorie II. Ordnung geführt werden.

a) Nachweis des Kippens zwischen den Abstützungen

Hierzu wird das maximal beanspruchte Feld gedanklich aus dem System herausgeschnitten. Die Bemessungswerte der Einwirkungen betragen:

$$g_d = \gamma_G \cdot g_k \cdot e = 1{,}35 \cdot 0{,}75 \cdot 5{,}0 = 5{,}06 \frac{\text{kN}}{\text{m}}; \qquad s_d = \gamma_Q \cdot s_k \cdot e = 1{,}5 \cdot 0{,}75 \cdot 5{,}0 = 5{,}63 \frac{\text{kN}}{\text{m}}$$

$$g_d + s_d = 5,06 + 5,63 = 10,69 \frac{kN}{m}$$

Der Lastangriffspunkt wird an der Binderoberseite angenommen.

Als Auflagerkraft ergibt sich:

$A_d = 10,69 \cdot 25 / 2 = 133,63\,kN$

Die Randmomente für das mittlere Feld betragen:

$M_i = M_k = 133.63 \cdot 10 - 10,69 \cdot 10^2 / 2 = 801,8\,kNm$

Die nachfolgenden Eingaben sind im Arbeitsblatt erforderlich:

Stützweite des Systems:	$l = 5m$
Binderabmessungen:	$b = 16cm$
Biegesteifigkeit des Verbandes:	$B_A = 0kN \cdot m^2$
Angriffshöhe des Verbandes (nach oben negativ):	$z_A = 0m$
Vorverformungen:	$v_{10} = \frac{l}{400} = 1.25 \cdot cm$
Gleichlast vertikal:	$q_z = 10.69 \frac{kN}{m}$
Angriffshöhe der vertikalen Gleichlast (nach oben negativ)	$z_q = -0.7m$
Randmoment links:	$M_i = 801.80kN \cdot m$
Randmoment rechts:	$M_k = 801.80kN \cdot m$

Nachfolgende Ergebnisse werden mit dem Arbeitsblatt ermittelt:

Laststeigerungswert bis zum Erreichen des 1. Eigenwertes: $\eta_1 = \eta_{0,0} = 1.654$

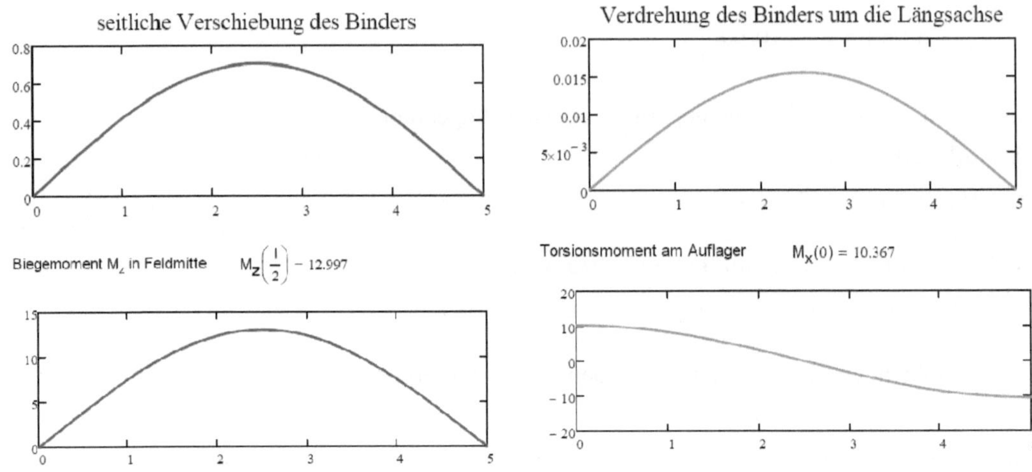

Mit den Schnittgrößen nach Theorie II. Ordnung können die Spannungsnachweise gemäß den Gl. (5.197) und (5.198) geführt werden.

b) Ermittlung der Seitenlast

In [5-41] werden für dieses Beispiel zur Ermittlung der Seitenlast die vereinfachten Nachweise gemäß [5-40] geführt. Hieraus ergibt sich für einen Verband eine erforderliche Steifigkeit von 308 MNm^2 . Für die Ermittlung der Schnittgrößen nach der Biegetorsionstheorie ist diese noch durch die Anzahl der auszusteifenden Binder zu dividieren. Damit ergibt sich die rechnerische Steifigkeit des abstützenden Verbandes zu

$$B_A = \frac{308}{5} = 61{,}6\, MNm^2.$$

Maßgebend wird die Lastkombination: $S_d = \gamma_G \cdot G_k + \gamma_Q \cdot s_k + \psi_{0,w} \cdot \gamma_Q \cdot w_k$ mit $\psi_{0,w} = 0{,}6$

Bemessungswert für die Windbelastung je Verband: $w_d = \gamma_Q \cdot w_k = 1{,}5 \cdot 0{,}81 = 1{,}22 \frac{kN}{m}$

Die Windlast wird anteilig auf alle 5 auszusteifenden Binder aufgeteilt. Unter Berücksichtigung des Kombinationsbeiwertes $\psi_{0,w} = 0{,}6$ ergibt sich damit je Binder eine horizontale Gleichstreckenlast von:

$$q_y = w_d = 0{,}6 \cdot 1{,}22 / 5 = 0{,}146 \frac{kN}{m}$$

Der Lastangriffspunkt der Windlast ist der Binderobergurt. Dies kann im Arbeitsblatt nicht direkt berücksichtigt werden und ist durch Angabe eines zusätzlichen Streckentorsionsmomentes zu berücksichtigen. Dies beträgt:

$$m_x = q_y \cdot \frac{h}{2} = 0{,}146 \cdot \frac{1{,}4}{2} = 0{,}10 \frac{kNm}{m}$$

Die erforderlichen Eingabewerte sind nachfolgend angegeben.

Stützweite des Systems:	$l = 25m$
Binderabmessungen:	$b = 16cm$ $h = 140cm$
Angriffshöhe des Verbandes (nach oben negativ):	$z_A = -0.7m$
Biegesteifigkeit des Verbandes:	$B_A = 61600kN \cdot m^2$
Vorverformungen:	$v_{10} = \frac{l}{400} = 6.25 \cdot cm$
Gleichlast vertikal:	$q_z = 10.69 \frac{kN}{m}$
Gleichlast horizontal:	$q_y = 0.146 \frac{kN}{m}$
Streckentorsionsmoment:	$m_x = 0.10 \frac{kN \cdot m}{m}$
Angriffshöhe der vertikalen Gleichlast (nach oben negativ):	$z_q = -0.7m$

Mit dem Arbeitsblatt werden folgende Ergebnisse ermittelt:

Laststeigerungswert bis zum Erreichen des 1. Eigenwertes: $\eta_1 = \eta_{0,0} = -0.969$

Laststeigerungswert bis zum Erreichen des 2. Eigenwertes: $\eta_2 = \eta_{1,0} = 1.938$

Der 1. Eigenwert ist für diese Problemstellung nicht maßgebend. Hier wird ein negativer Wert ermittelt und damit ein Vorzeichenwechsel der Einwirkungen. Da sich der abstützende Verband für diesen Fall am Zuggurt befindet, wird hier ein deutlich kleinerer Eigenwert berechnet als bei einer seitlichen Abstützung am Druckgurt. Maßgebend ist daher der 2. Eigenwert mit $\eta_2 = 1,938$. Die Sicherheit gegenüber der kritischen Last ist ausreichend.

Die Schnittgrößen und Verformungen des Verbandes sind in den nachfolgenden Grafiken dargestellt.

$$v_v = 5{,}05\,cm \approx \frac{l}{500} = 5\,\mathrm{cm}$$

Grafische Darstellung der Verschiebung des Verbandes [in cm]

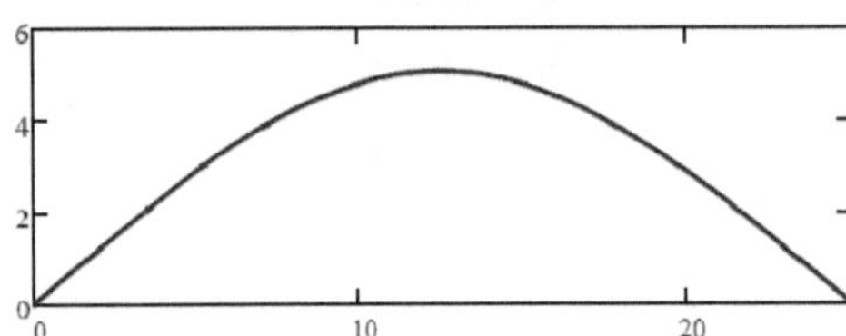

$$M_v = 52{,}42\,\mathrm{kNm}\,(\text{je Verband})$$

Momentenverlauf:

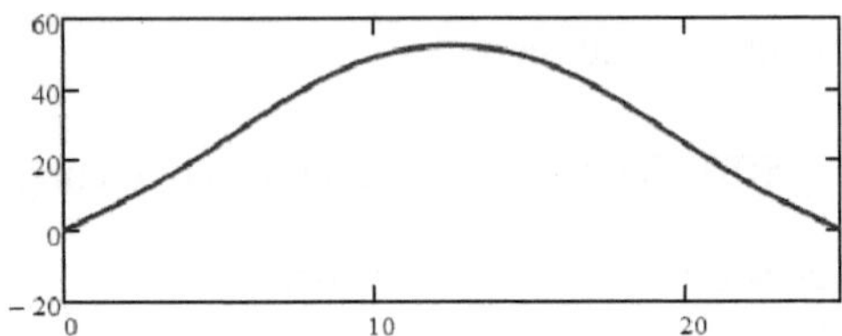

$$V_v = 5{,}787\,\mathrm{kN}\,(\text{je Verband})$$

Querkraftverlauf

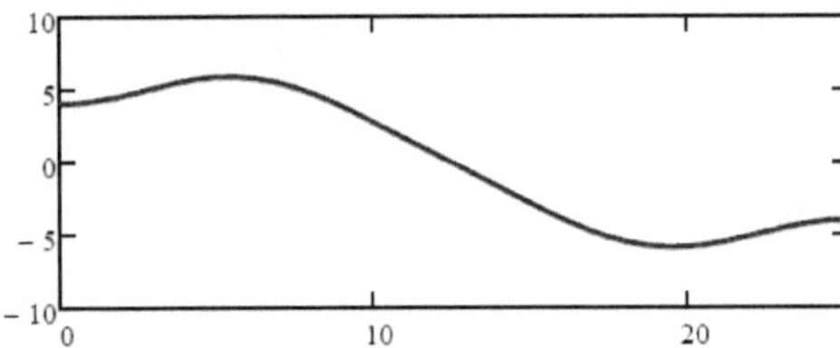

$$q_s = 1{,}13\,\frac{\mathrm{kN}}{\mathrm{m}}\,(\text{je Verband})$$

Seitenlastverlauf

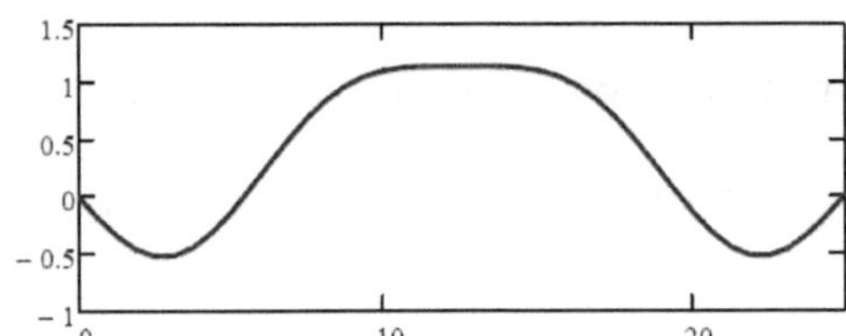

Die Verbanddurchbiegung entspricht dem in [5-40] geforderten Grenzwert von *l/500*. Das Biegemoment, die Querkraft und die Seitenlast sind für die Bemessung im **GZT** mit der Anzahl der aussteifenden Binder zu multiplizieren. Zu beachten ist weiterhin die Abweichung des Seitenlastverlaufes von der in [5-40] angegebenen konstanten Seitenlast. Dadurch verschiebt sich das Maximum der Querkraft vom Auflager in das mittlere Viertel, was bei der Bemessung der Füllstäbe des Verbandes zu beachten ist.

Teil VI: Funktionsprogrammierung in C/C++

Fabian Gerold, Horst Werkle[1]

1 Programmieren mit Mathcad

Mathcad bietet verschiedene Möglichkeiten und Schnittstellen, um die vorhandene Basisfunktionalität zu erweitern:

1. Implementierung eigener oder vorhandener Algorithmen in C, C++ oder Fortran. Dies ist die mächtigste Erweiterungsmöglichkeit und wird in den folgenden Abschnitten näher erläutert.
2. Programmierung direkt im Mathcad Arbeitsblatt. Programmieranweisungen und Kontrollstrukturen wie Schleifen (Wiederholungen von Anweisungsblöcken) oder if-Verzweigungen (Ausführungsalternativen) können direkt in ein Arbeitsblatt eingegeben und ausgeführt werden. Eine ausführliche Anleitung hierzu findet sich in Teil III. Für kompakte Algorithmen ist diese Art der Programmierung die richtige Wahl, ein leichter Einstieg ist möglich und man benötigt keinen Compiler oder andere Software.
3. Variablendefinition innerhalb von Mathcad über grafische Bedienelemente wie Schieberegler o. Ä. Dadurch lassen sich sehr einfach z. B. Parameterstudien umsetzen, indem die Eingangsvariablen von Berechnungen über Schieberegler veränderbar gemacht werden:

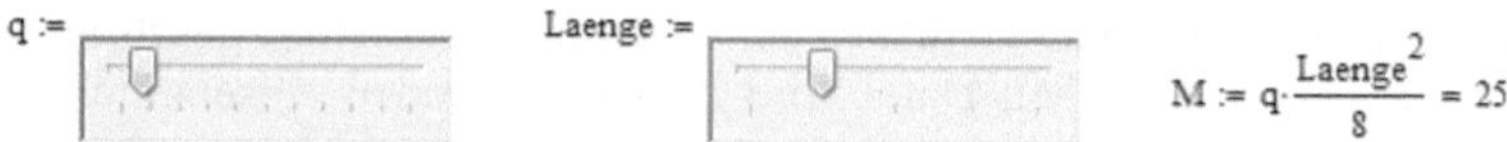

4. Zugriff auf andere Windows-Anwendungen über sogenannte Komponenten (siehe Teil III, Kap. 3). Damit können externe Anwendungen die den Microsoft OLE Standard implementieren, eingebunden werden. Diese Komponenten besitzen meistens eine grafische Repräsentation, z. B. als Excel-Tabelle.
5. Umgekehrt zum o. g. Verfahren kann Mathcad von anderen Windows-Anwendungen eingebunden werden. Damit können über OLE-Kommandos Daten an Mathcad gesendet, Berechnungen ausgeführt und Daten (Berechnungsergebnisse) von Mathcad empfangen werden.

Von diesen Varianten wird die erste im Folgenden näher erläutert. Die Varianten 2 bis 4 werden im Teil III dieses Buches behandelt.

[1] Die Autoren danken Herrn Dipl.-Ing (FH) Serkan Karadag für seine grundlegenden Arbeiten für die erste Auflage.

2 Erweiterung von Mathcad durch eigene Funktionen in C/C++

Der Anfangsaufwand der Programmierung eigener Funktionen in C/C++ ist zwar höher als die Programmierung innerhalb eines Arbeitsblattes, es gibt jedoch Fälle in denen dies lohnend sein kann [6-1]:

- Bei sehr komplexen Algorithmen, da in C/C++ eine Kapselung von Komplexität durch eigene Funktionen sowie Klassen (Daten + Funktionen) möglich ist [6-2], [6-3].
- Bei numerisch hohem Aufwand, da die Ausführungsgeschwindigkeit wesentlich höher ist.
- Wenn vorhandene Software (C/C++ oder Fortran) eingebunden werden soll.
- Wenn die Kontrolle über Ressourcen des Computers (z. B. Arbeitsspeicher) innerhalb von Mathcad nicht ausreichend ist. In einer C/C++ Funktion besteht die volle Kontrolle über alle Ressourcen des Computers, im Rahmen der Rechte des Nutzers, der die Software ausführt. Prinzipiell kann direkt auf den Arbeitsspeicher, Netzwerkressourcen, Grafikkarten oder andere Geräte zugegriffen werden.

Nach der Programmierung können die in C/C++ geschriebenen Funktionen in Mathcad verwendet werden, genau wie die als Standard implementierten Funktionen wie beispielsweise sin(x) oder cos(x).

Um eine eigene Funktion für Mathcad zu erstellen, muss eine DLL in C/C++ erstellt werden, unter Beachtung einer speziellen Schnittstelle für Mathcad. DLL steht für „Dynamic link library", eine solche Bibliothek kann zur Laufzeit von anderen Programmen geladen werden. Die selbst erstellte DLL wird in das Verzeichnis *userefi* kopiert, das sich im Mathcad Hauptverzeichnis befindet, also typischerweise in

C:/ Programme/Mathcad/Mathcad 15/userefi

Damit Mathcad die neuen Funktionen auch über die Schaltfläche f(x) zur Auswahl anbietet, muss zu jeder DLL ein Eintrag in eine XML-Textdatei der Mathcad Installation geschrieben werden. Das Erstellen der DLL und der XML-Datei wird in den folgenden Abschnitten im Detail erklärt.

3 Einrichten der Entwicklungsumgebung

In der Entwickler-Referenz zu Mathcad wird ausschließlich das für C/C++ sehr gebräuchliche Visual Studio (VS) von Microsoft erwähnt. Visual Studio 2005 sowie alle späteren Versionen können verwendet werden. Die hier gezeigten Abbildungen und Einstellungen beziehen sich auf Visual Studio 2010, unterscheiden sich von früheren Versionen aber nur geringfügig. Es kann auch die kostenlose Variante, Visual Studio 2010 Express, verwendet werden [6-4].

Für einen einfachen Einstieg empfiehlt es sich, die Projektbeispiele der Mathcad Installation als Vorlage zu verwenden. Bei einer typischen Installation befinden sich mehrere Beispielprojekte unter */userefi/* im Mathcad Hauptverzeichnis. Unter Windows Vista oder Windows 7 benötigt man Administratorrechte um unterhalb von *C:/Programme* Dateien zu schreiben. Daher empfiehlt es sich, den kompletten Ordner *userefi* an einen anderen Ort zu kopieren (nicht verschieben), beispielsweise nach *C:/mcad/.* Im Ordner *userefi/microsoft/sources/* befindet sich eine VS-Projektmappen-Datei mit dem Namen userefi.sln. Durch Doppelklick auf diese Datei öffnet sich die Visual Studio Entwicklungsumgebung.

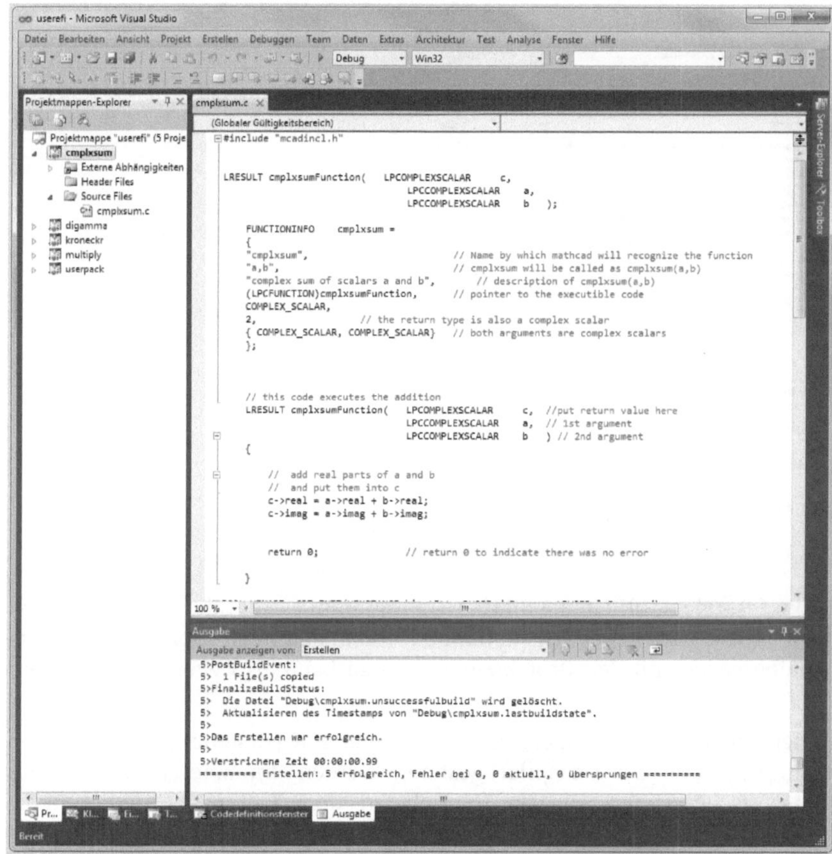

Bild 6.1: Programmfenster von VS 2010

Da die Beispielprojekte für VS 2005 erstellt wurden, öffnet sich ein Konvertierungs-Assistent. Hier kann man einfach [Weiter][Weiter][Fertig stellen][Schließen] anklicken.

Die Entwicklungsumgebung sollte nun etwa wie in Bild 6.1 aussehen. Auf der linken Seite sollte der „Projektmappen-Explorer" geöffnet sein. Wenn das nicht der Fall ist, kann das mit [Ansicht][Projektmappen-Explorer] erreicht werden.

Bild 6.1 zeigt die Projektmappe *„userefi"* mit mehreren geladenen Projekten, eines davon ist immer als „Startprojekt" eingestellt, also als aktuelles Projekt das bearbeitet und erstellt werden soll. Die Projekte enthalten Header-Dateien mit der Endung .h sowie Implementierungsdateien mit den Endungen .c oder .cpp. Alle Dateien lassen sich durch Doppelklick öffnen. Einstellungen zu den Projekten sind über das jeweilige Kontextmenü (Klick mit rechter Maustaste auf das Projekt) unter „Eigenschaften" erreichbar (Bild 6.2).

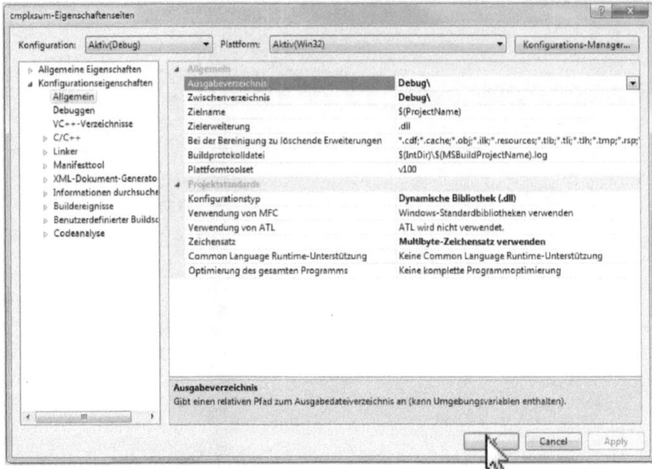

Bild 6.2: Dialogfenster Projekt-Eigenschaften

Hier wird unter anderem festgelegt, ob ein ausführbares Programm (.exe) oder eine Bibliothek (.dll) erstellt werden soll. Diese und weitere Einstellungen sind in den Beispielprojekten bereits vorgenommen, das Dialogfenster mit den Projekteigenschaften kann also wieder geschlossen werden.

Nun steht dem Erstellen einer dll nichts mehr im Wege, und mit [Erstellen][Projektmappe erstellen] oder einfach [F7] kann der Compiler gestartet werden. Im unteren Bereich der Entwicklungsumgebung erscheint ein Ausgabe-Bereich, in dem Compiler- und Linker-Meldungen angezeigt werden (Bild 6.3). Treten Fehler auf, werden diese hier angezeigt, und mit einem Doppelklick auf die entsprechende Meldung gelangt man an die betreffende Stelle im Quellcode.

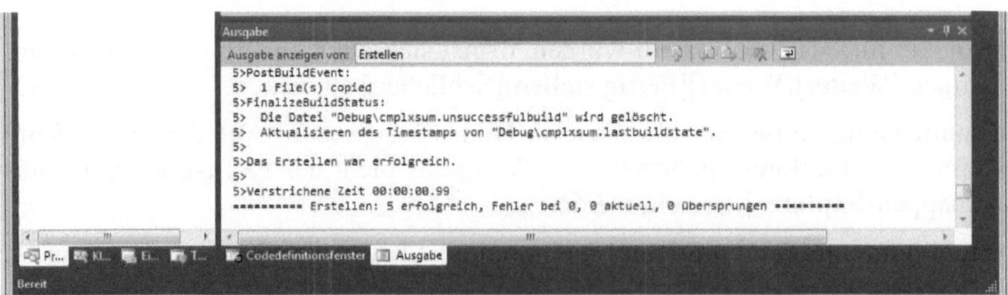

Bild 6.3: Ausgabefenster des Compilers

Treten keine Fehler auf, wird die dll erstellt und an dem Zielort gespeichert, der in den Projekteigenschaften eingestellt ist. Im Falle des Projektes „cmplxsum" ist dies *userefi/microsft/sources/cmplxsum/Debug/cmplxsum.dll.*

4 Anlegen eines neuen Projektes

Ein neues, eigenes Projekt kann am einfachsten durch Kopieren und Umbenennen eines vorhandenen Projektes in dem Verzeichnis *sources* erreicht werden. Beispielsweise kann das Unterverzeichnis *simple* kopiert und in *MeineFunktion* umbenannt werden. Die darin enthaltene Datei *multiply.vcxproj* sollte man dann in *MeineFunktion.vcxproj* umbenennen. Dieses Projekt kann im Kontextmenü (rechte Maustaste) der Projektmappe durch [Hinzufügen][Vorhandenes Projekt] hinzugefügt werden (Bild 6.4).

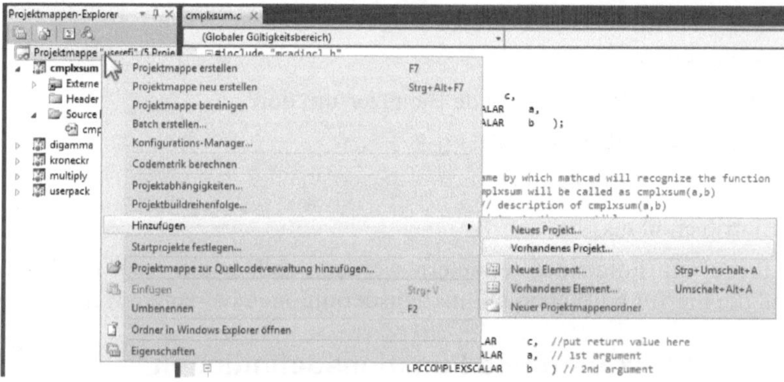

Bild 6.4: Hinzufügen eines vorhandenen Projektes zur Projektmappe

Alternativ kann über das Kontextmenü [Hinzufügen][Neues Projekt] auch ein leeres Projekt erstellt werden (Bild 6.5). Als Vorlage muss „Klassenbibliothek" ausgewählt werden, als Name z. B. *MeineFunktion* und als Ort *C:/mcad/userefi/microsoft/sources/*.

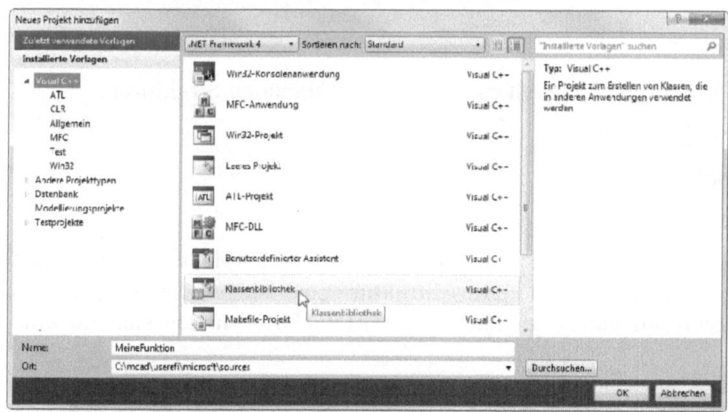

Bild 6.5: Erstellen eines leeren Projektes

In diesem Fall müssen noch zusätzliche Einstellungen im Eigenschaftsdialog des Projektes (Bild 6.2) aus einem der Beispielprojekte übernommen werden. Wichtig ist dabei insbesondere die Angabe des Verzeichnisses *userefi/microsoft/include* als „Zusätzliches Includeverzeichnis", und die Eingabe der Bibliothek *userefi/microsoft/lib/mcaduser.lib* als „Zusätzliche Abhängigkeit" bei den Linker-Einstellungen.

5 Erstellen des Quellcodes

Damit eine Benutzer-DLL mit ihren Funktionen von Mathcad geladen werden kann, muss eine Schnittstelle eingehalten werden. Dazu sind folgende Schritte notwendig:

- Deklaration der Benutzerfunktion
- Anlegen einer FUNCTIONINFO-Struktur für jede Benutzerfunktion
- Anlegen einer Fehlermeldungstabelle (optional)
- Implementieren des Quellcodes der Funktion
- Definieren des DLL-Eintrittspunktes

Bevor die einzelnen Schritte im Folgenden erläutert werden, sollen die von Mathcad definierten Datentypen und die hierfür verfügbaren Funktionsdefinitionen betrachtet werden.

5.1 Mathcad-spezifische Strukturen und Funktionsdefinitionen

Mathcad verwendet eigene Datentypen, die insbesondere dem Austausch von Daten zwischen Mathcad und der Benutzer-DLL dienen. Sie sind in der Headerdatei `mcadincl.h` deklariert. Diese wird, in der Regel zusammen mit der Headerdatei `math.h` für die mathematischen Standardfunktionen wie `cos(x)`, `sqrt(x)` und andere, am Anfang des Quellcodes eingefügt mit:

```
#include <mcadincl.h>
#include <math.h>
```

Bei den Mathcad-spezifischen Datentypen handelt es sich um die folgenden Strukturen:

- `COMPLEXSCALAR` für eine komplexe Zahl
- `COMPLEXARRAY` für ein komplexes Feld.
- `MCSTRING` für eine Zeichenkette.

Es gibt also nur Datentypen für komplexe Zahlen, da auch nicht-komplexe Zahlen damit gespeichert und übergeben werden können. Die Struktur `COMPLEXSCALAR` enthält als Komponenten die Zeigervariablen auf den Real- und Imaginärteil. Diese lassen sich für eine Variable

```
COMPLEXSCALAR s;
```

bestimmen mit

```
Realteil = s->real;
Imaginaerteil = s->imag;
```

Mit der Struktur `COMPLEXARRAY` werden Zeiger auf ein zweidimensionales Feld definiert. Beispielsweise kann man auf den Real- und Imaginärteil des Elements [i][j] des mit

```
COMPLEXARRAY a;
```

vereinbarten komplexen Feldes `a` zugreifen mit

```
Realteil = a->hReal[i][j];
Imaginaerteil = a->hImag[i][j];
```

Weiterhin enthält die Struktur als Komponenten die Anzahl der Reihen und Spalten des zweidimensionalen Feldes. Sie lassen sich ermitteln mit

```
Anzahl_Reihen = a->rows;
Anzahl_Spalten = a->cols;
```

Die Zuweisung von Werten an die Variablen vom Typ `COMPLEXSCALAR` und `COMPLEXARRAY` erfolgt entsprechend. Sowohl Real- wie Imaginärteil der Datentypen `COMPLEXSCALAR` beziehungsweise `COMPLEXARRAY` sind vom Typ `double`. Wichtig ist zu beachten, dass der erste Index i die Spalte, der zweite Index j die Reihe bezeichnet. Innerhalb eines Mathcad Arbeitsblattes ist dies genau umgekehrt.

Wenn der Rückgabewert ein Feld ist, muss mit der Funktion `MathcadArrayAllocate` Speicherplatz reserviert werden. Bei Rückgabe einer Fehlermeldung muss dieser Speicherplatz mit `MathcadArrayFree` wieder freigegeben werden. Daher empfiehlt es sich erst kurz vor Rückgabe des Ergebnisses, nach Überprüfung sämtlicher Fehlerquellen, Speicherplatz zu reservieren. Die Freigabe des Speicherplatzes darf natürlich bei regulärer Beendigung der Funktion nicht erfolgen. Die entsprechenden Befehle sowie weitere Mathcad-spezifische Funktionen werden im Developer´s Reference-Handbuch der Online-Hilfe von Mathcad 15 erläutert.

5.2 Deklaration der Benutzerfunktion

Jede Benutzerfunktion für Mathcad muss zunächst deklariert werden. Es können auch mehrere Benutzerfunktionen in einer DLL deklariert werden. Die Deklaration einer Funktion *`MeineCFunktion`* erfolgt durch:

```
LRESULT MeineCFunktion(returnValue, argument1, .....)
```

`MeineCFunktion` beinhaltet den eigentlichen Quelltext der Benutzerfunktion. Die Parameterliste dieser Funktion enthält den Zeiger *`returnValue`* auf den Rückgabewert der

Funktion sowie bis zu 10 weitere Mathcad-Strukturen als Argumente der Funktion. Der erste Parameter entspricht also immer dem Rückgabewert, alle weiteren Parameter sind Argumente zur Eingabe. Als maximale Anzahl von Argumenten ist in der Header-Datei `mcadincl.h` der Wert `MAX_ARGS=10` gesetzt. Als Argumente und Rückgabewerte sind allerdings nicht die in C definierten Datentypen sondern ausschließlich Mathcad-Strukturen wie `COMPLEXSCALAR` oder `COMPLEXARRAY` zulässig. Bei reellen skalaren Werten und Feldern werden nur die Realteile der komplexen Variablen verwendet.

Dies sei am Beispiel der Funktion `DLT2_Mmax` zur Berechnung der maximalen Feldmomente des Zweifeldträgers erläutert. Die Deklaration hat dort folgende Form:

```
LRESULT DLT2_MmaxFunction( LPCOMPLEXARRAY a, LPCOMPLEXSCALAR b,
        LPCOMPLEXSCALAR c, LPCOMPLEXSCALAR d, LPCOMPLEXSCALAR e
);
```

Der Name der C-Funktion ist `DLT2_MmaxFunction`, der Rückgabewert ist das Feld a, die Argumente sind die komplexen Größen b, c, d und e, wovon jedoch nur die Realteile verwendet werden.

5.3 Anlegen einer FUNCTIONINFO–Struktur

Die Struktur `FUNCTIONINFO` enthält die Informationen, die Mathcad für die Registrierung der Benutzerfunktion braucht. Diese Struktur muss für jede Benutzerfunktion angelegt werden, hier erläutert am Beispiel der Funktion `DLT2_Mmax`:

```
FUNCTIONINFO DLT2_Mmax =
{
  // Name, über die die Funktion in MathCad aufgerufen wird
  "DLT2_Mmax",
  // Beschreibung der benötigten Funktionsparameter, obsolet
  "",
  // Beschreibung der Funktion, obsolet
  "",
  // Zeiger auf den Namen der C-Funktion
  (LPCFUNCTION)DLT2_MmaxFunction,
  // Typ des Rückgabewerts
  COMPLEX_ARRAY,
  // Anzahl der Argumente der Funktion: hier  4 Argumente
  4,
  // Feld mit den Typen der Argumente: hier 4 komplexe Skalare
  {COMPLEX_SCALAR,          COMPLEX_SCALAR,          COMPLEX_SCALAR,
COMPLEX_SCALAR} 
};
```

Der erste Wert ist vom Typ `char` und beschreibt den Namen, unter dem die Funktion im Mathcad-Arbeitsblatt aufgerufen wird, der zweite und dritte ist ab der Mathcad Version 8 hinfällig, muss aber jeweils zumindest als leere Zeichenkette `""` eingetragen werden. Als

Datentypen der Argumente und des Rückgabewertes sind ausschließlich die Werte `COMPLEX_SCALAR` und `COMPLEXARRAY` zulässig. Im gezeigten Beispiel hat die Benutzerfunktion vier Argumente, nämlich die Stützweiten *l1* und *l2* der beiden Felder und die ständige Last und die Verkehrslast, die in beiden Feldern jeweils gleich sind. Die letzten 4 Werte der `FUNCTIONINFO` Struktur ergeben sich aus der Deklaration der Funktion, siehe Abschnitt 5.2, beziehungsweise müssen mit dieser übereinstimmen, ebenso natürlich mit der eigentlichen Funktions-Implementierung, Abschnitt 5.5.

5.4 Anlegen einer Fehlermeldungstabelle

Die Fehlermeldungstabelle besteht aus einem Feld von Zeichenketten, die jeweils eine möglichst zielführende Problembeschreibung enthalten sollten. Über den Index des Feldes können die Fehlermeldungen im Programm verwendet werden. Wenn das Programm keine Fehlermeldungen ausgibt, ist das Anlegen einer Fehlermeldungstabelle nicht erforderlich. Jede DLL darf nur eine einzige Fehlermeldungstabelle enthalten, auch wenn es mehrere Funktionen gibt.

Das Anlegen einer Fehlermeldungstabelle erfolgt mit

```
char* meineFehlerTabelle[AnzahlMeldungen]
= {Meldung1,Meldung2 ...}
```

Im Beispiel des Zweifeldträgers hat die Fehlermeldungstabelle die Form:

```
char * FehlermeldungenDLT[2] = {
        "Feld 1 hat Laenge 0!",
        "Feld 2 hat Laenge 0!" };
```

Im Quelltext kann nun beispielsweise mit

```
return MAKELRESULT (2, 2);
```

die Fehlermeldung 2 ausgegeben werden. Das erste Argument bezeichnet dabei den Index der Fehlermeldungstabelle, das zweite Argument gibt an auf welches Argument der aufgerufenen Funktion sich der Fehler bezieht. Wenn die ganze Funktion rot markiert werden soll, weil z. B. ein allgemeiner Fehler vorliegt, der keinem Argument zugeordnet werden kann, lautet der Befehl wenn beispielsweise die dritte Fehlermeldung ausgegeben werden soll

```
return 3;
```

Wie an dem Beispiel ersichtlich, ist der Index 1-basiert, das erste Element hat also den Index 1, nicht 0 wie sonst bei Feldern üblich.

5.5 Implementieren des Quellcodes der Benutzerfunktionen

Der Quellcode der Benutzerfunktion beschreibt die Inhalte des Programms. Der Name des entsprechenden C-Programms, die Anzahl und Datentypen der Argumente und des Rückgabewertes wurden bereits beim Anlegen der FUNCTIONINFO–Struktur festgelegt.

Das Implementieren des eigentlichen Quellcodes soll am Beispiel des Programms zur Ermittlung der maximalen Feldmomente des Zweifeldträgers (Bild 6.6) gezeigt werden.

Zunächst wird die Funktion DLT2Function mit ihrem Rückgabewert und ihren Argumenten definiert. Dann folgen die Deklaration der Variablen und das Reservieren von Speicherplatz für die Rückgabematrix. Diese enthält zwei Elemente für die maximalen Feldmomente in den beiden Feldern. Da die Argumente der Funktion komplexe Zahlen sind, müssen sie zunächst in reelle Zahlen konvertiert werden. Weiterhin wird überprüft, ob die Werte zulässig sind, und, falls dies nicht der Fall ist, unter Bezug auf die Fehlermeldungstabelle beim Verlassen des Programms eine Meldung ausgegeben. Dieser Programmteil hat den folgenden Quellcode:

```
LRESULT DLT2_MmaxFunction(LPCOMPLEXARRAY a, LPCOMPLEXSCALAR b,
        LPCOMPLEXSCALAR c, LPCOMPLEXSCALAR d, LPCOMPLEXSCALAR e)
{
   double stutzm[2], querkraft[2], feldm[2];
   double g, p, q, l1, l2;

   // Speicherplatz für RückgabeMatrix reservieren
   MathcadArrayAllocate( a, 2, 1, TRUE, FALSE );

   // Übernahme der realen Teile der Argumente
   l1 = b->real;  l2 = c->real; g  = d->real; p  = e->real;

   // Überprüfung der Eingabewerte
   if (l1 <= 0) return MAKELRESULT (1, 1);
   if (l2 <= 0) return MAKELRESULT (2, 2);
```

Als nächstes werden die Stützmomente für die Lastfallkombinationen 2 und 3 ermittelt. Nach der Dreimomentengleichung (vgl. Teil V, Abschnitt 1.2.4) erhält man

$$M_b = \frac{q_1 \cdot l_1^3 + q_2 \cdot l_2^3}{8 \cdot (l_1 + l_2)} \tag{6.1}$$

wobei q_1 und q_2 die Gleichstreckenlasten in Feld 1 und 2 bedeuten. In der Lastfallkombination 2 ist $q_1 = q = g + p$ und $q_2 = g$, in der Lastfallkombination 3 gilt $q_1 = g$ und $q_2 = q = g + p$ (Bild 6.6). Mit den Stützmomenten ermittelt man die Querkräfte an den Auflagern a und c:

$$Q_a = \frac{q \cdot l_1}{2} + \frac{M_b}{l_1}, \qquad Q_c = \frac{q \cdot l_2}{2} + \frac{M_b}{l_2} \tag{6.2}$$

Damit erhält man die maximalen Feldmomente in den beiden Lastfällen zu:

$$\max M_1 = \frac{Q_a^2}{2 \cdot q}, \qquad \max M_2 = \frac{Q_c^2}{2 \cdot q} \tag{6.3}$$

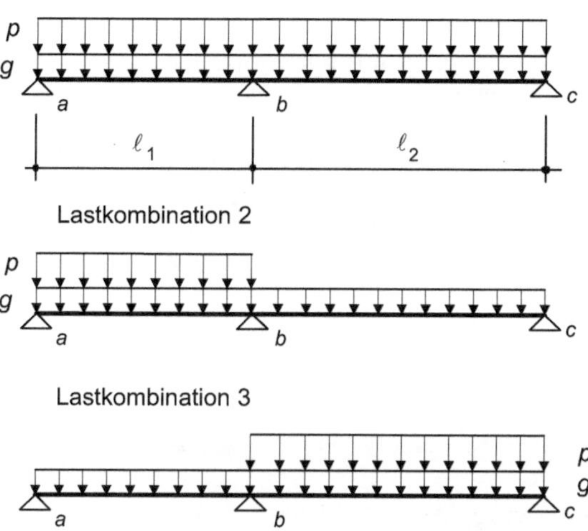

Bild 6.6: Zweifeldträger

Die Feldmomente werden nun jeweils dem Realteil der Elemente des Feldes a, das den Rückgabewert darstellt, zugewiesen. Dies ergibt folgenden Programmcode:

```
  // Berechnung der Stuetzmomente fuer LFK 2 und 3
  q = g+p;
  stutzm[0]=(-.125*(pow(l1,3)*q+pow(l2,3)*g))/(l1+l2);      // LFK 2
  stutzm[1]=(-.125*(pow(l1,3)*g+pow(l2,3)*q))/(l1+l2);      // LFK 3

  // Berechnung der massgebenden Querkraefte
  querkraft[0] = (q*l1/2)+(stutzm[0]/l1);       // Q(A,re) aus LFK 2
  querkraft[1] = -((q*l2/2)+(stutzm[1]/l2));    // Q(C,li) aus LFK 3

  // Berechnung der maximalen Feldmomente
  feldm[0] = pow(querkraft[0],2)/(2*q);         // LFK 2
  feldm[1] = pow(querkraft[1],2)/(2*q);         // LFK 3

   // Rueckgabe der Realteile des Ergebnisses
   a->hReal[0][0] = feldm[0];
   a->hReal[0][1] = feldm[1];
   return 0;                   // kein Fehler aufgetreten
}
```

5.6 Definieren des DLL–Eintrittspunkts

Alle MATHCAD–DLLs benötigen einen DLL–Eintrittspunkt. Der DLL–Eintrittspunkt wird durch das Betriebssystem beim Laden der DLL aufgerufen. Statt „DllEntryPoint" kann jeder beliebige Begriff eingesetzt werden. Dies muss bei den Einstellungen des Linkers berücksichtigt werden (vgl. Abschnitt 3).

Die Definition des DLL-Eintrittspunkts geschieht mit folgenden Programmzeilen:

```
BOOL WINAPI _CRT_INIT(HINSTANCE hinstDLL, DWORD dwReason, LPVOID
lpReserved);
BOOL WINAPI   DllEntryPoint   (HINSTANCE hDLL, DWORD dwReason,
LPVOID lpReserved)
{
   switch (dwReason)
   {
      case DLL_PROCESS_ATTACH:
         if   (!_CRT_INIT(hDLL,   dwReason,   lpReserved))   return
FALSE;
         if (CreateUserErrorMessageTable(hDLL, 3,
        FehlermeldungenDLT))
            CreateUserFunction( hDLL, &DLT2_MmaxFunction );
         break;
      case DLL_THREAD_ATTACH:
      case DLL_THREAD_DETACH:
      case DLL_PROCESS_DETACH:
         if  (!_CRT_INIT(hDLL,  dwReason,  lpReserved))    return
FALSE;
      break;
   }
   return TRUE;
}
```

`CreateUserErrorMessageTable` registriert die Fehlermeldungen. `CreateUserFunction` nimmt die Registrierung der Funktion vor, sofern die Registrierung der Fehlermeldungen erfolgreich war. Der Quellcode zeigt dies am Beispiel der Funktion `DLT2_MmaxFunction`. Enthält die DLL mehrere Funktionen, müssen alle registriert werden. In diesem Fall folgen mehrere Zeilen, z. B. zum zusätzlichen Registrieren der Funktion `DLT2_MminFunction`:

```
if (CreateUserErrorMessageTable(hDLL, 3, FehlermeldungenDLT))
{
       CreateUserFunction( hDLL, &DLT2_MmaxFunction );
       CreateUserFunction( hDLL, &DLT2_MminFunction );
}
break;
```

5.7 Änderungen für C++

Die obige Beschreibung und die von MathSoft mitgelieferte Datei *mcadincl.h* lassen Quelltexte nur in C zu. Um C++ verwenden zu können sind einige Änderungen erforderlich.

Bei der Definition des DLL–Eintrittpunktes muss die Zeile

```
BOOL WINAPI _CRT_INIT(HINSTANCE hinstDLL, DWORD dwReason, LPVOID
lpReserved);
```

geändert werden in

```
extern "C" BOOL WINAPI _CRT_INIT(HINSTANCE hinstDLL, DWORD
dwReason, LPVOID lpReserved);
```

Für ein fehlerfreies Linken sind noch Änderungen in der Datei *mcadincl.h* vorzunehmen. Den fünf aufgelisteten Zeilen wurde jeweils `extern "C"` vorangestellt:

```
extern "C" const void* CreateUserFunction( HINSTANCE,
FUNCTIONINFO * );
extern "C" BOOL CreateUserErrorMessageTable( HINSTANCE, …
extern "C" BOOL MathcadArrayAllocate( COMPLEXARRAY * const, …
extern "C" void MathcadArrayFree( COMPLEXARRAY * const );
extern "C" BOOL isUserInterrupted( void );
```

Das Linken erfolgt danach auch mit C++ Befehlen im Quelltext fehlerfrei. Die Quelldatei hat die Extension cpp anstelle von c.

Beispiele und Dokumentation

Der Quellcode der Funktion `DLT2_MmaxFunction` befindet sich auf der beiliegenden CD. Weiterführende Dokumentation und Beispiele werden im Developer´s Reference-Handbuch [Hilfe][Developer´s Reference] von Mathcad 15 erläutert.

6 Registrieren der Benutzerfunktion in Mathcad

Damit die in der DLL enthaltenen Benutzerfunktionen auch in der Auswahlbox „Funktion einfügen“ angezeigt werden, müssen Informationen über die Funktionen in die Datei *doc/funcdoc/user_DE.xml* im Mathcad-Installationsordner eingetragen werden. Die Bearbeitung der Datei kann mit einem einfachen Texteditor wie WORDPAD erfolgen. Da der Installationsordner unter Windows Vista und Windows 7 automatisch schreibgeschützt ist, muss mit einer Kopie gearbeitet, und dann die Originaldatei mit Administratorrechten überschrieben werden. In der Auswahlbox erscheinen dann die benutzerdefinierten Funktionen übersichtlich nach Kategorien eingeteilt (Bild 6.7).

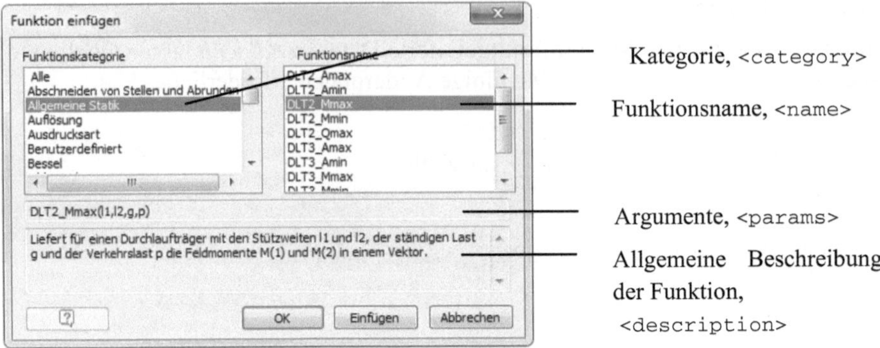

Bild 6.7: Auswahlbox „Funktion einfügen"

Mit folgendem Eintrag wird die Benutzerfunktion DLT2_Mmax in Mathcad verfügbar gemacht:

```
<?xml version="1.0" encoding="UTF-8" ?>
<FUNCTIONS>
...
<function>
        <name>DLT2_Mmax</name>
        <params>l1,l2,g,p</params>
        <category>Baustatik</category>
        <description>
                Liefert für einen Durchlaufträger mit den
                Stützweiten l1 und l2, der ständigen Last g und der
                Verkehrslast p die Feldmomente M(1) und M(2) in
                einem Vektor.
        </description>
        <help_topic></help_topic>
</function>
...
</FUNCTIONS>
```

7 Debuggen einer Benutzerfunktion

Software kann verschiedene Arten von Fehlern haben. Die einfachsten sind Syntaxfehler, diese werden bereits vom Compiler zuverlässig gefunden. Wesentlich problematischer sind jedoch sogenannte Laufzeitfehler, die erst zur Laufzeit eines Programms entstehen. Das kann beispielsweise eine Division durch Null sein, eine falsche Bedingung bei einer if-Verzweigung oder eine fehlerhafte Anzahl einer Schleifenwiederholung. Ein solcher Fehler wird als „Bug" (Englisch für „Käfer") bezeichnet, das Auffinden und Entfernen mit „De-Buggen". Dazu bieten moderne Entwicklungsumgebungen einen Debug-Modus, der es erlaubt, Schritt für

Schritt durch den Programmcode zu laufen. In jedem Einzelschritt können die Werte der Variablen eingesehen werden. Außerdem kann man genau den Programmablauf durch Verzweigungen und Wiederholungen verfolgen. So lässt sich sehr effektiv die Stelle finden, an der ein Problem auftritt.

Um den Debug-Modus in VS 2010 zu starten, muss im Projekteinstellungs-Dialog unter [Konfigurationseigenschaften][Debuggen][Befehl] der Pfad zu Mathcad eingetragen werden:

C:/ Programme (x86)/Mathcad/Mathcad 15/mathcad.exe

Außerdem sollte ein sog. Haltepunkt mit [Debuggen][Haltepunkt umschalten] im eigenen Quellcode gesetzt werden.

Nun kann das Programm gestartet werden mit [Debuggen][Debugging starten]. Wird nun im Mathcad-Arbeitsblatt eine Funktion eingefügt, in der sich ein Haltepunkt befindet, erscheint im Quellcode ein gelber Pfeil der die aktuelle Position der Programmausführung anzeigt (Bild 6.8).

An allen Haltepunkten bleibt der Ablauf automatisch stehen, und kann mit [Debuggen][Einzelschritt] oder [Debuggen][Weiter] fortgesetzt werden.

```
LRESULT DLT2_MmaxFunction(LPCOMPLEXARRAY a, LPCOMPLEXSCALAR b, LPCOMPLEXSCALAR c, LPCOMPLEXSCALAR d, LPCOMPLEXSCALAR e)
{
    double stutzm[2], querkraft[2], feldm[2];
    double g, p, q, l1, l2;

    // Speicherplatz fuer RueckgabeMatrix reservieren
    MathcadArrayAllocate( a, 2, 1, true, false );

    // Uebernahme der realen Teile der Argumente
    l1 = b->real;
    l2 = c->real;
    g   l2 6.0000000000000000
    p  = e->real;

    // Ueberpruefung der Eingabewerte
    if (l1 <= 0) return MAKELRESULT (1, 1); // Fehler-Index, Argument
    if (l2 <= 0) return MAKELRESULT (2, 2);

    // Berechnung der Stuetzmomente fuer LFK 2 und 3
    q = g+p;
```

Bild 6.8: Quellcode im Debug-Modus

Bewegt man den Mauszeiger über eine Variable, wird deren aktueller Wert eingeblendet (Bild 6.8).

Damit der Debug-Modus korrekt funktioniert, muss die zuletzt compilierte DLL entsprechend der vorherigen Abschnitte in den Mathcad Installationsordner kopiert werden.

8 Release-Modus

Grundsätzlich gibt es in VS 2010 zwei voreingestellte Konfigurationen zum Erstellen einer DLL oder einer Anwendung: *Debug* und *Release*. Die Debug-Konfiguration beinhaltet alle Einstellungen wie sie optimal für die Entwicklungsphase sind, die Release-Konfiguration ist im Wesentlichen auf hohe Geschwindigkeit ausgelegt für die Anwendungsphase nach der Entwicklung. Die Konfigurationen können unter [Erstellen][Konfigurations-Manager] umgeschaltet werden.

Mathcad kann sowohl Debug- als auch Release-DLLs laden, die Release-DLL ist kleiner und schneller in der Ausführung, was aber nur bei sehr rechenintensiven Algorithmen auffallen wird. Der Debug-Modus (Abschnitt 7) funktioniert natürlich nur mit einer entsprechenden Debug-DLL.

9 Funktionen für die Tragwerksplanung

In [6-5] wurden eine Reihe von Funktionen aus den Bereichen Statik, Stahlbetonbau und Stahlbau entwickelt. Eine Auswahl daraus wird in der Tabelle 6.1 vorgestellt. Die Funktionen sind Bestandteil der DLL *MIT_Kapitel6.dll*, die sich auf der beiliegenden CD befindet. Die Berechnung von Durchlaufträgern im Bereich Statik erfolgt auf der Grundlage der Dreimomentengleichung (Abschnitt 5).

Den Funktionen für die Bemessung im Bereich Stahlbetonbau liegt der EC2 zugrunde. Die Biegebemessung erfolgt nach dem k_d-Verfahren [6-6] mit den Formeln

$$A_s = k_s \cdot \frac{M_{Eds}[kNm]}{d[cm]} \quad \text{(ohne Druckbewehrung)} \qquad (6.4)$$

und

$$A_{s1}[cm^2] = \rho_1 k_{s1} \cdot \frac{M_{Eds}[kNm]}{d[cm]} \quad \text{(mit Druckbewehrung)} \qquad (6.5)$$

$$A_{s2}[cm^2] = \rho_2 k_{s2} \cdot \frac{M_{Eds}[kNm]}{d[cm]}$$

Falls erforderlich wird auch Druckbewehrung ermittelt. Die Funktion liefert also immer zwei Werte für die obere und untere Bewehrung.

Tabelle 6.1: Mathcad-Funktionen für die Tragwerksplanung

Bereich	Funktion	Parameter	Beschreibung
Statik	DLT2_Mmin(l1,l2,g,p) DLT2_Mmax(l1,l2,g,p) DLT2_Amin(l1,l2,g,p) DLT2_Amax(l1,l2,g,p) DLT2_Qmin(l1,l2,g,p)	l1=Feldlänge Feld 1 l2=Feldlänge Feld 2 *Streckenlasten:* g = ständige Last p = Verkehrslast	**Durchlaufträger mit 2 Feldern und konstanter Streckenlast**: maximale und minimale Werte der Momente, Auflagerkräfte und Querkräfte
	DLT3_Mmin(l1,l2,l3,g,p) DLT3_Mmax(l1,l2,l3,g,p) DLT3_Amin(l1,l2,l3,g,p) DLT3_Amax(l1,l2,l3,g,p) DLT3_Qmin(l1,l2,l3,g,p)	l1, l2, l3 = Feldlängen *Streckenlasten:* g = ständige Last p = Verkehrslast	**Durchlaufträger mit 3 Feldern und konstanter Streckenlast**: maximale und minimale Werte der Momente, Auflagerkräfte und Querkräfte
Stahlbe- tonbau	As_M_B500(MEd,b,d,d1,fck)	MEd [kNm] = Moment b [cm], d[cm], d1[cm]= Querschnittswerte fck[N/mm²] = Druckfestigkeit	**Bemessung für Biegung** Ergebnis: As [cm²]

Bereich	Funktion	Parameter	Beschreibung
Stahlbetonbau	As_V_B500(VEd,b,z,theta,fck)	VEd [kN] = Querkraft b [cm], = Querschnittsbreite z[cm] = Hebelarm der inneren Kräfte theta[rad] = Neigungswinkel der Druckstrebe fck[N/mm²] = Druckfestigkeit	**Bemessung für Schub** Ergebnis: as [cm²/m]
Stahlbau	Bem_IPE(MyEd,VzEd,fy) Bem_HEB(MyEd,VzEd,fy)	MyEd [kNm] = Moment VzEd [kN] = Querkraft fy [N/mm²] = Stahlgüte (235,275,355 oder 460)	**Biegebemessung für IPE- bzw. HEB-Profile** Ergebnis: Profilhöhe [mm]

Der Bemessung im Stahlbetonbau für Querkraft liegen die in [6-6] angegebenen Gleichungen

$$V_{Rd,max} = v_1 \cdot f_{cd} \cdot b_w \cdot z/(\tan\theta + \cot\theta) \tag{6.5}$$

$$a_{sw} = V_{Ed}/(f_{ywd} \cdot z \cdot \cot\theta) \tag{6.6}$$

zugrunde. Für den Druckstreben-Neigungswinkel θ gelten nach EC2 diese Grenzwerte:

$$1.0 \le \cot\theta \le 1.2/(1 - 0.24 \cdot f_{ck}^{1/3} \cdot b_w \cdot \frac{z}{V_{Ed}} \le 3.0 \tag{6.7}$$

Die Grenzwerte werden in der Funktion As_V_B500 überprüft und ggf. angewendet.

Wenn die maximale Querkraft $V_{Rd,max}$ überschritten ist, wird die Funktion mit einer Fehlermeldung beendet. Die Mindestschubbewehrung nach EC2 wird überprüft und ggf. angewendet. Der zweite Wert des Ergebnisvektors hat in diesem Fall den Wert 1, ansonsten 0.

Die Funktionen des Stahlbaus beruhen auf dem EC3, Teil 1-1 [6.7]. Die Bemessung erfolgt nach den Gleichungen (6.8) und (6.9) (QK 1+2).

$$A_{Vz} = (A - 2 \cdot b \cdot t_f + (t_w + 2 \cdot r) \cdot t_f)$$

$$V_{z,pl,Rd} = A_{Vz} \cdot \frac{f_y}{\sqrt{3} \cdot \gamma_{M,0}} \quad \text{mit} \quad \gamma_{M,0} = 1.0$$

Wenn $\frac{V_{z,Ed}}{V_{z,pl,Rd}} > 0.5 \rightarrow$ Interaktion erforderlich

Nachweis mit Interaktion:

$$\rho = \left[\frac{2 \cdot V_{z,Ed}}{V_{z,pl,Rd}} - 1\right]^2$$

$$M_{y,Ed} \le \left(W_{pl,y} - \frac{\rho \cdot A_w^2}{4 \cdot t_w}\right)\frac{f_y}{\gamma_{M,0}} = M_{pl,y,Rd} - \frac{\rho \cdot A_w^2}{4 \cdot t_w} \cdot \frac{f_y}{\gamma_{M,0}} \tag{6.8}$$

Wenn $\frac{V_{z,Ed}}{V_{z,pl,Rd}} \le 0.5 \rightarrow$ Keine Interaktion erforderlich

Nachweis ohne Interaktion:

$$\frac{M_{y,Ed}}{M_{pl,y,Rd}} \leq 1 \qquad (6.9)$$

Es wird die kleinste erforderliche Profilhöhe aufgrund des Nachweises nach (6.8) beziehungsweise (6.9) ermittelt.

10 Anwendungsbeispiel

Als einfaches Anwendungsbeispiel, das die Handhabung der entwickelten Funktionen deutlich macht, dient die überschlägige Vordimensionierung einer über zwei Felder einachsig gespannten Decke (Arbeitsblatt *TVI_1_Zweifeld.xmcd*). Die Verkehrslast p beträgt 3,5 kN/m²:

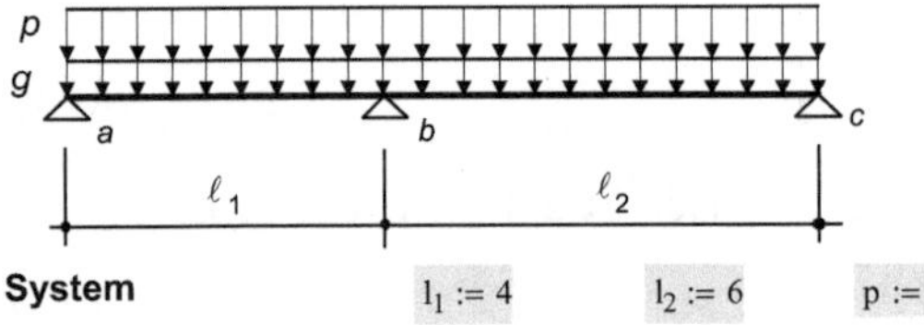

Es sollen alternativ die Ausführung in Stahl und Stahlbeton untersucht werden. Für eine erste Voruntersuchung werden ausschließlich die Biegebeanspruchungen betrachtet, da sie bei den vorliegenden Abmessungen maßgebend für die Bemessung sind.

Für die Bemessung in Stahl wird ein Trägerabstand von 0,7m zugrunde gelegt. Die Lasten werden zunächst mit den Sicherheitsbeiwerten von 1,35 für ständige Lasten und 1,5 für Verkehrslasten auf Designwerte umgerechnet. Danach können die Bemessungsmomente bestimmt und damit die erforderliche Trägerhöhe ermittelt werden. Hierbei werden ausschließlich Biegenachweise geführt. Biegeknicken und Biegedrillknicken werden hier also nicht betrachtet. Als geeignete Stahlprofile erhält man einen Querschnitt IPE140 oder aus der HEB-Reihe einen HEB100:

Ausführung in Stahl $g := 2$ $\quad g_d := 1.35 \cdot g$ $\quad p := 3.5$ $\quad p_d := 1.5 \cdot p$

$M_{stütz} := \text{DLT2\_Mmin}(l_1, l_2, g_d \cdot a, p_d \cdot a) = -19.477$

$M_{feld} := \text{DLT2\_Mmax}(l_1, l_2, g_d \cdot a, p_d \cdot a) = \begin{pmatrix} 6.865 \\ 17.456 \end{pmatrix}$

$V_{max} := \text{DLT2\_Vmax}(l_1, l_2, g_d, p_d) = \begin{pmatrix} 12.488 \\ -22.856 \\ 28.488 \\ -19.913 \end{pmatrix}$

Erforderlicher Träger - IPE: $h_{erf} := \text{Bem\_IPE}\left(M_{stütz}, V_{max_2}, 235\right) = 140$

Erforderlicher Träger - HEB: $h_{erf} := \text{Bem\_HEB}\left(M_{stütz}, V_{max_2}, 235\right) = 100$

Für die Ausführung in Stahlbeton wird eine Deckenstärke von $d = 20$ cm zugrunde gelegt. Als ständige Last wird aufgrund des höheren Eigengewichts des Betons g=6 kN/m² angesetzt. Die Betondeckung beträgt d_1=3 cm. Die Bemessungsfunktion für Beton C20/25 und Stahl BSt500 ermittelt die Bewehrung in Feld 1 zu 1,5 cm²/m und in Feld 2 zu 4,9 cm²/m. Über dem mittleren Auflager ist eine obere Bewehrung von 5,7 cm²/m erforderlich.

Ausführung in Stahlbeton $g := 6$ $g_d := 1.35 \cdot g = 8.1$

$M_{stütz} := \text{DLT2\_Mmin}(l_1, l_2, g_d, p_d) = -46.725$

$M_{feld} := \text{DLT2\_Mmax}(l_1, l_2, g_d, p_d) = \begin{pmatrix} 12.905 \\ 40.694 \end{pmatrix}$

Erforderliche Bewehrung $b_w := 100$ $d := 20$ $d_1 := 3$ $f_{ck} := 20$

$A_{serf} := \text{As\_M\_B500}(M_{stütz}, b_w, d, d_1, f_{ck}) = \begin{pmatrix} 5.696 \\ 0 \end{pmatrix}$ Stütze

$A_{serf} := \text{As\_M\_B500}(M_{feld_0}, b_w, d, d_1, f_{ck}) = \begin{pmatrix} 0 \\ 1.514 \end{pmatrix}$ Feld 1

$A_{serf} := \text{As\_M\_B500}(M_{feld_1}, b_w, d, d_1, f_{ck}) = \begin{pmatrix} 0 \\ 4.919 \end{pmatrix}$ Feld 2

Die erstellten Funktionen ermöglichen es, ingenieurmäßige Überlegungen mit derselben Flexibilität am Rechner umzusetzen wie dies sonst beim Arbeiten mit Papier, Bleistift, Taschenrechner und Tabellenbuch der Fall ist. Darüber hinaus stehen die volle Funktionalität eines Computeralgebrasystems sowie die Möglichkeiten der elektronischen Kommunikation zur Verfügung.

Literaturverzeichnis

Teil I: Computeralgebrasysteme in der Tragwerksplanung

[1-1] Grabmeier, J., Kaltofen, E., Weispfennig, V., Computer Algebra Handbook, Springer, Berlin, 2003

[1-2] Hörhager Markus, Mathcad 7.0, Addison-Wesley Publishing Company, Bonn, 1999

[1-3] Kiener G., Nichtnumerischer Einsatz eines Rechners in der Baustatik, Bauingenieur 63, Springer, Berlin, 1988

[1-4] Benker H., Ingenieurmathematik mit Computeralgebrasystemen, Vieweg, Braunschweig/Wiesbaden 1998

[1-5] Pleßke, H., Die Visualisierung mathematischer Gegenstände mittels Computeranimation; LARS-Workshop: Innovative Lehr- und Lernmittel, FH Konstanz 1998

[1-6] Statikeditor Bau Text / Bau-Software-Haus Veit Christoph GmbH, Gotthilf-Bayh-Straße 50/1, 70736 Fellbach

[1-7] CS-TING Statik-Editor für die Gesamtstatik/ GRAITEC GmbH, Dietrich-Oppenberg-Platz 1, 45127 Essen

[1-8] Werkle H., Statische Berechnungen mit Mathcad, Bauinformatik Journal, 3/99, Werner Verlag, Düsseldorf, 1999

[1-9] Schneider K.-J., Bautabellen für Ingenieure, 14. Auflage, Werner Verlag, Düsseldorf, 2000

[1-10] Werkle H., Schneider K.-J., Bautabellen digital, Werner Verlag, Düsseldorf, 2. Auflage, 2001

[1-11] Werkle H., Bautabellen digital – die Mathcad-Arbeitsblätter zum Standardwerk „Schneider/Bautabellen“, Bauinformatik Journal, 2/99, Werner Verlag, Düsseldorf, 1999

Teil II: Grundelemente in Mathcad

[2-1] Mathcad 2010, Benutzerhandbuch Mathcad 15, Mathsoft, Inc., 2010 (PDF-Datei)

[2-2] Halász R.v., Scheer C., Holzbau-Taschenbuch, Band 3: Bemessungsbeispiele und DIN 1052, 10. Aufl. Berlin, Verlag Ernst & Sohn, 10. Auflage, 2004

[2-3] Wagenknecht, Gerd, Tragwerksplanung - Grundlagen. 3. aktualisierte Aufl. Berlin: Bauwerk-Verl. (Stahlbau-Praxis., 1), 2009

Teil III: Weiterführende Arbeitstechniken

[3-1] Günter Steck, Nikolaus Nebgen, Holzbau kompakt, nach DIN 1052 (12.2008), 3. Auflage, Berlin, Bauwerk Verlag, 2009

[3-2] DIN EN 1995-1-1:2010-12, Eurocode 5: Bemessung und Konstruktion von Holzbauten – Teil 1-1: Allgemeines – Allgemeine Regeln und Regeln für den Hochbau

[3-3] Wetzell, Otto W., Wendehorst Bautechnische Zahlentafeln, 33. Auflage, Teubner Verlag, Wiesbaden, 2009

[3-4] DIN 66262:1985-11, Informationsverarbeitung; Programmkonstrukte

Teil IV: Anwendung mathematischer Verfahren im Konstruktiven Ingenieurbau

[4-1] Benker H., Mathematik mit Mathcad, Springer Verlag Berlin, Heidelberg, 2004

[4-2] Benker H., Ingenieurmathematik mit Computeralgebrasystemen, Friedr. Vieweg und Sohn Verlagsgesellschaft Braunschweig/ Wiesbaden, 1998

[4-3] Biehounek, J., D. Schmidt, Mathematik für Bauingenieure, Friedr. Vieweg und Sohn Verlagsgesellschaft Braunschweig/ Wiesbaden, 2002

[4-4] Burlirsch, R., J. Stoer, Numerische Mathematik, Bd. 2, Springer Verlag Berlin Heidelberg, 5. Auflage, 2005

[4-5] Bronstein, I.N., K.A. Semendjajew, G. Musiol, H. Mühlig, Taschenbuch der Mathematik, Verlag Harry Deutsch, Thun und Frankfurt am Main, 7. Auflage, 2008

[4-6] Dankert H., J. Dankert, Technische Mechanik computerunterstützt, Vieweg+Teubner Verlag, 4. Auflage, Wiesbaden, 2009

[4-7] Faires, J. D., R.L. Burden, Numerische Methoden, Spektrum Akademischer Verlag Heidelberg Berlin Oxford, 1994

[4-8] Fetzer A., H. Fränkel, Mathematik, Bd. 1, Springer Verlag Berlin Heidelberg, 10. Auflage, 2008

[4-9] Fetzer A., H. Fränkel, Mathematik, Bd. 2, Springer Verlag Berlin Heidelberg, 6. Auflage, 2009

[4-10] Flügge W., Statik und Dynamik der Schalen, Springer Verlag Berlin , 3. Auflage, 1981

[4-11] Girkmann K., Flächentragwerke, Springer Verlag, Wien, 1986

[4-12] Grobstich, P., Strey, G,. Mathematik für Bauingenieure/ Grundlagen, Verfahren und Anwendungen mit Mathcad, B. G. Teubner Verlag, GWV Fachverlage GmbH, Wiesbaden, 2004

[4-13] Hausser C., C. Seeßelberg, Stahlbau nach Eurocode 3, in: Schneider K.-J.: Bautabellen für Ingenieure, 19. Auflage, Werner | Wolters Kluwer, Köln , 2010

[4-14] Mathcad 15.0, Benutzerhandbuch, PTC, 2010

[4-15] Nowacki, Baudynamik, Springer-Verlag, Berlin, 1974

[4-16] Papula L., Mathematik für Naturwissenschaftler und Ingenieure, Bd. 1, Vieweg+Teubner Verlag, 12. Auflage, 2009

[4-17] Papula L., Mathematik für Naturwissenschaftler und Ingenieure, Bd. 2, Vieweg+Teubner Verlag, 12. Auflage, 2009

[4-18] Press, W.H., W.T. Flannery, S.A.Teukolsky und B.P. Vetterling, Numerical Recipes, Cambridge University Press, New York, 3. Auflage, 2007

[4-19] Schwetlick, H., H. Kretschmar, Numerische Verfahren für Naturwissenschaftler und Ingenieure, Fachbuchverlag GmbH Leipzig , 1991

[4-20] Werkle H., Konsistente Modellierung von Flachdecken bei der Finite-Element-Modellierung von Flachdecken, Bautechnik, Ernst&Sohn, Berlin, 2000

[4-21] Werkle H., Finite Elemente in der Baustatik, 3. Auflage, Vieweg, 2008

[4-22] Schneider K.-J.: Bautabellen für Ingenieure, 19. Auflage, Werner | Wolters Kluwer, Köln , 2010

Teil V: Anwendungen im Konstruktiven Ingenieurbau

1 Baustatik

[5-1] Zuse K., Der Computer – Mein Lebenswerk, Springer, Berlin, 1986

[5-2] Werkle H., Das Übertragungsmatrizenverfahren in der Baustatik, Fachhochschule Konstanz, Fachbereich Bauingenieurwesen, unveröffentlicht.

[5-3] Rubin H., Baustatik ebener Stabwerke, in: Stahlbau-Handbuch, Band 1, Teil A, 3. Auflage, Stahlbau-Verlags GmbH, 1993

[5-4] Werkle H., Finite Elemente in der Baustatik, 3. Auflage, Vieweg, Wiesbaden, 2007

[5-5] Rubin H., K.-J. Schneider, Baustatik, in: Schneider K.-J., Bautabellen für Ingenieure, 14. Auflage, Werner-Verlag, Düsseldorf, 2000

[5-6] Werkle H., K.-J. Schneider, Bautabellen digital, 2. Auflage, Werner-Verlag, Düsseldorf, 2001

[5-7] Bornscheuer, F. W., Vorlesungen in Baustatik, Teil E, Elastisch gebettete Balken, Institut für Baustatik, Universität Stuttgart, 1975/76

[5-8] Girkmann K., Flächentragwerke, Springer, Wien, 1986

[5-9] Flügge, W., Stresses in Shells, Springer, Berlin, 1960

[5-10] Mangoldt, H. / K. Knopp, Einführung in die höhere Mathematik II, Hirzel Verlag, Stuttgart, 1968

[5-11] Lumpe, G., Zur Berechnung kreiszylindrischer Schalensegmente von Mischgutsilos mit Standardsoftware, Festschrift Richard Greiner, TU Graz, 2001

[5-12] Petersen C., Statik und Stabilität der Baukonstruktionen, Vieweg, Wiesbaden, 1982

[5-13] Oberegge O., H.-P. Hockelmann, Stahlbau nach DIN 18800, in: Schneider K.-J., Bautabellen für Ingenieure, 14. Auflage, Werner-Verlag, Düsseldorf, 2000

[5-14] Avellan K., H. Werkle, Zur Anwendung der Bruchlinientheorie in der Praxis, Bautechnik, Ernst&Sohn, Berlin, 1998

[5-15] Müller F. P., Baudynamik, Betonkalender 1978, Ernst&Sohn, Berlin, 1978

[5-16] Werkle H., Finite Elemente in der Baustatik – digital, Mathcad-Arbeitsblätter zu „Finite Elemente in der Baustatik“, siehe www.fembau.de

[5-17] Werkle H., W. Püschel, Durch Menschen induzierte Schwingungen von Fußgängerbrücken aus Aluminium, Bauingenieur, Band 84, Springer-VDI-Verlag, Düsseldorf, 2009

[5-18] DIN 4149, Bauten in deutschen Erdbebengebieten, Deutsches Institut für Normung, Berlin, April 2005

2 Stahlbetonbau

[5-19] DIN EN 1992-1-1 2004 (Stand Oktober 2005)

[5-20] Entwurf DIN EN 1992-1-1 / NA

[5-21] Schneider Bautabellen für Ingenieure, 18. Auflage, Werner-Verlag, Düssledorf

[5-22] DIN 1045-1 (Stand August 2008)

[5-23] Grasser, E.: Bemessung von Beton- und Stahlbetonbauteilen nach DIN 1045 Ausgabe , Dezember 1978; 2., überarbeitete Auflage, Berlin: Beuth 1979. (Deutscher Ausschuss für Stahlbeton, Heft 220)

[5-24] Avak, R.: Stützenbemessung mit Interaktionsdiagrammen nach Theorie II. Ordnung. In Avak/Goris (Hrsg.): Stahlbetonbau aktuell: Jahrbuch für die Baupraxis. Düsseldorf: Werner/Beuth (2) 1999

[5-25] Grasser, E., Kupfer,H., Partsch, G., Feix,J.: Bemessung von Beton- und Stahlbetonbauteilen nach EC 2 für Biegung, Längskräfte, Querkraft und Torsion. Betonkalender 1993, T.1, Ernst & Sohn, Berlin, 1993

[5-26] Albert, A., Denk, H., et al.: Spannbeton, Grundlagen und Anwendungsbeispiele 1. Auflage, Bochum und Konstanz, Werner-Verlag, Düsseldorf, 2007

3 Stahlbau

[5-27] Czerny, F.: Betonkalender. Berlin: Ernst & Sohn Verlag 1984

[5-28] DIN 1045-1: Beton und Stahlbeton. Berlin: Beuth Verlag 2007

[5-29] DAfStb Heft 220: Bemessung von Beton- und Stahlbetonbauteilen. 2. Aufl. Ernst & Sohn: Berlin 1979

[5-30] Petersen, Ch.: Stahlbau. 2. Aufl. Vieweg & Sohn: Braunschweig 1990

[5-31] Schneider, K.-J.: Bautabellen für Ingenieure. 18. Aufl. Werner: Düsseldorf 2008

[5-32] Kahlmeyer E.: Stahlbau nach DIN 18800. 3. Aufl. Werner: Düsseldorf 1998

[5-33] Thiele/Lohse: Stahlbau Teil 1. 23. Aufl. Stuttgart 1997. Teil 2. 19 Aufl. Leipzig 2000. B. G. Teubner

[5-34] DIN 18 800 Teil 1-4 Ausgabe 11.90. Beuth: Berlin 1990

[5-35] Beuth Kommentare: 3. Aufl. 1998 164-170, 204-206

[5-36] Baehre, R., Wolfram, R.: Zur Schubfeldberechnung von Trapezprofilen, Stahlbau 6 (1986), 175-179

[5-37] Lindner, J.: Stabilisierung von Trägern durch Trapezbleche, Stahlbau 1 (1987), 9-15

[5-38] FIDES: Mainzer Fachgespräch Stahlbau 10.11.2000. Mainz: FIDES DV-Partner/Sofistik Systemhaus 2000

[5-39] Friemann, H.: Programm Drill. Mainz: FIDES DV-Partner/Sofistik Systemhaus 2002

4 Holzbau

[5-40] DIN 1052: Entwurf, Berechnung und Bemessung von Holzbauwerken – Allgemeine Bemessungsregeln und Bemessungsregeln für den Hochbau, 12/2008, Beuth Verlag GmbH, 2008

[5-41] Rautenstrauch, K.; Möller, G.; Hartnack, R.: Holzbau. In: Holschemacher, K.(Hrsg.): Entwurfs- und Berechnungstafeln für Bauingenieure, 4. Auflage, Bauwerk Verlag, 2009

[5-42] Möller, G.: Ermittlung von Stabilisierungslasten im Holzbau; Bautechnik, 81. Jahrgang, Juni 2004, Heft 6, S. 480-488

[5-43] Speich, M.; Möller, G.; Schelling, W.: Zur Berechnung der Verformung von Wind- und Aussteifungsverbänden im Holzbau; Bautechnik, 68. Jahrgang, Juni 1991, Heft 6, S. 202-205

[5-44] Möller, G.: Berücksichtigung der räumlichen Tragwirkung von Windverbänden veränderlicher Steifigkeit mit Hilfe ebener Ersatzsysteme, Bautechnik, 79. Jahrgang, Mai 2002, Heft 5, S. 316-322

[5-45] Friemann, H.; Stroetmann, R.: Zum Nachweis ausgesteifter biegedrillknickgefährdeter Träger, Stahlbau 67 (1998), Heft 12, S. 936-955

Teil VI: Funktionsprogrammierung in C/C++

[6-1] Meißner, C., Entwicklung von dynamischen Bibliotheken (DLL) für Mathcad, Saxon Simulation Meeting, TU Chemnitz 2009

[6-2] Stroustroup, B. Die C++-Programmiersprache, Addison-Wesley, 4. Auflage, 2000

[6-3] Meyers, S., More Effective C++: 35 New Ways to Improve Your Programs and Design, Addison-Wesley Longman, 1996

[6-4] Microsoft Visual Studio Express: http://www.microsoft.com/express/Downloads/

[6-5] Karadag S., Statische Berechnungen mit Mathcad als Engineering Desktop Tool, Diplomarbeit, Fachhochschule Konstanz, Fachbereich Bauingenieurwesen, Referent: Prof. Dr.-Ing. H. Werkle, 2000

[6-6] Goris A., U.P. Schmitz, Stahlbeton- und Spannbetonbau nach Eurocode 2, Kapitel 5C in: Schneider: Bautabellen für Ingenieure, 19. Auflage, Werner-Verlag | Wolters Kluwer, Köln, 2010

[6-7] Hausner C., C. Seeßelberg, Stahlbau nach Eurocode 3, Kapitel 8A in: Schneider: Bautabellen für Ingenieure, 19. Auflage, Werner-Verlag | Wolters Kluwer, Köln, 2010

Inhaltsverzeichnis der CD-ROM

Software

- Mathcad15 Vollversion (auf 30 Tage Laufzeit begrenzt)

Mathcad

- Alle im Buch beschriebenen Arbeitsblätter als *„E-Book"* für Mathcad
- Programmierung Teil VI (alle erforderlichen Dateien, inkl. Quellcode)

PDF-Dateien

- Handbuch für Mathcad 15 im PDF-Datenformat
- Mathcad-Arbeitsblätter im PDF-Format

Hinweise zum Teil VI

Die DLL MIT_Kap6.dll muss in das Unterverzeichnis userefi des Mathcad-Hauptverzeichnisses kopiert werden. Die Datei MIT_Kap6.xml ist in das Unterverzeichnis doc/funcdoc des Mathcad-Hauptverzeichnisses zu kopieren. Danach stehen die Funktionen in Mathcad zur Verfügung und werden in der Auswahlfeld „Funktion einfügen" angezeigt.

Verzeichnis der Mathcad-Arbeitsblätter (CD-ROM)

Die Mathcad-Arbeitsblätter befinden sich im Verzeichnis „Arbeitsblätter\MIT"

Teil II: Grundelemente in Mathcad

TII_01_Bemessung_Einfeldbalken_Holz.xmcd
TII_02_Bemessung_I-Querschnitt Nachweis e-e mit einachsiger Biegung.xmcd

Teil III: Weiterführende Arbeitstechniken

TIII_01_Einfache_Alternative.xmcd
TIII_02_Mehrfache_Alternative.xmcd
TIII_03_Knickbeiwerte_VH_Eingabetabelle.xmcd
TIII_04_Knickbeiwerte_aus_einer_txt-Datei.mcd
TIII_05_Knickzahlen_mit_Excel-Komponente.mcd
TIII_06_Schneelasten.xmcd

Teil IV: Anwendung mathematischer Verfahren im Konstruktiven Ingenieurbau

TIV_01_Zylinderschale_q.xmcd
TIV_02_Kreisplatte_Eigenformen.xmcd
TIV_03_Interpolation.xmcd
TIV_04_Nullstellen_einer_Momentenlinie.xmcd
TIV_05_Nichtlineare_Gleichung.xmcd
TIV_06_Flächenkennwerte.xmcd
TIV_07_Platte_F.xmcd
TIV_08_Vektoraddition.xmcd
TIV_09_Uebertragungsmatrizen_Operationen.xmcd
TIV_10_Dreimomentengleichung_symbolisch_lösen.xmcd
TIV_11_Lineare_Gleichungssysteme.xmcd
TIV_12_Eigenwertprobleme.xmcd
TIV_13_Differenzieren_symbolisch_Platte_q.xmcd
TIV_14_Extremwertaufgabe.xmcd
TIV_15_Fehlerfortpflanzung.xmcd
TIV_16_Arbeitsintegral.xmcd
TIV_17_FEM_Integration_symbolisch.xmcd
TIV_18_DGL_Elba.xmcd
TIV_19_DGL_Platte.xmcd

Teil V: Anwendungen im Konstruktiven Ingenieurbau

1 Baustatik

TV_1_01_Uebertragungsmatrizenverfahren.xmcd
TV_1_02_Uebertragungsmatrizenverfahren_Bsp.xmcd
TV_1_03_FEM_Scheibe.xmcd
TV_1_04_Einfeldträger.xmcd
TV_1_05_Zweifeldträger.xmcd
TV_1_06_Dreifeldträger.xmcd
TV_1_07_Rahmen_1.xmcd
TV_1_08_Rahmen_1_Bsp.xmcd
TV_1_09_Elba_bu_F.xmcd
TV_1_10_Elba_bu_M.xmcd
TV_1_11_Elba_eu_F.xmcd
TV_1_12_Elba_eu_M.xmcd
TV_1_13_Elba_eu_Fa.xmcd
TV_1_14_Platte_q.xmcd
TV_1_15_Scheibe_1.xmcd

TV_1_16_Silokammer.xmcd
TV_1_17_Druckstab_H.xmcd
TV_1_18_Druckstab_q.xmcd
TV_1_19_Knicken_Eulerfälle.xmcd
TV_1_20_Knicken_Rahmen.xmcd
TV_1_21_FGT_Einfeldtäger.xmcd
TV_1_22_BLT_Rechteckplatte.xmcd
TV_1_23_Masse_einer_Platte.xmcd
TV_1_24_EMS_Freie_Schwingungen.xmcd
TV_1_25_STAB_EF_Freie_Schwingungen.xmcd
TV_1_26_EMS_Krafterregte_Schwingungen_MC.xmcd
TV_1_27_EMS_Krafterregte_Schwingungen_NM.xmcd
TV_1_28_STAB_GG_Bewegte_Personenlast.xmcd
TV_1_29_Antwortspektrum_DIN_4149.xmcd
TV_1_30_STAB_EF_Erdbebenerregte_Schwingungen.xmcd

2 Stahlbetonbau

TV_2_01_Allgemeine Definitionen.xmcd
TV_2_02_Nachweis für Biegung.xmcd
TV_2_03_Nachweis für Querkraft.xmcd
TV_2_04_Verfahren mit Nennkrümmung.xmcd
TV_2_05_Spannungsbegrenzung.xmcd
TV_2_06_Kriechzahl.xmcd
TV_2_07_Schwindzahl.xmcd
TV_2_08_1_Fertigteilträger mit Ortbetonergänzung.xmcd
TV_2_08_2_Fertigteilträger mit Ortbetonergänzung_Schwinden.xmcd
TV_2_08_3_Fertigteilträger mit Ortbetonergänzung_Kriechen.xmcd

3 Stahlbau

TV_3_01_Buendige_Fussplatte.xmcd
TV_3_02_Ueberstehende_Fussplatte.xmcd
TV_3_03_Stuetzenfuss_mit_Zuganker.xmcd
TV_3_04_Stuetzenfuss_mit_Koecherfundament.xmcd
TV_3_05_Schubduebel.xmcd
TV_3_06_Rahmenecke_ohne_Voute.xmcd
TV_3_07_Rahmenecke_mit_Voute.xmcd
TV_3_08_Traegerstoß_mit_Gehrung.xmcd
TV_3_09_Rahmenecke_mit_Gehrung.xmcd
TV_3_10_Halbsteife.xmcd
TV_3_11_Vollsteife.xmcd

TV_3_12_Schubfeldsteifigkeit.xmcd
TV_3_13_Drehbettung.xmcd
TV_3_51_Charakteristische_Werte.xmcd
TV_3_52_Nachweis.xmcd
TV_3_53_Schrauben.xmcd

3 Holzbau

TV_4_1_Doppelbiegung.xmcd
TV_4_2_Satteldachträger.xmcd
TV_4_3_Biegedrillknicken.xmcd

Teil VI: Funktionsprogrammierung in C/C++

TVI_1_Zweifeld.xmcd
mit den erforderlichen Dateien für C++

Sachwortverzeichnis

S

T

U

V

W

X

Z

VIEWEG+
TEUBNER